# 福島第一核電廠
# 廢爐全紀錄

Encyclopedia of the "1F"
A Guide to the Decommissioning of the Fukushima Daiichi Nuclear Power Station

## 深入事故現場，從核能知識、拆除作業到災區復興，
## 重新思索人、能源與土地如何共好

開沼博／編　劉格安／譯　葉宗洸／審訂

**導論**

# 當「想像」與「真相」對撞，你的聰明選擇是什麼？

葉宗洸

「前事之不忘，後事之師。」——《戰國策．趙策一》

一夕驚天劇變後，除了悲痛、責備與懲處之外，還有什麼事情是不能忘的？日本福島的三一一核能事故迄今已逾七年，事故發生的原因以及事故後的處理現況，一直是民眾難以理解但仍持續留意的；後來的災區重建及其鄰近地區居民蒙受的各種生活衝擊，同樣也受到極大的關注。然而，「魅化語言」的存在與散布，卻讓真相難以觸及一般民眾，甚至導致福島第一核電廠周邊地區居民飽受「風評被害」*之苦。

《福島第一核電廠廢爐全紀錄》的原文版雖然是在二〇一六年出版，但其內容所包含的重要資訊目前依然極具參考價值，足以解答一般大眾對於核電廠現況的各種疑惑。本書的作者是日本「福島第一核電廠廢爐獨立調查研究專案（另稱『廢爐研究室』）」成員的社會學家開沼博，協同作者則有曾在福島第一與第二核電廠工作長達十四年的吉川彰浩，以及前福島第一核電廠作業員兼漫畫家竜田一人。此外，本書也收錄了來自各方的投稿、訪談紀錄與個別資訊。

這本書的架構區分為序章與正文四章，除了報導福島第一核電廠的除役規畫與具體工作內容，也提供廠內與鄰近地區災後五年的真實情況，並澄清了多項不實傳言。各章重點羅列如下：

【序章】

序章的段落安排很特別——編者開沼博在本章的開頭撰寫了「前言」，緊接著馬上就是「續『前言』」——雙前言其實是作者的精心安排，第一個前言是一般作者都會寫給讀者的著書動機說明，續前言則是開沼博從一位社會學家的角度，揭露「魅化語言」與「語言的空白地帶」對於真相的衝擊，並探討「推動除魅」的重要性。

值得一提的是，雖然本書在序章中特別編寫了「閱讀本書的基本須知」一節，內容提及放射性與放射線（亦稱輻射線）的差異，個人還想針對國人易混淆的專有名詞加以說明。首先是「輻射劑量」一詞，也就是本節所標明「表示人體受放射線影響的程度」，單位是西弗（Sv），書中有時亦作「輻射暴露劑量」；接著是書中出現頻率相當高的「輻射劑量率」，主要表示環境中的輻射強度，單位是西弗／小時。當一個人暴露於具有一定輻射劑量率的環境中一段時間後，這個人就會接受到一定的輻射劑量（即輻射劑量率乘上總暴露時間）；最後，某物質本身具有放射性或某物質遭受輻射污染（例如書中提及遭受輻射污染的魚種）的程度，便須以「輻射強度」（即本節所稱的放射性或放射性活度）表示，其單位為貝克（Bq），常見用法視物質狀態而異，固體為貝克／公斤，氣、液體則為貝克／公升。

此外，基於台、日對於核電廠除役的定義差異，實有必要在本導讀文中針對「閱讀本書的基本須知」一節，增加「廢爐」與「除役」的說明。在日本，特別是福島第一核電廠，「廢爐」主要涵蓋三項工作：一是確認污水對策、二是移出熔融燃料殘渣與正常用過燃料、三是拆除與善後。這其中只有第三項被稱為除役，除役是廢爐的工作項目之一；在台灣，「除役」一詞則涵蓋核電廠不再運轉後的所有必要工作，即使是福島第一核電廠正在進行的污水處理與燃料殘渣取出作業也稱為除役，我們並不使用廢爐一詞。

【第一章】

相較於其他章節，第一章的篇幅相當精簡。不過，即便如此，作者一開始便點出福島第一核電廠最大的問題，並不是大量污水的處理，不是燃料殘渣的取出作業，也不是工作人員的輻射暴露，更不是後續無法預期的各種天災人禍……廢爐最大的問題其實是「**我們不知道自己不知道什麼**。我們不知道自己在恐懼什麼，而愈是看不見的怪物，反而愈是駭人。」

個人最想推薦本章末吉川彰浩的專文，文中提及他為何參與本書的製作，主因是這本書並不是單純為了「學術性地解析福島第一核電廠」而寫，而是要讓人們活用從中學到的教訓。

【第二章】

作者簡單列舉廢爐主要的三項工作，為了說明熔融燃料殘渣生成的原因，扼要敘述了核能發電的原理以及反應器爐心熔毀的肇因。接著針對發生事故的四部機組，以圖表並陳的方式分別說明事故狀況、機組現況與目前面臨的課題。這幾節的閱讀重點在於根本沒有謠傳的核爆，而是高溫下鋯水反應產生的氫氣爆炸，導致一、三、四號機的上層結構與屋頂毀損，二號機有氫氣產生但沒有發生爆炸。

接著，作者進一步說明污水對策的執行成效以及燃料殘渣的形成與處理方式。這其中有相當多的工程技術細節，除了各種工法與工程機具的使用，鋯水反應產生氫氣的機制也在本章詳細說明。不想花太多時間全盤了解各項細節的讀者，倒是可以忽略第九六至一三二頁的內容。

「廢爐所產生的垃圾哪裡去？」是非常引人關注的課題，因此本書特別繪製了垃圾流向地圖。面對放射性廢棄物的處理，等待放射性核種的活度經歷數個半衰期而自然衰減，並將其保管在安全且穩定的狀態下是唯一的辦法，而盡量減少垃圾的製造也是廢爐作業的重點。

本章後段收錄了兩篇訪談紀錄與兩篇專文，特別推薦加拿大籍馬可麥克．威廉的〈世界眼中的福島與廢爐〉一文，從一個外國人的角度看世界各地對於福島核能事故的偏頗報導，並提出具體作法以改變國際間的既有成見，值得閱讀後深思。

【第三章】

福島第一核電廠周邊地區變成甚麼模樣了？首先會吸引一般大眾注意的，應該是在電廠工作的人與鄰近地區的居民，過著怎麼樣的日常生活。針對電廠周邊地區的復原與重建議題，本章收錄了三篇訪談紀錄，主題涵蓋社區營造、以人為本的重建、及3D測量技術如何為災區留下紀錄。

此外，為了讓當地居民與產品不再成為「風評被害」的苦主，本章也介紹了當地的住宿、美食、及海邊衝浪地點，並收錄了四篇專文。其中，除了衝浪、海釣等休閒活動的介紹，〈廢爐地區的課輔教室〉一文也記載了當地孩子的教育，文中提及「他們不是『災區的孩子』，都只是普通的孩子」最令人動容。

【第四章】

本章的標題是「如何談論廢爐？」，與其說是如何談論，不如說是不同工作背景的人到底如何看待廢爐。收錄了作家、日本兩黨議員、以及醫師的訪談內容，最後再由吉川彰浩的專文作結。

對於專業人員，本書極具災後處理與除役工程實務的參考價值；對於一般民眾，本書則有記錄廠區與鄰近受影響區域復原實況的科普教育價值。做為一個從事核能專業研究的教育人員，我對於本書的出版給予高度的肯定。誠如作者所言，多數人聽見福島第一核電廠的廢爐（除役）時，首先想到的恐怕只有「氫氣爆炸的影像」、「廠區內成排污水槽的景象」，以及以獨家爆料為題並強調危險性的報導等。事實上，距離事故的時間愈長，核電廠內部實況與真相也就更加明朗。然而，因為一般大眾對於事故的關注度下降，反而讓初期一些不具科學基礎的臆測或資訊不完整的錯誤判斷，持續停留在眾人的記憶中。期待透過本書多元及多方的詳實報導，過往針對福島事故而起的不實論述都可以停止散布。

在日本之外，大家更關心的，應該是類似福島第一核電廠的核能事故，到底會不會在採用核電的國家再度發生？全世界的核電廠都因福島事故，進行了有助於提升核能安全等級的壓力測試及系統更新，目的就是確保事故不會重演。如同本書協同作者吉川彰浩所說，本書不是單純為了「學術性地解析福島第一核電廠」而寫，而是要讓人們活用從中學到的教訓；同樣地，經歷了福島核能事故後，核電從業人員更能知道如何更積極有效地維護核能安全。

正是「前事之不忘，後事之師」！

於二〇一八年九月三日

*日語中「風評被害」一詞，指事故發生以後，因毫無根據的謠言或臆測所導致的利益損害。

# 福島第一核電廠

## 前言

《福島第一核電廠廢爐全紀錄》是世界上第一部正面記錄「福島第一核電廠廢爐現場」內部實情的出版品。這是事故發生五年以來，第一次從一般居民或民間立場，深入「福島第一核電廠事故」這場世界級事件的中心，調查廢爐現場的實情。這樣的進展究竟是「終於要開始了！」還是「已經要開始了？」看法因人而異，但無論如何，有一點可以肯定的是，我們有必要更深入且全面地了解「廢爐的現場」。

遙遙無期的廢爐作業與一度無人居住的周邊地區，究竟會面臨什麼樣的未來呢？其中或許有很大一部分取決於日本政府、東京電力公司（簡稱東電）或地方居民的努力，但比那更重要的，應該是我們未來在面對此議題時，抱持著什麼樣的理解與想像吧。不僅是我們的文明與科技，連語言、文化或藝術的力量、民主主義的形態、社會包容的建立機制等，都將在日後面臨更大的考驗。

從面對 2 號機與 1 號機的斜坡上拍攝的照片。（攝於 2016 年 1 月 14 日）

距離福島第一核電廠事故爆發至今已經五年（編按：日文版出版於二〇一六年。），關於福島的重建或引發事故的核電廠狀況，至今為止資訊漫天飛，而且依然會定期登上新聞媒體，不過似乎有很多人對於那些資訊或報導感到不滿。

「要不就是內容太專業難懂，不然就是內容太過極端，刻意製造恐慌，全都是在『批評』說：『那個沒做好』、『都是這個人的錯』什麼的，看著看著就愈來愈不感興趣，到最後連該相信誰都不知道了。」

「希望可以看到更淺顯易懂、更客觀且冷靜的說明。」

本書編纂的目的，就是為了回應這些確實存在在許多人心中，認為「福島好複雜、好麻煩」的想法。

筆者在二〇一五年出版的《福島學入門》（暫譯）當中，說明了福島縣整體的狀況，而本書則將焦點著重於當時未詳盡介紹的「福島第一核電廠的廢爐現場」。此處所謂的「廢爐現場」指的不僅是福島第一核電廠（以下參照當地居民的稱呼，簡稱為「1F」）的廠區內部（on-site），

還包含廠區外部（off-site）。

即使時至今日，媒體依然殘留著刻板且偏激的解讀傾向，例如宣稱「這是一塊永遠無法住人的土地」或「沒有人能夠踏入這塊土地」等等，但若一味相信這些短淺的印象，我們永遠也無法掌握「1F 廢爐」的現狀。

實際生活在那裡的人究竟在想些什麼？是什麼樣的活動在維繫著廢爐現場或周邊地區？這些光憑文字難以理解的部分，本書將透過漫畫或圖片提供更淺顯易懂的說明，並且對於試圖在「廢爐現場」負起事故責任的東京電力，提出最直接的疑問：在事故爆發五年後的現在，東電究竟在想些什麼？

如此抽絲剝繭地解開「福島好複雜、好麻煩」的狀態，讓那些想盡棉薄之力卻不知該如何是好的人，在機會到來時能夠心想：「買這個好了」、「去這裡好了」、「在這裡工作好了」。

讓廢爐現場成為這樣的一個地方，就是本書的目的。

本書並不是一本「每一頁都必須熟讀的書」，而是一本隨意翻閱到吸引目光的地方，再「淺嘗」

早晨的 J-village 足球場。車主們已經開始進行在 1F 的作業了。（攝於 2016 年 1 月 14 日）

一下自己有興趣的主題也無所謂的書。如果能在突然想到什麼疑問時，隨時翻開這本全紀錄，就已經符合我的期待了。

在閱讀本書的過程中，應該也會遇到像是「沒有更多這類的資訊了嗎？」、「這一點探討得不夠深入」、「核電廠政策又如何呢？」或「如何看待疏散、除污、賠償呢？」等渴望「了解更多」的部分，但誘發這些渴望也是本全紀錄的任務。

好吧，不如自己動手多調查一些吧，不如親自去現場確認吧，不如實際去訪問那些住在當地的人吧。

打開這種「正面的好奇心開關」，正是所有參與本書製作者共同的期望。至今為止，人們都將福島視為「負面好奇心」的對象，我認為推翻這樣的結構就是本書的重責大任。

請務必放鬆心情閱讀，並嘗試多方思考或與他人討論。即使是當下沒有興趣的議題也無所謂，只要把書留在手邊，總有一天會在新聞上看到、在人們口中聽到，或者自己產生興趣也不一定，屆時請務必翻閱自己想閱讀的部分。

上：事故前的 1 ～ 4 號機。（攝於 2008 年 8 月）
下：現在的 1 ～ 4 號機。（攝於 2016 年 1 月 14 日）
只有 2 號機依然維持原狀。1 號機由於放射性物質逸散，上面覆蓋著一層奶油色的遮蔽罩，3 號機的上層則明顯嚴重毀損。4 號機上覆蓋著一層取出燃料用的遮蔽罩。

12 ～ 16 頁的事故前照片屬於 Kitase Hiroaki 先生所有。

上：事故前從行政大樓本館屋頂眺望出去的景象。（攝於 2008 年 8 月）
下：從現在的大型休息所上層眺望出去的景象。（攝於 2016 年 1 月 14 日）
廠區內的森林在事故後被砍伐，成為污水儲存槽的放置區。另外也有很多人說，污水和瓦礫之所以能夠被保管在廠區內，是因為 1F 的腹地夠廣，而且那只不過是運氣好而已。

左：事故前，1F 廠區內的運動場。（攝於 2008 年 11 月）
右：運動場現在的模樣。（吉川彰浩攝於 2016 年 4 月 21 日）
現在放置放射性污水處理系統（Advanced Liquid Processing System，ALPS）和污水槽的地方，過去是運動場。

事故前的 1F 綠意盎然，但為了除污和抑制污水增加，許多草木都被砍伐，變得毫無生機。

走在 1F 裡會發現，工作人員將廠區內的狀況以各種形式視覺化，對於提升安全意識與避免工作傷害也深具意義。

廢爐公司增田負責人的桌上，隨時擺著事故時 1F 廠長吉田昌郎的照片，他已在 2013 年過世。

接班的人與交班的人。唯有親臨現場才能感受到現場 7000 人來來往往的活力。「今天也請一路安全。」

密密麻麻搭建在 J-village 體育場裡的組合屋，就是東電員工居住的宿舍，有住宅、餐廳、盥洗室等等。

事故前已有的排氣塔與事故後出現的起重機，這兩個從事故發生以來的 1F 廢爐象徵，總有一天會消失。

左：從十字路口 Fureai 朝東海岸望去的風景。（攝於 2008 年 11 月）
右：如今從差不多的位置望過去的風景。（吉川彰浩攝於 2016 年 4 月 21 日）
在事故前的照片中，可以看到森林後方的 1、2 號機排氣管。如今森林遭到砍伐後，可以看見卸除屋頂面板的 1 號機反應爐廠房。

為了防止放射性物質被帶到廠區之外，所有人在上下巴士時都要穿上或脫下鞋套，且使用過的鞋套必須丟掉。

擺放作業用長靴的架子。工作人員各自選擇尺寸相符的鞋子，戴上安全帽，然後才外出。

來到大量存放在廠區內的水槽附近，會被水槽群的規模給震撼到。從水槽整齊排列的模樣可以感覺到廢爐的混亂與秩序。

返鄉困難區域禁止徒步行走或騎乘自行車、機車通行，汽車也禁止慢行和迴轉。大抵上皆出於安全的考量。

作業結束後，裝備必須分開棄置。大多數情況下裝備都完好無缺，但下雨的時候也會出現一堆沾滿泥土的衣服。

從大型休息所的窗戶可以眺望 1 ～ 4 號機。1F 廠區幅員遼闊，即使是短距離的移動，搭乘巴士可能也需要 10 分鐘以上。

©Kitase Hiroaki
© 東京電力控股

左：事故前的邊坡（汐見坂）。（攝於 2008 年 11 月）

右：經過鋪裝的邊坡（2016 年 3 月）。 原本路旁的綠色土堤，現在為了避免放射性物質逸散和雨水滲透地底，幾乎都（使用水泥等材料）鋪裝起來了。

必須戴全罩式面具的區域已縮小到特定範圍。和事故剛發生時，從 J-village 就必須戴面具的情況比起來，已經是很大的進步了。

全罩式面具在確認放射性物質污染程度後，先擦拭表面，再更換過濾器，然後才回收再利用。

原子力規制委員会
Nuclear Regulation Authority

資源能源廳、核能管制委員會等日本政府機構也定期出入 1F 確認狀況。

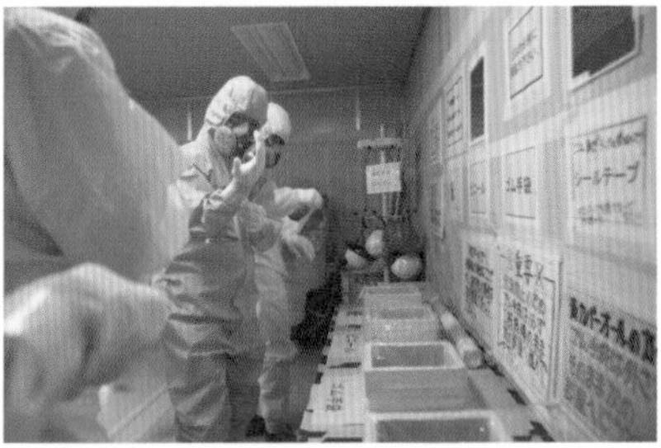

手套總共是 2 層橡膠手套加 1 層布手套。在尚未養成習慣前，光是要自行脫下 3 層手套，都是一項艱難的作業。

受到系統性管理的大量 APD（個人輻射劑量警報器）。男性配戴於胸口，女性配戴於下腹部。

廠區內的道路有交通號誌，還有正式名稱的「幹道」。事故前，1F 有超過 1 萬人在此工作，儼然就是一座小城市。

## 續「前言」

雖然才剛要各位「放鬆心情閱讀」，但接下來馬上就要補充一些對多數人來說，恐怕難以放鬆心情閱讀的內容了。儘管說是補充，但以分量上來說，反而比前言更加充實。

如果只是純粹「想要了解廢爐」的人，可以直接跳過這一段也無妨。

### 這本書是一本批判的書

這本書是一本批判的書，目的是要刺激政治批判、社會批判、文化批判等其他各個領域去「思考當下存在在那裡的語言形態」。

當中描述的是「福島第一核電廠廢爐」的現狀，包括引發事故的反應爐廠房、儲存污水的水槽、工作環境，或者是福島第一核電廠周邊地區的美食、衝浪地點等有關城鎮的狀況。當然，也包含放射線在內。

不過各位當然會懷疑，這到底哪裡與批判有關，而且應該大部分人都無法理解，為何我事到如今還要刻意標榜說「我要寫一本批判的書」吧。

這當中包含了距離三一一大地震五年後的現在，我個人的問題意識。

假如沒有批判的語言或批判性的態度，社會是不是就會失去健全的動力，在創造新世界觀的路上無以為繼呢？這份危機感就是我的問題意識。

狹義上來說，目前的「批判」僅針對有限的讀者出現在特定媒體上，甚至說是「早就沒人關注」也不為過。像以前那種文藝批判等書籍，如今幾乎不再刊行；兩千年盛行的內容批判也只是風靡一時而已；再不然像政治或其他時事性的批判，又有多少人想看呢？就像人們在談到「批判家」或「評論家」時，會說：「那個人只會批判而已」或是「我們根本不需要像評論家那種人」等等，將這些用詞使用於負面含義上，可見對多數人而言，「批判是不必要的事」也是鐵錚錚的事實吧。

### 期望找到新語言

然而，這樣真的沒問題嗎？

批判的語言或批判性的態度之所以有必要存在，是因為能夠填補存在於各處的「語言空白地帶」，或是釋放那些放著不管就會定型的語言，為社會帶來動力。當必須被談論卻無人談論的語言空白地帶出現在眼前，或是語言在相似的話題或對事物的刻板印象中定型而陷入膠著狀態時，批判將刷新既存的秩序，為我們狹隘的認知與社會形態帶來刺激與變化。

換句話說，這也可以說是一項「將原先被邊緣化的事物重新放到中間的作業」吧。可想而知的是，批判並不是要否定某件事情，讓那件事情潰散不起，而是讓原本人們眼中毫無存在意義或較不起眼的事物，顯現出其真正的價值，並提出嶄新的世界觀。此一創造性部分才是批判的精髓。舉例而言，音樂批判將爵士擺在中間，內容批判將萌系動畫擺在中間，持續告訴世人那些過去被忽略或輕視的事物當中存在著社會潮流尖端，而這些東西如今也不再處於邊緣。在不知不覺中被捲入那股批判力量所造成的「顛覆世界觀」漩渦中，是我們許多人都無法避免的事。

## 批判逐漸失去力量

但如今批判正逐漸失去力量，而且不僅是前文所提及的狹義批判，連廣義的批判語言或批判性態度也包含在內。

自持續研究三一一大地震後的思想以來，我感覺自己無論造訪何處，總是看到人們對於「語言的空白地帶」或「定型的語言」視而不見，在採取批判形式的大量否定語言當中，創造語言的生產性反而日益低落，使得空白地帶持續擴大，定型的語言更加屹立不搖。比方圍繞著核電或放射線等主題的教條主義議論即為一例，動員文科學者或文化人支持福島歧視也是一例。經過五年以後，那些只含有否定力量卻算不上批判的語言，不僅沒有改善狀況，反而使狀況更加惡化。我個人雖然從一開始就持續提出警告，但見到事情如先前警告般發展，實在令人痛心疾首。

類似的情況屢見不鮮。即使是外交或軍事方面的話題，像「只要美國答應保護我們，絕對可以放心」這種話，就是明顯虛偽的絕對安全神話，但如果因為想要批判這樣的謊言，而強辯「只要我們保持低調，中國或『伊斯蘭國』（ＩＳ）絕對不會打過來」，這種話也只是絕對安全神話而已。我們真正需要的，是努力尋找出可以在左右兩端之間，在以「定型語言」創造出的神話之間，填補「語言的空白地帶」的答案。

然而，在三一一大地震後應該檢討「絕對安全神話」的強辯，這項過失的時空中，卻很少有人追究我們為何毫無成長，又是否放任那些理應被談論的語言空白地帶，在未獲得填補的情況下定型。

無論是「仇恨言論」或「美麗日本復活」等網路右翼排外主義或復古主義、老是呼喊著「安倍去死」的老一派左翼銀髮劣化民主，與仗勢者編織出的彈劾行動上癮症，或是臉書上按「讚」等偽認同的泡沫結構，都讓討論變得更加封閉，只能成立於同質的語言之間，並重新生產出擴大「語言空白地帶」的「定型語言」。

## 「事實」與「公正」<br>「意見」與「正義」

三一一大地震後的學術研究或報導本應藉由引用「Fact（事實）」或「Fairness（公正的看法）」，發揮使各種議論相對化與互相連結的功能。

然而，實際上人們卻更強烈地傾向於採取截然不同的行動。若以 Fact 與

Opinion、Fairness與Justice的關係加以彙總，就會得到以下結果：

在Fact之前存在著先入為主的Opinion（意見），因此蒐集符合該Opinion的Fact。在確認Fairness之前，先主張自己站在Justice（正義）這一方，並找個理由讓自己表現得看似握有Fairness一般。帶有Opinion的Fact；帶有Justice的Fairness。

當人們開始如談論Fact般發表Opinion，如提出Fairness般強辯Justice時，語言就會開始暴衝。

試圖從「Opinion與Justice」而非「Fact與Fairness」展開的思考，是「惡的意識形態」。那會扭曲人們對現狀的認知，使學術或報導成為有利於既得利益者的政治工具，並掩蓋掉從中墜落的弱者之聲。此處所謂的既得利益者，指的不僅是靠近國家權力或鉅額資本中心的那些人，當然也包含那些看似站在對立面，實際上卻位於學術或報導中心，試圖獨占語言或文化資源的知識分子與其支持者。無論是前者或後者，都高舉「Opinion與Justice」的旗幟，奪取批判的力量。

## 圍繞福島的魅化語言

拙作《福島學入門》（或《被漂白的社會》（暫譯）也是）就是以批判對抗這種三一一大地震後的語言為目的下的產物。那是一項以福島為中心，主要在與社會科學議題有關的語言當中取回學問的作業。當然，「學術」可以有很多種定義，但此處姑且採取馬克思・韋伯（Max Weber）那套奠基於科學觀念上的理論，將之定義為「除魅」（disenchantment）。

舉例而言，在近代以前的社會中，每當傳染病流行或天災發生時，人們會說：「這是某項舉動觸怒神明才得到的報應。」或「是巫師引起了這個現象。」用「魅化」的語言加以說明。

在以往處於支配地位的宗教性世界觀或傳統秩序中，一旦發生不合理的事，「魅化語言」就會出現，給人們帶來一定的說服力或精神安慰。

然而到了近代，那種說明的功能逐漸被學術取代。人們開始以符合科學理性的方式加以說明，例如：「這種病毒會在這樣的條件下感染」或「在這樣的氣象條件底下，發生了這樣的物理現象，因此造成這場災害」等等。提供了像是「對付這種疾病要用這種藥才有效」、「要避免這種災害，採取這種對策是有效的」等解決課題的合理選擇，而不是只是採取「一味祈禱」、「獵殺女巫」或「提供祭品」等魔法的解決方式。

與福島有關的課題實在圍繞著太多Opinion與Justice，還有魅化的語言，例如「背後有一股巨大的力量在掩蓋事實」、「〇年之後人們會陸續死亡，世界末日即將到來」等陰謀論或末日論，或是刻意編造敵人或悲劇，像是在說「那裡有巫婆」一樣，反覆製造把人事物高吊起來的道德恐慌。

所謂的取回學問，就是針對被人們以魅化語言扭曲的福島相關課題，給予科學的說明，並提供解決課題的選擇。

這種充滿含有Opinion與Justice的語言或「魅化語言」的狀況，應該也是各種議題之間共同存在的普遍問題吧。「以科學方式解決課題之必要性」的提升也是如此，廣義的批判語言或態度，在這之中以學術基礎為前提再度復活。這是我希望透過有關福島第一核電廠廢爐的書，也就是這本《福島第一核電廠廢爐全紀錄》達到的目的。

## 為什麼福島第一核電廠是「語言的空白地帶」？

不過，為什麼必須選擇「福島第一核電廠的廢爐」作為探討的對象呢？

第一個理由是，三一一大地震是考察現代社會最重要的主題之一。就算與其他各種社會現象做比較，這也是一個值得書寫的兼具國際性與歷史意義的問題，這一點應該很多人都同意吧。

另一個理由是，我認為在與三一一大地震有關的問題當中，最應該著手處理卻存在著「語言空白地帶」的核心課題，就是「福島第一核電廠的廢爐」。

自二〇一一年三月十一日以來，我們應該已經被迫聽聞許多有關「核電廠」或「福島」的詞彙，但我認為儘管如此，卻有兩個問題始終不曾有人透過研究、報導或文化議題加以處理，一是像廣域自主疏散等，與避諱放射線有關的社會現象，其二就是福島第一核電廠的廢爐現場。

關於前者，我打算另找機會撰稿，但假如前者是從物理和社會意義上，距離三一一大地震較「遠」的問題，那麼後者就是從物理和社會意義上，距離三一一大地震「最近的」，或者說是存在於「正中心」的問題。在我們著手處理這個「三一一的正中心」之前，時間已經過了五年。

當然，現在的新聞依然定期報導福島第一核電廠內正在發生的事情。

只是我們對那裡抱著什麼樣的印象呢？我們能夠談論多少內部的實情呢？對多數人而言，聽見「福島第一核電廠廢爐」時，腦海中浮現的恐怕只有「氫氣爆炸的影像」、「廠區內成排污水槽的景象」、「以潛入報告為題，配戴輻射劑量警報器並強調危險性的報導」等範圍有限且充滿刻板印象的畫面不是嗎？

這之所以構成問題，是因為那些刻板印象讓「抽象且妖魔化的三一一」形象無限膨脹。原本應該在過程中直視現場具體存在的人物或景象，揭露「具體的三一一」，以解決當中的課題，尋找出更多的希望。但隨著「抽象且妖魔化的三一一」形象日益膨脹，必須捕捉的實況日漸模糊，「魅化的語言」日益猖狂，於是延誤發現問題端倪的時機。

現在正是透過詳細描寫「福島第一核電廠的廢爐現場」，讓更多人共有「具體的三一一」的必要時刻。

## 語言的空白地帶
### 不只是福島第一核電廠而已

「廢爐的現場」對福島問題而言，就像「下層結構」一樣。也就是說，即使福島問題中的政治、經濟，或者是文化、教育等「上層結構」面臨的問題得到修復，一旦「廢爐的現場」即「下層結構」發生任何異狀，連上層結構也會再度崩塌。反之，若「廢爐的現場」得到修復，並加強對現狀的理解，那麼「上層結構」也會連帶變得比較容易修復。

不過談論這個「廢爐現場」的語言，始終處於不足的狀態。就好比甜甜圈一樣，圍繞著三一一的語言是中空的結構，周圍一圈很厚，再遠一點的邊緣處則再度變為空白。

這個「語言甜甜圈」所創造出來的中空結構，同樣可見於其他的議題。不管是安保也好，福祉也罷，甚至是其他任何問題，從外往裡看似乎可以看到此起彼落的議論，但稍微冷靜下來俯瞰就會發現，中心部分的語言是不足的。由於呈現中空結構，因此對話毫無交集的對立結構逐漸定型，眾人也在懷抱不滿與不安的狀態下「安定」下來。不過現在正是時候，必須動手摧毀這個對任何人都無益的、「安定」的膠著狀態。因此，我必須開始嘗試喚起批判的語言或批判性的態度。

## 推動除魅

那麼，如何才能實現這件事呢？

線索之一就是前文所提到的，推動韋伯式的「除魅」。正如我在《福島學入門》中所詳述，除魅也是將過度政治化、科學化，導致多數人覺得「很困難、很麻煩」的問題，重新以科學的方式記述。

但光這樣是不夠的。另一個剛好在一百年前左右，亦即在二十世紀初被提出的和「除魅」同樣值得參考的，就是大約始於兩百五十年前，也就是十八世紀中葉開始編纂的《百科全書》。

百科全書是世界史課本上教過的內容，相信很多人還有印象吧？簡而言之，百科全書就是這樣的東西：

十八世紀，隨著工業革命的進展，學術領域逐漸細分，而且各自急速發展。於此同時，學術性的知識量也以前所未有的速度增長，並且零亂地分散在社會之中。

因此，有人開始採取行動，嘗試系統性地整理那些知識，以建立所有人都能夠參考的「知識平台」。行動的目的是為了出版《百科全書》，而參與者則是將近兩百名被統稱為「百科全書派」的執筆者。執筆者中有像孟德斯鳩或盧梭等名人，也有其他不知名的人，最後他們總共在十八世紀下半葉完成了二十八卷的百科全書。

這之所以是劃時代的創舉，不僅是因為分量或執筆者眾多的緣故，也是因為這挑戰了當時處於支配地位的宗教世界觀或傳統秩序所構築的知識體系，並為日後的啟蒙思想奠定了誕生的基礎。

舉例而言，對於前文所述的「魅化語言」，或是「位於學術或報導中心，試圖獨占語言或文化資源的知識分子」不顧事實真相，班門弄斧地斷言「〇〇就是這麼一回事」或「〇〇就是這種東西」，導致知識形態從而確立等情況，他們會用「根據目前所知的科學理性，可以這樣說（你所說的是一派胡言）」的說法加以對抗與解毒。在那樣的意義下，非常具有批判性（關於三一一以後的「魅化語言」或「位於學術或報導中心，試圖獨占語言或文化資源的知識分子」所說的「福島就是這麼一回事」或「廢爐就是這種東西」等妄言究竟造成多少弊害，我考慮找個時機好好驗證一番）。

## 效法《百科全書》
## 樹立知識架構的典範

百科全書的再版耗費了二十年以上的時間，而參與其中的眾多優秀啟蒙思想家當中，都有一項與工業革命並重的共同體驗，那就是西元一七五五年的里斯本大地震。那場災難以葡萄牙首都里斯本為中心，不僅對西歐，甚至對北非都造成地震、海嘯與火災等三重損傷，死亡人數多達十萬規模，讓整個歐洲的知識分子都大受衝擊。尤其葡萄牙做為一個虔誠的基督教國家（譯註：日本將天主教定義為基督教底下的一支教會，在中文的分類裡一向直接稱葡萄牙為天主教國家。），首都卻在天主教會的祭日十一月一日遭遇災難，使得過去建立在以神為中心的世界觀此基礎之上的諸學問，從根本上徹底翻覆。

這套《百科全書》問世的工業革命初期的狀況，或者是受到重大災難衝擊的時代，應該也可以做為我們在思考現代知識形態上的參考吧。

兩者的共通點是既存社會的知識形態出現根本性的轉變，且資訊量爆發性地增長。也就是說，在百科全書派出現的時代，是工業革命促成此事，現代則是資訊科技的急速發展在推波助瀾。資訊科技的發展創造出像社群網路等前所未有的資訊收發管道，連傳播形態也一併改變了。

那麼充斥在社會上的資訊量增加，人們所擁有的知識是否也隨之增加呢？事實上，在面對資訊無限制地增加時，人們反而感到混亂，不曉得該如何學習哪些知識，因此陷入停止思考的狀態。例如針對網路上的溝通，就有人指出「網路串流（cyber cascade，相同論調的言論集結，集約化與極端化後，成為一種可見的現象）」的問題，認為這種現象讓偏頗的知識走向極端，並創造出排外的集團。當遇到某些懷抱政治意圖、出現出於利害關係或想要推廣偽科學的人時，人們就會隨他們的言論起舞。知識分子或媒體原本應該匡正視聽，卻毫不打算履行義務，反而殃及那些心懷不安與不滿且處於弱勢的人。

面對這樣的情況，我們難道沒有必要

再次建立「知識的平台」嗎？像十八世紀中問世的《百科全書》那樣，將凌亂四散的資訊加以體系化，然後在社會已經複雜到幾乎不可能像《百科全書》時代那樣蒐羅所有主題的現在，用鑽研特定主題以彌補語言空白地帶的形式，樹立知識架構的典範，以求達到「如果要談論那個主題的話，先了解這些基礎」的程度。

「吾等相信，擁有一本在技術與學問的所有領域皆可參考，且在啟蒙那些純粹為了自己自學者的同時，亦有助於引導那些勇於投身教育他人志業者的《辭典》，是一件重要的事。」

「願後世的人們翻開我們的《辭典》，會說：『原來這就是當時學問與藝術的狀態啊。』願後世的人們將自己的發現結合在我們所記錄的發現上，讓人類精神與其產物的歷史在相隔久遠的幾世紀以後，依然能夠代代相傳下去！願《百科全書》成為守護人類知識不受時間流逝與變革影響的神殿！」（節譯自德尼・狄德羅、讓・勒朗・達朗貝爾《百科全書》）

《福島第一核電廠廢爐全紀錄》以那樣的前提問世。在現代社會，書籍這種媒體不需要塞進所有的知識，而是著重於提供一個入口，製造接觸影片、網路或親臨現場等加深知識的機會。

但願這項嘗試能夠成為改變三一一以後的語言形態的契機。

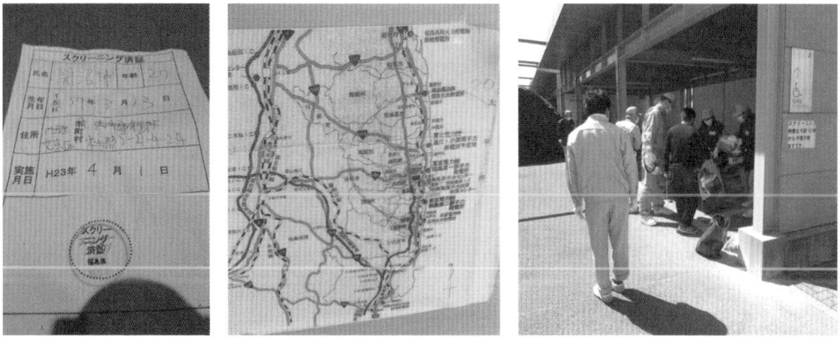


核電廠事故發生後，設置於磐城市保健所（譯註：保健所相當於台灣的「健康服務中心」或地方衛生所。）內的偵測檢查場。人們在此處測量全身和隨身衣物等的輻射強度。牆壁上貼著畫有同心圓的地圖，可以確認偵檢對象來自何處，檢查後會拿到一張檢查完畢證明書。（攝影：開沼博）

# 日本的核能發電廠

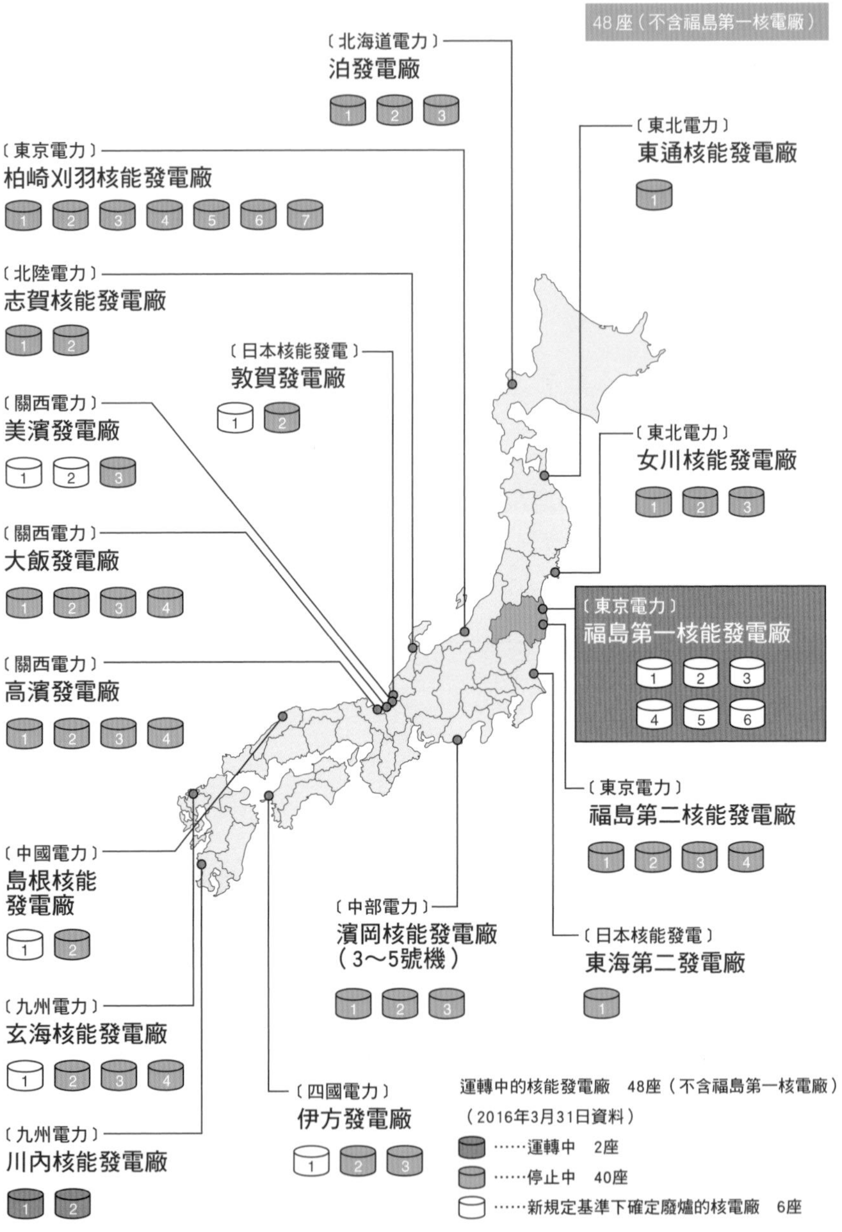
48座（不含福島第一核電廠）
〔北海道電力〕
泊發電廠
1 2 3
〔東北電力〕
東通核能發電廠
1
〔東京電力〕
柏崎刈羽核能發電廠
1 2 3 4 5 6 7
〔北陸電力〕
志賀核能發電廠
1 2
〔日本核能發電〕
敦賀發電廠
1 2
〔關西電力〕
美濱發電廠
1 2 3
〔東北電力〕
女川核能發電廠
1 2 3
〔關西電力〕
大飯發電廠
1 2 3 4
〔東京電力〕
福島第一核能發電廠
1 2 3 4 5 6
〔關西電力〕
高濱發電廠
1 2 3 4
〔東京電力〕
福島第二核能發電廠
1 2 3 4
〔中國電力〕
島根核能
發電廠
1 2
〔中部電力〕
濱岡核能發電廠
（3～5號機）
1 2 3
〔日本核能發電〕
東海第二發電廠
1
〔九州電力〕
玄海核能發電廠
1 2 3 4
〔四國電力〕
伊方發電廠
1 2 3
〔九州電力〕
川內核能發電廠
1 2
運轉中的核能發電廠　48座（不含福島第一核電廠）
（2016年3月31日資料）
……運轉中　2座
……停止中　40座
……新規定基準下確定廢爐的核電廠　6座

出處：日本核能技術協會、日本核能產業協會等

# 福島第一核電廠廣域地圖

約150km
約100km
國見町
桑折町
新地町
福島市
伊達市
相馬市
喜多方市
北鹽原村
西會津町
川俣町
飯館村
南相馬市
猪苗代町
會津
坂下町
湯川村
磐梯町
二本松市
大玉村
本宮市
葛尾村
浪江町
會津若松市
金山町
三島町
柳津町
會津美里町
三春町
田村市
雙葉町
郡山市
大熊町
川內村
富岡町
昭和村
須賀川市
只見町
下鄉町
天榮村
小野町
楢葉町
鏡石町
玉川村
平田村
廣野町
矢吹町
西鄉村
泉崎村
中島村
石川町
南會津町
白河市
淺川町
古殿町
磐城市
檜枝岐村
棚倉町
鮫川村
塙町
矢祭町
會津地方
中通
濱通

福島縣主要可以分成三大地區，分別是福島縣沿岸地區與阿武隈高地所夾的「濱通」、奧羽山脈與阿武隈高地所夾的「中通」，和鄰接新潟縣的越後山脈與奧羽山脈所夾的「會津地方」。
這三大地區的氣候各異，連縣內的天氣預報也分成三區報導。
此處是繼北海道與岩手縣之後，日本面積第三大的行政區。

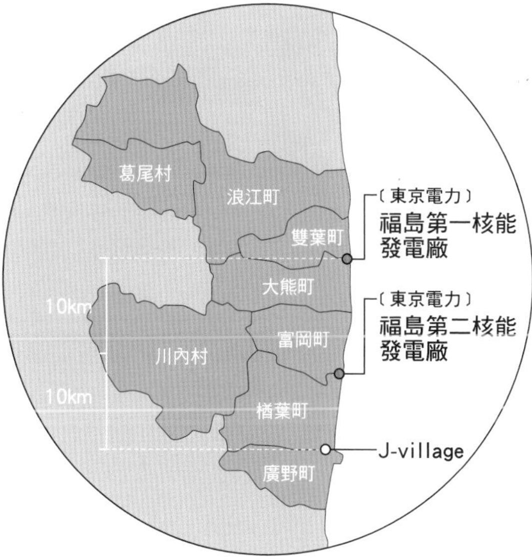
葛尾村
浪江町
雙葉町
〔東京電力〕
福島第一核能發電廠
大熊町
10km
〔東京電力〕
福島第二核能發電廠
川內村
富岡町
10km
楢葉町
J-village
廣野町

關於疏散指示區域請詳 ▶▶ p.268

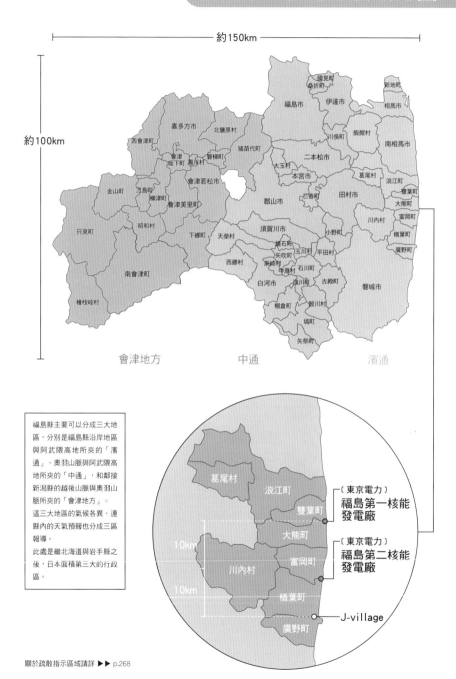

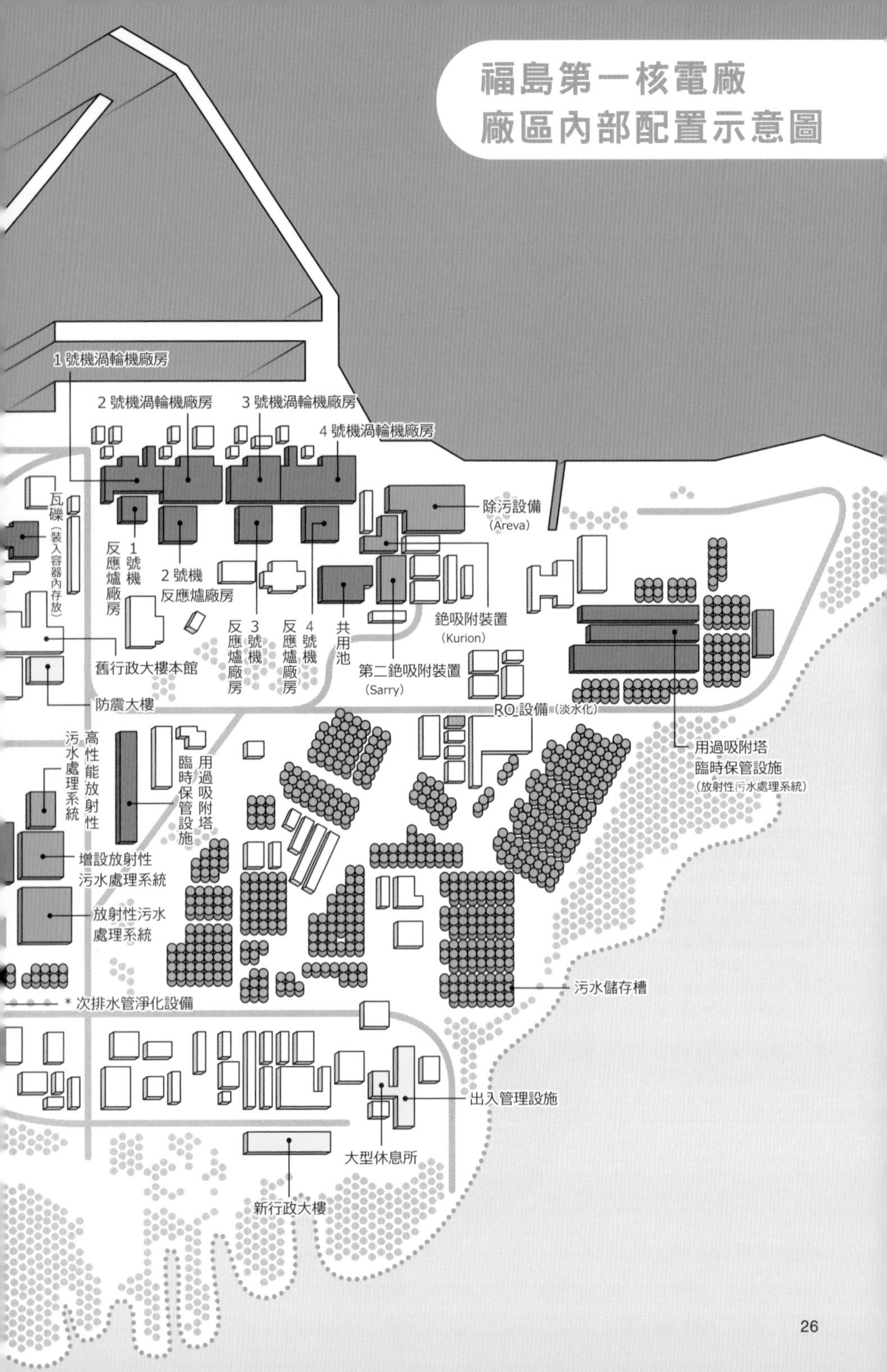
福島第一核電廠
廠區內部配置示意圖
1 號機渦輪機廠房
2 號機渦輪機廠房
3 號機渦輪機廠房
4 號機渦輪機廠房
除污設備
(Areva)
瓦礫（裝入容器內存放）
1號機反應爐廠房
2 號機反應爐廠房
3號機反應爐廠房
4號機反應爐廠房
共用池
銫吸附裝置
(Kurion)
第二銫吸附裝置
(Sarry)
舊行政大樓本館
防震大樓
RO 設備（淡水化）
高性能放射性污水處理系統
用過吸附塔臨時保管設施
用過吸附塔
臨時保管設施
(放射性污水處理系統)
增設放射性
污水處理系統
放射性污水
處理系統
污水儲存槽
＊次排水管淨化設備
出入管理設施
大型休息所
新行政大樓

### 關於福島第一核電廠 5、6 號機

311 當時，5、6 號機因為定期檢查而處於停止運轉的狀態，其後利用倖免於海嘯災害的柴油發電機冷卻反應爐與用過核燃料池，因此至今仍保持穩定狀態。在 2014 年 1 月 31 日確定廢爐。目前正研議今後是否活用於廢爐作業的研究開發上。本書探討的焦點著重於引發事故的 1 ～ 4 號機。

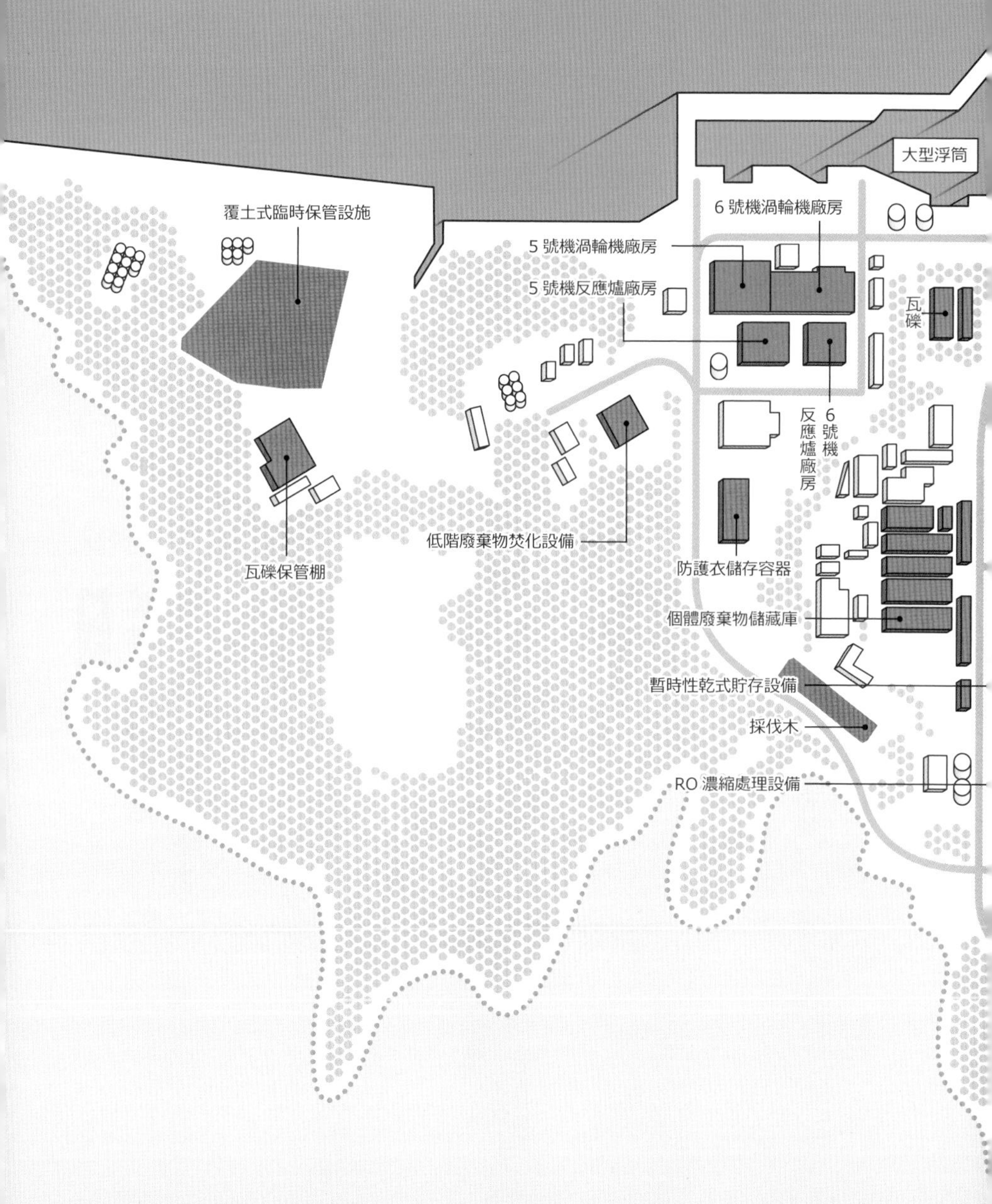
大型浮筒
6 號機渦輪機廠房
覆土式臨時保管設施
5 號機渦輪機廠房
5 號機反應爐廠房
瓦礫
6 號機反應爐廠房
低階廢棄物焚化設備
瓦礫保管棚
防護衣儲存容器
個體廢棄物儲藏庫
暫時性乾式貯存設備
採伐木
RO 濃縮處理設備

目次

## 第三章 1F周邊地區變成什麼模樣？

書腰插畫／竜田一人

## 本書將福島第一核能發電廠簡稱為「1F」。

這是因為在福島第一核能發電廠工作的人
與居住在周邊的人都這樣稱呼的關係。
同理，福島第二核能發電廠則簡稱為「2F」。

放射性與放射線的差異／單位「西弗（**Sievert，Sv**）」與「貝克（**Becquerel，Bq**）」的差異（詳見 **159** 頁）。

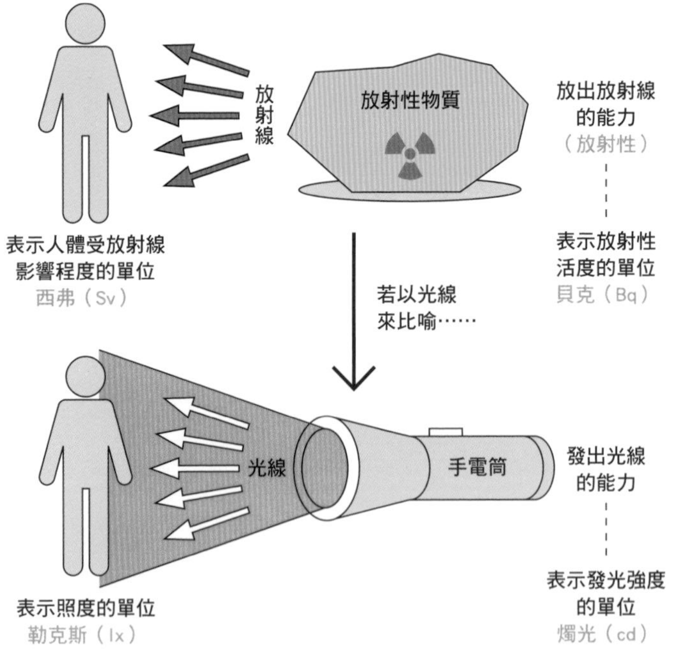
放射線
放射性物質
放出放射線
的能力
（放射性）
表示人體受放射線
影響程度的單位
西弗（Sv）
表示放射性
活度的單位
貝克（Bq）
若以光線
來比喻……
光線
手電筒
發出光線
的能力
表示發光強度
的單位
燭光（cd）
表示照度的單位
勒克斯（lx）

# 凡例

・關於參考用的資料與文獻，凡未特別標注者，皆為目前（2016 年 3 月）可取得的資訊。

・若未特別標示，則「現在」皆表示 2016 年 3 月。

・沒有特別注明日期的照片，拍攝日期皆為 2015 年 11 月 18 日、19 日或 2016 年 1 月 14 日。

・附註一律列示於各單元文章之後。

・本書的內容係根據相關人士的訪談、相關資料的蒐集、現場視察、公開資訊的分析、非正式的諮詢等調查而完成。未特別署名的訪談，採訪者皆為開沼博。

・調查過程中，協助訪談或資訊蒐集的主要對象詳見以下名單。對於如此耗時費力的採訪，再次感謝各方人士撥冗配合。

東京電力（福島復興本社代表、福島第一廢爐推進公司負責人、污水對策與燃料池等各現場負責人、在現場效力的員工等）、參與 1F 廢爐作業的企業（東京電力技術等）、日本經濟產業省資源能源廳（廢爐與污水對策負責人等）、日本內閣府（核能受災者生活支援組負責人等）、日本環境省（除污與中期貯存設施負責人等）、JAEA（楢葉遠端技術開發中心負責人等）、福島復興中央廚房、核能損害賠償與廢爐等支援機構、福島相雙復興官民合同組織、疏散指示範圍內的 12 市町村各自治體居民、同自治體職員、同 NPO 等相關人士、報紙與通信社（各公司核電廠與福島負責人）

・本書的目的是闡明與宣傳福島第一核電廠廢爐的實際情形。此外，關於本書與「事故加害者責任追究」的關係或「提示實物的意圖」，以下援用日本消費者廳於 2011 年 5 月所彙總之「事故調查機構立場檢討會重點」的精華部分。

### 關於本書與「事故加害者責任追究」的關係

無論採取多少手續，要闡明「真相」以回應所有的觀點，恐怕堪稱是一件艱難的任務。在事故調查當中，一來不可能回應所有責任追究的觀點，二來也不應該如此回應。然而，這並不等同於刑事、民事、行政等各責任都不需要加以追究。（24 頁。第 4・預防再度發生的事故調查、1・調查的觀點）

雖然在被害者的需求當中，包含滿足懲罰心理或經濟支援等等，但事故調查機構或制度要滿足這些責任，也有一定的限制。

然而，為了能夠得到被害者的信賴與接受，或協助他們從事故當中受到的傷害中振作，事故調查機構或制度仍有其必須處理的課題。事故調查在確保其中立性與公正性，以及與責任追究之意圖劃清界線之餘，必須處理的課題從大方向來說包括「針對事故調查過程與其結果如何應用於提升安全性，提供並說明相關資訊」、「考量被害者的心情」以及「聆聽被害者的聲音，確保被害者參與制度的機制」。（30 頁。第 5・面對被害者的事故調查、1・在事故調查當中，為何有必要面對被害者？）

### 關於本書中「提示實物的意圖」

亦即，活用唯有實物才具有的控訴力，據信在防止事故再度發生上也極其有效，藉由保存事故記憶，在社會中提供一個持續敲響安全警鐘的場所，對於實現社會安全有莫大的貢獻。這些雖然不算是事故調查本身，但相信也是一種活用事故調查結果的重要方法。（29 頁。第 4・防止再度發生的事故調查、 8・調查結果的活用）

對於被害者而言，事故遭人淡忘一事，會使他們承受雙重的痛苦，一方面強化在事故中失去血親的失落感，另一方面則使其本身遭受的痛苦被無端抹去。因此，藉由在可能的範圍內展示與事故相關的物品等方法，用肉眼看得見的形式保存事故的記憶，讓事故在不被淡忘的前提下，永遠在社會中扮演安全警鐘的角色，相信對於獲得被害者的信賴與接受大有助益。

此外，唯有實物才具有的控訴力，是光憑訴諸文字的知識所無法獲得的效果，而活用這樣的控訴力，正如前文所述，對於實現社會安全有莫大的貢獻。（34 頁。第 5・面對被害者的事故調查、6・事故記憶的保存）

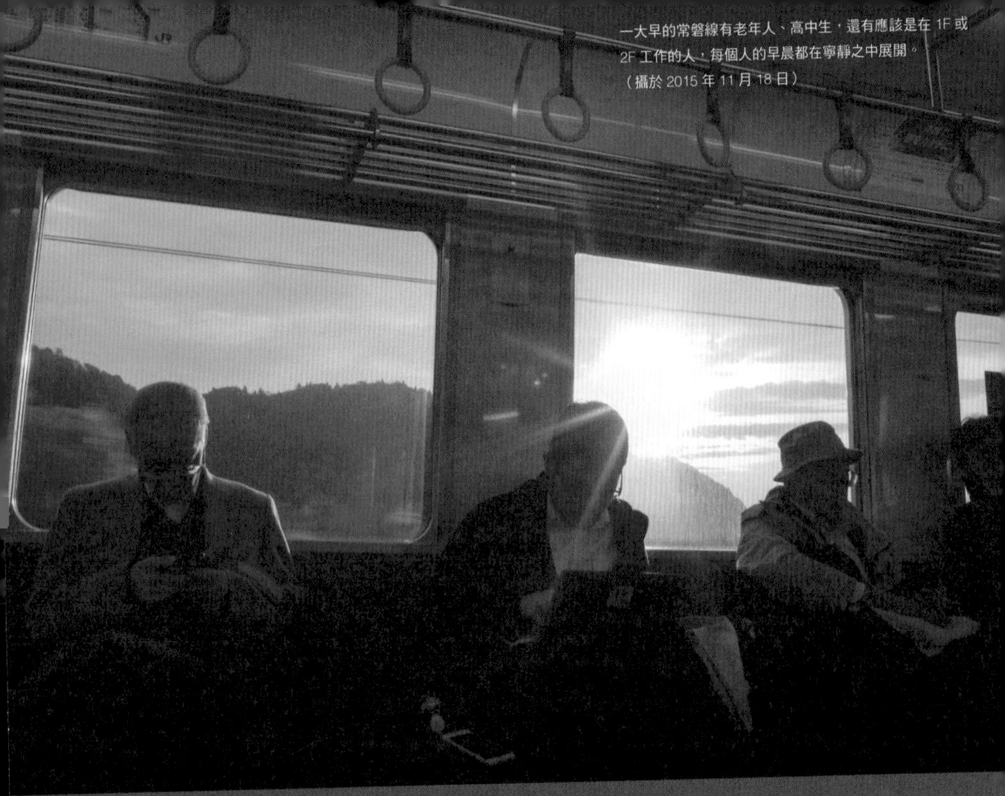

一大早的常磐線有老年人、高中生，還有應該是在 1F 或 2F 工作的人，每個人的早晨都在寧靜之中展開。（攝於 2015 年 11 月 18 日）

# 第一章

## 福島第一核電廠最大的問題是什麼？

在了解、思考、參與福島第一核電廠的廢爐之前，本章將先思考一個問題：「第一步應該著眼於何處？」

1F廢爐最大的問題是什麼呢？

答案不是「污水」，不是「殘渣取出作業」，不是「作業員暴露於輻射之中」，也不是「地震、海嘯、恐攻將造成無法預期的危機」。當然，這些全都是很重要的問題，也是本書理當探討的重要主題。大眾媒體在報導時也著眼於這些部分，而我們自己應該也很習慣經由這些主題接觸廢爐問題了吧。

橫亙在1F廢爐與我們之間最大的問題是「印象的定型」。

曾經有一名在推特上有一定影響力的人發表過這樣的言論，他說：「ALPS（放射性污水處理系統）至今依然沒有正式開始運作。」結果引來大量的批判。為什麼呢？因為當時ALPS早就已經「正式開始運作」了。那個人應該是在「廢爐遲遲沒有進展」的刻板印象認知中，沒有仔細調查持續更新的狀況，才會做出這樣的發言吧。雖然ALPS確實曾經因為一些狀況而處於停止運作的狀態，但這絕對是好一段時間未經更新的印象。現在也還是有一定的群眾認為，「ALPS到頭來還是因為一些狀況而處於停止運作的狀態」，但實際上，污水的淨化處理的確有按照計畫進行，而且從現狀來看，目前已越過巨大的障礙，暫時告一段落，這才是「廢爐現場」的事實。

也有人認為「污水正持續增加，而且持續排出大量的放射性物質到海裡」、「廢爐作業員因為暴露於高強度的輻射之中，所以愈來愈多人無法工作，導致廢爐作業停滯不前」、「廢爐的工作環境極度惡劣，因此死傷人數遭到隱瞞，並未向大眾公開」等等。這些「定型的印象」不見得與「事實」相符。

當有任何異常發生時，媒體往往會斷章取義，告知大眾說：「果然發生了嚴重的事情。」那麼當「嚴重的事情」獲得控制時，媒體也會像先前那樣大肆報導嗎？恐怕未必如此，接下來被報導出來的，又是後來發現的「新的嚴重狀況」。

比起正常更渴求異常、比起日常更愛非日常的煽情主義，以及在那之中，始終不曾理解事物已經正常進行、回歸日常，只會放任恐懼感在不理解中持續擴大的我們。

出自於不理解的恐懼感，也就是一種與怪物對峙的心理。

1F廢爐最大的問題就是「我們不知道自己不知道什麼」。我們不知道自己在恐懼什麼，而愈是看不見的怪物，反而愈是駭人。正因如此，恐懼感才會節節高升，讓人不願正視現實。

第一步該做的事就是認識現狀，先知道自己「不了解什麼」，然後確定自己接下來該了解什麼，而不再假裝自己什麼都知道。

接下來，且讓我們不放棄對事實理解的堅持，一同來確立面對1F的立場吧。

**攝影師石井健眼中的風景 ①**

位於福島縣雙葉郡的 J-village。此處原本是日本足球協會等單位出資設立的足球專用訓練設施，在核電廠事故後成為善後用的前線基地與應變據點。每天早上，許多工作人員從這裡搭上巴士，前往福島第一核電廠或第二核電廠。大廳裡掛著用來激勵核電廠工作人員的大型橫幅，卻也同時保留著 2010 年國際足協世界盃的日本代表選手團體照等等。

牆壁上展示著紙鶴和英日文信件，其中還有像在懇求一般的信，用孩子氣的字跡寫著「請冷卻核電廠」。

攝於 2016 年 1 月 14 日

竜田一人漫畫 1

# 全員集合！

我的名字叫做竜田一人，請恕我使用假名。
竜田
二○一二年和二○一四年時，我曾在福島第一核電廠擔任廢爐作業員。
不過，廢爐作業員這個名稱叫起來簡單……
吉川先生、開沼先生，請問廢爐到底是什麼呢？
從哪裡開始到哪裡為止是屬於廢爐的範圍呢？
就是把所有廢棄物處理到可以安心的狀態。
一般社團法人 AFW＊代表
吉川彰浩

＊註：Appreciate FUKUSHIMA Workers 的簡稱，創立於 2013 年。

吉川先生從事故發生前就在第一核電廠（1F）、第二核電廠（2F）工作，目前已經退休，並以廢棄物處理專家的身分進行各種宣傳1F廢爐現狀的活動。
所有廢棄物指的並不只是核燃料的處理或廠房的拆除而已，還包含除污土、污水或裝備等等。
原來如此，真是簡單明瞭。

我認為在那些之外，還要加上重新建立周邊地區的產業和社區，才算全面完成廢爐。
社會學家 開沼博
開沼先生在地震發生前，已經在進行以核電廠為中心的社會結構研究了。
地震後也藉由徹底的田野調查，投身災區所面臨的問題中。
沒有想太多
原來如此啊～我還天真地以為只要把那裡變成空地就好了。
但是……
不管怎麼說，當地的現狀……
一般大眾真的都不了解吧。

（轟，爆炸聲。）
二〇一一年三月的
事故發生以來——
3号機は核爆発!!
チェルノブイリを超えた!
（3號機核爆炸！！超越車諾比！）
真假不明的資訊漫天飛
社會混亂
充斥著各種謠言
子どもに異
員死亡!
而且至今依然以二次傷害等
各種形式折磨著受災地區
（孩童出現異狀）
其中一個原因是來自
廢爐現場的資訊沒有及時
傳播出去，
因此很多人都不曾更新資
訊，對於廢爐始終停留在
事故發生當時「不曉得接
下來會怎麼樣」的印象。

通常愈是嚷嚷著「資訊太少所以不了解」的人，愈不會主動掌握新資訊。
所以再怎麼努力宣導，他們也聽不見啊。
畢竟東電或政府公布的資訊都是艱澀的內容，
再說他們也沒能得到民眾的信賴。
明明網路上也公布了大量的1F廠房或相關政府單位的公開資料啊。
但資料不僅難找，內容也太艱澀。
況且本來就有一部分人不瀏覽網路的。
所以果然還是需要由政府或東電以外的第三方來整理資訊才對。
而且要讓所有人都能夠輕易理解。
既然如此……
就由我們出馬吧！

（類「喔！」，充滿幹勁。）

因此，我們為了製作這本書而集合在一起……
可是如果做這種事的話……
八成又會被說成是東電派來的間諜了吧。
愛說就讓他們去說吧！

已經被說習慣了

反正百聞不如一見，現在就和我們一起去看看廢爐的現場吧！
開沼
竜田
吉川

# 廢爐年表

## 地震發生 5 年間至 3 月 11 日為止的大事記

福島第一核能發電廠海嘯來襲狀況
（攝於 2011 年 3 月 11 日）

事故後的 3、4 號機
（攝於 2011 年 3 月 16 日）

行政大樓本館內部的狀況
（攝於 2011 年 3 月 29 日）

### 2011年

**3月11日**

- 14點46分　發生規模九．〇的地震，震央位在三陸沖海底。
- 15點35分　第二波海嘯到達。一～六號機的主要廠房浸水。
- 15點42分　一～五號機全廠斷電。
- 19點03分　日本官房長官枝野幸男發布「核能緊急事態宣言」。
- 20點36分左右　一號機的燃料露出水面，爐心開始熔融。
- 20點50分　福島縣對策總部對福島第一核能發電廠半徑二公里內的居民發布疏散指示。
- 21點23分　日本內閣總理大臣菅直人對福島第一核能發電廠半徑三公里內的居民下達疏散命令，對半徑三公里至十公里內的居民下達室內避難指示。

**3月12日**

- 0點49分　一號機反應爐圍阻體的壓力異常上升。
- 5點44分　對福島第一核能發電廠半徑十公里內的居民發布疏散命令。
- 10點17分　一號機開始進行排氣洩壓作業。
- 15點36分　一號機反應爐廠房發生氫氣爆炸。
- 18點25分　對福島第一核能發電廠半徑二十公里內的居民發布疏散命令。
- 20點20分　一號機開始透過消防系統向反應爐內灌入海水。

**3月13日**

- 8點41分　三號機開始進行排氣洩壓作業。
- 13點12分　三號機開始透過消防系統，從消防車向反應爐內灌入海水。

**3月14日**

- 11點01分　三號機反應爐廠房發生氫氣爆炸。
- 13點25分　二號機反應爐爐心隔離冷卻系統停止。
- 19點54分　二號機開始透過消防系統，從消防車向反應爐內灌入海水。

**3月15日**

- 00點01分　二號機開始進行排氣洩壓作業。
- 6點14分左右　四號機反應爐廠房發生氫氣爆炸。
- 11點00分　對福島第一核能發電廠半徑二十至三十公里內的居民發布室內避難指示。

照片提供：東京電力控股

從消防車注水

（攝於 2011 年 3 月 16 日）

被海嘯沖毀的水槽

（攝於 2011 年 3 月 17 日）

3 號機反應爐廠房外

（攝於 2011 年 9 月 24 日）

▼3月17日 陸上自衛隊的直升機向三號機灑水。

▼3月24日 三名協力廠商的作業員在三號機渦輪機廠房地下一樓，踩進約十五公分深的污水中，因而遭到輻射暴露。

▼4月2日 發現有高劑量的污水從二號機取水口附近的豎井裂縫流入海裡。

▼4月4日 排出一萬公噸放射性物質濃度低的污水到海裡。

▼4月22日 解除福島第一核能發電廠半徑二十至三十公里內的室內避難指示，將半徑二十公里內指定為警戒區域，半徑三十公里內為緊急疏散準備區域。

▼6月17日 污水淨化設備（主要用於除銫）「Kurion」與除污設備「Areva」開始運轉。

▼8月18日 污水淨化設備（主要用於除銫）「Sarry」開始運轉。

▼10月28日 防止一號機放射性物質擴散的反應爐廠房遮蔽罩設置工程完工。

▼12月16日 政府與東電宣布所有的反應爐皆已達到冷停機（攝氏一〇〇度以下）狀態。

2012年

▼4月19日 正式確定廢止一～四號機（廢爐）。

▼4月25日 開始海側擋水牆的興建工程。

▼10月2日 展開地下水分流管線的興建工程。

2013年

▼3月30日 從污水中去除氚以外大部分放射性物質的「放射性污水處理系統（ALPS）」開始試運轉。

▼7月20日 取出四號機用過核燃料的遮蔽罩設置完成。

▼11月18日 展開從四號機用過核燃料池中取出燃料的作業。

2014年

▼1月31日 正式確定廢止五、六號機（廢爐）。

▼3月8日 四號機用過核燃料池內的瓦礫撤除完畢。

從 4 號機用過核燃料池中取出燃料的作業
（攝於 2014 年 12 月 20 日）

吊起 3 號機用過核燃料池內的燃料裝卸機
（攝於 2015 年 8 月 2 日）

陸側擋水牆山側鹽水填充作業
（攝於 2015 年 9 月 3 日）

▼4月1日　福島第一核電廠廢爐推進公司成立。

▼4月9日　開始透過地下水分流管線汲取地下水。

▼6月　陸側的凍土牆興建工程開工。

▼12月22日　四號機用過核燃料池的燃料取出完畢。

## 2015年

▼1月10日　主要從污水中去除鍶的「RO 濃縮水處理設備」開始運轉。

▼4月10～20日　利用機器人展開一號機反應爐圍阻體的內部調查。

▼5月27日　高濃度污水處理完畢。

▼5月31日　大型休息所啟用。

▼6月12日　重新檢討中長期計畫表。

▼8月2日　三號機用過核燃料池中的大型瓦礫（燃料裝卸機）撤除完畢。

▼9月3日　開始從＊次排水管汲取地下水。

▼9月14日　將從＊次排水管汲取到的地下水淨化後，初次排入海洋（八五〇公噸）。

▼10月5日　一號機廠房遮蔽罩屋頂面板卸除完畢。

▼10月20、22日　利用攝影機展開三號機反應爐圍阻體的內部調查。

▼10月26日　完成海側擋水牆的封閉作業。

▼12月8日　擴大一般服裝作業區域。

## 2016年

▼2月9日　陸側擋水牆的興建工程完工。

▼2月24日　東京電力公開表示事故當時有明確記載爐心熔毀定義的手冊，但並未加以使用。

▼3月8日　廠區內約有百分之九十的區域不再需要使用作業時的防護衣或橡膠手套等裝備。

參考資料　「廃炉への軌跡」http://www.tepco.co.jp/decommissiontraject/index-j.html
「福島第一原子力　電所事故の経過と教訓」http://www.tepco.co.jp/decommision/accident/pdf/outline01.pdf 等

「我們理解廢爐嗎？」

這個問題的答案恐怕是「ＮＯ」，所以此處應該可以以「大部分人都不理解或無法理解」為前提開始。廢爐的現場正在發生什麼事？廢爐究竟是怎麼一回事？現場到底都是什麼樣的人？應該很少有人能夠滿懷自信地回答這些問題吧。在我看來，即使是學者或新聞工作者，實際上還是有很多人不了解廢爐的實情，卻依舊持續發表有關廢爐的言論。

那是因為廢爐的問題不僅具有科學上的複雜性與專業性，在推動廢爐的過程中，還必須由行政、產業、地方等多方人士密切交流合作，因此要掌握實際情況，或許確實有其困難之處。

也許有人會說：「不，我完全理解喔。」可是那種「理解」究竟是什麼樣的理解呢？

前一陣子，某家雜誌社委託我說：「今年是核電廠事故發生以來的第五年，我們想做核電廠特集，不曉得您是否能寫一些什麼報導呢？」對方還列出以下這些企畫案做為報導的參考：

・福島的怪病與突變
・核電廠工作人員匿名座談會（污水的真相、被隱瞞的大量輻射暴露）
・訪問一百名福島除污工作人員（舊職、前科或薪水）
・工作人員的宿舍（或工作人員常去的澡堂、鬧區等）
・核電廠地區的奇妙建築（用補助款興建的建築）。

看到這些，大家應該會有各種反應吧。有些人會認為：「這太聳動了吧。」有些人會生氣說：「這角度也太偏頗了吧！」但應該也有些人會不假思索地接受說：「沒錯，我對福島核電廠廢爐的印象就是那樣。」或者是被勾起好奇心，心想：「如果有這種報導的話，我也想看。」

這種在出版界被稱為「八卦雜誌」類型的雜誌，是非常「通俗」的雜誌。在我尚未成為研究者時，大約從二十歲開始以作家身分為書籍或雜誌撰寫文章（撰寫各種主題的文章，其中一部分被收錄在《被漂白的社會》〔日本 Diamond 社〕

「廢爐印象調查」調查期間：2014 年 8 月 11 日～ 9 月 10 日 回答件數：277 件

問題 1　請用一句話描述，聽見「福島第一核電廠」會聯想到什麼？

問題 2　您關心福島第一核電廠內部的狀況嗎？

問題 3　在問題 2 中回答「非常關心」或「有點關心」者，請問具體而言，您關心的是哪些部分呢？

問題 4　您認為「如果現在發生什麼事的話，福島第一核電廠還是有可能再度陷入危機嗎？」

問題 5　請問您會產生問題 4 想法的具體根據是？

問題 6　您認為福島第一核電廠的「廢爐」有進展嗎？

問題 7　請用一句話描述，聽見「廢爐」會聯想到什麼？

問題 8　您對福島第一核電廠或廢爐有什麼疑問呢？

問題 9　如果有機會參觀福島第一核電廠，您會想參加嗎？

問題 10　如果有機會參觀福島第一核電廠，您想參觀什麼呢？

問題 11　如果有機會在福島第一核電廠工作，您會想參加嗎？

問題 12　回答問題 11 的理由是？

問題 13　聽見「福島第一核電廠的廢爐現場」，您會聯想到什麼？請從以下選項中圈選出符合的項目。

- 淨化污水用的放射性污水處理系統（ALPS）遲遲沒有啟動的跡象；
- 污水槽今後也會半永久性地持續增加；
- 雖然說要「廢爐」，實際上卻永遠不可能做到；
- 引發事故的反應爐最好用石棺封起來；
- 即使成功廢爐，也沒有地方棄置垃圾；
- 放射性物質持續排放至大海裡；
- 放射性物質持續排放至大氣中；
- 工作人員的死傷人數並未公開；
- 有工作人員因為放射線而死亡；
- 其他。

問題 14　聽見在福島第一核電廠參與廢爐作業的工作人員，您會聯想到什麼？請從以下選項中圈選出符合的項目。

- 多層轉包的結構；
- 惡劣的工作環境；
- 高輻射暴露劑量；
- 有考量到暴露於輻射之中或中暑等問題的工作環境；
- 工作人員是地震前就居住在福島縣內的人；
- 工作人員是地震後從福島縣外過去的人；
- 薪水很低；
- 薪水很高；
- 工作時間很長；
- 工作時間很短；
- 很多年長者；
- 很多年輕人；
- 很多身上有刺青的人；
- 很多講關西腔的人；
- 其中也有女性；
- 其中也有身心障礙人士；
- 其他。

問題 15　您曾經自發性地積極蒐集有關福島第一核電廠或廢爐的資訊嗎？有的話是從何處得到資訊的呢？

- 不曾自發性地積極蒐集資訊；
- 漫畫《福島核電——福島第一核電廠工作紀實》（後文簡稱《福島核電》）；
- 東京電力的網站；
- 新聞報導；
- 日本核能產業協會的網站；
- 日本經產省資源能源廳的網站；
- 福島縣的網站；
- 行政機關出版的宣導手冊等書面媒體；
- 廣播節目；
- 其他。

這本書裡），這家雜誌社是我從當年就開始合作往來的對象。儘管內容「通俗」，但我真心信任這家雜誌社，甚至認為他們是這個社會不可或缺的一員，因為「人們最單純的好奇心與最直接的真心話」，總是赤裸裸地在這裡出現。

只是「人們最單純的好奇心與最直接的真心話」，並不會只在通俗雜誌上出現。即使是報紙、電視廣播或看起來有格調又知性的書籍和雜誌，也想貼近「人們最單純的好奇心與最直接的真心話」，只是他們採取了其他形式，刻意與「通俗雜誌」劃清界線而已。例如憑著「權力是不好的」或「有人很可憐」之名，理所當然就大肆宣揚說：「看吧，福島果然增加許多怪病。」或「看吧，工作人員都變得那樣慘不忍睹了。」到頭來講的還是跟八卦雜誌一樣的事。

無論如何，即使有人表示自己「理解福島的問題」，但那種「理解」應該很有可能是媒體為了回應人們的期待，滿足「人們最單純的好奇心與最直接的真心話」，所刻意製造出來的片面資訊吧。

如果是光靠那些資訊就能滿足的人也就罷了，但另一方面應該也有很多人「想要幫助福島」或「感謝工作人員」，而不滿足於片面之詞或場面話才對。對於那些懷抱這種心情的人所期待的資訊又該如何是好呢？

我們究竟想了解有關廢爐的什麼事呢？

為了掌握在片面而偏頗的資訊之外，其他同時存在的客觀印象，我透過網路進行了「福島第一核電廠廢爐印象問卷調查」。在二〇一四年八月十一日到九月十日的一個月期間內，總共累積了二七七份的問卷結果。

我想根據那些答案釐清大家對於廢爐所關心的事，並且設定為本書的方針。

另外，由於我蒐集問卷的管道是透過推特與臉書進行，再由許多網友幫忙分享出去，因此統計對象很多都是福島居民，或是關心福島問題的民眾、研究人員、媒體或出版相關工作者，有可能使結果存在偏誤。不過因為具備廢爐相關專業知識的人，或對福島狀況有強烈偏見或極度避諱放射線者並不多，所以我也認為這裡關於廢爐的印象，在某種程度上具有一般性。

### 問題1 請用一句話描述，聽見「福島第一核電廠」會聯想到什麼？

若詢問大家最直接的第一印象，究竟會得到什麼樣的答案呢？

首先出現的答案是「視覺上具危險性的印象」：

「骯髒、混亂、具有放射性、有生命危險」、「被炸飛的廠房」、「黑暗」。

也有對於廢爐全部完工要花多少時間的疑慮：

「善後工作（居民生活的重建、廢爐的作業）要花很多時間」、「擔心孩子將來生存的時代、懷疑是否真的有可能妥善處理」。

當然，對於放射線的意識也很強烈：

「高劑量放射性四處發散」、「一直處於受污染的狀態，很可怕」、「放射線很強、熔融的燃料棒去向不明，發電廠內部是個未知的世界」。

似乎也有將福島第一核電廠視為戰後社會矛盾象徵的傾向：

「戰後的縮圖」、「日本經濟成長的要角」、「戰後日本光與影的化身」。

那個象徵已在引發事故後毀損，並以肉眼看得見的形式現出危機。在那背後，恐怕存在著肉眼看不見所造成的不安吧。

「說來說去還是黑箱吧」、「對於看不見未來的善後作業感到不安」。

「廢爐毫無進展」、「擔心是不是根本不可能完全廢爐」、「無法處理的燙手山芋」。

這會引發人們對於廢爐是否毫無進展，或者是否不可能推動廢爐等產生恐懼。

### 問題2

問題2 您關心福島第一核電廠內部的狀況嗎？

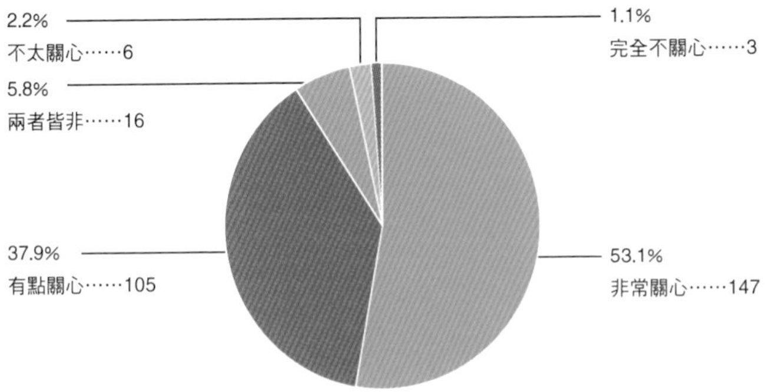
2.2%
不太關心……6
1.1%
完全不關心……3
5.8%
兩者皆非……16
37.9%
有點關心……105
53.1%
非常關心……147

## 您關心福島第一核電廠內部的狀況嗎？

事實上，這一題有百分之九十的人回答「非常關心」或「有點關心」。

「非常關心」者有百分之五十三・一，「有點關心」者有百分之三十七・九，「兩者皆非」者有百分之五・八，「不太關心」者有百分之二・二，「完全不關心」者有百分之一・一。

那麼大家關心的是什麼呢？

## 問題3 在問題2中回答「非常關心」或「有點關心」者，請問具體而言，您關心的是哪些部分呢？

首先可以確定的是，大家確實感到「不安與憂慮」：

「要怎麼做才能安心又安全地結束這一切呢？」、「萬一颱風來襲時，有沒有做好萬全的準備工作呢？」、「如果再度發生相同規模的地震，究竟會造成什麼結果呢？」、「我懷疑是不是到現在都還有污水被排放到海裡」。

背後則有「廢爐的不可能性與不可視性」：

「廢爐真的有可能做得到嗎？」、「想知道沒人有辦法檢查的爐心現在變怎樣了」、「熔融的燃料棒，現在在發電廠內部的土裡嗎？」

不過似乎不是所有人都無端恐懼或一味逃避，也有人很堅定地認為媒體所提供的資訊並不充足。

「想知道究竟發生什麼事，現在又是什麼情況」、「我們一直走在鋼索上，大眾媒體的報導卻寥寥無幾」、「感覺情況恐怕完全未獲得控制，但媒體報導卻遭到限制」。

此外，也有人想要知道內部狀況，想要親臨現場參觀。

「想知道究竟發生什麼事，現在又是什麼情況」、「想要參觀作業現場」。

然後也有一些人關心現場工作人員的

問題4 您認為「如果現在發生什麼事的話，福島第一核電廠還是有可能再度陷入危機嗎？」

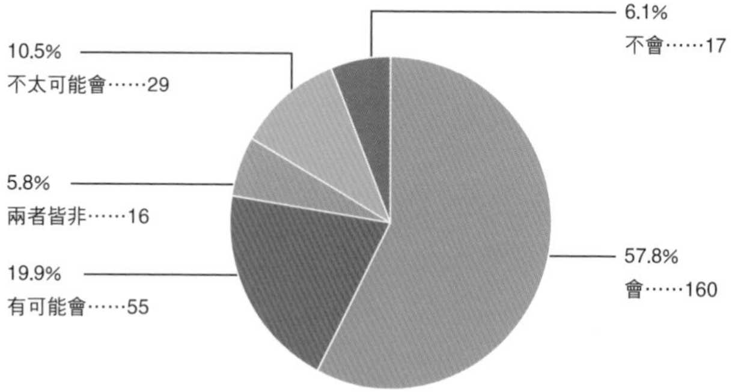
6.1%
不會……17
10.5%
不太可能會……29
5.8%
兩者皆非……16
57.8%
會……160
19.9%
有可能會……55

工作環境。

「工作人員的作業環境（包含防護對策、心理支援）。工作人員的指令系統（東電、國家、轉包的關係）」、「現在在現場工作的人，都是在什麼地方進行什麼樣的作業呢？」、「想知道他們從事現在這份工作有什麼感覺」。

強烈的不安與憂慮。其中最大的理由之一，應該是「擔心再度發生像三一一當時那樣的危機狀況該怎麼辦」吧。

## 問題4 您認為「如果現在發生什麼事的話，福島第一核電廠還是有可能再度陷入危機嗎？」

這一題似乎也有將近八成的人有一定程度的危機意識。

回答「會」者有百分之五十七・八，回答「有可能會」者有百分之十九・九，回答「兩者皆非」者有百分之五・八，回答「不太可能會」者有百分之一〇・五，回答「不會」者有百分之六・一。

## 問題5 請問您會產生問題4想法的具體根據是？

很多人提出的根據是污水或燃料取出尚未完結，或者是作業的嚴苛程度等理由。

「被污染的水多次漏到外面」、「因為核燃料沒有取出」、「不按照程序進行或為了加緊趕工而忽略安全的話，工作人員有可能因為單純的失誤而面臨危險的狀況」。

然後還有無法信任資訊的真實性，或長期的資訊不足導致不信任感擴大。

「奇怪的資訊漫天飛」、「雖然不太會去想，但因為也不太了解事實」、「因為資訊聽起來都很假」。

話雖如此，關於廢爐的狀況每天都有報導，也會更新最新的動態，那麼人們對於廢爐的進度又有什麼樣的認知呢？

問題6 您關心福島第一核電廠內部的狀況嗎？

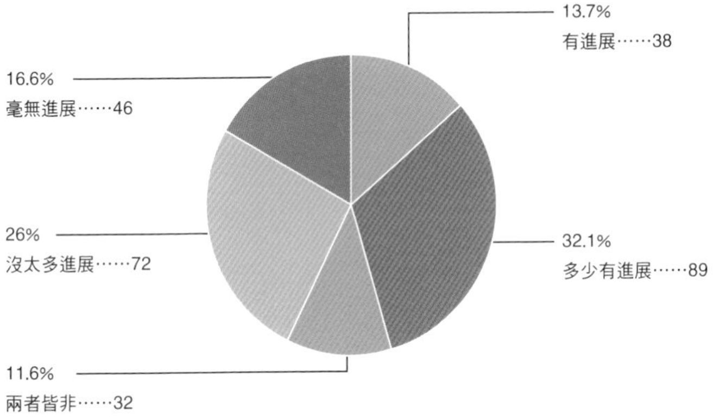
13.7%
有進展……38
32.1%
多少有進展……89
11.6%
兩者皆非……32
26%
沒太多進展……72
16.6%
毫無進展……46

## 問題6 您認為福島第一核電廠的「廢爐」有進展嗎？

人們的認知呈現兩極化的趨勢。

認為「有進展」或「多少有進展」者占百分之四十五・八，認為「沒太多進展」或「毫無進展」者占百分之四十二・六，其中認為「有進展」者有百分之十三・七，認為「多少有進展」者有百分之三十二・一，認為「兩者皆非」者有百分之十一・六，認為「沒太多進展」者有百分之二十六，認為「毫無進展」者有百分之十六・六。

結果顯示，在許多人懷抱著不安與憂慮，並對於再度陷入危機擁有危機意識的前提下，有些人認為廢爐沒有進展，但也有差不多比例的人認為廢爐正在逐步進展當中。

那麼如果要求用一句話描述「廢爐」一詞讓人產生什麼聯想的話，又會得到什麼結果呢？

## 問題7 請用一句話描述，聽見「廢爐」會聯想到什麼？

這一題的答案也很兩極地分成負面用語與正面用語。

負面用語包括：「問題重重」、「墓地」、「原地打轉」、「陰暗潮濕，沒有人敢靠近」、「敷衍了事的解決方式」、「超長期抗戰」、「善後與收拾」、「人類的愚昧」。

正面用語包括：「新興產業」、「鬆一口氣」、「邁向未來的一步」、「動作快！」、「安心，新時代的開始」、「這次的廢爐不只是單純的廢爐，而是一項創舉」。

當進一步追問人們想要了解廢爐的什麼事情時，得到的是幾個比較明顯的大方向。

問題9 如果有機會參觀福島第一核電廠，您會想參加嗎？

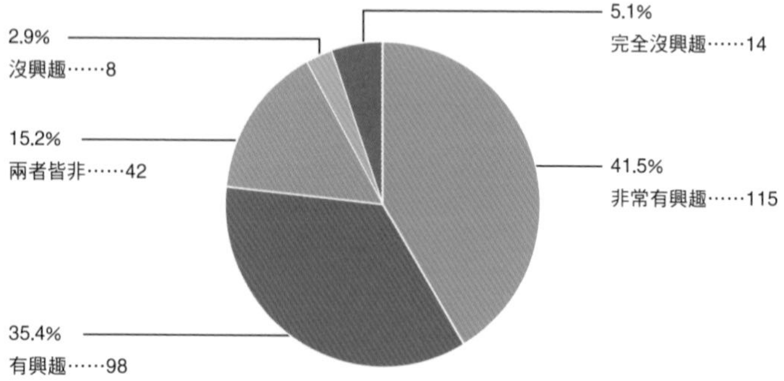
5.1%
完全沒興趣……14
2.9%
沒興趣……8
15.2%
兩者皆非……42
41.5%
非常有興趣……115
35.4%
有興趣……98

**問題8**

您對福島第一核電廠或廢爐有什麼疑問呢？

・廢爐的時程規劃

「老實說到底要花多少年的時間？」、「現在的進度與當初的預定進度差多少呢？」、「希望能向一般民眾說明更多有關作業的進行狀況」。

・廢爐的預算

「收支呢？廢爐的費用從哪來？」、「廢爐大約要花多少時間與金錢呢？」

・廢爐的資訊來源

「廢爐應該要提供可以追蹤來源的資訊才對，但核能產業是否有意識在進行那樣的改革？」、「東京電力在公開有關福島第一核電廠的資訊上，至今依然保持一貫消極的態度，令人深感疑問！」、「東京電力刻意隱瞞資訊」。

・廢爐相關工作的人才確保

「廢爐作業專業人才的培訓教育呢？」、「勞動者的健康問題，還有工作人員不會用完就被拋棄吧？」、「將來打算用什麼樣的方法繼續雇用工作人員呢？」

・廢爐的難易度

「真的有可能做到嗎？」、「燃料殘渣的取出作業與後續處理方法是否已確立？」

・廢爐所衍生之廢棄物的後續處理

「如何處理污染物質？運到福島縣外是不可能的事！」、「即使正式廢爐，用過核燃料沒有地方放還是很危險」。

其中特別多的是資訊不足和不了解現場狀況。

接下來提出的問題是，如果有機會實際參觀福島第一核電廠，人們會想要參加嗎？

**問題9**

如果有機會參觀福島第一核電廠，您會想參加嗎？

問題11 如果有機會在福島第一核電廠工作，您會想參加嗎？

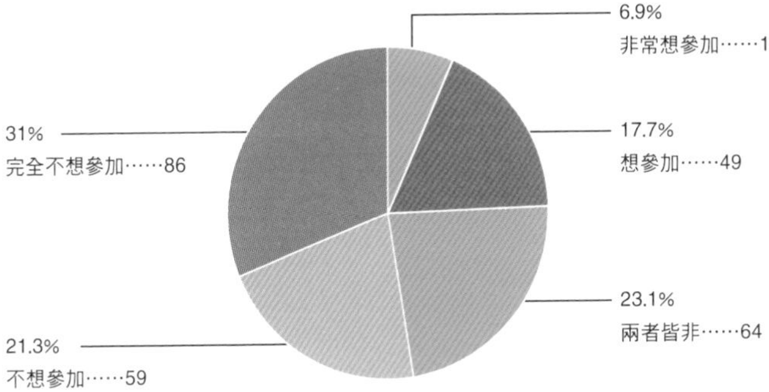
6.9%
非常想參加……19
17.7%
想參加……49
23.1%
兩者皆非……64
21.3%
不想參加……59
31%
完全不想參加……86

結果有七成以上的人回答「非常有興趣」或「有興趣」。

「非常有興趣」者占百分之四十一・五，「有興趣」者占百分之三十五・四，「兩者皆非」者占百分之十五・二，「沒興趣」者占百分之二・九，「完全沒興趣」者占百分之五・一。

## 問題10 如果有機會參觀福島第一核電廠，您想參觀什麼呢？

「現場的作業狀況、災害特有的特殊狀況應變技術或問題等」、「現場人員進行作業的模樣」、「反應爐圍阻體的模樣、塌毀的廠房」、「現場是以什麼樣的架構在運作，如何判斷怎樣算『安全』，三一一時是什麼樣的情況才會導致現在的狀態」、「在時間或輻射劑量率允許的前提下，想要全盤性地參觀所有可以參觀的地方」。

另一方面，也有這樣的回答：

「我不想靠近核電廠，只想看看附近居民住過的地方或聽聽他們的聲音」、「輻射太恐怖了，所以我不想去現場」、「我不想靠近那裡，只想離那裡愈遠愈好」。

接下來提出的問題是，如果有機會進一步在那裡工作的話，人們是否想要參加呢？

## 問題11 如果有機會在福島第一核電廠工作，您會想參加嗎？

結果約有二成的人回答「非常想參加」或「想參加」，過半數的人回答「不想參加」或「完全不想參加」。

其中「非常想參加」者占百分之六・九，「想參加」者占百分之十七・七，「兩者皆非」占百分之二十三・一，「不想參加」者占百分之二十一・三，「完全不想參加」者占百分之三十一。

**問題 13** 聽見「福島第一核電廠的廢爐現場」，您會聯想到什麼？
請從以下選項中圈選出符合的項目。

| | |
|---|---|
| 淨化污水用的放射性污水處理系統（ALPS）遲遲沒有啟動的跡象 | 76 |
| 污水槽今後也會半永久性地持續增加 | 163 |
| 雖然說要「廢爐」，實際上卻永遠不可能做到 | 86 |
| 引發事故的反應爐最好用石棺封起來 | 71 |
| 即使成功廢爐，也沒有地方棄置垃圾 | 200 |
| 放射性物質持續排放至大海裡 | 161 |
| 放射性物質持續排放至大氣中 | 113 |
| 工作人員的死傷人數並未公開 | 103 |
| 有工作人員因為放射線而死亡 | 65 |
| 其他 | 74 |

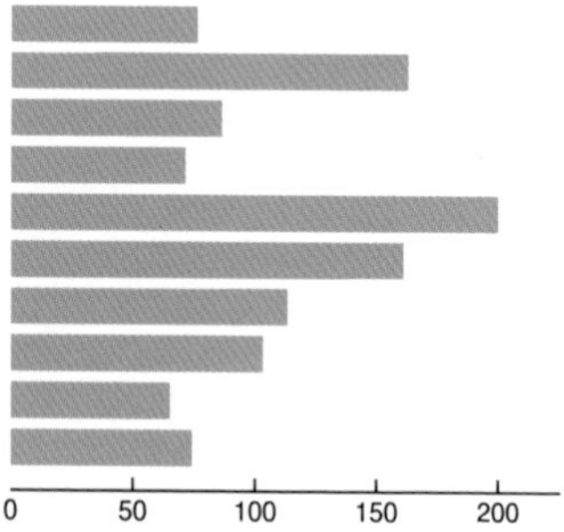


**問題 14** 聽見在福島第一核電廠參與廢爐作業的工作人員，您會聯想到什麼？
請從以下選項中圈選出符合的項目。

| | |
|---|---|
| 多層轉包的結構 | 220 |
| 惡劣的工作環境 | 200 |
| 高輻射暴露劑量 | 165 |
| 有考量到暴露於輻射之中或中暑等問題的工作環境 | 74 |
| 工作人員是地震前就居住在福島縣內的人 | 87 |
| 工作人員是地震後從福島縣外過去的人 | 159 |
| 薪水很低 | 90 |
| 薪水很高 | 55 |
| 工作時間很長 | 33 |
| 工作時間很短 | 59 |
| 很多年長者 | 64 |
| 很多年輕人 | 34 |
| 很多身上有刺青的人 | 27 |
| 很多講關西腔的人 | 20 |
| 其中也有女性 | 30 |
| 其中也有身心障礙人士 | 8 |
| 其他 | 49 |

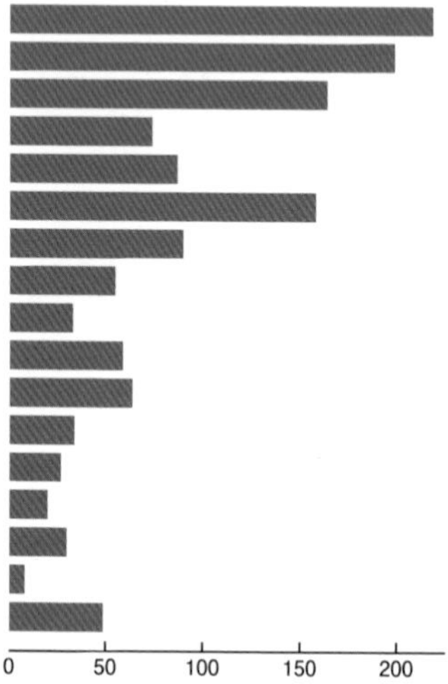


**問題 15** 您曾經自發性地積極蒐集有關福島第一核電廠或廢爐的資訊嗎？
有的話是從何處得到資訊的呢？

| | |
|---|---|
| 不曾自發性地積極蒐集資訊 | 43 |
| 漫畫《福島核電》 | 84 |
| 東京電力的網站 | 84 |
| 新聞報導 | 166 |
| 日本核能產業協會的網站 | 29 |
| 日本經產省資源能源廳的網站 | 48 |
| 福島縣的網站 | 78 |
| 行政機關出版的宣導手冊等書面媒體 | 36 |
| 廣播節目 | 35 |
| 其他 | 107 |

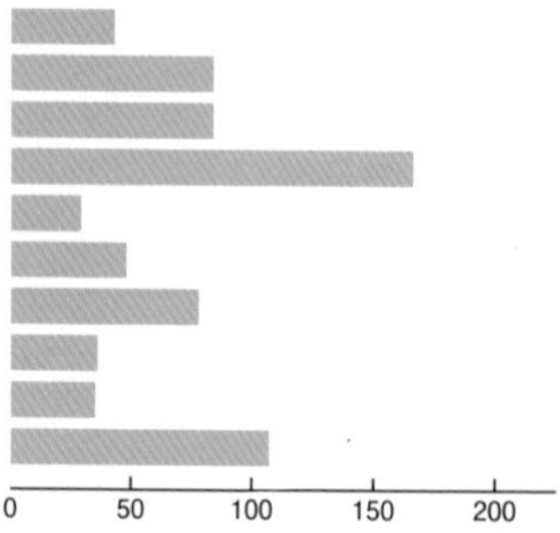

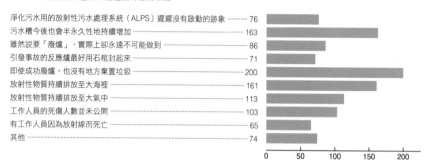

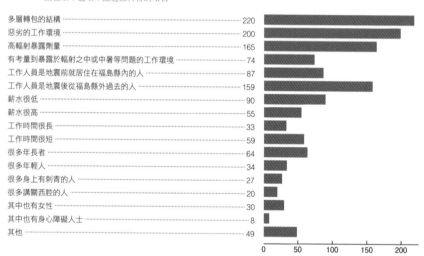

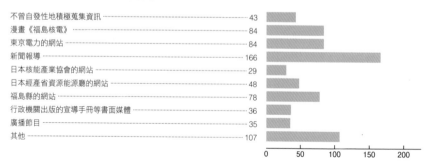

## 問題12 回答問題11的理由是？

想參加的理由包括義務感、想知道內情或為地方貢獻等等。

「想多少盡一點心力」、「與其說是想這麼做，不如說是出於一種義務感」、「這應該是造成人家許多麻煩的關東人該做的事」、「可以學到光靠媒體無法了解的事」、「雖然不會很樂意參加，但如果在現在的職場上接到工作或時機剛好的話，應該也不至於刻意拒絕」、「想守護我的福島」、「看完漫畫《福島核電》後就產生了興趣。我認為如果沒有實際去現場參與的話，就無法推展工作也無法加以批判」。

不想參加的理由則包括對輻射暴露的憂慮、技術或體力上的不合適或對職場環境感到不安等等。

「因為擔心放射線對健康造成危害」、「一來年齡和體力上都沒辦法，二來我也不想特地跑去那種危險的地方」、「我不知道工作人員是什麼樣身分的人，不曉得他們是當地人還是從其他縣市來就業的，總之我會對一起工作這件事情感到不安」。

當中也可以見到一些反核電或反東電意識：

「因為我反對核電廠」、「不想跟東京電力牽扯上關係」、「因為覺得人類是時候該廢除核能發電了」。

## 問題13 聽見「福島第一核電廠的廢爐現場」，您會聯想到什麼？請從以下選項中圈選出符合的項目。

我將這一題設計為選擇題。

結果如圖表所示，其中比例特別高的項目是「即使成功廢爐，也沒有地方棄置垃圾」，可見民眾對於廢爐後的情況深感不安。

其次是「污水槽今後也會半永久性地持續增加」和「放射性物質持續排放至大海裡」等污水相關問題。

另外有一個部分必須特別注意的是，約有三成的人認為「淨化污水用的放射性污水處理系統（ALPS）遲遲沒有啟動的跡象」或「工作人員的死傷人數並未公開」，但這與事實並不相符，這個部分將會在稍後進行驗證。

## 問題14 聽見在福島第一核電廠參與廢爐作業的工作人員，您會聯想到什麼？請從以下選項中圈選出符合的項目。

對於這一題的回答，比例特別高的是「多層轉包的結構」和「惡劣的工作環境」等印象，分別皆超過七成。其次是「高輻射暴露劑量」與「工作人員是地震後從福島縣外過去的人」，分別皆超過五成。

**問題15**

**您曾經自發性地積極蒐集有關福島第一核電廠或廢爐的資訊嗎？有的話是從何處得到資訊的呢？**

最多的是從新聞報導，約有六成左右。其次是東電的網站與漫畫《福島核電》，幾乎以一模一樣的數字達到三成左右的比例，也是令人玩味的部分。從結果也明顯可知，基本上沒有太多人會特別透過其他管道，例如行政機關或業界團體所提供的詳細資訊進行深入的了解。

我們究竟想要了解廢爐的什麼呢？從目前為止的脈絡來看，顯然有各式各樣的答案。

廢爐的科學風險、實現可能性、成本、人才、污水的狀況、大氣與海洋的狀況、地方的現狀、當地居民的聲音，這些都可以算是答案吧。

讓人在讀完本書時，能夠對這些主題有特定的印象，就是本書的目的。

本書或許會有讓專家、現場工作人員或居民指出有「不完整」或「不夠充足」的部分，我必須承認那的確是事實，因為本書製作的出發點，是為了讓不具備專業或不了解現場狀況的人也能夠了解廢爐。

所有的社會課題往往都只在「面臨課題者與解決課題者」或「支援者與被支援者」的兩者之間獲得正視。

然而這卻存在著一個問題，就是支援者與被支援者之間會產生依存關係，而對其他人形成排他性，然後在各種知識或人際關係定型之後，便難以再革新或產生新的見解。

重要的是如何將不關心或不理解的人帶進這裡。隨時留心將不關心或不理解的群眾帶進來，不僅可以確保開放的透明性、在面對新問題時保持彈性，也更容易導出令相關人士滿意度皆高的解決辦法。我將此稱為「重建（課題解決），三方得利」，也就是分別在「面臨課題者與解決課題者」、「支援者與被支援者」之間，插入第三方的「不關心（不理解）者」。建立這個狀態很重要，而本書的目的就在這裡。

這是提供給專業人士的資訊或行政機構、企業團體所製作的說明資料所無法全面網羅的部分。我們觀察了五年，期待「因為也有廣告公司在裡面，所以說不定會提供比較淺顯易懂的資訊」，沒想到事情卻不如預期，最後甚至覺得乾脆由我們自己動手還比較快。

福島相關課題雖然跨越多種領域，但正如前文所述，廢爐是最核心的課題。

本書繼續沿用《福島學入門》中設定的以下兩點原則：

①福島的問題時常會被「過度政治化」或「過度科學化」，導致許多人認為「福島的事情很困難、很麻煩」。

為了解除福島「很困難、很麻煩」的狀況，本書重視的是以「資料證據（數字或言論）」為基礎，邏輯性地描述狀況。

在這樣的前提下，本書刻意避免使用專家之間通用的說明方式（即高情境溝通模式），改以低情境溝通模式的語言重新說明狀況。

②話雖如此，「淺顯易懂地說明複雜的事」並非一件簡單的事。

因此，我打算提出承載著複雜知識的簡單數字，讓讀者更容易理解內容。

若您在讀完本書後，能夠回答次頁的Q&A，並說明相關背景的話，代表您對狀況的理解已經大幅改變了吧。

現在就算不具備任何知識也沒關係，只要有求知的欲望即可。

相信不必我再次強調也知道，廢爐是思考三一一時最為核心的部分。

如果沒有求知的欲望，就不需要勉強談論這件事。關於福島的議題，有一個很多人都避談的問題，就是很多人明明處於「應該撤退的狀況」，卻苦於無法輕易抽身。

五年前有一群言論家高談闊論地發表三一一改變了社會、這是時代巨大的轉折點等言論，但如今結果又如何呢？社會究竟有什麼改變呢？當時講得口沫橫飛的那些人，現在又在做什麼呢？

很多人從談論三一一的場域中離開，彷彿從前那些積極的表現都只是過往雲煙。要找藉口是一件很簡單的事，怪罪他人以正當化自己的行為，也是一件易如反掌的事，而且那不見得是一件壞事，或許也可以說是必然的結果吧，消逝與遺忘在時間的流逝中是理所當然的。

只是我希望能夠多少幫助到那些還不想放棄求知的人，而本書就是我所做的嘗試之一。

經過五年以後，當地存在著什麼樣的現實，當地的人們又在談論些什麼呢？

我認為在思考三一一問題上，此處就是語言最初的誕生地。

事故前的J-village（上）。中央館前圓環旁有一輛印著「J-VILLAGE」的巴士（中）。日本職業女子足球聯賽中的「東京電力女子足球隊」（TEPCO Mareeze）的海報。選手在1F等地方工作後，搭巴士前往練習。（攝影：開沼博）

# 認識廢爐須知的 15 個數字

## Q1

▶▶ p.81

福島第一核電廠的廢爐要花多少時間才能完全結束？

## Q2

▶▶ p.97

在凍土牆完成之前，平均 1 天流入福島第一核電廠 1～4 號機廠房地下的地下水量大約是多少立方公尺？

## Q3

▶▶ p.113

在 1～4 號機附近的港灣中，放射性物質銫 137 含量最多的地點，平均 1 公升大約含有多少貝克？

## Q4

▶▶ p.123

目前（2016 年 2 月）福島第一核電廠 1～3 號機的反應爐冷卻作業，平均 1 小時需要灌入約多少立方公尺的水？

## Q5

▶▶ p.167

在福島第一核電廠內，平均 1 天有多少人在工作？

## Q6

▶▶ p.171

大約有多少企業參與福島第一核電廠的廢爐作業？

## Q7

▶▶ p.173

在福島第一核電廠從事廢爐的工作人員，平均 1 個月的輻射暴露值是多少？

## Q8

▶▶ p.175

福島第一核電廠廠區內部 1 天之中的哪個時段最多人？

## Q9

▶▶ p.247

目前（2016 年 2 月）有多少人生活（居住＆工作）在福島第一核電廠周圍曾被下達疏散指示的地區？

## Q10

▶▶ p.265

至 2014 年度為止，已知花費在廢爐上的預算總共是多少？

## Q11

▶▶ p.271

在 2015 年底以前重返雙葉郡居住的居民人數是多少？

## Q12

▶▶ p.277

每天有幾班巴士接送在福島第一核電廠工作的人？

## Q13

▶▶ p.301

重返楢葉町的人平均 1 年增加的輻射暴露劑量（推測值）是多少？

## Q14

▶▶ p.305

若以時速 40 公里的速度開車經過國道 6 號線的舊疏散指示區域（從楢葉町至南相馬市小高區為止的 42.5 公里路程），輻射暴露值會是多少？

## Q15

▶▶ p.329

2015 年度在污染程度最高的地區從事除污（直轄除污地區）的人數，最多的時候是多少？

# 寧可辭去東京電力也要向世人傳達的訊息

吉川彰浩

那是二〇一一年夏天的事。當時任職於福島第二核電廠的我，在吸菸區與協力廠商的監督S先生一邊吞雲吐霧，一邊聊著像是「雖然還有很大的改善空間，但現場已經逐漸變好了吧」等，有關當天作業工程的話題。那是一個儘管嘴巴上不說，但我一邊回想著核電廠事故以來的幾個星期，一邊對於逐漸改變的現場出現一絲希望的夏日回憶。

我一輩子也忘不了那天在那個兼具休息功能的吸菸區，某位工作人員急急忙忙衝進來對我說的話。

「吉川先生，今天可不可以破例暫停作業呢？有人找到S先生的太太了。」

當時遭到海嘯波及的設備正處於緊急應變的運轉狀態中，由一名熟知此事的工作人員開口要求暫停作業，簡直是不可能的事。

「怎麼回事？」我在驚訝中追問道。

「之前因為S先生拜託我保密，所以我一直沒說，其實S先生的太太被海嘯捲走了，今天總算找到人，所以拜託您了，請讓S先生去看他的太太吧！」

原本一直談笑風生的S先生，臉上露出非常複雜的表情，說出口的話也完全透露出他的不知所措。

「吉川先生，您不需要暫停作業，因為現在只是在修復設備而已。」

S先生始終支持著動不動就發牢騷的我。

「沒事的，我們能做多少就做多少吧。」

他那從不抱怨的態度不僅給我很大的幫助，還讓我意識到一個事實，就是一起工作的同仁原來都背負著深切的悲痛與責任感在面對工作。

我想就是從那個時候開始的，我開始思考自己究竟可以做些什麼？如果一直以東京電力員工的身分工作下去，對我來說真的是正確的選擇嗎？

二〇一一年，全日本上下對於未能預防核電廠事故一事，毫不留情地向現場工作同仁追究起責任，有時那也會衍生出過度的攻擊。光是在福島核電廠工作這個理由，就足以讓人感到自己在社會上毫無立足之地，甚至連家人都遭到連累。

從那個時候起，幾乎每個月都有協力廠商前來辭別說：「感謝貴公司過去的關照。」辭去的理由五花八門，但共通點就是「社會眼光」與「核電廠事故所導致的避難生活」。

1F 廠區內的移動式迷你倉庫設置作業。（攝於 2011 年 3 月 18 日）

## 告別的話永遠是「對不起」

「我擔心要是我女兒因為爸爸在核電廠工作而無法結婚，那就太對不起她了」、「我無法一邊過著避難生活一邊工作，我想跟家人一起生活」，這種以守護家人為由的離職，這光憑個人力量無法解決的痛苦，更何況工作地點還是造成那份痛苦的主因，先是因為核電廠事故而失去家園，接著又為了守護家人而離開曾經自豪的工作，這一點總是讓我眼眶泛起悔恨的淚光。

悔恨的淚水並不是因為社會的偏見而流，而是因為與我共事的同仁們也過著避難生活，所以我很清楚遭受核電廠事故波及的人都過著什麼樣的生活。然後因為每天前往核電廠上班，那些通勤路都變成了疏散區域，所以最了解現狀的人也是在當地工作的人。最難受的莫過於對核電廠事故受災者的愧疚，進一步而言，更是來自對「故鄉」無法割捨的感情。

告別時永遠都是一句「對不起」，如此簡短的一句話究竟藏著多少深意？就是因為我明白這一點，才無法說出任何慰留的話。

在平時有數千名工作人員的核電廠，即使彼此沒有交談過，也都是天天見面的人，大家每天在作業中展現出來的都是充滿自信、熟知技術與知識的模樣，對於用字遣詞、態度和儀表也都相當注重，一直以來都是這些優秀的人們撐起現場。我認為正因為這群人生活在當地，並以在核電廠工作為傲，才能夠建立起這一切。核電廠事故發生時，福島第一與第二核電廠的數千名工作人員，冒著生命危險進行作業。當時那冒死作業的行為，已經代替這群人表達出他們的態度。

二〇一一年三月之後，福島第一核電廠的人事全面洗牌。事故前就在那裡工作的當地人陸續辭去，而為了處理事故後生成的瓦礫或建設污水處理設備，新加入的

用無人重型機械撤除瓦礫。（攝於2011年5月6日）

成員逐漸成為現場的重心。認識的面孔愈來愈少，也就意味著現場力的衰落。地震前後的工作原則並沒有改變，但現場之所以持續傳來突發狀況，除了人事洗牌之外，最主要的理由就是處理放射性物質的工作人員中，熟練的人員大幅減少所致。

## 想傳達現場工作人員的現狀

這件事讓當時無能為力的我產生莫大的危機意識，身心俱疲。無法守護那些支持廢爐的人，令我痛不欲生。每當想起過著避難生活的民眾，我就滿懷自責。從個人角度而言，我無法強留辭去的人，但從東電員工角度而言，我又必須慰留他們才行，我每一天就在這樣矛盾的思緒中思考著該如何是好。最後我得到的結論是，向社會傳達現場工作人員的背景與現狀，將有助於解決離職者的問題、促進廢爐，也有助於讓受災者早日恢復日常生活。為此，辭去「東京電力」顯然勢在必行。

得出這個答案時，我非常地煩惱。要離開工作十四年的地方，一來我對現場還有愛，二來也很難說走就走。即使克服這些部分，我也害怕那些認為我們沒能預防事故發生的人，會不會只因為前東電員工的身分就向我追究責任。我能用「聲音」改變現場的狀況嗎？除了對於失去生計的不安，我也同樣感覺到自己在社會上逐漸失去容身之地。換句話說，我從一開始就知道即使辭去東京電力，只要選擇繼續投入福島第一核電廠的廢爐，勢必會面臨到重重困難。

即使如此，我還是下定決心辭職了，因為我在福島第一核電廠工作，也在核電廠事故中成為疏散區域的城鎮裡生活，當地對我而言充滿重要的回憶。最後我懷抱著複雜的心情，在二〇一二年的七月辭去東京電力的職位。

在剛離職的階段，我以極其單純的方式投入福島第一核電廠的廢爐，也就是向世人傳達現狀，以拯救那些與我出生入死的伙伴，然後推動廢爐，好讓當地的日常生活盡快步上正軌。

最初每天都在嘗試經歷錯誤。

用情緒化的方式控訴惡劣的勞動環境、描述現場工作人員的偉大，在社會的抨擊下告訴世人廢爐有無法推進的問題。

我感覺得出來，這樣做確實能夠打動聽眾的心，但有個疑問逐漸在我自己心中浮現：「我現在做的事情，對於現場那些以工作為榮的人說，真的是一件好事嗎？他們並不想要獲得大眾的同情，重要的應該是告訴世人他們完成了什麼工作，好讓社會能夠正確評價他們的工作吧。」

漸漸地，我不再講述核電廠事故後發生的軼事，不再以這種期盼社會停止抨擊為切入點去談論現場的工作人員。

重要的是去探究為什麼需要廢爐，而我開始注意到這一點，是在我辭去東京電力，以一名在核電廠事故後過著避難生活的人類角度，嘗試去思考疏散地城市發展時開始的。

## 至今依然依賴核能的「故鄉」

從二〇一三年十一月的個人活動開始，我成立了「Appreciate FUKUSHIMA Workers，AFW」，一邊向世人傳達福島第一核電廠工作人員的現狀，一邊投入核電廠事故災區的重建，這件事在剛起步的階段就變成了一種確信。對地方上的人來說，在廢爐尚未令人感到安心之前，核電廠事故災區的重建是不可能的事。正因為如此，我們才有必要守護在現場工作的人。我開始認為，要向社會傳達這件事，「一味談論核電廠內發生的事情」是錯誤的方式。

說得極端一點，在思考福島第一核電廠與其周邊地區的定位時，不管是核電廠事故發生前或發生後，構圖都沒有改變。中心一樣圍繞著福島第一核電廠。生活因為福島第一核電廠而得以成立是不變的事，只是關鍵字變成廢爐而已。從反方向來說，我也意識到人們在核電廠事故中失去的「故鄉」，依然是那個必須依賴核能才能維繫下去的「故鄉」。

「故鄉」對我來說，變成一個重要的關鍵字。核電廠事故後，離開福島第一核電廠的人們都在為了守護故鄉而奔走。我目前在一般社團法人AFW中標榜的活動理念是「在與廢爐相鄰的生活中，為下一個世代扛起責任，為他們創造『故鄉』」。因為我開始認為，保持一個讓「故鄉」得以維繫下去的姿態，而不只是依賴核電廠，才是對核電廠事故災區來說真正

在日本童謠《蜻蜓的眼鏡》背景廣野町的稻田上，與孩子們一起體驗割稻。但願能永遠保留這樣的風景。（吉川彰浩攝於 2015 年 10 月 4 日）

AFW 的廠區內部視察活動也有很多大學生參加。（吉川彰浩攝於 2015 年 11 月 19 日）

的復興。為了達成這個狀態，必須花費數十年單位的時間，同時廢爐的工程也得一併花費數十年的歲月進行。

為了持續守護「故鄉」，我認為理解福島第一核電廠的廢爐也是必要的事。如果要找回「故鄉」，重新建立新的形態，也必須盡早結束廢爐才行。為此，我認為身為一個非常了解也能夠談論福島第一核電廠，甚至熟知現場工作人員狀況的人，當務之急就是謹慎地傳達福島第一核電廠的廢爐現狀，有時使用自己任職於東京電力期間，在放射性廢棄物專門處理小組中習得的知識；有時出於一名現場工作人員的想法；有時則出於核電廠事故受災者的心情。

回顧過去這五年來，我認為福島第一核電廠向世人傳達訊息的方式，似乎欠缺一絲謹慎。

## 希望民眾帶回去的體悟

在AFW的活動中，有一個獨一無二的企畫，就是由曾經在福島第一核電廠工作的人，帶領一般民眾到福島第一核電廠內參觀。想要讓民眾正確評價工作人員的表現，最好的方法就是讓人親眼見到他們在廢爐現場建造的東西和實際工作的模樣。

以往每當有人向社會傳達福島第一核電廠的現狀時，傳達方式都讓人有種樣板化與偏頗的感覺。

悲情地渲染核電廠事故後的體驗，或一味強調暴露在放射線中的情形，好讓民眾同情現場的工作人員。

我並不否認這些事，但我認為那是否只是一種「憐憫」。正因為是一群對工作感到自豪的人，所以才應該根據工作成果加以評價。我認為唯有在現場工作人員的努力或辛勞獲得正確的評價時，才是全體社會能夠一同推動廢爐的時候，而不是不顧一切地把廢爐視為必須避諱的對象，認為「福島第一核電廠的狀態很嚴重，在那裡工作的人都很可憐」。

這個活動也成為一項讓參加者獲得重大體悟的企畫，那個體悟就是福島第一核電廠並非只是一個追究核電是非的對象而已。現場從原本的燙手山芋變成今天這個模樣，不僅讓人感覺到日本卓越的技術與對現場工作人員的敬意，如果將目光移到現場工作人員的工作環境，還能夠體會到放射性物質的處理有多困難。若親眼看見遭放射性物質污染的瓦礫處理狀況或成排的污水槽，就會體悟到我們給下一代的人們製造了多少負面遺產。

目前定期針對廢爐周邊地區民眾舉辦讀書會「從生活角度學習廢爐講座」。照片為在南相馬市舉辦的讀書會情景。（吉川彰浩攝於 2015 年 12 月 24 日）

我想之所以能夠讓參加者帶回這些體悟，視察前舉辦的行前講座發揮了極大的作用。可見當同時具備「可以了解的環境＋幫助理解的建議」時，人們看待福島第一核電廠廢爐的觀點就會有所轉變。

至於我為何會參與本書的製作呢？大概是因為這本書的目的並不是單純為了「學術性地解析福島第一核電廠」吧。畢竟那樣的書只有在現場工作的人才需要，況且現場也有大量的技術資料，根本不需要多此一舉。

我們要如何看待福島第一核電廠事故這件世界史上的大事與其廢爐呢？換句話說，我們應該如何活用從中學到的教訓呢？我想這必須建立在從多種角度切入的討論上，而所謂多種角度則需要有來自現場的角度、來自受災者的角度，以及能夠從這兩種角度談論地方的特殊人士。

但願各位在讀完這本書時，對福島第一核電廠的印象有所改變，同時也希望本書能啟發更多讀者去思考「廢爐與地方」、「福島第一核電廠的廢爐與我」之間的關係。

前往俯瞰 1 ～ 4 號機山丘的通路，也是在對媒體開放的視察行程中，經常使用的地點。（攝於 2016 年 1 月 14 日）

# 第二章

## 廢爐是什麼？

本章將解說福島第一核電廠廢爐的實際狀態。

但所謂「福島第一核電廠廢爐的實際狀態」是指什麼呢？我們所認為的「實際狀態」又是指什麼呢？「實際狀態」究竟位在什麼地方呢？

比方說，當我們被問到「什麼是福島第一核電廠廢爐」時，腦中應該會浮現一些刻板印象吧。

反應爐爆炸瞬間的畫面、無數並排的污水槽、打著「深入採訪」旗幟，一邊聽著輻射警報器嗶嗶作響，一邊報導1F廠區內的畫面……或許還有其他的刻板印象，但應該也都固定成幾種特定類型了吧。

不過實際情況卻存在於其地方。曾經滿目瘡痍的反應爐廠房與其周邊環境，在經過五年的整理後已經變得整齊許多，令人意外的反而是新的建物蓋得密密麻麻；污水問題雖然尚未解決，但淨化技術也已確立，一般所認為的「水槽持續無限增加，總有一天會擠滿整個核電廠」的印象，不得不說是個明顯的誤解；作業人員的輻射暴露劑量大幅下降，很多地方已經能夠穿著一般服裝進入；即使是必須穿著防護衣的地方，大部分也只需要覆蓋口鼻的半罩式面具即可活動。

那裡有著的，不是用「眼睛看不見的恐怖放射性」等謠言就可以一語概括的單純風景。那裡如今已經沒有事故發生後的緊迫感，現場的勞動力反而正用來對抗「可以被眼睛清楚看見的課題」。例如螺栓型污水槽的拆除等廢棄物處理、反應爐內廠房內部等各部分狀況的掌握、為達前項目的之遠端操作機器人的開發、降低劑量用的地面鋪裝或止水用的凍土牆等各種土木工程。廠區內部的空間劑量、瀰漫在空氣中的輻射塵或過去一到四號機大量排出污水的港灣內海水劑量等，如今皆可即時測量，變成視覺化的資訊。

儘管如此，很多人之所以把那裡形容為「眼睛看不見」並持續接受這樣的觀念，並不是因為那裡真的「眼睛看不見」，而是因為缺乏「用眼睛去看」的意志。事實上，很多人應該是「不想看也認為沒有必要看」，既然如此就維持原狀即可，不需要不懂裝懂。

所謂「福島第一核電廠廢爐的實際情況」，並不存在於「既無法控制又看不見而且無法捉摸其真面目的抽象印象」當中。當然，那也確實不應該被總結為「一切狀態都在掌控中」等單純的政治話語，但可以肯定的是，實際情況存在於「應該加以視覺化並釐清其中課題，然後反映在具體解決方法上的現實」之中。

如果我們腦中的「福島第一核電廠廢爐的實際情況」偏離現場的現實，那麼首先該做的就是更新我們腦中的印象。接下來，就讓我們跟著圖片與照片一起重新認識現場的實際狀態吧。

**攝影師石井健眼中的風景 ②**

搭乘巴士緩慢地通過 3 號機廠房旁邊，該廠房因為氫氣爆炸而呈現半毀損的狀態。由於附近輻射劑量率很高，我們只能透過車窗拍照，不能下車。該廠房至今依然殘留著被破壞的痕跡，裸露的鋼筋訴說著當年的故事。

在近距離接觸 3 號機的緊張感中，我無暇思考拍攝角度的問題，只顧著按下快門。

攝於 2016 年 1 月 14 日

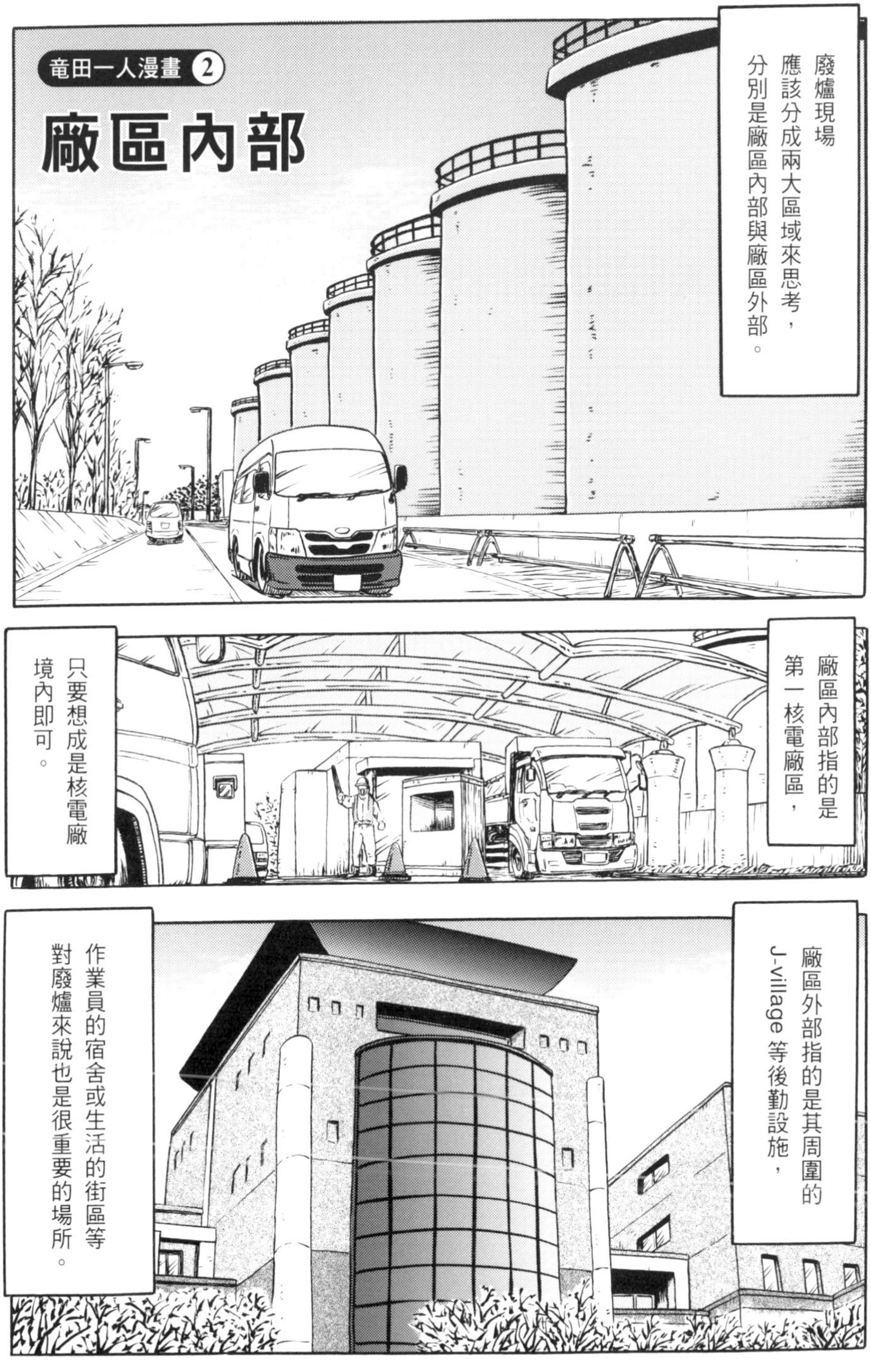
竜田一人漫畫 2
廠區內部
廢爐現場
應該分成兩大區域來思考，
分別是廠區內部與廠區外部。
廠區內部指的是
第一核電廠區，
只要想成是核電廠
境內即可。
廠區外部指的是其周圍的
J-village 等後勤設施，
作業員的宿舍或生活的街區等
對廢爐來說也是很重要的場所。

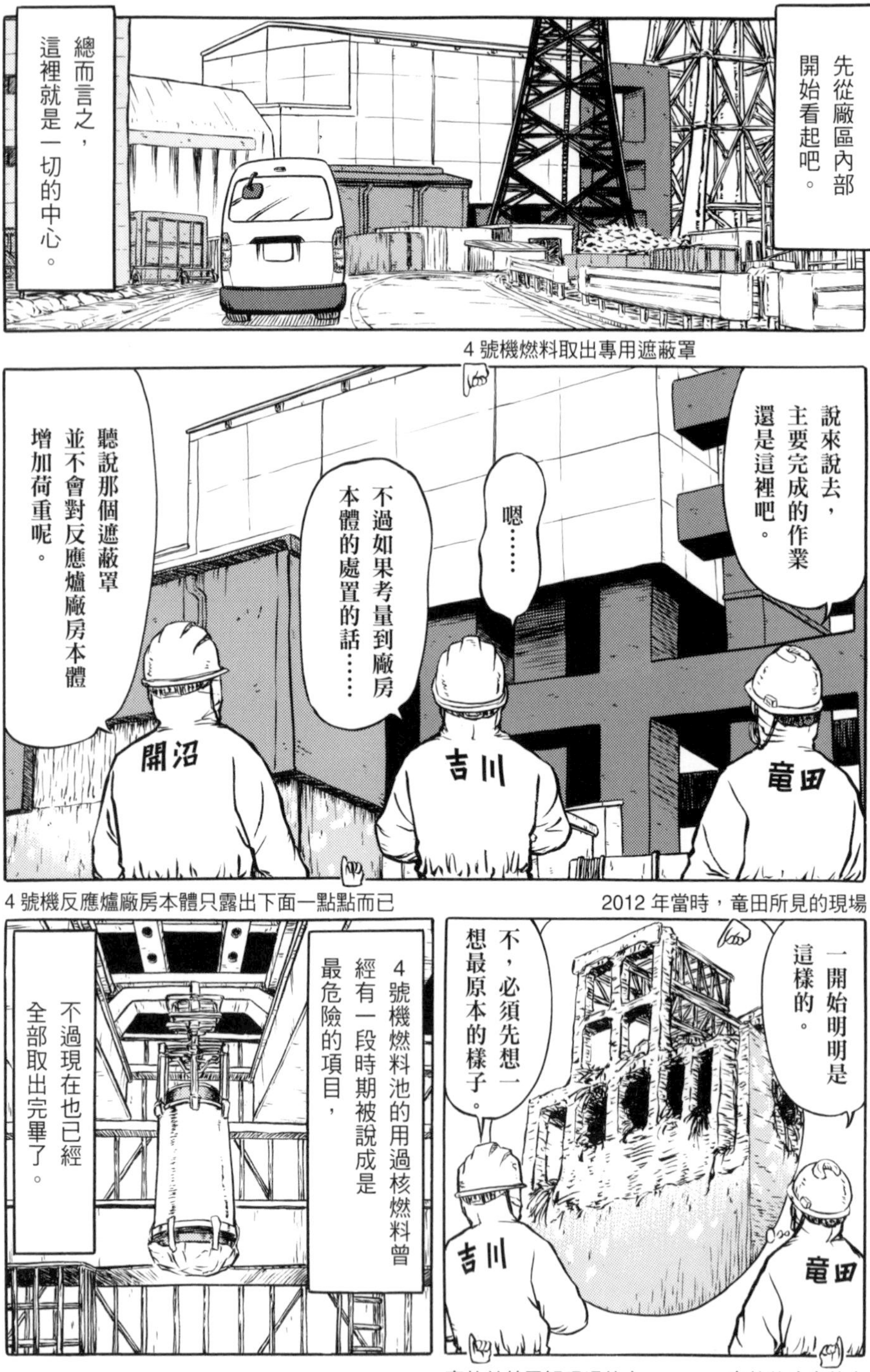
先從廠區內部開始看起吧。
總而言之，這裡就是一切的中心。
4號機燃料取出專用遮蔽罩
說來說去，主要完成的作業還是這裡吧。
嗯……
不過如果考量到廠房本體的處置的話……
聽說那個遮蔽罩並不會對反應爐廠房本體增加荷重呢。
竜田
吉川
開沼
4號機反應爐廠房本體只露出下面一點點而已
2012年當時，竜田所見的現場
一開始明明是這樣的。
不，必須先想一想最原本的樣子。
吉川
竜田
事故前就了解現場的人
事故後才來的人
4號機燃料池的用過核燃料曾經有一段時期被說成是最危險的項目，
不過現在也已經全部取出完畢了。

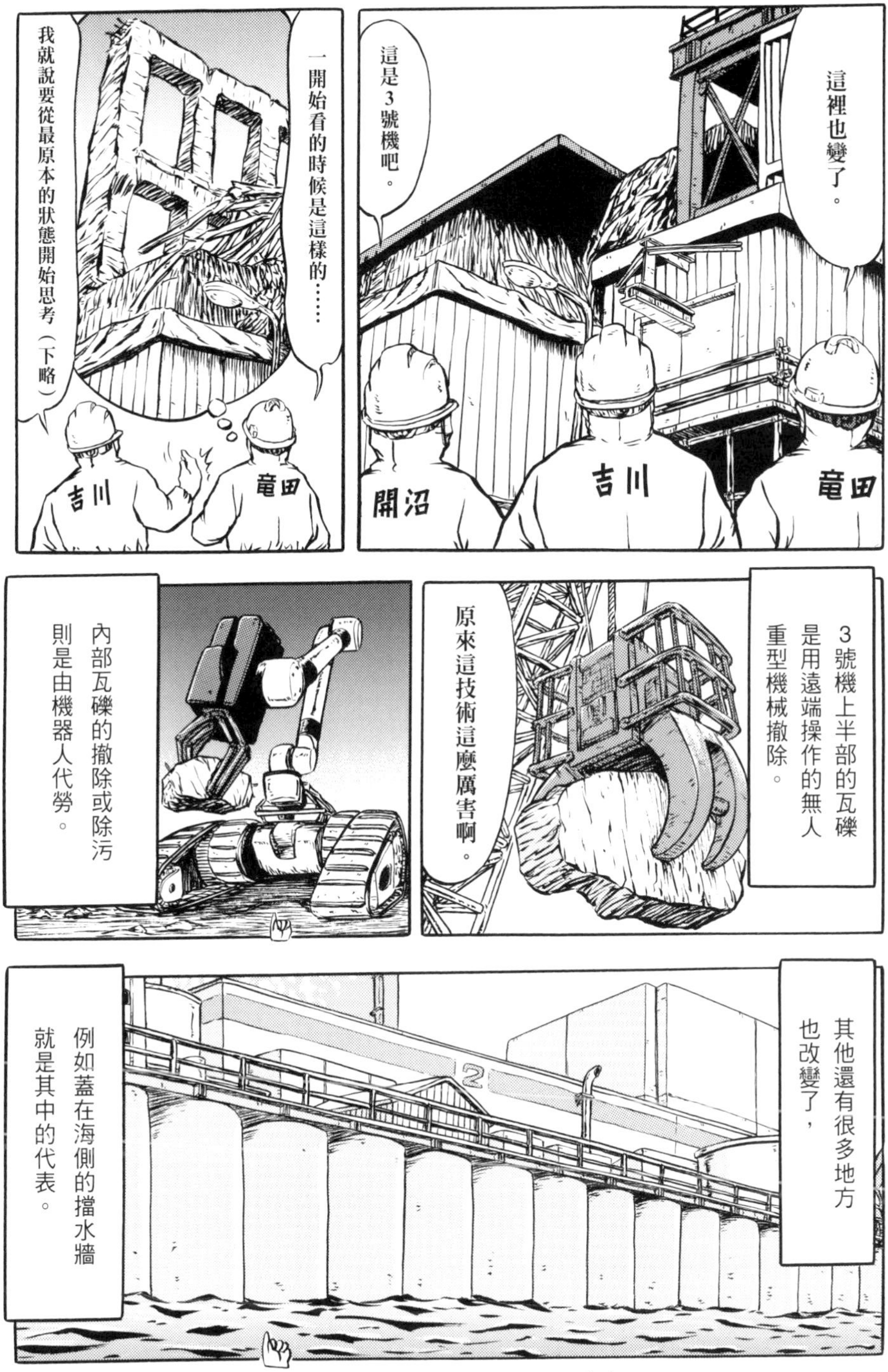
這裡也變了。
這是3號機吧。
開沼
吉川
竜田
一開始看的時候是這樣的……
我就說要從最原本的狀態開始思考（下略）
吉川
竜田
3號機上半部的瓦礫是用遠端操作的無人重型機械撤除。
原來這技術這麼厲害啊。
內部瓦礫的撤除或除污則是由機器人代勞。
其他還有很多地方也改變了，
例如蓋在海側的擋水牆就是其中的代表。

將鋼管打入地底深處，以防止地下水滲出。

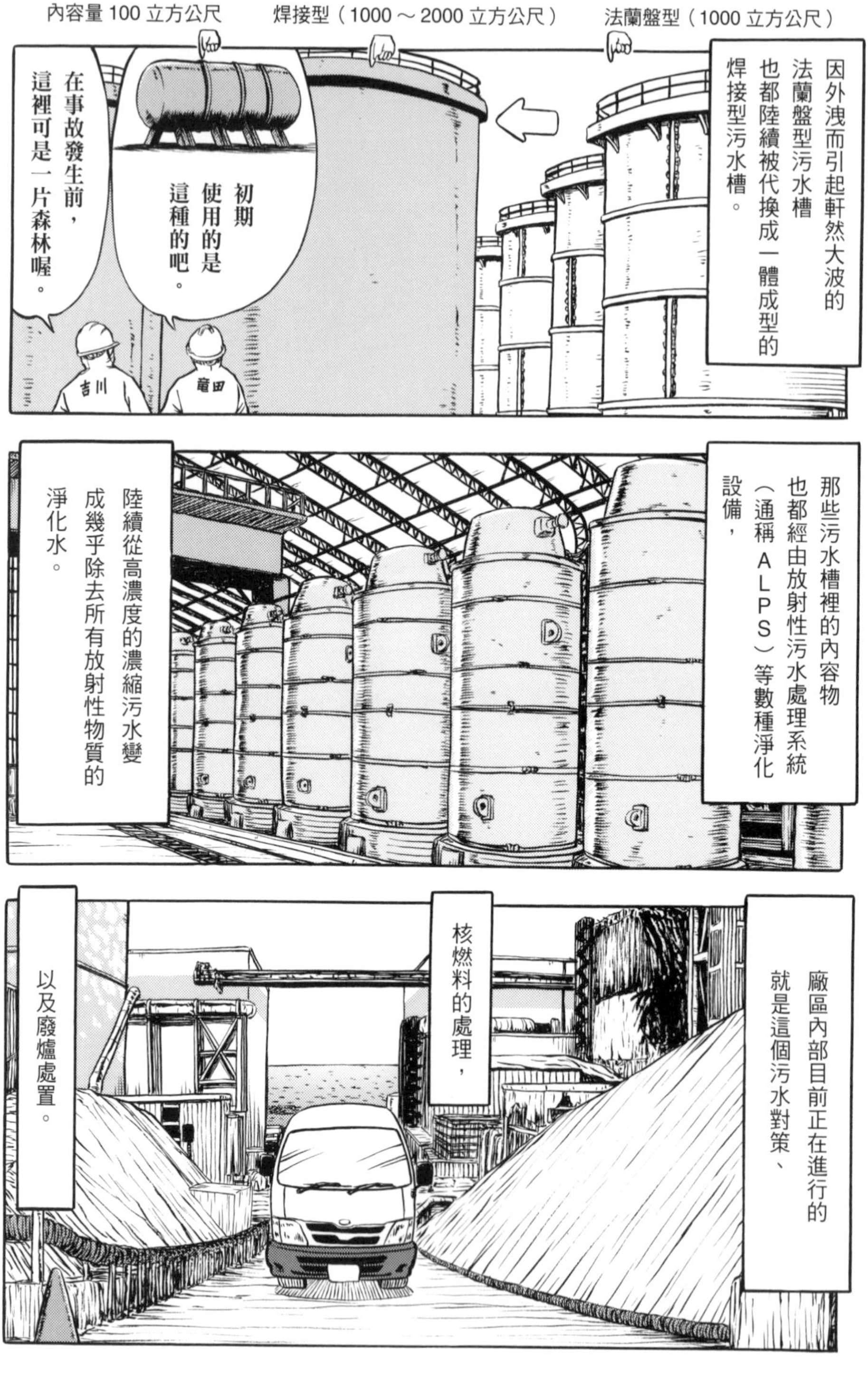
法蘭盤型（1000 立方公尺）
焊接型（1000 ～ 2000 立方公尺）
內容量 100 立方公尺
因外洩而引起軒然大波的法蘭盤型污水槽也都陸續被代換成一體成型的焊接型污水槽。
初期使用的是這種的吧。
在事故發生前，這裡可是一片森林喔。
竜田
吉川
那些污水槽裡的內容物也都經由放射性污水處理系統（通稱ALPS）等數種淨化設備，
陸續從高濃度的濃縮污水變成幾乎除去所有放射性物質的淨化水。
廠區內部目前正在進行的就是這個污水對策、
核燃料的處理，
以及廢爐處置。

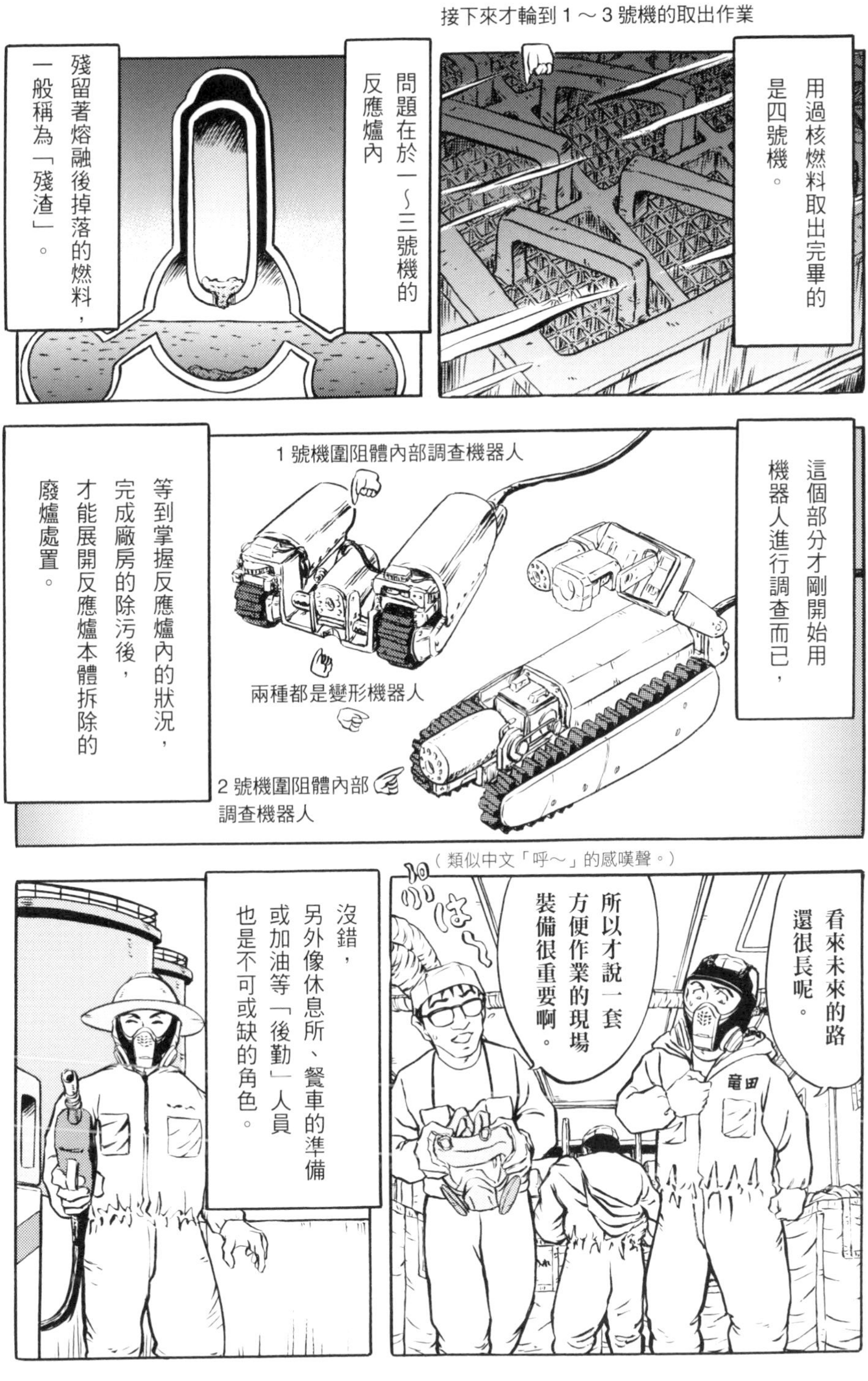

用過核燃料取出完畢的是四號機。
接下來才輪到1～3號機的取出作業
問題在於一～三號機的反應爐內
殘留著熔融後掉落的燃料，一般稱為「殘渣」。
這個部分才剛開始用機器人進行調查而已，
1號機圍阻體內部調查機器人
兩種都是變形機器人
2號機圍阻體內部調查機器人
等到掌握反應爐內的狀況，完成廠房的除污後，才能展開反應爐本體拆除的廢爐處置。
看來未來的路還很長呢。
竜田
所以才說一套方便作業的現場裝備很重要啊。
ふは～
（類似中文「呼～」的感嘆聲。）
沒錯，另外像休息所、餐車的準備或加油等「後勤」人員也是不可或缺的角色。

其中較大的進步應該就屬這個餐廳開始運作，
我光是能吃到熱騰騰的飯就已經很感激了，
因為之前都只有便利商店的冷便當或麵包而已。
還有作業或移動時的裝備都輕便化了吧。
不知為何每年過年都不曾減少的奇妙數字
廠區內部也只需要這樣就夠了。
這樣輕鬆多了。
雖然大家總說廢爐作業「要花四十年」，而且都認為遲遲沒有進展，
在低污染區域可以使用純棉手套與普通的口罩
但事實上還是有一些慢慢在進展的部分，
我們希望大家對廠區內部的作業能有更深入的了解。

# 十分鐘看懂1F廢爐

福島第一核電廠廢爐是什麼呢？

本書的目標是針對這個問題從多種角度給予答案，以提供讀者思考的材料。話雖如此，要用一句話說明1F廢爐是很困難的事，因為切入的角度有很多，例如工作人員、預算、機件、周邊地區等等。

但要理解這些事情，首要前提就是了解現場在進行什麼樣的作業。只要先掌握主要的流程，接下來應該就會像一條線串連起來一樣，更容易了解其他各種主題。

很多人應該都定期透過新聞得知1F廢爐的資訊吧？可是最後又留下什麼樣的資訊在記憶裡呢？「好像有污水外洩」、「機器人好像在進行某些作業，有時候順利，有時候不順利」，大概八九不離十是這樣吧？當然，應該也有一些比較清楚狀況的人是出於興趣而積極蒐集資訊，或是平常就聽聞很多相關的訊息，像是「放射性物質持續被排到大海與大氣中」或「目前連殘渣的確切位置都還不太清楚」等等。此外，應該也有人聽信坊間的傳言吧？像是「聽說烏鴉變多，燕子變少了」或「聽說其實有很多工作人員死亡，只是都沒有公布出來」等等。

關於最後這個傳言，將在其他章節進行驗證與說明，不過除此之外，每一項都是正確的事實。

然而即使像這樣獲得零散而片面的資訊，我們其實也很難真正理解廢爐。我們需要的是將片面的資訊化為系統性的知識。如果用樹來比喻的話，就是讓四散的「枝葉」（＝片面的資訊）附著在堅固的「樹幹」上，然後去理解「整棵樹」（＝知識）。

重要的是先掌握這個「樹幹」的樣貌，而這個「樹幹」其實出乎意料地簡單。人們稱之為「本質」，或者是用「基礎」、「架構」、「原型」、「理念型」等各式各樣的名字稱呼，但無論如何，想要理解1F廢爐，先掌握這個「樹幹」是很重要的。接下來就透過幾個問題來掌握這個部分，在理解1F廢爐是什麼之前，先建立基礎吧。

說來說去，1F廢爐現場到底在進行什麼作業呢？或許有很多人會覺得，現場好像同時在進行各種不同的作業吧。

然而實際情況卻出乎意料地簡單。大致上而言，就只有三件事而已。

**所謂的廢爐就是完成以下作業：**

① 污水對策；
② 取出燃料；
③ 拆除與善後（除役）。

**我們先來掌握這三大項目吧。**

## ① 污水對策

污水是這五年來最常被新聞報導的題材，因此應該有很多人聽過吧。雖然理解的程度因人而異，但基本上只要理解以下兩個觀念即可，一是「如果地下水流經發生事故的核電廠底下，與遭放射性物質污染的水混在一起，最後流進海裡的話就麻煩了」，二是「盡量不要讓水流到一到四號機底下，造成更多的污水」。

解決對策有三：「在地底下建造牆壁」、「挖井汲水」和「循環利用污水」。

「在地下建造牆壁」，地下水當然就不容易流到一到四號機底下，也不容易漏到海裡。

「挖井汲水」有兩種，一是事先汲取尚未流至核電廠底下的地下水，以避免遭到污染，二是汲取流經核電廠底下的水，以避免流入海裡。

最後的「循環利用污水」或許比較難懂。簡而言之，我們目前依然必須從上方把水持續灌進曾經發生爆炸的反應爐中。這樣一講或許有人會想：「如果那樣做的話，好不容易阻擋地下水流進來了，現在又從上面注水，這樣污水不就會增加嗎？」一點也沒錯，不過既然如此為什麼還要這麼做呢？那是因為核燃料還有熱度，所以必須加以冷卻以調節溫度才行。

追根究柢而言，這次為什麼會發生核電廠事故呢？就是因為所謂的「電廠全黑（station blackout）」，使得原本應該要讓水循環以冷卻核電廠燃料的電源，在海嘯的破壞下變得無法使用。結果水溫上升，冷卻用水逐漸蒸發，燃料棒周圍的水愈來愈少，最後發生氫氣爆炸。燃料的管理必須隨時用水冷卻才行。

言歸正傳，如果繼續灌入新的水，污水就會無限制地增加，所以為了避免這一點，才要「循環利用污水」，也就是將污水汲取到外面冷卻後，一部分儲存在污水槽裡，其餘大部分則再次灌入反應爐中回收利用。

關於污水的部分，從九十六頁開始有詳細的介紹，還請另行參考。

### ② 取出燃料

或許有人會好奇「燃料是什麼」，也有人會覺得「燃料應該也有分很多種吧」。

此處所謂的「燃料」指的是核能發電用的核燃料。外觀上是以直徑一公分、長約四公尺的「燃料棒」集合在一起所形成的柱狀「燃料束」（fuel assembly）為一單位。園藝用的支架大概就是四公尺長，請想像成把那些支架捆在一起的樣子即可。

至於與廢爐有關的燃料則有三種，分別是「用過核燃料」、「新燃料」與「殘渣」。請把其中的用過核燃料與新燃料想成同一組，這一組的外觀就是前文所說明的燃料束，位在「燃料池」裡，而殘渣則位在「反應爐」裡。兩者都包含在內的則是反應爐廠房。

反應爐廠房是水泥建築，內部裝設有反應爐的主要設備。從地下一樓到地上五樓的總高度約為五十公尺。這樣形容或許很難想像，若以生活周遭的建築物來比喻，就好像日本可以玩遊戲或打保齡球的遊樂場「Round 1」，或大型超市「伊藤洋華堂」那種立方體型的建築物。請想像一下去地方都市經常會看到的那種感覺，就是那種沒有窗戶、像一顆大骰子一樣的建築物。

在反應爐廠房的上層，有一個天花板很高的房間叫「操作層」，那裡主要有兩種東西。

一是燃料池，二是反應爐的蓋子。

首先介紹燃料池。這裡面有用來發電以後，已經不太會放熱的「用過核燃料」，或是預計要放進反應爐中的未使用「新燃料」。首先必須取出這些用過核燃料或新燃料，其次必須取出的是反應爐中的燃料，也就是「殘渣」。

在說明「殘渣」之前，先說明一下反應爐究竟是什麼吧。簡單來說，反應爐就像是壓力鍋一樣，只要把燃料束整齊地排放在裡面，核反應產生出來的熱能就會使熱水沸騰產生蒸氣，再推動渦輪

2 號機反應爐廠房外觀。（攝於 2012 年 8 月 15 日）

機進行發電，這就是核能發電的原理。左圖提供簡單的圖解，請配合參考。

三一一當天，以這種形式發電的是一、二、三號機（四、五、六號機因為定期檢查，所以沒有在發電）。這三座反應爐中的燃料在核電廠事故中熔融了，而這些熔融的燃料就是「殘渣」。

如前文所述，冷卻用水因為停止循環，全部變成水蒸氣，使得燃料本身的溫度變得極高。在高溫下熔融的燃料，直接熔毀壓力槽的底部，到這裡為止是我們已經知道的事。

接下來談點稍微複雜的事，一般而言，反應爐其實具有雙層的保護結構，就像俄羅斯娃娃那樣的感覺。內側的結構叫「壓力槽」，外側的結構叫「圍阻體」。燃料熔毀內側的「壓力槽」，跑到外側的「圍阻體」，就是目前的現狀。不過詳細情形還不清楚，也就是說，目前還不曉得哪裡存在著什麼樣的「殘渣」，因為輻射太過強烈，無法輕易確認內部狀況。人類當然是進不去的，所以才要使用機器人或內視鏡等各種技術確認內

### 核能發電的原理

沸水式反應爐（BWR）

利用核分裂反應產生出來的熱，直接加熱反應爐中的水使其沸騰，從液態水變水蒸汽，再藉產生的高溫高壓水蒸氣推動渦輪機，以進行發電。

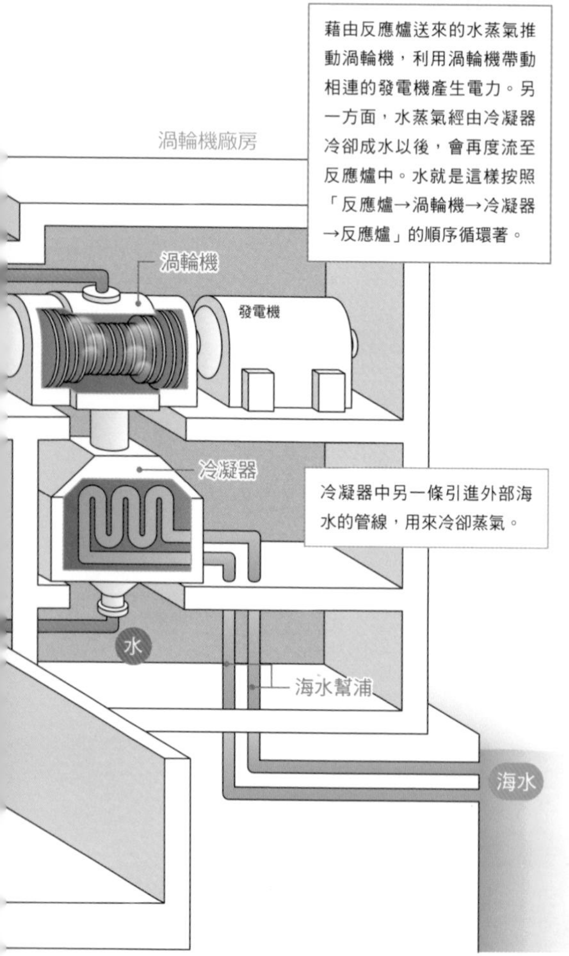

藉由反應爐送來的水蒸氣推動渦輪機，利用渦輪機帶動相連的發電機產生電力。另一方面，水蒸氣經由冷凝器冷卻成水以後，會再度流至反應爐中。水就是這樣按照「反應爐→渦輪機→冷凝器→反應爐」的順序循環著。
渦輪機廠房
渦輪機
發電機
冷凝器
冷凝器中另一條引進外部海水的管線，用來冷卻蒸氣。
水
海水幫浦
海水

## 為什麼污水會外洩到海裡？

由於爐心熔毀，熔融核燃料流至反應爐壓力槽底部，其後氫氣爆炸使得抑壓槽與反應爐圍阻體間連結處毀損，因此注入反應爐內的冷卻水接觸到熔融核燃料，變成污水積在反應爐廠房底部，並透過管線流入渦輪機廠房。污水透過這條管線流出廠房後，間接從相連的渦輪機廠房底部透過「海側溝槽」流入海裡。目前這條海側溝槽已經被堵住了。

反應爐廠房

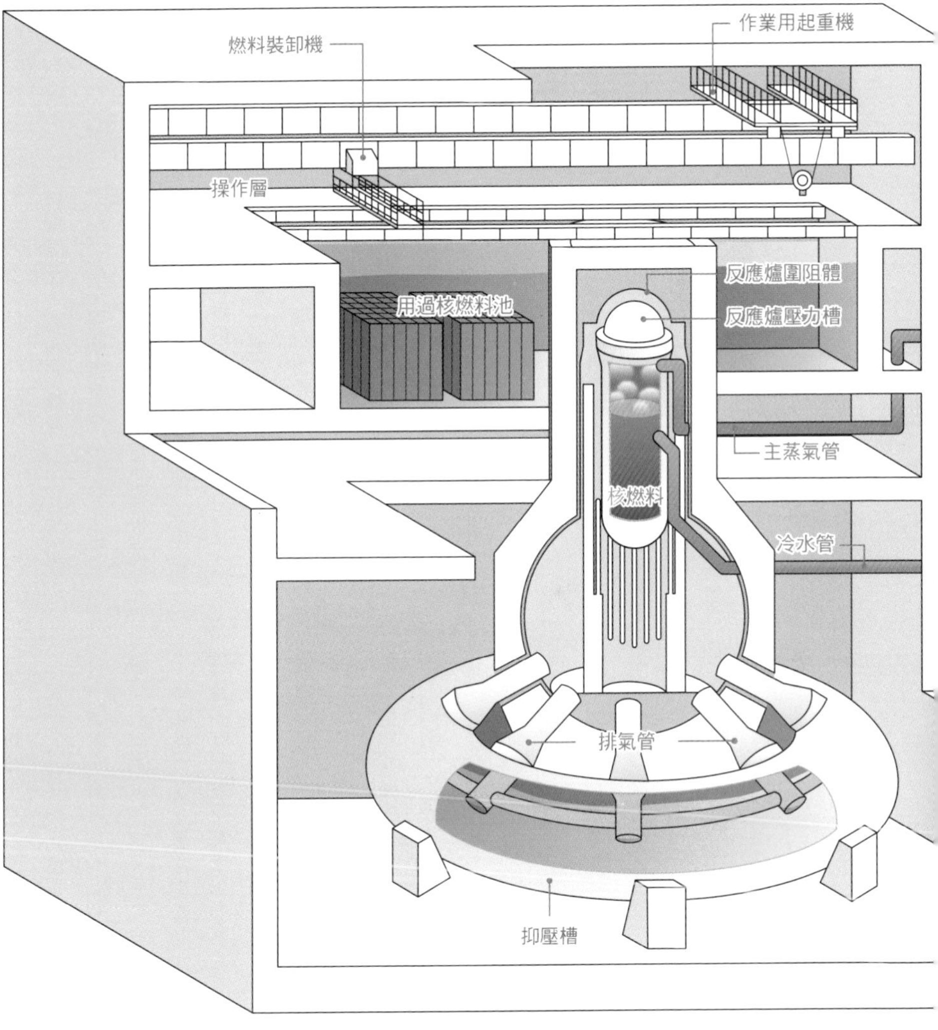

燃料裝卸機
作業用起重機
操作層
反應爐圍阻體
用過核燃料池
反應爐壓力槽
主蒸氣管
核燃料
冷水管
排氣管
抑壓槽

從 4 號機反應爐廠房移動乾式貯存槽的密封鋼管。（攝於 2014 年 11 月 3 日）

部。確認之後，再針對殘渣的取出制定策略，等到規畫好要用什麼方法進攻哪個地方，才開始進行作業。

反應爐中有殘渣的是一、二、三號機，那麼燃料池中有燃料的是幾號機呢？答案是一到四號機全部都有。也就是說，一、二、三號機裡面有殘渣和燃料池內的燃料，四號機只有燃料池內有燃料而已，不過四號機的燃料已經在二〇一四年年底全數取出完畢，所以目前四號機中沒有燃料，日後要進行的作業就是從一、二、三號機裡面取出燃料池內的燃料與反應爐內的殘渣。

為什麼唯有四號機可以先開始作業呢？那是因為四號機的輻射劑量率相對較低的緣故。一、二、三號機內都曾發生足以讓反應爐內燃料熔融的反應，並產生放射性物質，四號機則沒有發生這種事，所以才會造成目前為止的作業有大幅差異。

在進行一、二、三號機的作業之前，必須先將劑量降低至可以作業的程度，所以現階段才要清除操作層的瓦礫，準備進行除污作業。

### ③ 拆除與善後（除役）

這項作業的意思就如同字面所示，不過此處同樣先與各位確認一下前提。

首先，三一一以後雖然時常聽到大家講「廢爐、廢爐」，但廢爐究竟是什麼呢？

舉例而言，其實除了1F之外，也有其他核電廠曾經或現在正在進行廢爐作業。日本的商業用核電廠中，正在進行廢爐的有茨城縣東海村的日本核電東海發電廠，與靜岡縣御前崎市的中部電力濱岡核能發電廠一、二號機。這些「一般的廢爐」與「1F的廢爐」有何不同呢？

若要提出一個概略的結論，就是「1F的廢爐」包含①污水對策與②取出燃料，「一般的廢爐」則沒有這些作業。「一般的廢爐」的主要作業只有③拆除與善後（除役）而已。

說得再詳細、精確一點好了。凡是「基於『不再使用』而將運轉中的核電廠停止且廢除」，那麼包括1F在內，一律稱為「除役」。執行這項「除役」作業時，通常會遵循以下五個步驟（在與1F同為沸水式反應爐的情況下）。

1 搬出核燃料；
2 系統除污；
3 安全儲藏；
4 解體撤除（內部）；
5 解體撤除（廠房）。

這些全部都是③拆除與善後的作業。

1 搬出核燃料乍看之下或許很像1F的②取出燃料，但作業的流程與難度當然是截然不同的。「一般的廢爐」不會因為事故而遭到各種破壞，因此只要小心翼翼地（從燃料池）取出燃料，完成用藥品清洗等程序後，即可進入除污作業。至於1F的話，即使不必強調也知道，情況並沒有那麼簡單（勉強要說的話，四號機或許可以說是最接近這套流程的吧）。

即使在法律上，「1F的廢爐」也與「一般的廢爐」有所區別。規範1F的法律依據是日本的《反應爐等管制法》，而反應爐管制委員會已將1F指定為「特定核能設施」。

以上三項就是1F廢爐的具體作業內容。至於有關作業的進度，目前（二〇一六上半年）已經越過①污水對策的高峰，正逐漸轉移重心至②取出燃料的階段。

根據目前發表的中長期計畫表，殘渣的取出作業大約會在二〇二一年開始進行，然後在十到十五年之間完成所有的殘渣取出作業。預計所有作業最終將在二〇四一年至二〇五一年之間完成。

關於今後的廢爐作業流程，請參考本書九十二、九十三頁的廢爐工程表。

接下來讓我們一起來看看，廢爐現場中心的1F廠區內部，究竟在進行些什麼事吧。

## 認識廢爐須知的15個數字

**Q1** 福島第一核電廠的廢爐要花多少時間才能完全結束？

**A1** **25～35年**

目前預計結束時間為2041～2051年

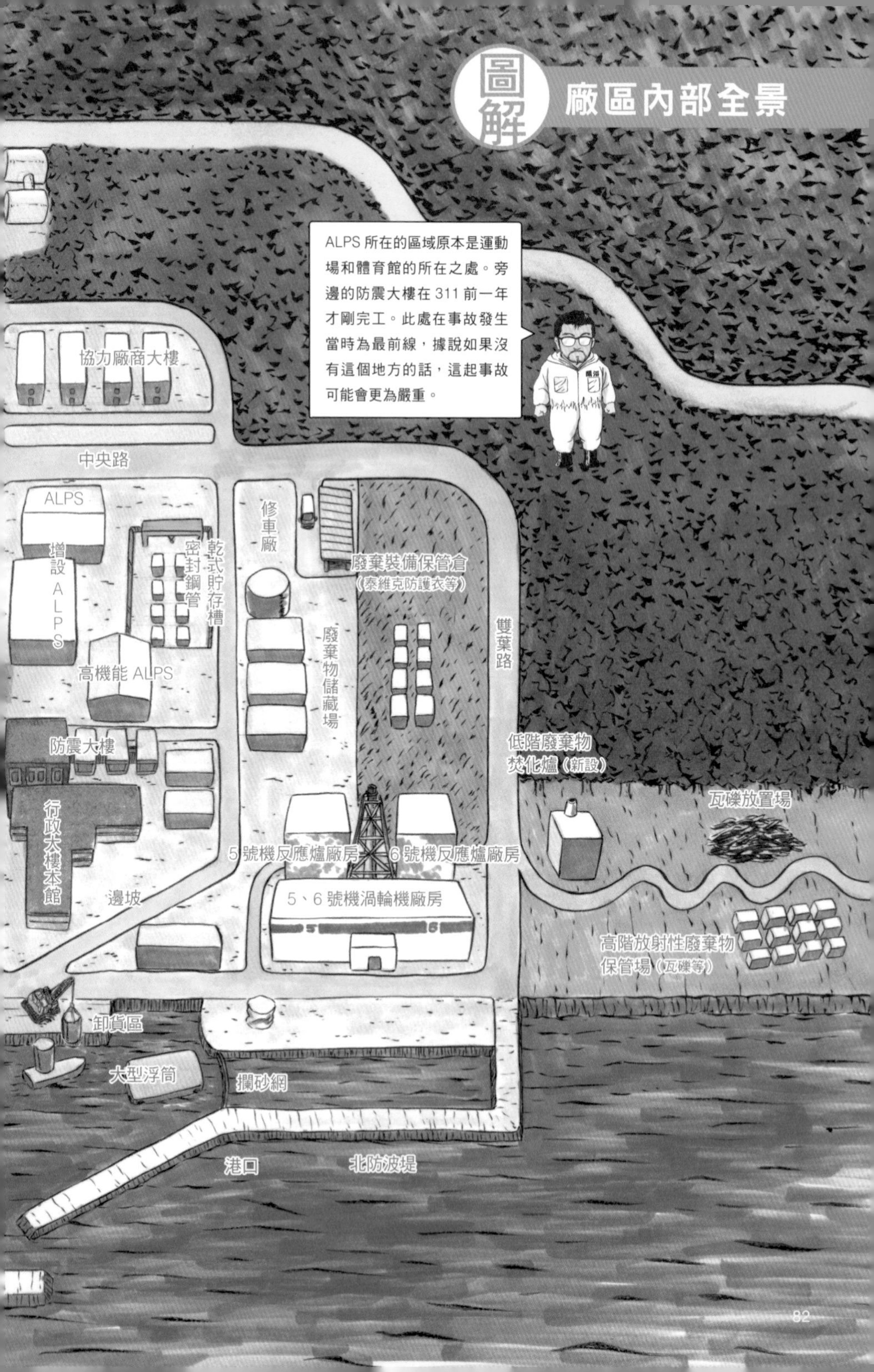
圖解
廠區內部全景
ALPS 所在的區域原本是運動場和體育館的所在之處。旁邊的防震大樓在 311 前一年才剛完工。此處在事故發生當時為最前線，據說如果沒有這個地方的話，這起事故可能會更為嚴重。
協力廠商大樓
中央路
ALPS
增設 ALPS
密封鋼管
乾式貯存槽
高機能 ALPS
修車廠
廢棄裝備保管倉
（泰維克防護衣等）
廢棄物儲藏場
雙葉路
低階廢棄物
焚化爐（新設）
瓦礫放置場
防震大樓
行政大樓本館
5 號機反應爐廠房
6 號機反應爐廠房
5、6 號機渦輪機廠房
邊坡
高階放射性廢棄物
保管場（瓦礫等）
卸貨區
大型浮筒
攔砂網
港口
北防波堤

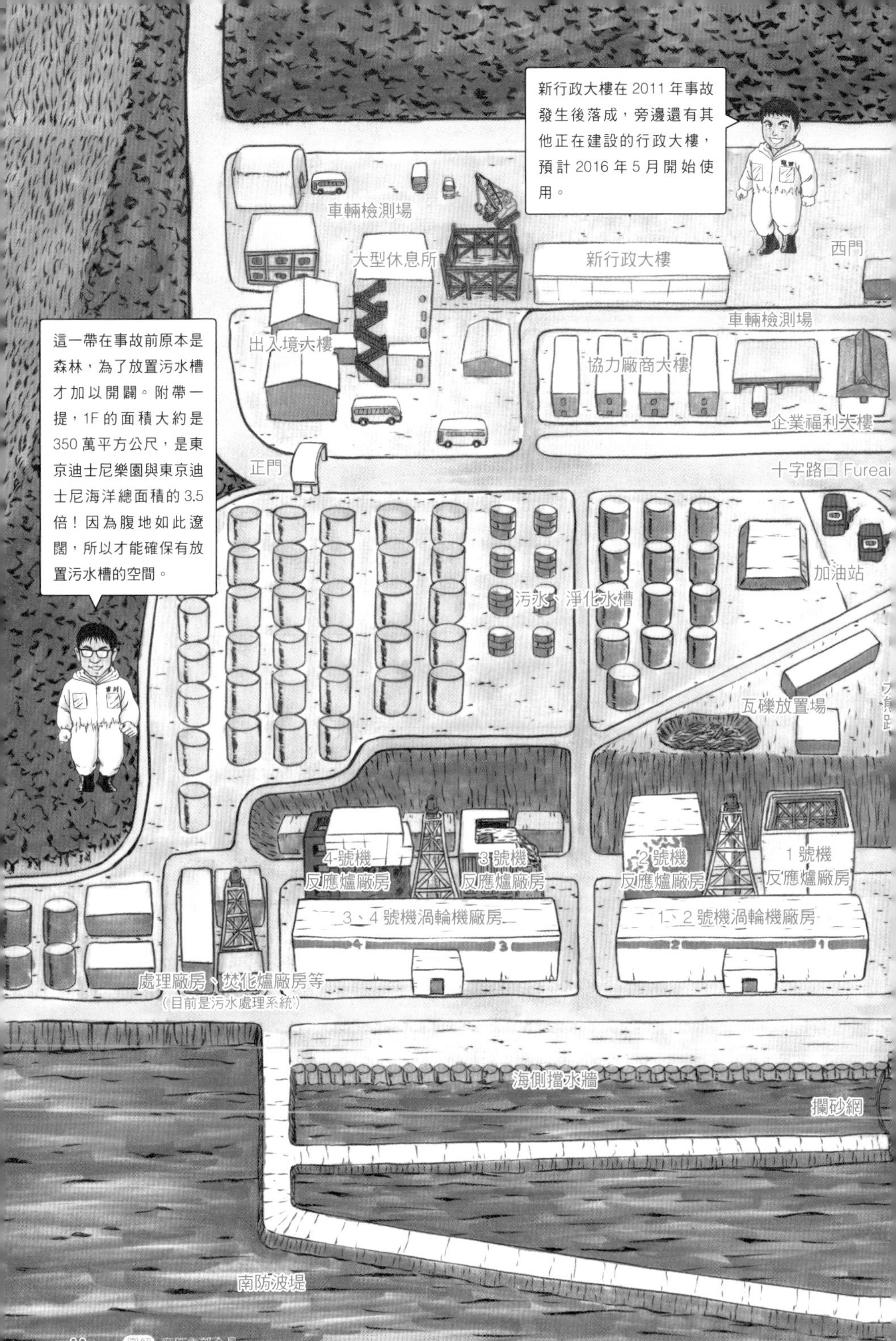
新行政大樓在 2011 年事故發生後落成，旁邊還有其他正在建設的行政大樓，預計 2016 年 5 月開始使用。
車輛檢測場
大型休息所
新行政大樓
西門
車輛檢測場
出入境大樓
協力廠商大樓
企業福利大樓
這一帶在事故前原本是森林，為了放置污水槽才加以開闢。附帶一提，1F 的面積大約是 350 萬平方公尺，是東京迪士尼樂園與東京迪士尼海洋總面積的 3.5 倍！因為腹地如此遼闊，所以才能確保有放置污水槽的空間。
正門
十字路口 Fureai
加油站
污水、淨化水槽
瓦礫放置場
4 號機
反應爐廠房
3 號機
反應爐廠房
2 號機
反應爐廠房
1 號機
反應爐廠房
3、4 號機渦輪機廠房
1、2 號機渦輪機廠房
處理廠房、焚化爐廠房等
（目前是污水處理系統）
海側擋水牆
攔砂網
南防波堤

# 1 號機

## 事故狀況

- ▶ 氫氣爆炸造成最上層嚴重毀損。
- ▶ 核燃料熔融掉落。

## 現狀

- ▶ 在發生氫氣爆炸的反應爐廠房上設置遮蔽罩（2011 年 10 月）。
- ▶ 為了要從燃料池當中取出用過的燃料棒，必須先拆除廠房外的遮蔽罩（進行中）。

## 目前面臨的課題

- ▶ 如何掌握反應爐廠房上半部與燃料池裡瓦礫的狀態。
- ▶ 如何在廠房遮蔽罩撤除期間防止放射性物質逸散。
- ▶ 如何處理廠房拆除後的瓦礫。

DATA

### 沸水式輕水反應爐（BWR）

| | |
|---|---|
| 圍阻體類型 | 馬克 1 型 |
| 製造廠商 | 奇異 |
| 動工日期 | 1967 年 9 月 |
| 營運日期 | 1971 年 3 月 |
| 熱功率（萬 kW） | 138 |
| 電功率（萬 kW） | 46.0 |

現在的狀態

【核燃料】

| | |
|---|---|
| 用過核燃料 | 292 束 |
| 新燃料 | 100 束 |
| 殘渣 | 狀態不詳 |

【反應爐內的溫度】

| | |
|---|---|
| 壓力槽底部 | 15.3℃ |
| 圍阻體內 | 15.4℃ |
| 用過核燃料池 | 16.0℃ |

（2016 年 3 月 31 日資料）

爆炸後的 1 號機反應爐廠房，可以看出最上層遭到嚴重毀損。（攝於 2011 年 3 月 12 日）

為了取出用過核燃料，目前正在進行撤除廠房遮蔽罩的作業。（攝於 2016 年 1 月 14 日）

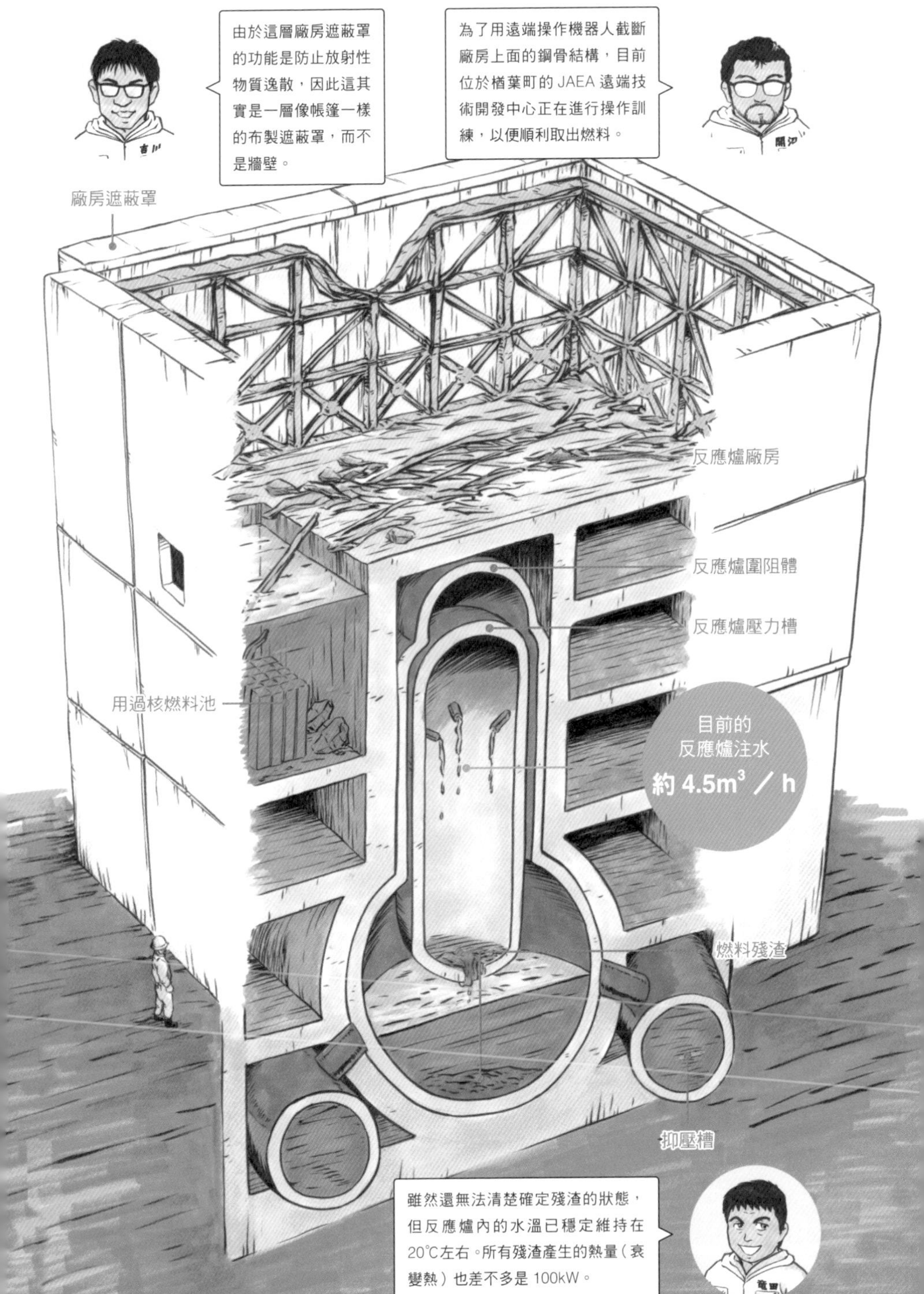
由於這層廠房遮蔽罩的功能是防止放射性物質逸散，因此這其實是一層像帳篷一樣的布製遮蔽罩，而不是牆壁。
為了用遠端操作機器人截斷廠房上面的鋼骨結構，目前位於楢葉町的 JAEA 遠端技術開發中心正在進行操作訓練，以便順利取出燃料。
廠房遮蔽罩
反應爐廠房
反應爐圍阻體
反應爐壓力槽
用過核燃料池
目前的
反應爐注水
約 4.5m³ ／ h
燃料殘渣
抑壓槽
雖然還無法清楚確定殘渣的狀態，但反應爐內的水溫已穩定維持在 20℃左右。所有殘渣產生的熱量（衰變熱）也差不多是 100kW。

# 2 號機

## 事故狀況

- ▶ 在 1 號機氫氣爆炸的影響下，部分釋壓閥（blow-out panel）毀損；雖有產生氫氣，但並未爆炸。
- ▶ 壓力槽破損，核燃料熔融。

## 現狀

- ▶ 關閉釋壓閥，抑制放射性物質逸散。
- ▶ 反應爐廠房內的輻射劑量率很高。

## 目前面臨的課題

- ▶ 設法降低反應爐廠房內的輻射劑量率。
- ▶ 為了進行廠房拆除作業，確立防止放射性物質逸散的方法。

DATA

沸水式輕水反應爐（BWR）

| | |
|---|---|
| 圍阻體類型 | 馬克 1 型 |
| 製造廠商 | 奇異、東芝 |
| 動工日期 | 1969 年 5 月 |
| 營運日期 | 1974 年 7 月 |
| 熱功率（萬 kW） | 238.1 |
| 電功率（萬 kW） | 78.4 |

現在的狀態

【核燃料】

| | |
|---|---|
| 用過核燃料 | 587 束 |
| 新燃料 | 28 束 |
| 殘渣 | 狀態不詳 |

【反應爐內的溫度】

| | |
|---|---|
| 壓力槽底部 | 20.3℃ |
| 圍阻體內 | 21.3℃ |
| 用過核燃料池 | 25.6℃ |

（2016 年 3 月 31 日資料）

事故後 2 號機反應爐廠房的外觀。白色的蒸氣正從破損的釋壓閥中噴發出來。（攝於 2011 年 3 月 15 日）

目前釋壓閥是關閉的狀態，但廠房內的輻射劑量率非常高。（吉川彰浩攝於 2015 年 11 月 18 日）

為了日後的燃料取出作業，目前預計從反應爐廠房最上層開始，將上半部全面拆除。

2號機未發生氫氣爆炸，因此廠房在外觀上完好無缺，但內部處於高輻射劑量率的狀態。

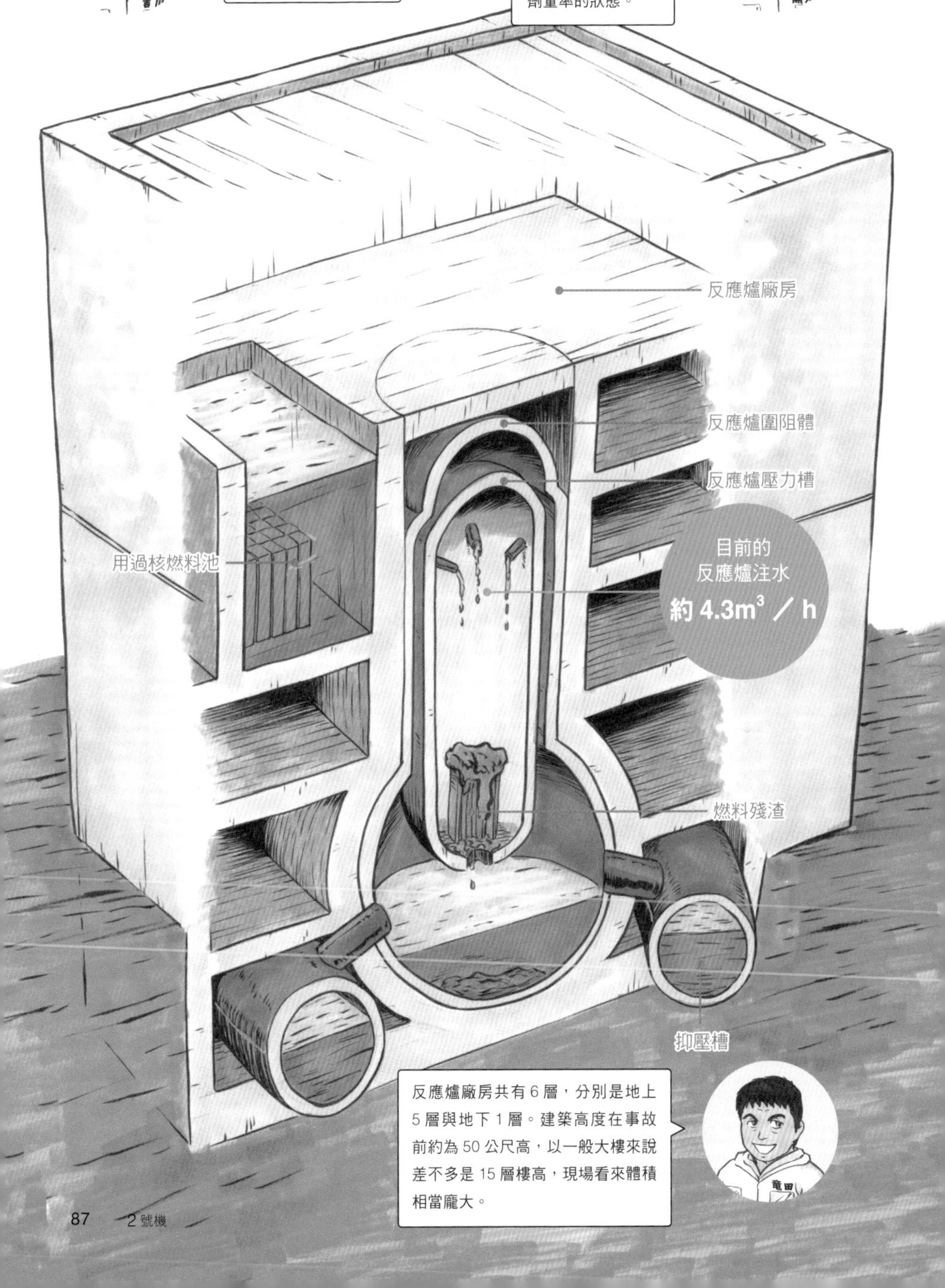
反應爐廠房
反應爐圍阻體
反應爐壓力槽
目前的
反應爐注水
約 4.3m³ ／ h
用過核燃料池
燃料殘渣
抑壓槽

反應爐廠房共有6層，分別是地上5層與地下1層。建築高度在事故前約為50公尺高，以一般大樓來說差不多是15層樓高，現場看來體積相當龐大。

# 3 號機

## 事故狀況

▶ 氫氣爆炸造成最上層毀損。
▶ 壓力槽破損，核燃料熔融。

## 現狀

▶ 反應爐廠房上半部的瓦礫撤除完畢（2013 年 10 月）。
▶ 正在撤除用過核燃料池中的瓦礫。

## 目前面臨的課題

▶ 由於輻射劑量率很高，因此必須遠端操作重型機械來進行降低輻射暴露對策。
▶ 如何設置燃料取出專用遮蔽罩與燃料處理設備。

DATA

沸水式輕水反應爐（BWR）

| | |
|---|---|
| 圍阻體類型 | 馬克 1 型 |
| 製造廠商 | 東芝 |
| 動工日期 | 1970 年 10 月 |
| 營運日期 | 1976 年 3 月 |
| 熱功率（萬 kW） | 238.1 |
| 電功率（萬 kW） | 78.4 |

現在的狀態

【核燃料】

| | |
|---|---|
| 用過核燃料 | 514 束 |
| 新燃料 | 52 束 |
| 殘渣 | 狀態不詳 |

【反應爐內的溫度】

| | |
|---|---|
| 壓力槽底部 | 17.8℃ |
| 圍阻體內 | 17.6℃ |
| 用過核燃料池 | 23.1℃ |

（2016 年 3 月 31 日資料）

爆炸後 3 號機反應爐廠房的外觀，爆炸的威力使得大型瓦礫四處散落。（攝於 2011 年 3 月 15 日）

目前正在撤除用過核燃料池內的瓦礫，同時準備設置新的燃料取出專用遮蔽罩。（吉川彰浩攝於 2015 年 11 月 18 日）

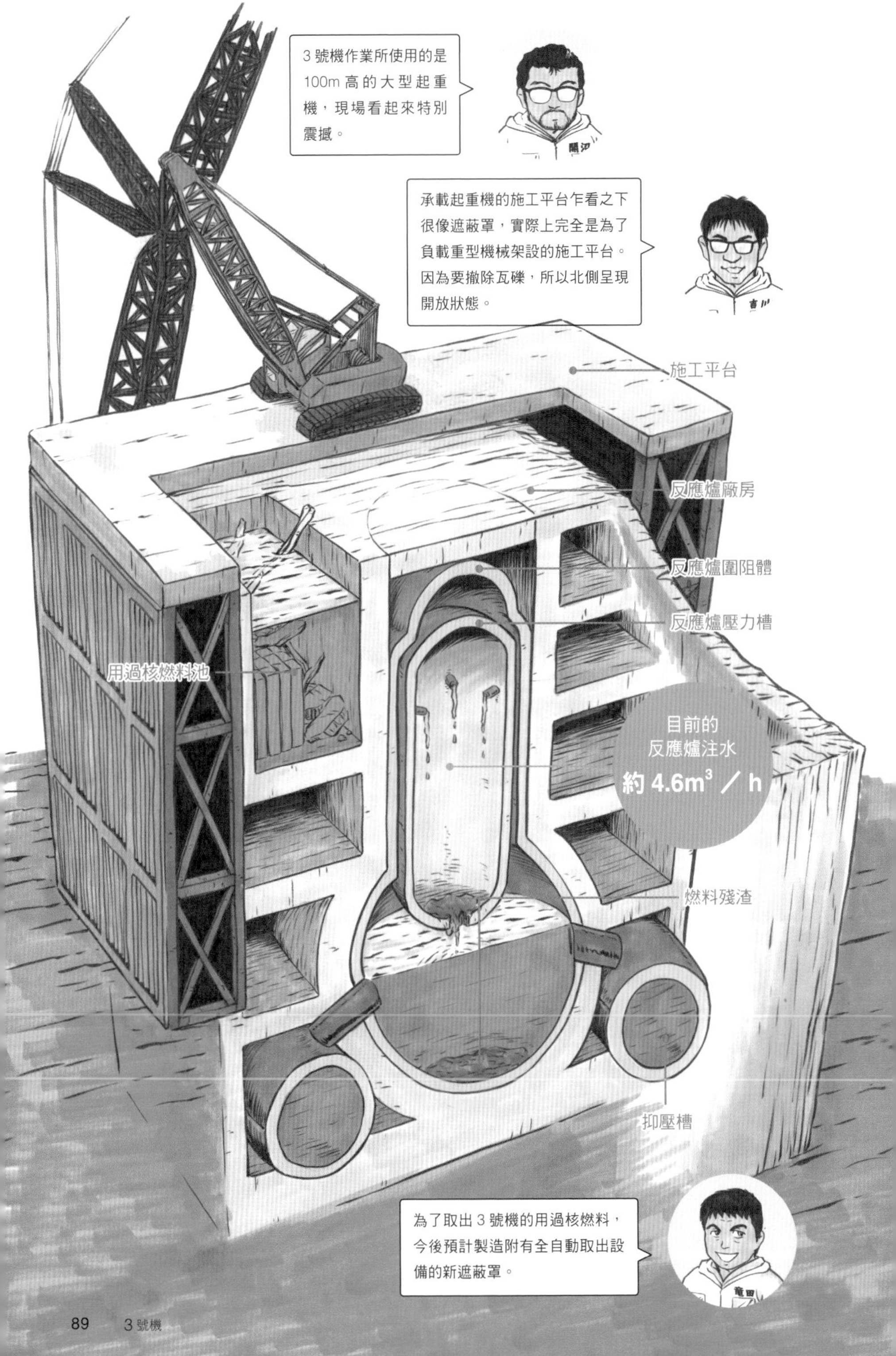
3 號機作業所使用的是100m 高的大型起重機，現場看起來特別震撼。
承載起重機的施工平台乍看之下很像遮蔽罩，實際上完全是為了負載重型機械架設的施工平台。因為要撤除瓦礫，所以北側呈現開放狀態。
施工平台
反應爐廠房
反應爐圍阻體
反應爐壓力槽
用過核燃料池
目前的
反應爐注水
約 4.6m³ ／ h
燃料殘渣
抑壓槽
為了取出 3 號機的用過核燃料，今後預計製造附有全自動取出設備的新遮蔽罩。

# 4 號機

## 事故狀況

▶ 從 3 號機流入的氫氣造成爆炸事故，4、5 層毀損。
▶ 當時 4 號機遇上定期檢查，所以反應爐內沒有填充核燃料。

## 現狀

▶ 用過核燃料池中的燃料棒取出完畢（2013年11月18日開始，2014 年 12 月 22 日結束）。

## 目前面臨的課題

▶ 將剩餘的建築物全部拆除，以放射性廢棄物處理。

DATA

沸水式輕水反應爐（BWR）

| | |
|---|---|
| 圍阻體類型 | 馬克 1 型 |
| 製造廠商 | 日立 |
| 動工日期 | 1972 年 9 月 |
| 營運日期 | 1978 年 10 月 |
| 熱功率（萬 kW） | 238.1 |
| 電功率（萬 kW） | 78.4 |

現在的狀態

【核燃料】

| | |
|---|---|
| 用過核燃料 | 0 束 |
| 新燃料 | 0 束 |
| 殘渣 | 無 |

【反應爐內的溫度】

| | |
|---|---|
| 壓力槽底部 | --℃ |
| 圍阻體內 | --℃ |
| 用過核燃料池 | 12.0℃ |

（2016 年 3 月 31 日資料）

爆炸後 4 號機反應爐廠房的外觀。（攝於 2011 年 3 月 15 日）

用過核燃料已取出完畢，現在處於穩定狀態。（吉川彰浩攝於 2015 年 11 月 18 日）

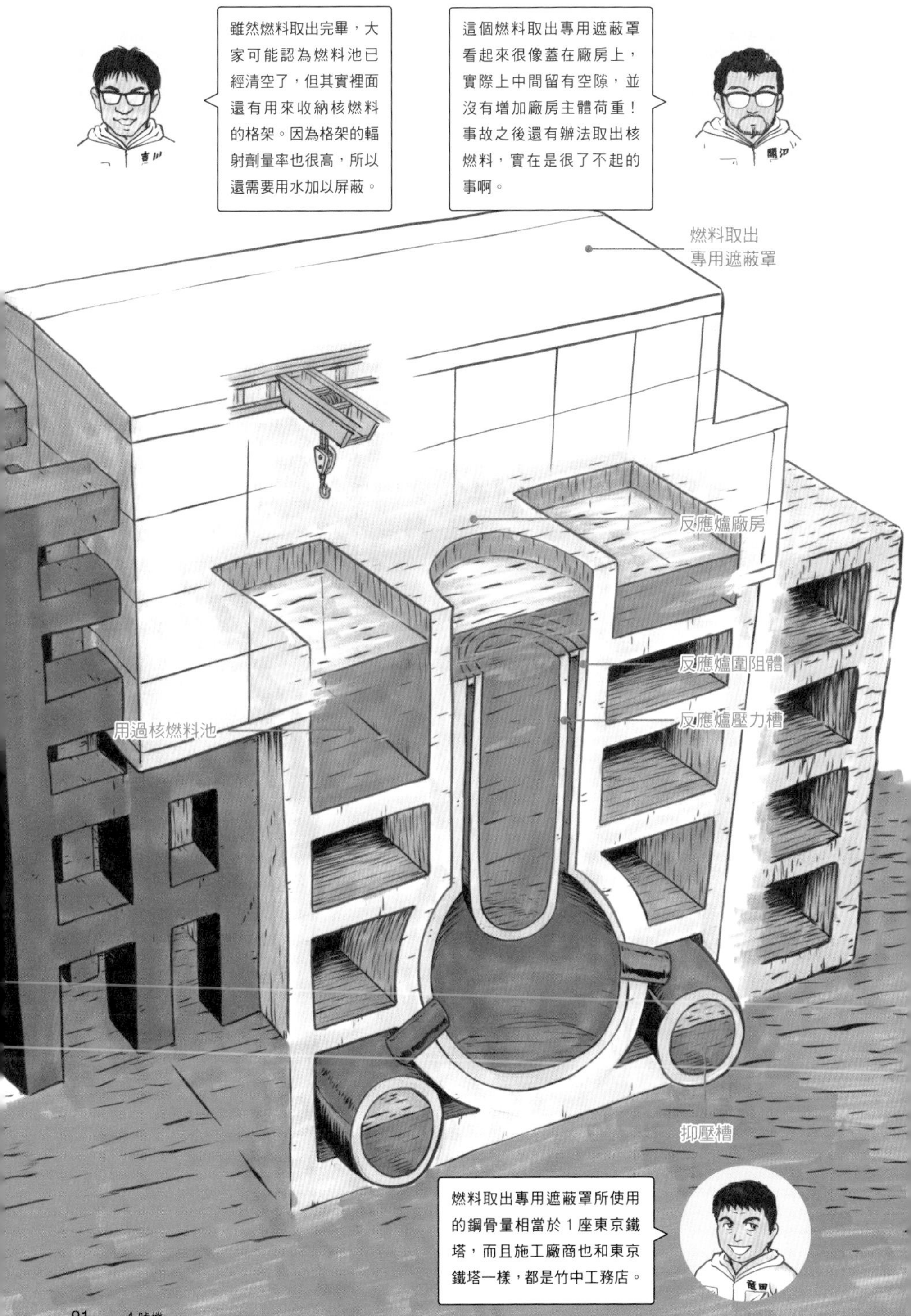
雖然燃料取出完畢，大家可能認為燃料池已經清空了，但其實裡面還有用來收納核燃料的格架。因為格架的輻射劑量率也很高，所以還需要用水加以屏蔽。
這個燃料取出專用遮蔽罩看起來很像蓋在廠房上，實際上中間留有空隙，並沒有增加廠房主體荷重！事故之後還有辦法取出核燃料，實在是很了不起的事啊。
燃料取出
專用遮蔽罩
反應爐廠房
反應爐圍阻體
反應爐壓力槽
用過核燃料池
抑壓槽
燃料取出專用遮蔽罩所使用的鋼骨量相當於1座東京鐵塔，而且施工廠商也和東京鐵塔一樣，都是竹中工務店。

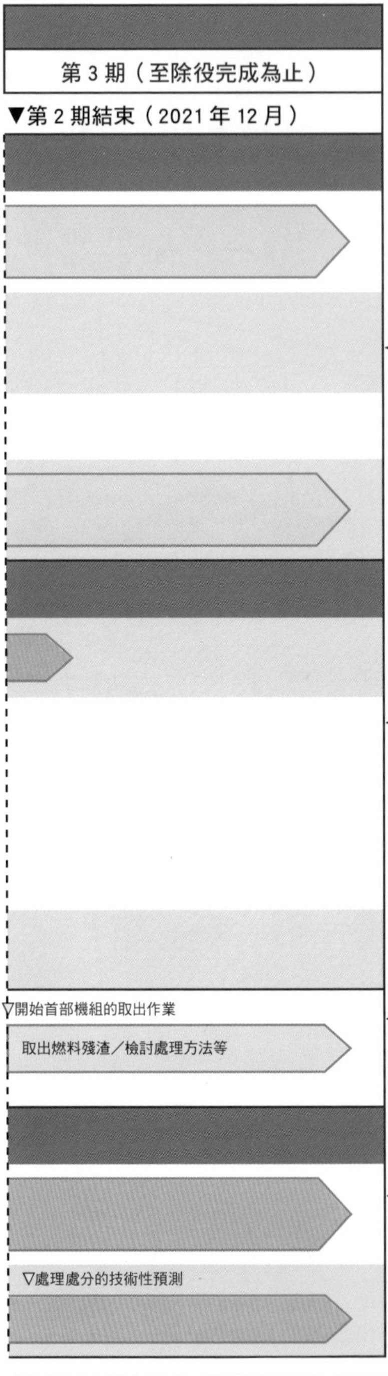
第 3 期（至除役完成為止）
▼第 2 期結束（2021 年 12 月）
▽開始首部機組的取出作業
取出燃料殘渣／檢討處理方法等
▽處理處分的技術性預測

依據「因應東京電力福島第一核能發電廠除役等的主要目標工程」（2015 年 6 月）等資料製成

「污水對策」

污水對策的中期目標是建立避免污水增加的對策！凍土牆的完工是一大里程碑。雖然必須在早期達成整體污水「減少」的目標，但要將淨化後的污水排放到海裡，若考量到謠言可能造成的損失，那麼需要的不只是周遭地區居民的同意，更需要取得社會全體的共識。最終目標是達到完全沒有污水的程度，因此才需要取出熔融核燃料（污染源）。

「取出燃料」

4 號機用過核燃料池內的燃料取出作業在 2014 年 12 月完成。1 ～ 3 號機的部分也正在進行撤除瓦礫、拆解廠房上層等作業，以便設置燃料取出專用遮蔽罩。此處著重的焦點在於防止放射性物質逸散，尤其 2 號機更是「未爆炸建築」當中首座即將被拆除的建築物。

「取出燃料殘渣」

由高輻射線所造成的調查障礙必須靠技術加以克服。1 ～ 3 號機的殘渣取出作業都要到 2021 年才開始。最終目標是在穩定的狀態下將所有的殘渣處理完畢。

「廢棄物對策」

期間的目標是保護工作「人員」不受廢爐所產生的放射性廢棄物影響，並在穩定的狀態下暫時保管廢棄物。最終的處理方式計畫於核電廠區外，因此在廢棄物對策當中，需要有保護地方環境與周遭地區居民的制度。為此，勢必得設置與地方居民溝通的管道才行。

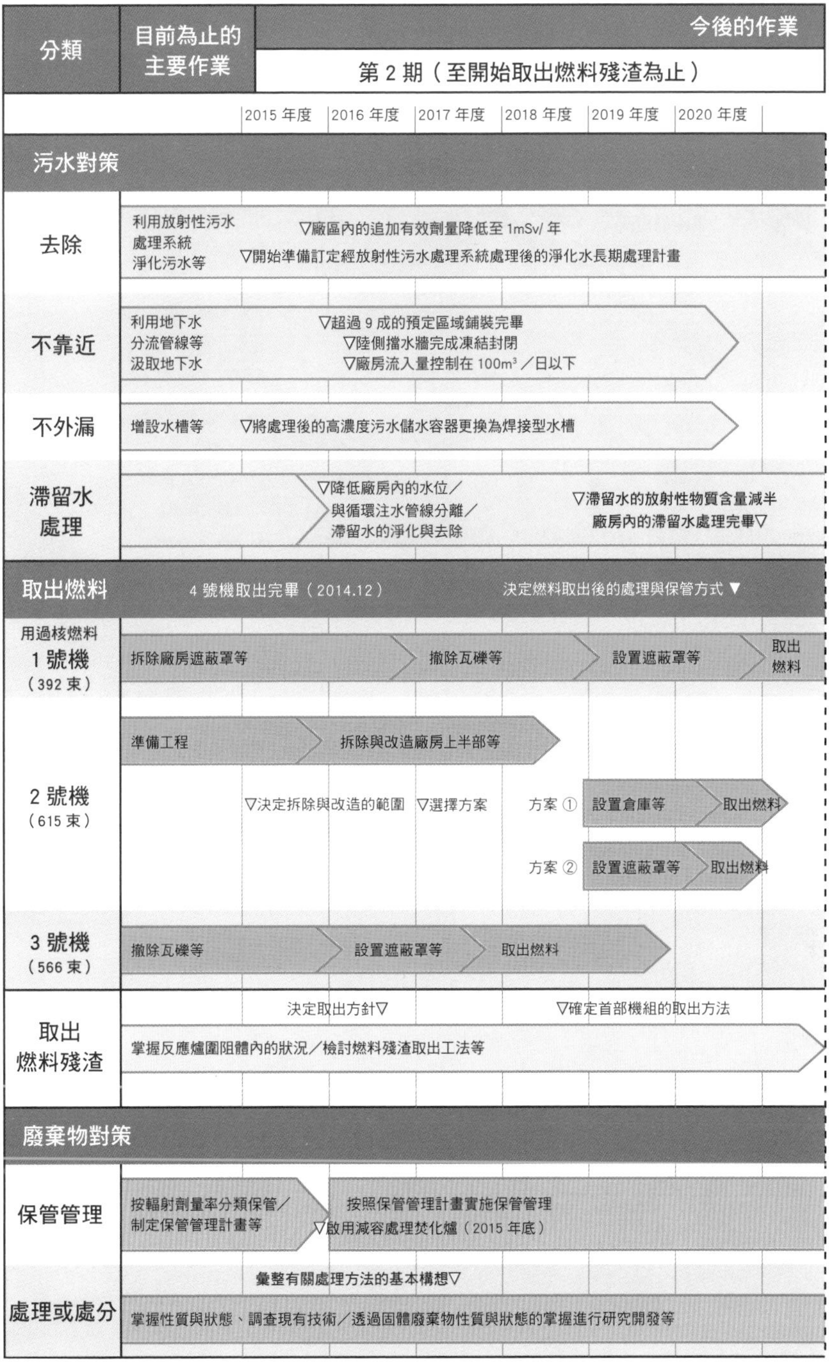
分類
目前為止的主要作業
今後的作業
第 2 期（至開始取出燃料殘渣為止）
2015 年度
2016 年度
2017 年度
2018 年度
2019 年度
2020 年度
污水對策
去除
利用放射性污水處理系統淨化污水等
▽廠區內的追加有效劑量降低至 1mSv/ 年
▽開始準備訂定經放射性污水處理系統處理後的淨化水長期處理計畫
不靠近
利用地下水分流管線等汲取地下水
▽超過 9 成的預定區域鋪裝完畢
▽陸側擋水牆完成凍結封閉
▽廠房流入量控制在 100m³ ／日以下
不外漏
增設水槽等
▽將處理後的高濃度污水儲水容器更換為焊接型水槽
滯留水處理
▽降低廠房內的水位／與循環注水管線分離／滯留水的淨化與去除
▽滯留水的放射性物質含量減半
廠房內的滯留水處理完畢▽
取出燃料
4 號機取出完畢（2014.12）
決定燃料取出後的處理與保管方式 ▼
用過核燃料
1 號機（392 束）
拆除廠房遮蔽罩等
撤除瓦礫等
設置遮蔽罩等
取出燃料
2 號機（615 束）
準備工程
拆除與改造廠房上半部等
▽決定拆除與改造的範圍
▽選擇方案
方案 ①
設置倉庫等
取出燃料
方案 ②
設置遮蔽罩等
取出燃料
3 號機（566 束）
撤除瓦礫等
設置遮蔽罩等
取出燃料
取出燃料殘渣
決定取出方針▽
▽確定首部機組的取出方法
掌握反應爐圍阻體內的狀況／檢討燃料殘渣取出工法等
廢棄物對策
保管管理
按輻射劑量率分類保管／制定保管管理計畫等
按照保管管理計畫實施保管管理
▽啟用減容處理焚化爐（2015 年底）
彙整有關處理方法的基本構想▽
處理或處分
掌握性質與狀態、調查現有技術／透過固體廢棄物性質與狀態的掌握進行研究開發等

# 圖解 污水對策

1號機
反應爐廠房
1號機
渦輪機廠房
1
海拔
10m
海拔
4m
防波堤
溝槽
地下水井
陸側擋水牆
井點
水玻璃地盤改良
海側擋水牆
地下水繞過廠房流到海側後，被擋水牆擋住，然後從所謂的「地下水井」和「井點」等汲水井汲取上來後，再送回渦輪機廠房。

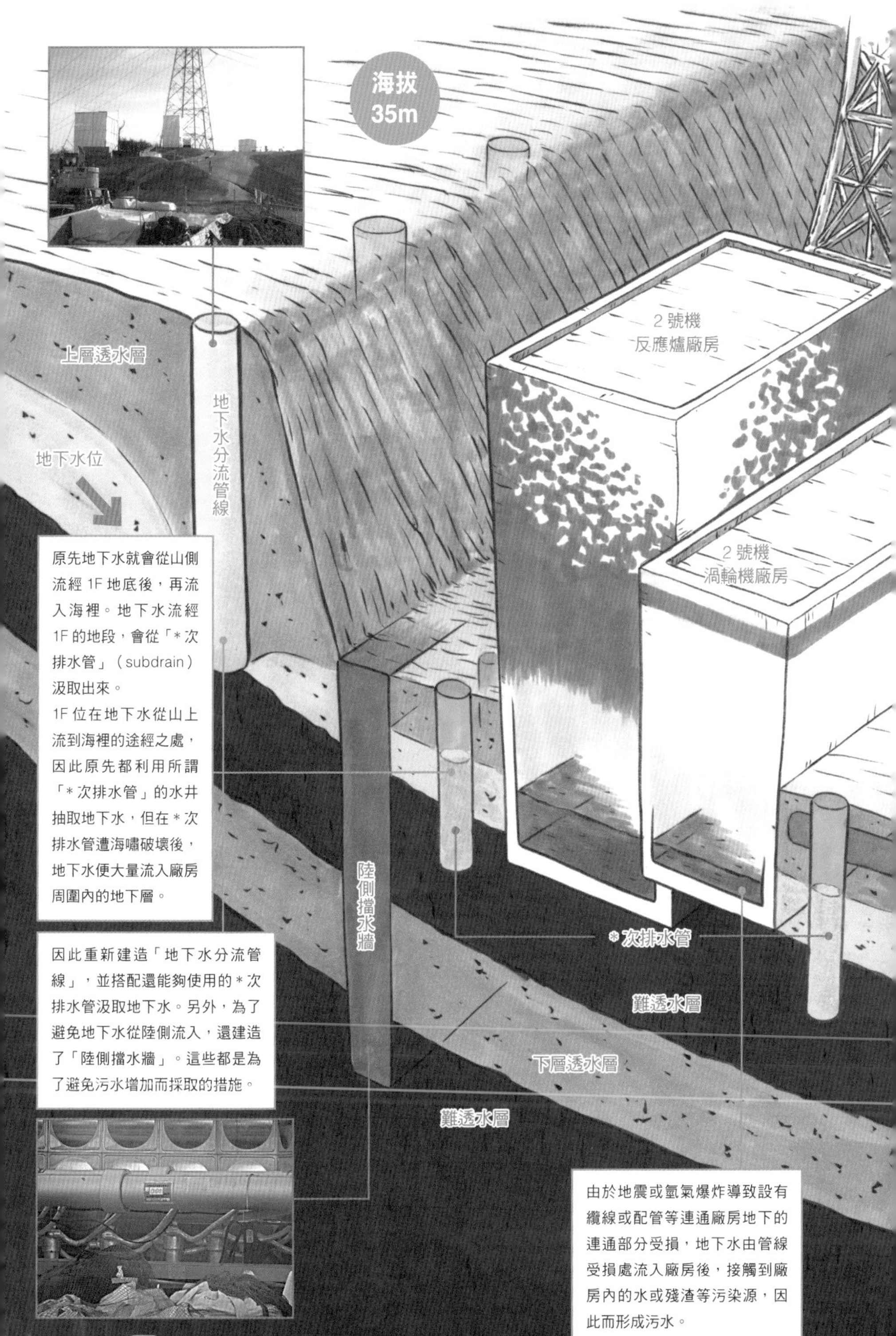

海拔 35m
上層透水層
地下水位
地下水分流管線
2 號機 反應爐廠房
2 號機 渦輪機廠房
陸側擋水牆
＊次排水管
難透水層
下層透水層
難透水層


原先地下水就會從山側流經 1F 地底後，再流入海裡。地下水流經 1F 的地段，會從「＊次排水管」（subdrain）汲取出來。

1F 位在地下水從山上流到海裡的途經之處，因此原先都利用所謂「＊次排水管」的水井抽取地下水，但在＊次排水管遭海嘯破壞後，地下水便大量流入廠房周圍內的地下層。

因此重新建造「地下水分流管線」，並搭配還能夠使用的＊次排水管汲取地下水。另外，為了避免地下水從陸側流入，還建造了「陸側擋水牆」。這些都是為了避免污水增加而採取的措施。

由於地震或氫氣爆炸導致設有纜線或配管等連通廠房地下的連通部分受損，地下水由管線受損處流入廠房後，接觸到廠房內的水或殘渣等污染源，因此而形成污水。

# 污水對策的執行成效如何？

關於「污水」一詞，我想應該是在1F廢爐新聞中最常聽見的單字，而且也有一些人對其內容知之甚詳吧。

這個污水究竟是什麼？又為什麼會持續增加呢？如果用比喻的方式來說，就是這麼一回事：

各位身邊有大大小小的河川，川裡的水從山上流向海裡。雨水會以如日本列島脊椎般的山脈為分水嶺，分別流向日本海與太平洋的方向對吧？

事實上，同樣的事情也發生在地下水的部分。

福島第一核電廠廠區內部的地下像千層派一樣，由地層堆疊而成。其中有像黏土一樣，水不容易通過的地層，也有砂土顆粒很粗，水很容易通過的地層。這個「水很容易通過的地層」位在接近地表的部分，水就是經由此處從山上流向海裡，以方位來說就是由西邊流向東邊（↓九十四、九十五頁）。

這些水如果流入發生事故的廠房底下，就會接觸到已經被高濃度放射性物質污染的水。用「接觸」一詞或許很難想像，總之一個廠房總共有超過八八〇個用於纜線或配管的小孔【圖1】。

【圖2】是那些連通口的示意圖。地下水就是經由此處流入廠房內，才會接觸到滯留在廠房內部的水。這樣一來會

- 平常或降雨時被地下水淹沒的連通部分約占全體的67%。
- 在被水淹沒的連通部分中，約有84%（※1）的連通部分介於廠房之間。
- 連接溝槽、共通配管導管等的連通部分約占全體的30%。

<table>
<tr><th rowspan="2">號機</th><th rowspan="2">總數（處）</th><th colspan="3">依高度分類（※2）（處）</th><th colspan="2">依位置分類（處）</th></tr>
<tr><th>地下水位（下降時）</th><th>地下水位（上升時）</th><th>地下水位以上</th><th>被水淹沒的連通部分中，介於廠房之間的連通部分</th><th></th></tr>
<tr><td>1號</td><td>218</td><td>95</td><td>36</td><td>87</td><td>88</td><td>98</td></tr>
<tr><td>2號</td><td>183</td><td>137</td><td>28</td><td>18</td><td>148</td><td>34</td></tr>
<tr><td>3號</td><td>225</td><td>126</td><td>17</td><td>82</td><td>132</td><td>43</td></tr>
<tr><td>4號</td><td>254</td><td>135</td><td>16</td><td>103</td><td>127</td><td>103</td></tr>
<tr><td rowspan="2">合計</td><td rowspan="2">880</td><td>493</td><td>97</td><td rowspan="2">290</td><td rowspan="2">495</td><td rowspan="2">278</td></tr>
<tr><td colspan="2">590</td></tr>
<tr><td>全體比</td><td>-</td><td colspan="2">67%</td><td>33%</td><td>56%</td><td>31%</td></tr>
</table>

【圖1】1～4號機本館地下外壁的連通部分依「高度」與「位置」分類

※1：被水淹沒的連通部分中，介於廠房之間的連通部分合計（495處）÷被水淹沒的連通部分（590處）＝84%

※2：以12月至7月間＊次排水管水位觀測值最大值與最小值做為地下水位分類標準

出處：http://www.tepco.co.jp/nu/fukushima-np/roadmap/images/c130516_05-j.pdf

**Q2** 在凍土牆完成之前，平均1天流入福島第一核電廠1～4號機廠房地下的地下水量大約是多少立方公尺？

**A2** 平均1天
**150m³**

發生什麼事呢？可能的情況有兩種，一是被污染的水漏到外面，二是有水流入廠房內。

各位可以想像成是一個寶特瓶插在緩緩流動的河裡，瓶身上有用針戳出來的小洞，有時寶特瓶內的水會滲到河裡，這時寶特瓶內的水位高於河川的水位，也就是寶特瓶內的水壓高於周圍的水壓；反之，當寶特瓶內的水位低於河川的水位時，河水就會流入寶特瓶內，也就是寶特瓶內的水壓相對較低的意思。

假如1F的一到四號機廠房是這個寶特瓶的話，裡面的水就是含有放射性物質的「污水」，所以不能讓這些水流入河川裡。另一方面，廠房（寶特瓶）內流入一定的水量並無大礙，但流入太多的話也不行，因為「污水」會因此增加。

所以這時該怎麼辦呢？就是要適當地調整水位，也就是讓河川的水位持續保持在稍微高於廠房（寶特瓶）內水位的程度。具體來說就是在廠房四周挖掘水井並從中汲水，一邊用水位計自動計算水位，一邊將水位調整至適當的程度。

「＊次排水管」就是具有這種功能的水井之一，它在事故發生前就已經存在了。

當然，從事故發生前就有地下水會流經1F地底下，整座1F一天大約能從

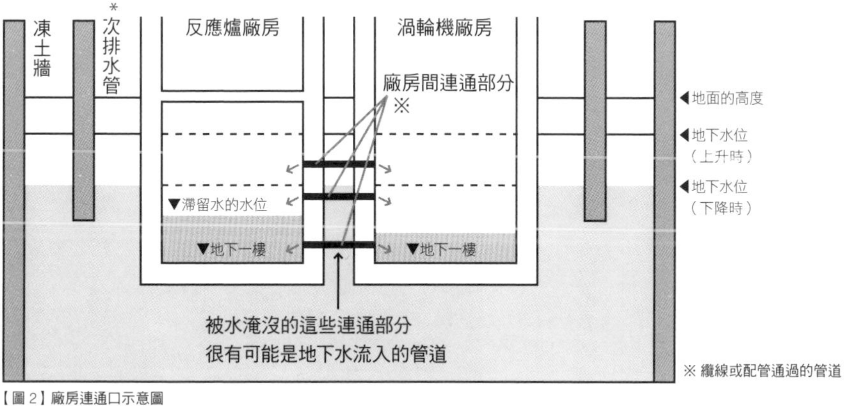
凍土牆
＊次排水管
反應爐廠房
渦輪機廠房
廠房間連通部分※
◀地面的高度
◀地下水位（上升時）
◀地下水位（下降時）
▼滯留水的水位
▼地下一樓
▼地下一樓
被水淹沒的這些連通部分
很有可能是地下水流入的管道
※纜線或配管通過的管道

【圖2】廠房連通口示意圖

出處：參考 http://www.tepco.co.jp/nu/fukushima-np/roadmap/images/c130516_05-j.pdf 繪製而成

＊次排水管抽取一五〇〇立方公尺的水排入海裡，其中一到四號機組約能汲取出大約八五〇立方公尺的水。這是因為水的浮力有可能使建築物傾斜，畢竟連數萬立方公尺的液貨船都會浮在水面上了，同樣的現象當然也會發生在反應爐廠房上，所以為了避免發生這種現象，全日本的核電廠都有「＊次排水管」。

在事故發生後，每天依然有四百立方公尺的水流入一到四號機的廠房地底下。這些水流入多少，「污水就會增加多少」。

這是怎麼一回事呢？此處必須先理解的廠房主要有兩種：位於山側的是「反應爐廠房」，也就是反應爐所在的「本體」；位於海側的是「渦輪機廠房」，如名稱所示，此廠房內部有發電用的渦輪機。

一開始地下水先流入反應爐廠房，與接觸到燃料殘渣的污水混合，污水量因此增加。接著污水從反應爐廠房流入渦輪機廠房。在反應爐廠房與渦輪機廠房之間，有電源纜線通過的配管等小孔，水會從那裡滲進去，使得渦輪機廠房內也有污水流入。

若置之不管，污水就會滯積在廠房內，最後透過海側溝槽流入海裡，因此必須設法處理。

這就是所謂的污水問題。

## 事發後混亂的現場

不過這已經算是「達到一定程度的穩定狀態」了，事故剛發生時簡直是一片混亂。

此處先說明從事故剛發生時，到「達到一定程度的穩定狀態」為止的過程。

事故剛發生時，包括緊急電源在內的電源設備，全都在海嘯的影響下被水淹沒，一到四號機的電源全部斷電，使得用水冷卻燃料的系統無法使用，反應爐中的燃料溫度飆升，導致燃料開始熔融成為所謂的「殘渣」。這些殘渣熔毀了反應爐中的金屬製「壓力槽」容器底部。燃料殘渣若不加以冷卻，會持續釋放熱能熔毀周圍的物品，並產生放射性物質，最終導致情況無法控制。為了避免災害擴大，一定要用水加以冷卻才行。因此，

後方的牆壁是反應爐廠房，前面是＊次排水管坑。1～4號機周圍總共有41座。
（吉川彰浩攝於2015年11月18日）

為了要使反應爐內部、裝有使用完的核燃料的「用過核燃料池」和裝有未用過的新燃料的燃料池冷卻預備用，遂展開朝反應爐廠房內注水的作業。

一開始面對毫無前例的狀況，只能隨機應變，現場也不斷發生突發狀況。相信有很多人還記得，當時直升機吊著水桶朝用過核燃料池灑水，情況卻不太順利的畫面吧。

雖然立刻汲取海水，用幫浦加壓水流注水，但現場還是發生一些小狀況，例如：光要找出一根水管就費了不少工夫。

一開始注水用的是消防車用的水管，因為消防車用的水管長度是五十公尺，輕便又不占空間，所以很方便攜帶或者是連接在一起使用。不過在使用的過程中，很快就發現這種水管容易破洞，因為一般發生火災時，消防車用水管只會使用到火勢撲滅為止，當初生產水管時並非針對長時間、高壓力的使用而設計。除此之外，據說當現場蒐集到一定強度的水管以後，因為需要長水管，所以必須將水管連接起來，但此時才發現連接處全是（公、母的）公頭，水管與水管無法連接，只好趕緊讓所謂「廠內企業」的集團公司，當場製作一種叫「連結器」的連接用零件。

每當現場發生意外狀況，只能隨機應變使用現有的東西應急。最大的意外狀況就是高濃度污水經由廠房與海洋之間的管線流到海裡。當時採取的應變方法是「河狸戰術」。這套戰術是由當時的吉田所長，也就是二〇一四年因「吉田調查報告事件」而聲名大噪的吉田昌郎所提出，他說：「我們應該像河狸築巢那樣，不管用木屑也好，報紙也罷，總之要想盡辦法把漏水的地方都堵起來。」事故剛發生時，因為物資籌措不及，所以有一段時間只能利用現有的東西堵住管線。最後採取了在管線中注入「水玻璃」的土木技術，讓這種材料在水中硬化以止水。當時排放到海裡的水具有1 Sv／h（每小時一西弗）的表面輻射劑量率，是人類無法直接處理的高濃度污水。現在雖然為數不多，凡是曾在這段初期排出高濃度污水的意外期間游泳或覓食過的魚，至今依然是超於放射性物質標準的魚。詳細內容請參考小松理虔先生的文章（→三一四～三一九頁）。

## 水的流向無法預測

當時就這樣一邊解決這些意外，一邊開始朝反應爐內注水。一開始就連相關人員也無法想像這些水會流到哪裡。可以想像到的是，水會從反應爐上的洞漏出去，流到抑壓槽，但這些水接下來會流向哪裡，連現場工作人員也無法預測。

也許有人還記得事故發生後的一則新聞：「進入渦輪機廠房內進行電機工程

的人，因為雙腳浸泡在水裡而暴露於輻射中」，這就是在「無法預期水的流向的狀態」下發生的事。

工作人員很快就發現，灌入反應爐內的水變成污水，並開始從反應爐所在的「反應爐廠房」外流出來。話雖如此，也不可能停止注水，因為如果不持續注水，導致燃料棒溫度再度升高的話，情況就會變得非常棘手。

因此，做為緊急應變措施，他們決定在（非反應爐廠房或渦輪機廠房的）「處理廠房」的地下室進行止水工程以儲存污水【1】。在事故發生前，「處理廠房」的地下室存放有用來處理液態放射性廢棄物的水槽或幫浦。最後他們使用了一種在工程現場使用的耐壓水管「Kanaflex」，才把污水導流至此。

過程中也確立了兩套延續至今的做法，一是「準備大量的金屬製污水槽以儲存污水」，二是「不要把所有水都倒入污水槽中，而是把部分污水運回廠房做為燃料冷卻用水，以減少污水發生量」。換句話說，原本燃料冷卻用水的循環是「海洋→廠房→污水槽」，因此會不斷產生污水，但這樣的污水量必須設法減少才行，因此才建立了「廠房→用幫浦等抽取（污染水）後除去放射性物質→再度送回廠房&污水槽」的「水循環冷卻」機制。

確立這套水循環機制後，燃料溫度上升的情況也逐漸穩定下來，（整起事故）這才進入「一定程度的穩定狀態」。

## 處理污水的方法

雖然現在也維持著「一定程度的穩定狀態」，但這裡有一個棘手的課題要解決，就是「如何去除污水中的放射性物質」。

正如前文所述，事故後的污水一度達到1 Sv／h的程度，是屬於高輻射值的污水，而且即使循環冷卻處於穩定狀態，但只要污水在循環過程中持續接觸到反應爐廠房的污染源，輻射污染濃度就會無限上升，相當危險。再加上當初為了盡快灌入大量的水來冷卻廠房，便直接從海洋抽取海水，因此當中也混雜了會腐蝕金屬的鹽分或其他垃圾，據說一開始在廠房內，還有沙丁魚或烏魚等小魚在游動，或是水面上漂著海藻等狀況，而這些也都是必須清除的「污染」之一。

在污水循環的過程中，如果能夠採取一些方法淨化這些污染，不僅污水槽內的水所含有的放射性物質會減少，污水處理系統的整體風險也會下降。舉例而言，當發生污水從污水槽漏出的意外時，就能夠避免造成更大的危害。

應該也有很多人還記得，過去真的發生過污水漏出污水槽的意外吧？這個問題來自於事故發生後，污水迅速增加，所以為了確保儲水量，採用了籌措與組裝較快的「法蘭盤型污水槽」。這種污水槽是用螺栓將所有組件組裝起來，因此組件之間容易出現縫隙，水就會透過縫隙滲漏出去。後來顧慮到長期保管的需求，為了降低污水外洩的風險，於是才改用焊接型的污水槽。

目前放置污水槽或廢棄物的區域，事故前大多是草木叢生的自然環境。腹地遼闊的土地規畫也在事故應變中發揮作用。

事故發生後，現場面臨到的狀況是，必須盡快準備一套從污水中去除放射性物質的方法，若借用現場的說法來說，就是「通常要花四年左右才能完成設計、籌措、認證等程序的設備規模，實質上必須在兩個月內完成準備的狀態」。

當時之所以能夠實現這件事，主要有兩大背景，首先是國外的技術資訊。事故發生後，日本向全世界尋求從污水中去除放射性物質的技術，最後採用了美國三哩島核電廠事故時負責執行污水對策的 Kurion 公司，與法國核能大型企業 Areva 公司的技術【2】。由於日本國內並無處理大規模意外事故的經驗，因此這些技術便在當時派上用場。

另一個背景則是日本國內長年累積下來的工程技術。說到污水對策與應變措施，其實也可以說是「最尖端化學工廠設備的開發或設置作業」，也就是將配合現場環境特別製造的管線或污水槽組合成巨大的污水處理系統，而不是所謂的現成品。

必須將金屬正確接合且具有耐久性，不能讓液體外洩，又必須迅速完成高度的焊接作業。東芝、IHI、日揮等日本數一數二的機械設備製造商，紛紛從日本各地召集技術優秀的焊接工人。來自京濱、北九州的工匠們全部換上防護衣與全罩式面具，在遠高於今日的輻射劑量中持續進行二十四小時、三班制的作業。他們的作業迅速謹慎且充滿彈性，據說他們所焊接的部分至今依然不曾發生外洩或故障的狀況。

## 污水對策在ALPS的導入下有所進展

在「國內技術活用」方面，（海水）淡水化設備也很重要。最初為了冷卻燃料，朝廠房內灌入海水，但由於海水容易損傷機器，因此必須去除鹽分。這時雖

雖然報紙、電視屢屢報導放射性污水處理系統（ALPS），但若實際來到建築物前一看，它的外觀其實就像倉庫一樣不起眼。然而，其中卻集結著高度的技術。

然在循環冷卻系統中採用了淡水化設備，但這種技術原本是中東或東南亞地區為了確保飲用水而使用的技術，當中所使用的「逆滲透膜」，東麗或日東電工在全世界占有大部分的生產量。這類看似與核能無關的技術也被活用於其中。

只是這些技術在開發時，都不是以中長期處理含有大量鹽分的污水為前提，因此經常發生故障等意外狀況，在實際使用的過程中，也需要反覆地進行維修。

在這樣的情況下，1F在二〇一三年三月迎來轉捩點，開始使用一種叫「ALPS（阿爾卑斯）」的「放射性污水處理系統」。這項開發在順利運行前多次發生問題。相信有人還記得電視上不斷重播「ALPS又停止運轉」的新聞吧？在製造新設備時，通常會先在工廠進行多次實驗，確認現場不會發生問題後才加以使用。不過當時並沒有那麼充裕的時間，再加上又是第一次製造，因此處於「發生問題也是理所當然」的特殊環境下。總之，當時事態已經緊急到必須一邊製造一邊在現場測試的程度了。

ALPS的運轉具有相當大的意義。在這套系統出來以前，現有設備只能去除污水中的銫，其他放射性物質依然殘留在水裡，因此（水的污染狀況）持續處於高風險的狀態。不過在導入ALPS以後，就能夠去除多達六十二種的核種與放射性物質。

為了提升處理能力，現階段總共有三種類型的設備，除了「既設」的放射性污水處理系統，還有後來新增的升級版「增設放射性污水處理系統」與「高性能放射性污水處理系統」。「既設」與「增設」的系統處理能力皆為每日七五〇立方公尺，相對於此，「高性能」的處理能力則為每日五百立方公尺，約為廢棄物產生量的二十分之一。這是因為「高性能」採用的是簡單的「過濾方式」，「既設」與「增設」則採用稍微複雜的「凝結沉澱方式」處理。這也可以說是現場不斷再改善的例子之一吧。

## 含氚污水的問題

雖然能夠去除六十二種核種與放射性物質，但還是有無論如何都會殘留下來

詳細內容請參考 94-95 頁

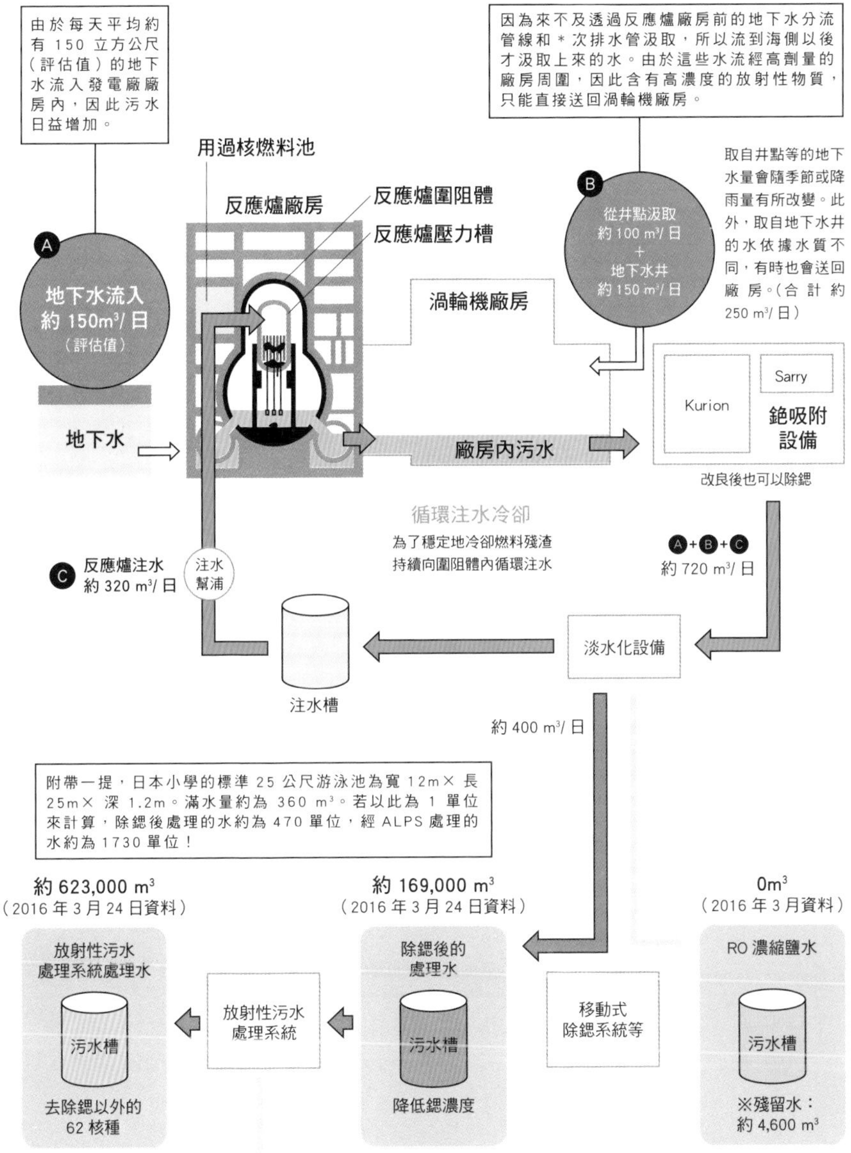
由於每天平均約有 150 立方公尺（評估值）的地下水流入發電廠廠房內，因此污水日益增加。
因為來不及透過反應爐廠房前的地下水分流管線和＊次排水管汲取，所以流到海側以後才汲取上來的水。由於這些水流經高劑量的廠房周圍，因此含有高濃度的放射性物質，只能直接送回渦輪機廠房。
用過核燃料池
反應爐廠房
反應爐圍阻體
反應爐壓力槽
A
地下水流入
約 150m³/ 日
（評估值）
地下水
渦輪機廠房
B
從井點汲取
約 100 m³/ 日
＋
地下水井
約 150 m³/ 日
取自井點等的地下水量會隨季節或降雨量有所改變。此外，取自地下水井的水依據水質不同，有時也會送回廠房。（合計約 250 m³/ 日）
Sarry
Kurion
銫吸附設備
改良後也可以除銫
廠房內污水
循環注水冷卻
為了穩定地冷卻燃料殘渣持續向圍阻體內循環注水
A+B+C
約 720 m³/ 日
C 反應爐注水
約 320 m³/ 日
注水幫浦
注水槽
淡水化設備
約 400 m³/ 日
附帶一提，日本小學的標準 25 公尺游泳池為寬 12m× 長 25m× 深 1.2m。滿水量約為 360 m³。若以此為 1 單位來計算，除鍶後處理的水約為 470 單位，經 ALPS 處理的水約為 1730 單位！
約 623,000 m³
（2016 年 3 月 24 日資料）
放射性污水處理系統處理水
污水槽
去除鍶以外的 62 核種
放射性污水處理系統
約 169,000 m³
（2016 年 3 月 24 日資料）
除鍶後的處理水
污水槽
降低鍶濃度
移動式除鍶系統等
0m³
（2016 年 3 月資料）
RO 濃縮鹽水
污水槽
※殘留水：約 4,600 m³

擷取自東京電力控股提供給視察者的資料「福島第一核能發電廠的現狀與今後的對策」（2016 年 4 月）。

的放射性物質，就是「氚」。氚是一種又稱「超重氫」的氫同位素，原本地球上每年會自然生成約（背景輻射值）一萬兆貝克的氚。（譯註：一萬兆等於一京，10^24次方。）一般的核電廠運轉或核試爆也會產生氚，因此無論是否發生核電廠事故，海洋、河川和雨水當中都有一定含量的氚。此外，含氚的水性質與反應幾乎與一般水相同，即使進入體內也幾乎不會累積，而且若比較1貝克的銫137與1貝克的氚對人體的影響，氚所造成的輻射暴露值是銫137的千分之一以下，因此氚可以說是一種「只要自然界存在的濃度稀薄，就不會造成嚴重問題的物質」。就這一點而言，關於目前保管在污水槽內的「含氚污水」，若把它視為與淨化前污水一樣「因為殘留有放射性物質所以很危險」的話，可以說是一種誤解。

話雖如此，擁有這種觀念的人應該不多吧？就算有這樣的觀念，應該還是有很多人認為「只要有殘留放射性物質，不就代表那很危險嗎？」

如何處理這種污水將會成為今後討論污水問題的重點。

另一方面，有些人認為「只要經過稀釋等程序，確保安全性就不會引起問題，所以即使排放到海裡或空氣中，應該也沒有問題吧？」除此之外，還有像這樣的意見：「即使如此，這些東西還是屬於放射性物質，要排放的話不是應該經過充分的討論嗎？」、「就算確定安全好了，但排到海裡以後，又會再度因為謠言而造成各種問題」、「除了儲存在水槽這件事情，連把水槽放到1F廠區外都應該一併檢討」。唯有居住在周圍的地方居民、受到謠言直接影響的漁民，乃至於消費者一起討論這個議題，並達成一定的社會共識，敲定具體的方案以後，污水問題才能算是大致「底定」了吧。

只要了解以上的內容，我想關於污水問題的大致流程，就能算是理解到一定程度了。

## 史上最大的凍土牆

剩下的課題很明確，就是速度雖然減緩，但「到頭來，污水還是持續在增加」。

在理解這個課題時，最大的重點就是（凍土方式）陸側擋水牆已經凍結完畢。「陸側擋水牆（凍土方式）」又稱「凍土擋水牆」，以下簡稱「凍土牆」。

這道凍土牆在二〇一六年二月即已完成設備工程，進入「只要東電按下凍結開關即可」的狀態，但核能管制委員會並未立刻發下「按下凍結開關的許可」。

為什麼呢？因為這樣做很有可能會破壞一開始提到的污水對策大前提：「讓地下水的水位持續保持在稍微高於廠房

## 氚是什麼？

**氚（氫 -3、$^{3}H$、T）**

半衰期……12.3 年

放出非常低能量的 β 射線以後，會變成氦 -3（$^{3}He$）。

氚是氫的同位素，性質幾乎與水相同，因此若混入水中，無法以過濾等方式去除。一般在核能發電廠都是將氚稀釋以後再排到海洋裡，排放標準值依每座核電廠的規定而有所不同，福島第一核電廠在事故前的海洋排放標準是 22 兆（$2.2\times10^{13}$）Bq ／年。濃度限制是 6 萬 Bq ／ L。目前與日本漁協討論的結果是，在＊次排水管或地下水分流管線的水，須低於 WHO 飲用水水質標準 1 萬 Bq ／ L，凡未滿 1500Bq ／ L 的含氚污水皆可排到海洋裡。

## 專欄　無法減少含氚污水的問題

目前含氚污水的問題依舊難以解決，不過這與其說是解決方法的問題，不如說是社會對於這個問題不能通融才導致的結果。

「反應爐、渦輪機廠房地下的高濃度放射性污水通過淨化設備後，變成僅含有氚的污水並受到妥善的保管。為了減少這些污水，目前正考慮排放到海洋或大氣中。」

如果光閱讀這篇文章，那些不了解核能或者在 311 以後才知道氚這個字的人，恐怕會無可避免地心想，「這不是一件非常恐怖的事嗎？」因為對於在核電廠事故後才開始意識到核能的人來說，把「所有含放射性物質的水」都視為污水是很普遍的想法，但對於長期任職於核電業界的人來說，氚這種東西本來就存在於大自然中，而且核電廠一直以來都會遵照濃度與總量限制後才得以排放。從這層意義上來說，氚是一種安全的物質。

現在含氚污水無法加以排放的原因是漁業相關人士的不諒解，所以無法排放，故含氚污水只能夠儲存在 1F 廠區內部的污水槽裡。

在持續增加的含氚污水問題中，最大的課題就是如何透過與地方的對話解決目前的狀況。這不是光由漁業相關人士就能決定或負擔的問題，當然也不是光由管制單位或電力公司就能決定的問題。對於身為消費者的我們來說也是很重要的問題。

這個問題如實地傳達出一項訊息，就是廢爐所產生的廢棄物處理，必須透過地方、人、管制當局、東京電力共同對話，才可能有所進展。這應該可以說是含氚污水無法減少的問題本質吧。（吉川彰浩）

內水位的程度」。換句話說，核能管制委員會對於廠房內的高濃度污水是否會外洩到廠房外一事仍抱有疑慮。

但話說「凍土牆究竟是什麼呢？」我們應該要先從這一點開始理解。

平均每天流入1F一到四號機廠房中的地下水約有三百立方公尺，透過地下水分流管線（二〇一四年五月起開始排水）或＊次排水管（山側＊次排水管從二〇一五年九月開始二十四小時運作）等管道，目前已經能將地下水量減少到一五〇立方公尺左右。簡而言之，這是為了避免地下水流入廠房內，所以事先把水汲取出來的方法。

不過要再減少水量的話，必須採取其他汲水的方法。具體來說，就是在地底下建造完全包圍一到四號機的「圍牆」，讓地下水不會流入廠房內。這道「圍牆」有底部和側面，底部是由水不容易通過的黏土等所構成的地層，側面則是所謂

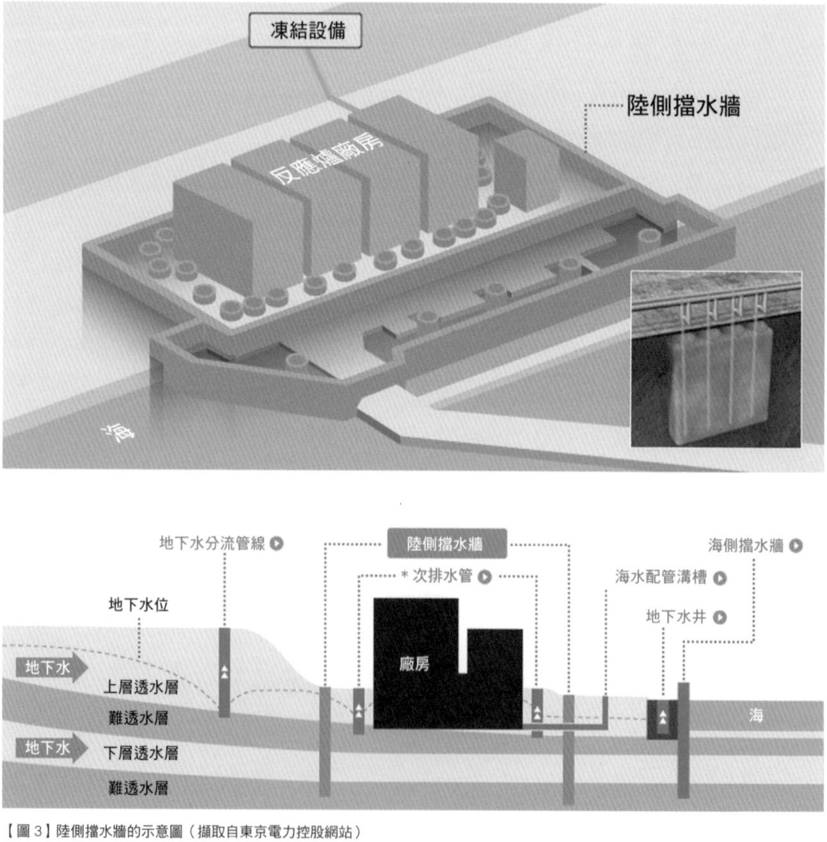

【圖3】陸側擋水牆的示意圖（擷取自東京電力控股網站）

的「凍土牆」。另外，藉由與海側擋水牆相連，讓地下水在不受污染的情況下流入海裡，也是設置凍土牆的目的之一。從防止放射性物質外洩到海洋的角度來說，這具有非常重要的意義。

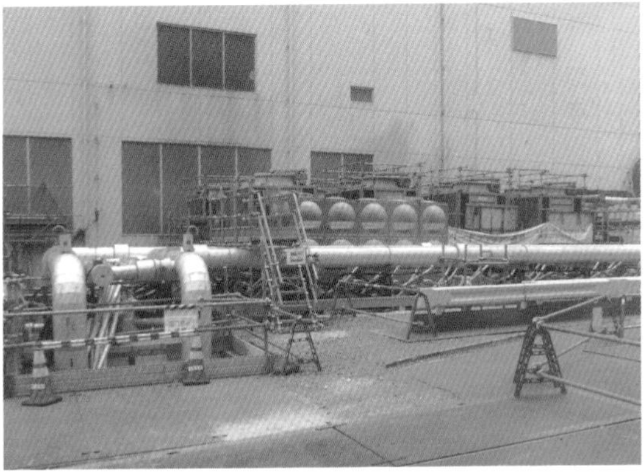

凍土牆（陸側擋水牆）的工程現場。（吉川彰浩攝於 2016 年 4 月 21 日）

## 關於凍土牆是否安全的討論

核能管制委員會在意的是，若把一到四號機廠房圍起來，無法控制廠房周圍水位的話，一旦水位下降，污水有可能會流出廠房外。

當然，東電並不認為會發生這種事，所以始終主張要凍結凍土牆，他們的說法是：「即使凍結凍土牆，導致地下水減少，還是可以透過減少從＊次排水管汲取水量，或是不夠的時候再注水等方式，持續將地下水調整在適當的水位，以避免廠房內的高濃度污水流到外面。」另一方面，管制委員會則表示：「現階段還無法信賴。」於是東電便提出協調方案，建議先從海側的凍土牆而非廠房周圍的開始凍結，然後觀察一下情況，這樣地下水的水位應該就不會在短時間內急速下降了。不過即使如此……雙方的對立就是如此嚴重。這就是討論的基本模式。

從某種角度上來看，這種對立也可以說是風險的對立，也就是「污水槽若繼續增加將會發生的各種風險」與「廠房內的污水漏到廠房外，很有可能使污水變更多的風險」，兩者之中哪一邊比較重要的對立。當然，兩種風險都應該納入考量才對。

此外，田中俊一委員長也曾在發言中提出以下看法：「東電似乎有凍土牆完成就不會再產生污水的錯覺」，「如果不建立一套具有永續性的程序，將處理過的水（含有氚的淨化水）排入海裡，廢爐就無法進行。就算減少那麼一點點，也無法解決問題」。換句話說，「不管做不做凍土牆，只要沒有建立一套排放到海裡的程序，就不會有永續性」。這也可以說是不同立場下，對於海洋排放取得社會共識的難度，各自在見解上的不同吧。以往管制委員會也始終採取「從

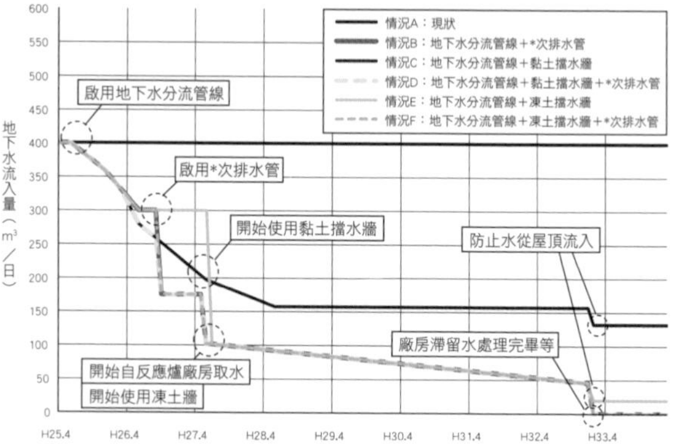
情況A：現狀
情況B：地下水分流管線＋*次排水管
情況C：地下水分流管線＋黏土擋水牆
情況D：地下水分流管線＋黏土擋水牆＋*次排水管
情況E：地下水分流管線＋凍土擋水牆
情況F：地下水分流管線＋凍土擋水牆＋*次排水管
啟用地下水分流管線
啟用*次排水管
開始使用黏土擋水牆
防止水從屋頂流入
廠房滯留水處理完畢等
開始自反應爐廠房取水
開始使用凍土牆
地下水流入量（m³／日）
600
550
500
450
400
350
300
250
200
150
100
50
0
H25.4
H26.4
H27.4
H28.4
H29.4
H30.4
H31.4
H32.4
H33.4
【圖 4】各種組合的地下水流入量的變化

出處：http://www.meti.go.jp/earthquake/nuclear/pdf/130531/130531_01c.pdf

科學角度來看，淨化水已經很安全了，所以應該排入海洋」的態度。從另一個角度來看，若實際排入海洋的話，又該如何說明或針對謠言可能造成的損害調整對策呢？當然，這是東電與行政單位的負擔也是責任，其中的交涉會讓事態陷入膠著也是可以預見的事。

最後管制委員會在二〇一六年三月三十日通過東電「從海側開始階段性凍結」的計畫，三十一日開始執行凍結。若按照預定計畫進行，八個月後就會完成凍結作業。

包含這些情況在內，今後關於污水的話題，可能很多人會認為從業人員或專家的討論很艱澀，但在理想上還是期望能讓更多人參與討論，思考在各種風險中做出什麼樣的判斷才能夠取得平衡，達到讓更多人參與決策的狀態。

## 為什麼選擇「冰牆」？

另外，在第一次聽到「凍土牆」時，應該也有人想問，為什麼選擇凍土牆而非其他工法吧？畢竟有的人可能會心想，埋下金屬牆或水泥牆不是比較能夠止水嗎？

理由有以下幾點，首先在取出燃料殘渣之前，由於必須長期遮斷水流，萬一生鏽或腐朽的話會變得很棘手，但採用冰牆的話就能夠隨時維護。另外，1F廠房周圍的地底下埋有錯綜複雜的配管與纜線，現場最常發生的意外之一，就是用鋸子或挖土機切斷管線，或在打樁時造成線路短路等等，因此才未選擇建造固定的牆壁，而是連同地下的障礙物一起進行凍土，這樣一來也能減少意料之外的風險。此外，因為需要在廠房附近進行工程，所以也必須減少施工人員的輻射暴露劑量；還有要盡量避免規模太大的工程，進行工程時不用大型的重型機械，而以小型的鑽掘機為主，挖掘出來的土量也希望愈少愈好。基於上述考量，並將「黏土牆方式」（大成建設）、「礫石連牆方式」（安藤間）等其他工法一併納入檢討，最後才選擇了「凍土牆方式」（鹿島建設）。

不過也有一些意見點出更深層的背景。事實上，無論採取哪一種工法，早在民主黨政權時期就有人提出「陸側需要擋水牆」的建議。到了政權轉移至自民黨手中的二〇一三年，這個話題又在夏天的參議院選舉後復活，污水問題被搬上檯面，國家「挺身而出」，具體來說就是有意見指出，廢爐相關預算有可能由國家來負擔。也有人說以往東電因為不想在預算面上增加負擔，所以才拖延設置預算龐大的擋水牆。此外，核能管制委員會認為要減少地下水，光靠加強＊次排水管等的汲水作業就已十分足夠，同時也基於避免讓在廠房附近進行工程的作業人員輻射暴露劑量增加的考量，而對建造擋水牆一事有所質疑。可以確定的是，在這樣的前提下，擋水牆之所以能夠順利動工，背後應該有試圖從根本解決污水問題的政治判斷。

這種「凍土牆」原本是使用於隧道工程中的擋水技術，再加上已經有一定的實績，因此鹿島建設才提案建造凍土牆。二〇一三年八月在現場測試是否該採取凍結的方式，二〇一四年六月開始施工，二〇一六年二月完成設備的設置。雖然尚未按下開關，但由於內部已放入冷媒，因此在二〇一六年二月三日視察當天，已經能夠看見陸上凍結的部分。現階段還不曉得今後是否能夠穩定運行至少五年以上。這座「世界第一大的地下冷凍庫」每一公尺就埋有一五六八根長三十公尺的凍結管，還能夠讓零下三十度的冷媒持續循環，即使放眼全世界也是史上絕無僅有的規模，所以正式運轉後勢必不得掉以輕心。

根據東電的見解，假如凍土牆可以穩定運轉的話，最初平均一天產生的四百立方公尺污水，將暫時減少至一百立方公尺的程度。一開始還有認為最後會減少到一天數十立方公尺的程度。比方說，根據日本經產省在二〇一三年五月所進行的試算【圖4】顯示，若同時使用地下水分流管線與＊次排水管，再凍結凍土牆，那麼大約在五年以後，就能將流入廠房地下的地下水量減少至每天約五十立方公尺。倘若真能實現這件事，今後的狀況應該會大幅改變吧。由於污水槽的平均容量是一千立方公尺，因此原本幾天就會裝滿一桶的情況，將會變成大約一個月才裝滿一桶。假如凍土牆可以穩定運轉，接下來的課題就是利用新爭取到的時間，討論如何處理含氚污水的問題了。

## 如何防止地下水流入海裡？

另一個比較大的問題，應該也會有人提出吧，就是關於「因海側擋水牆完工而新增的污水」問題。

以下先為不清楚這個問題的讀者進行

說明。二〇一五年十月二十六日，「海側擋水牆」建造完成，這與「陸側擋水牆（即凍土牆）」是完全不同的牆壁，海側擋水牆不是「凍土牆」，而是用金屬、砂漿等建造而成的牆壁，能夠阻擋水從沿岸地底深處流出，目的是藉由這道牆壁阻擋從山側流進廠房的地下水流入海裡。

這樣說明的話，原本理解前文解釋的讀者應該也會疑惑，「為什麼『地下水流入海裡』不好呢？不是說廠房中的高濃度污水沒有流到廠房外，也沒有跟地下水混在一起嗎？」也就是「為什麼不能讓照理來說應該很乾淨的地下水流入海洋呢？」

事情是這樣的，首先「地下水含有放射性物質」是事實，不過那並不是一到四號機廠房中的污水所含有的放射性物質。

那麼放射性物質是從哪裡來的呢？

首先，大部分是從1F廠區內部的地

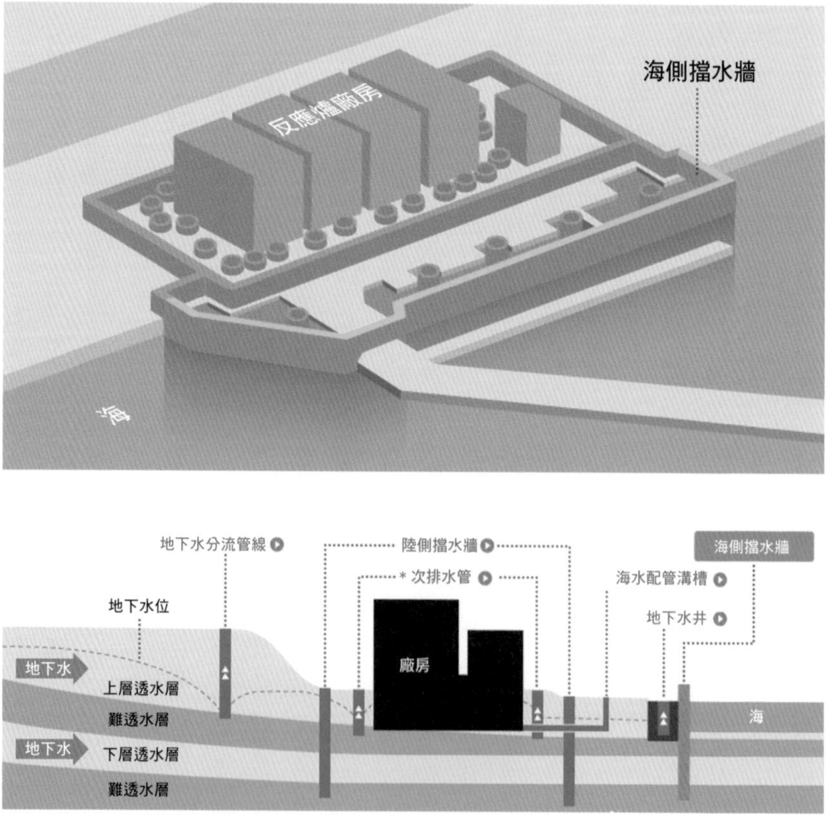

【圖5】海側擋水牆的示意圖（擷取自東京電力控股網站）

面，尤其是一到四號機與海洋之間的區域流入的。當中殘留的放射性物質經由雨水等滲入地底下，變成地下水流向大海。

有很多人擔心「現在是不是還有被放射性物質污染的水持續流向大海」，這的確是事實，但那些污水的來源並不是來自廠房內部，而是沾附在土壤或草木上的放射性物質所污染的水。

那要怎麼做才能避免這種污染增加呢？廠區內部採取的是一種叫鋪裝的方法，也就是砍掉草木，把土壤表面覆蓋起來。在鋪裝的效果下，地下水流入海洋所造成的污染也逐漸獲得改善，而進一步封閉「陸側擋水牆」則是「最後的王牌」，為的就是完全阻擋地下水的流出。

## 意料之外的新污水

問題是這麼做以後，地下水在流入海洋之前，因為遭到牆壁阻擋，反而導致污水增加了，這又是怎麼一回事呢？

陸側擋水牆附近有事先準備好的「地下水井」與「井點」，也就是「在地下水流入海洋之前用來汲水的水井」。在封閉陸側擋水牆以後，從這裡汲取的水原本預計要經過淨化再排入海裡，然而實際檢查過汲取上來的水以後發現，當中含有比預期濃度還要高的氚，無法排入海中，只好先暫時送回廠房。

但為什麼會突然發生這種狀況？

因為封閉陸側擋水牆以後，由於海洋與沿岸之間形成一道牆，以往自然流入海中的水無處可去，便開始往側面擴散或浮出地面，最後地下水擴散到以往沒有地下水流經的部分，因此接觸到「污染源」。

這個污染源是什麼呢？在事故發生後，一到四號機廠房與海洋之間，有大量的高濃度污水在地上與地下橫流，當時的放射性物質至今依然殘留在地下，當水接觸到這裡以後，即使時至今日，依然會變成地下水流出來。

在海側擋水牆關閉後的二〇一五年十一月，從地下水井和井點汲取上來的水量依然曾經多達一天四百立方公尺。雖然一開始曾經預想，「汲取上來的水量應該會增加，但頂多也就數十到一百立方公尺的程度吧」，沒想到卻比預想得還多出許多，也沒想到污染會達到這種程度，亦即意料之外的「新污水」增加了。

具體來說，究竟有多少「新污水」從地下水井或井點回到廠房呢？

當中的來龍去脈只需要看【圖6】的「送回廠房的地下水井移送量與地下水流入量等推移」即一目瞭然。很明顯地，水量在海側擋水牆關閉後急速增加，另外還可以注意到的是，這與降雨量也有很強的正相關。

當時採取的對策就是徹底完成鋪裝作業，今後透過*次排水管等汲水也應該更加穩當而有計畫地進行，同時確保污水槽的數量也很重要。截至二〇一六年一月底為止，水槽的容量約為九十五萬立方公尺，實際儲存的水量為八十萬立方公尺，換言之，即使每天增加五百立方公尺，也要三百天才會裝滿十五萬立方公尺。由於以目前製造水槽的速度來說，尚不至於面臨緊繃的狀況，因此今後應該也能藉由增設水槽並減少污水發生量，來避免「污水無處可去」的問題吧。

## 排入海洋的污水量微乎其微

最後針對「遭到放射性物質污染的水，目前是否依然持續流向海裡？」的問題補充說明，

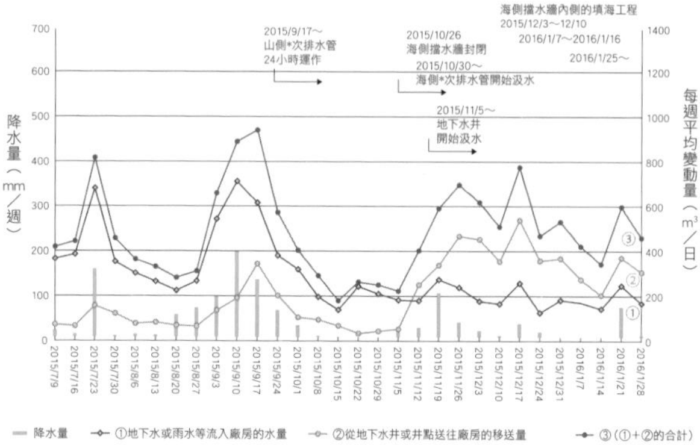


【圖 6】送回廠房的地下水井移送量與地下水流入量等推移

出　處：http://www.tepco.co.jp/nu/handouts/2016/images1/handouts_160201_03-j.pdf

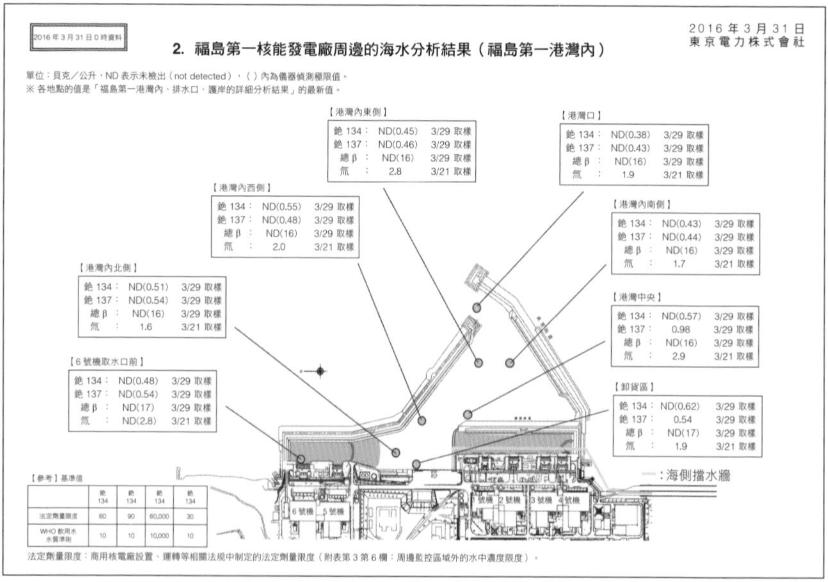


| | 銫 134 | 銫 134 | 銫 134 | 銫 134 |
|---|---|---|---|---|
| 法定劑量限度 | 60 | 90 | 60,000 | 30 |
| WHO 飲用水水質準則 | 10 | 10 | 10,000 | 10 |

法定劑量限度：商用核電廠設置、運轉等相關法規中制定的法定劑量限度（附表第 3 第 6 欄：周邊監控區域外的水中濃度限度）。

【圖 7】海水分析結果（港灣內）（擷取自東京電力控股網站）

**Q3** 在1～4號機附近的港灣中，放射性物質銫137含量最多的地點，平均1公升大約含有多少貝克？

**A3 0.98Bq／L**
（2016年3月31日公布資料）

相信有很多人至今依然對此感到不安吧。

實際情況究竟如何呢？若從結論說起，「遭到放射性物質污染的水確實流向海裡，但流出量微乎其微」。

首先，若檢視二〇一六年三月底的港灣內海水狀況可知，港灣內雖然檢測出銫137或氚等物質，但含量都在偵測臨界值前後。另外，港灣外的數值幾乎都未達偵測臨界值。附帶一提，根據WHO（世界衛生組織）規定的飲用水標準，氚是每公升未滿一萬貝克，銫是每公升未滿十貝克。

重要的是，我們應該如何看待含量在偵測臨界值前後，具體來說就是每公升一貝克的微量放射性物質呢？

舉例而言，我們體內原本就含有約四千貝克的放射性鉀，而因為「一公升的水」相當於一公斤，所以換句話說，如果要累積四千貝克，大約需要四千公升的水。

假如要攝取與體內的鉀等量的銫137，那麼每天喝四公升的水，總共需要持續喝上一千天，而且就算真的做到這件事，銫137還是會經由尿液或汗水排出體外，因此根本不可能完全累積在體內。

這種情況的假設前提是「每天持續飲用四公升港灣內的水」，但實際上並不需要飲用，即使想要飲用也是不可能的事。

應該有人會心想：「可是應該有污染度更高、喝了馬上就會死的水吧？」當然有那種水沒錯。正如前文所述，廠區內部也有每公升達數億貝克、人體無法承受的危險污水，例如殘留在廠房內的污水等等，不過在流入海洋的水之中，並沒有污染那麼嚴重的水。

此外，即使是流入海洋的水，也有其他地方的含量稍微高於港灣內外。

也就是「一到四號機的取水路明渠」，簡而言之就是一到四號機前方連接港灣的部分。這個部分與港灣之間是由「攔砂網」加以區隔，攔砂網的用途是防止魚游進游出。

這個區域的數值明顯較高【圖8】。

氚大約是每公升九到十七貝克，銫137大約是每公升一・三到二・〇貝克。此外，現在因為海側擋水牆完成而變成陸地的「四號機檢測區」，則檢測出四．五倍左右的數值。不過即使採用海洋的最大值，在「每天持續飲用四公升」的假定前提下，也得要「連續喝水五百天才能夠攝取到與體內原有放射性鉀相等的含量，而且即使如此，也不可能累積那麼多在體內」。

為什麼會變成這樣的狀況呢？

其中一個原因正如前文所述，因為採取了各種避免廠房內部高濃度污水外洩的對策，另一個原因則得歸功於海側擋水牆完工的效果。當然，前文提到的「新污染水」問題也是衍生出來的弊害之一，但至少也逐漸達成當初的目的。

【圖9】中列示的是海側擋水牆封閉前後五日的平均海水中輻射量。從表格中的資料應該可以看出，海側擋水牆的封閉使得明渠內的輻射量大幅下降。

若再連帶確認的話，應該會在檢視這

| | | 前5日平均 | 後5日平均 | 最近平均值 |
|---|---|---|---|---|
| 總 β | 明渠內 | 150 | 26 | 17 |
| | 明渠外 | 27 | 16 | 17 |
| 鍶 -90 | 明渠內 | 140 | 4.2 | 0.37 |
| | 明渠外 | 16 | - | 0.11 |
| 銫 -137 | 明渠內 | 16 | 3.8 | 2.1 |
| | 明渠外 | 2.7 | 1.1 | 0.83 |
| 氚 -3 | 明渠內 | 220 | 110 | 25 |
| | 明渠外 | 1.9 | 9.4 | 1.8 |

【圖9】1～4號機取水路明渠內與明渠外測定地點的海水中放射性物質濃度平均值

出　處：http://www.meti.go.jp/earthquake/nuclear/osensuitaisaku/committtee/genchicyousei/2015/pdf/1217_01d.pdf

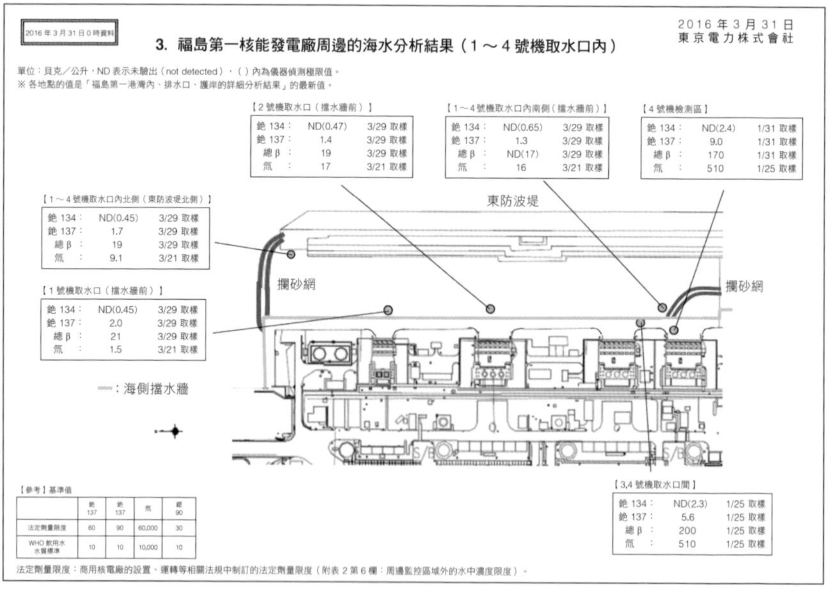
2016年3月31日0時資料
3. 福島第一核能發電廠周邊的海水分析結果（1～4號機取水口內）
2016年3月31日
東京電力株式會社
單位：貝克／公升，ND表示未驗出（not detected），（）內為儀器偵測極限值。
※各地點的值是「福島第一港灣內、排水口、護岸的詳細分析結果」的最新值。
【2號機取水口（擋水牆前）】
銫134： ND(0.47) 3/29 取樣
銫137： 1.4 3/29 取樣
總β： 19 3/29 取樣
氚： 17 3/21 取樣
【1～4號機取水口內南側（擋水牆前）】
銫134： ND(0.65) 3/29 取樣
銫137： 1.3 3/29 取樣
總β： ND(17) 3/29 取樣
氚： 16 3/21 取樣
【4號機檢測區】
銫134： ND(2.4) 1/31 取樣
銫137： 9.0 1/31 取樣
總β： 170 1/31 取樣
氚： 510 1/25 取樣
【1～4號機取水口內北側（東防波堤北側）】
銫134： ND(0.45) 3/29 取樣
銫137： 1.7 3/29 取樣
總β： 19 3/29 取樣
氚： 9.1 3/21 取樣
東防波堤
攔砂網
攔砂網
【1號機取水口（擋水牆前）】
銫134： ND(0.45) 3/29 取樣
銫137： 2.0 3/29 取樣
總β： 21 3/29 取樣
氚： 1.5 3/21 取樣
：海側擋水牆
【3,4號機取水口間】
銫134： ND(2.3) 1/25 取樣
銫137： 5.6 1/25 取樣
總β： 200 1/25 取樣
氚： 510 1/25 取樣
【參考】基準值
| | 銫137 | 銫137 | 氚 | 鍶90 |
| 法定劑量限度 | 60 | 90 | 60,000 | 30 |
| WHO飲用水水質標準 | 10 | 10 | 10,000 | 10 |
法定劑量限度：商用核電廠的設置、運轉等相關法規中制訂的法定劑量限度（附表2第6欄：周邊監控區域外的水中濃度限度）。

【圖8】海水分析結果（1～4號機取水口內）（擷取自東京電力控股網站）

6號機

些資料的過程中，注意到海洋的稀釋力吧。附著在農地或山林的放射性物質隨著時間的經過，目前狀態已經逐漸固定下來，但在海洋的部分，放射性物質卻會隨著時間的經過，被大量的海水稀釋。

當然，我們並不能因為這樣就斷言現在是安全的，畢竟陸側至今依然還有廠房和污水槽，而且內部還有高濃度污水也是無庸置疑的事實。接下來需要知道的是，什麼樣的對策才能避免意料之外的外洩。

根據日本政府的試算，要將氚濃度稀釋到與自然環境相同輻射再排入海裡，最長需要 7 ～ 8 年的時間，最多將耗費 35 ～ 45 億日圓（相當於新台幣 9.7 ～ 12.4 億元，匯率為臺灣銀行 2018 年 3 月 29 日匯率，以下皆同）。（吉川彰浩攝於 2015 年 11 月 19 日）

不過若有讀者疑惑：「為什麼遭到放射性物質污染的水至今依然持續排入海裡，但在魚身上檢測出放射性物質卻愈來愈少呢？」那麼為了理解現狀，不妨先根據前述的事實建立認知吧。

## 污水問題的未來

關於今後的污水問題，在完成擋水牆的凍結或污水槽的處理後，如何讓污水的循環更為扎實，應該會成為最主要的課題吧。舉例而言，雖然在「反應爐廠房」的部分，今後也必須持續利用水循環加以冷卻，但「渦輪機廠房」卻可以期待在不久的將來，當水不再從反應爐廠房流入後，就能進行「抽水」作業，抽乾內部的積水。事實上，一號機也在二〇一六年四月時，成功阻擋水流入渦輪機廠房。

在渦輪機廠房進行抽水作業，並完成除污以後，進一步進行拆除與善後。另一方面，由於反應爐廠房內的污染或燃料的溫度也減低了，因此可以逐步縮減水循環系統。若條件符合的話，或許某些部分還可以改採「空冷」，也就是利用空氣循環來冷卻燃料。同一時間，也可以開始打造專心處理取出殘渣或進行廢棄物處理作業的環境。最後當廠房內的所有積水都被取出，並且連同殘渣在內的放射性物質都被去除時，污水也將不復存在。

【1】
處理廠房又稱「集中廢棄物處理廠房」，是用來集中處理核電廠一到四號機在營運過程中所產生的放射性廢液的建築。

【2】
由於那些技術已建立完整流程，因此得以在緊急狀況下，獲許採用相關應變措施。

## 福島第一核電廠內各種「水」的放射性物質濃度差異

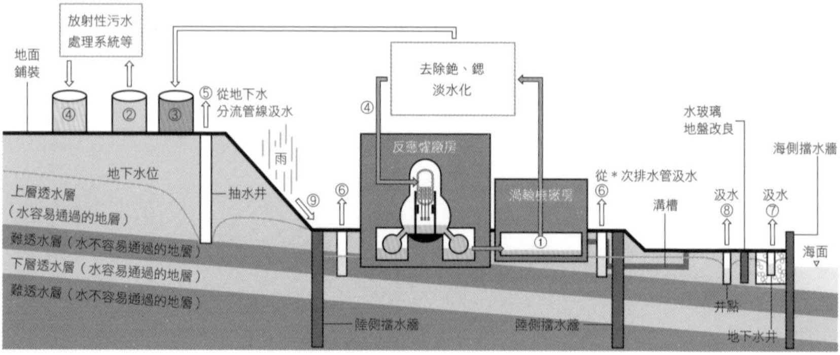


| | 福島第一主要水種類 | | 濃度 貝克／公升 | | | |
|---|---|---|---|---|---|---|
| | | | 銫 134 | 銫 137 | 銫 137 | 氚 |
| 污水槽 | ①廠房滯留水<br>遭到燃料污染的冷卻水與流入廠房的地下水混合而成的水 | | 數 10 萬～數 100 萬 | 數 100 萬～數 1000 萬 | 數 100 萬～數 1000 萬 | ～數 100 萬 |
| 污水槽 | ②濃縮鹽水　※2015 年 5 月 27 日處理完畢<br>透過除銫設備從廠房滯留水中去除銫的水（包含海嘯與灌入海水所帶來的鹽分） | | ～數萬 | ～數萬 | ～數億 | ～數 100 萬 |
| 污水槽 | ③鍶處理水等<br>透過除鍶設備從濃縮鹽水中去除鍶的水 | | ～數 1000 | ～數 1000 | ～數 100 萬 | ～數 100 萬 |
| 污水槽 | ④放射性污水處理系統（ALPS）等處理水（以此為例）<br>透過放射性污水處理系統從濃縮鹽水或鍶處理水當中去除氚以外大部分放射性物質的水 | | ND ～數 10 | ND ～數 10 | ND ～數 10 | ～數 100 萬 |
| 地下水 | ⑤地下水分流管線<br>為了減少流入廠房的地下水，從腹地山側汲取的地下水 | | ND | ND | ND | 數 100 |
| 地下水 | ⑥＊次排水管<br>為了減少流入廠房的地下水，從廠房旁邊汲取的地下水（「ND」表示未檢出） | 處理前 | ND ～數 100 | ND ～數 100 | ND ～數 1000 | ND ～數 1000 |
| 地下水 | | 處理後 | ND | ND | ND | 1500 確認未滿 |
| 地下水 | ⑦地下水井<br>從海側擋水牆的陸側汲取被海側擋水牆擋住的地下水（「ND」表示未檢出） | 處理前 | ND ～數 10 | ND ～數 10 | 數 10 ～數 1000 | 數 100 ～數 1000 |
| 地下水 | | 處理後 | ND | ND | ND | 1500 確認未滿 |
| 地下水 | ⑧井點水<br>在事發當時流出的污水影響下，至今依然處於高污染程度的地下水（目前因為採取防止外流方針，所以一律將水透過幫浦回收到廠房） | | ～數 100 | ～數 1000 | ～數 100 萬 | ～數 100 萬 |
| 雨水 | ⑨排水溝水（K 排水溝）<br>為了排掉腹地內的雨水或滲出來的地下水而設置的排水溝裡的水 | | ND ～數 100 | ND ～數 100 | ND ～數 100 | ND ～數 100 |

| | | | | |
|---|---|---|---|---|
| （參考）法定劑量限度<br>若每天持續飲用約 2 公升法定劑量限度的水，一年的輻射暴露劑量約為 1 毫西弗左右 | 60 | 90 | 30<br>鍶 90 | 6 萬 |

擷取自東京電力控股報導資料「福島第一核能發電廠的污水狀況與對策」（2015 年 12 月 3 日版）。

# 何謂燃料殘渣？

在完成1F的拆除、善後等最終階段的除役之前，有一件一定要做的事，就是取出燃料。

此處所謂的燃料包括兩種，分別是「維持原狀的燃料（用過核燃料池中的燃料）」與「熔融為殘渣的燃料（反應爐中的燃料）」。

事故發生後，與反應爐爆炸的畫面一樣深刻烙印在許多人腦海中的，就是日本自衛隊直升機在廠房上空灑水的畫面。相信應該很多人都知道，那項作業的目的是為了「冷卻燃料」吧。

此處必須先理解的一件事，就是在事故發生當時，一到三號機與四號機廠房內存在的燃料狀況截然不同。一到三號機的用過核燃料池內雖然也有燃料，但與四號機比起來，數量卻處於相當少的狀態（相較於四號機內共有一五三五束，一號機只有三九二束，二號機為六一五束，三號機為五六六束）【1】。這是因為四號機剛好在定期檢查當中，反應爐內所有燃料都被移到用過核燃料池內，所以才需要先處理溫度上升等風險較高的四號機。

反應爐廠房的天花板或牆壁在氫氣爆炸中被炸飛以後，露出來的部分（即瓦礫等所在的部分）就叫做「作業區」。事故發生後，由於位在作業區的用過核燃料池逐漸乾涸，燃料有熔融的可能性，因此必須注水進用過核燃料池。如果這些燃料真的開始熔融的話，就有可能導致輻射量極高的殘渣裸露於空氣中，最後就算演變為無法再度靠近、無法阻止的狀態也不奇怪，所以才要尋找避免此事發生的方法。最後採取了內部所謂「長頸鹿計畫」的方法，也就是用一種將水泥等材料送到高空以進行灌漿作業的重型機械「水泥幫浦車」，成功完成注水作業。另外在四號機以外的用過核燃料池部分，也利用消防車的幫浦連接廠房的配管等方式，完成注水冷卻作業。

消防車從福島第一核能發電廠 4 號機注水的樣子。（攝於 2011 年 3 月 22 日）

## 關鍵要角都是地方出身的高中學歷職員

不過這完全只是緊急措施而已，接下來幾年的時間，不可能一直使用水泥幫浦車或消防用車的幫浦持續注水，必須在現有設備上裝設新製作的循環冷卻裝置，開始進行冷卻才行。

然而當時卻無法在現場組裝所有的機械材料，因為廠房附近的輻射劑量率實在太高了。現在雖然沒有那樣的情況，但當時甚至有人的輻射暴露值在一個月內達到一百毫西弗，這些人因為輻射劑量限值的關係，即使具備再多的技術或知識，也必須到1F以外的地方進行室內工作才行。為了避免這種事情發生，所有作業一律採取這樣的形式：一號機與四號機由日立負責，二號機與三號機由東芝與各廠牌製造商負責，各家公司分別在外部的工廠將機件組裝完成後，裝進貨櫃再由卡車運到現場，架設完畢後機件連同貨櫃一起留在現場後離開。

無法靠近現場一事，帶來了各式各樣的弊害。舉例而言，如果不去現場確認的話，連哪裡能找到代替被水淹壞的電源都不知道。由於現場也無法進行焊接作業，因此必須尋找不必焊接也能連接的管線口，但要找到確切位置也不是一件容易的事，類似的情況頻頻發生。

在那樣的情況下，熟知現場「那裡的螺栓是六根的」或「這個閥門是電動式的，所以應該打不開吧」的東電員工被從1F現場徵召回到東電總公司。工程的細節討論都在東電總公司進行，因為現場完全沒有那樣的餘裕。他們在總公司與製造商或政府行政機關的相關人員共同商討可能的對策。

那些從現場募集而來的員工，也就是所謂的「高中學歷的職員」。不同於大學學歷又經常往返於總公司與現場的管理階層職員，他們在高中畢業後就立刻獲得錄用，在地方上長年看著1F或2F現場的每個角落。憑著他們的記憶與經驗，一邊對照製造商手中的圖紙，一邊規畫出下一步該採取的對策。

在用過核燃料池的冷卻系統部分，陸續在五月三十一日完成二號機、六月三十日完成三號機、七月三十一日完成四號機、八月十日完成一號機。用過核燃料池的冷卻得以穩定展開，但意外仍然接連發生，例如一開始直接從海中汲取海水用於冷卻，導致機器因為海藻或淤泥等垃圾堵塞而停止。在反覆經歷平常不可能發生的小意外過程中，「維持原狀的燃料（用過核燃料池中的燃料）」狀況才逐漸獲得改善。

## 浸在水中的燃料殘渣

接下來也來了解一下「熔融為殘渣的燃料（反應爐中的燃料棒）」冷卻作業吧。這種燃料存在於一到三號機內。

在那之前，我們先來確認一下沒有殘渣的四號機，究竟與一到三號機有什麼不同。如前文所述，四號機當時正在定期檢查，反應爐內沒有燃料，所以並未產生燃料殘渣。

所謂的定期檢查，簡單來說就是停機，然後將變舊的燃料從反應爐中全部取出，並移至用過核燃料池，用以檢查反應爐中發生意外狀況的可能【2】。所以事故發生時，四號機的反應爐（反應爐壓力槽與壓力槽的圍阻體）內才沒有燃料。

不過四號機的水至今依然保持循環狀態，因為池內還有「控制棒」等使用於反應爐壓力槽內的設備，這種設備具有一定程度的輻射強度。事故發生時，燃料已經取出的反應爐內正在更換側板。雖然定期檢查因事故發生而中途暫停，但事故後依然維持在原本的狀態。由於這些設備並非燃料，不太會有隨時可能放熱的風險，但還是需要浸在水裡以避免暴露在空氣中，因為水有非常強的屏蔽效果可以用來阻擋放射線，即使是放射性強的物體，只要放入水中就能阻擋放射線。如此一來，在四號機的其他作業當然也會更容易進行。此外，一邊讓水保持循環狀態一邊管理水質，也能夠預防機件生鏽或腐蝕。

如前所述，四號機的反應爐內有水和爐內機件，但沒有燃料殘渣。另一方面，一到三號機的反應爐在事故當時因為有燃料，所以熔融成殘渣，至今依然持續放熱，並釋放出非常強烈的放射線。

這些燃料殘渣目前究竟呈現什麼狀態呢？

一言以蔽之，就是浸泡在水裡的狀態。參考本書各廠房的插畫圖解（↓八十四～九十一頁）應該是最快的方式，不過概略說來，就是長得像燒瓶的反應爐圍阻體底部有積水，而且最底部還有掉落的殘渣，然後為了避免有殘渣掉落在內的水溫升高，目前正採用水循環冷卻的方式，先從上方灑水，再從渦輪機廠房的方向抽水，送到外面去淨化。詳細內容由於與「污水對策」有關，因此詳情請參閱該部分的文章。

將用過核燃料存放進用過燃料池裡。（攝於 2014 年 11 月 4 日）

## 顯示是否到達臨界狀態的「惰性氣體」

接著我們來看積水上方的空間又變成什麼樣子吧。目前這裡處於持續供給氮氣的狀態。為什麼要持續供給氮氣呢？這是為了「避免再度發生氫氣爆炸」的緣故。

應該很多人都知道，一、三、四號機的反應爐廠房爆炸成現在的狀態，是因為「氫氣爆炸」的緣故吧？氫氣的特性就是接觸到氧氣產生劇烈反應的話，有可能會爆炸燃燒，這在國中的理化課上也有學過吧？

一、二、三號機在燃料熔融成殘渣的過程中產生氫氣，至於這個氫氣是從哪裡來的呢？就是來自一種叫鋯水反應的現象。鋯是使用於包覆燃料用的「燃料護套」上的金屬，這種金屬一旦在高溫狀態下與水或水蒸氣開始反應，就會產生氫氣。

$$Zr + 2H_2O \rightarrow ZrO_2 + 2H_2$$

這就是所謂的鋯水反應。因為這種反應的發生，導致廠房內充滿氫氣，所以才會在接觸到氧氣後發生爆炸。

今後若發生任何危機狀況，再度產生大量氫氣的話，很有可能發生氫氣爆炸，所以為了防患於未然，才要在圍阻體中注入氮氣。氮氣是占有空氣八成比例的氣體，具有穩定的特性，不會像氫氣那樣爆炸，也不會像氧氣那樣助燃，即使逸散到反應爐外也不會有任何問題。

實際上在事故發生之後，反應爐已經建立一套固定從外部注入氮氣，再排出外部的流程，也就是使用從空氣中生成氮氣的設備製造氮氣，注入反應爐內，再經由過濾系統排到外面。這麼做是為了刻意製造空氣流通，這樣即使內部產生氫氣，最後也會流動到外面去，而不會始終停留在一處。

圍阻體內的氣體進出，是由渦輪機廠房內的氣體管理系統在進行管理。

這套氣體管理系統會偵測進出圍阻體的氣體量與成分，尤其是當中的「惰性氣體」含量值一向對外公開，這是非常重要的一點，因為「惰性氣體」正是顯示核反應是否達到臨界狀態的指標。所謂的臨界，就是核分裂連鎖反應得以持續進行，產生大量的放射線與熱能，但很多人似乎以為臨界就等於再度爆炸之意。雖然也有人擔心「1F會不會到達再臨界狀態」，但假如真的達到臨界狀態，一定會產生惰性氣體【3】。當然到目前為止都沒有異常產生惰性氣體的狀況，由此可知目前為止從未到達臨界狀態。這些資料也有公布在網路上，有興趣者不妨親自確認（↓一三三頁）。

視察堪稱 1F 廢爐「心臟」的集中監控中心，狹窄的房間內擠滿大量的機器與人員，感覺無法自在地活動，但氣氛卻意外地沉著。

實際管理廠房的工作人員，會透過位於防震大樓的大型螢幕確認這些數值。最初是利用網路攝影機監控儀表，直到中途因為「最好蒐集資料以進行分析」的考量，才設置了將廠房資料數據化的機器，並開始遠端傳送資料。這些資料會透過區域網路傳送到防震大樓的集中監控中心，由工作人員即時監控。萬一出現異常數值時，警報器（現場稱之為ANN）也會發出通知。

目前在集中監控中心內已經能夠確認廠區內部發生的所有事情，包括放射性污水處理系統或地下水分流管線的狀況、廠房滯留水的水位等在內都能一覽無遺。舉例而言，電源是否發生短路或其他意外，也都能夠在此掌握狀況，原先就算只是電力下降也必須前往現場確認。事實上，在事故發生後依然經常發生電力下降的意外，每次都需要派出好幾人從防震大樓前往現場確認原因出在哪裡。由於需要穿著裝備移動，因此就算距離只有數百公尺，據說也要花上三十分鐘才能抵達現場。後來大約從二〇一一年九月開始進行簡單的遠端監控，並進行個別資料的數據化或整理，直到二〇一五年二月才設置好現在的集中監控系統。

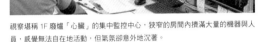

## 目前已穩定下來的燃料冷卻作業

目前為止已經針對「維持原狀的燃料（用過核燃料池中的燃料）」與「熔融為殘渣的燃料（反應爐中的燃料）」兩種燃料的冷卻方式進行說明。

但最終究竟「冷卻」到什麼程度，應該還是有人對此感到不安吧。現在的熱度還是接近沸騰的程度嗎？如果不是的話，以後溫度有可能再次上升嗎？我們來確認一下實際的狀態吧。

從【圖1】的數字當中即可略知端倪。

用過核燃料池的部分大約維持在攝氏十度到三十度之間，幾乎就是常溫的溫度。殘渣所在的反應爐內部溫度也一樣，而且為了保持這個溫度，一到三號機每小時灌入的水量皆未滿五立方公尺，相當於三個電話亭或一個溫泉浴池的水量。若以日本家庭用的水費來計算亦可知，這是連數千日圓都不到的水量。二號機溫度比較高的理由之一，是因為廠房的外牆和屋頂還保留著，沒有因為氫氣爆炸而被炸飛。其他則因為直接接觸到外面的空氣，所以容易受到溫度的影響。

即使如此，恐怕還是有人會認為，「現在雖然已經冷卻下來，但要是再因為地震或海嘯而停電的話，難道不會舊事重演嗎？」

這項假設的確沒錯，畢竟燃料至今還有餘熱，但具體而言，究竟需要多少時間才會真的舊事重演呢？

以用過核燃料池為例，假設池水溫度是攝氏二十五度，那麼根據二〇一五年底的資料來試算，「升高至攝氏六十五度」、「升高至攝氏一百度」和「持續沸騰至燃料頂部距離水面只剩兩公尺高」，各別需要多少時間呢【圖2】？

也就是說，水溫升高至攝氏一百度至少需要二十天左右，升高至「燃料棒快要露出水面的緊急狀態」，至少需要三個月左右的時間。

如果事故當時置之不理，沒有進行冷卻的話，水很快就會因高溫放熱的燃料而沸騰，氫氣爆炸也是很有可能發生的事。但在經過五年的時間以後，燃料釋出的熱能顯然只剩下極少量，況且廠房早在氫氣爆炸時遭到毀損，氫氣並沒有處於密封狀態，因此也可以說是環境本

| | 壓力槽底部溫度 | 圍阻體內部溫度 | 燃料池溫度 | 反應爐注水狀況 |
|---|---|---|---|---|
| 1號機 | 約15℃ | 約15℃ | 約16℃ | 4.5m³/h |
| 2號機 | 約20℃ | 約21℃ | 約26℃ | 4.3m³/h |
| 3號機 | 約18℃ | 約18℃ | 約23℃ | 4.6m³/h |
| 4號機 | -- | -- | 約12℃ | -- |

2016年3月31日11：00的數值

【圖1】1～4號機反應爐的狀態

（根據東京電力控股網站製成）

| | 65℃（1號機是60℃） | 100℃ | 頂部2m |
|---|---|---|---|
| 1號機 | 26日 | 56日 | 230日 |
| 2號機 | 12日 | 23日 | 108日 |
| 3號機 | 16日 | 30日 | 128日 |

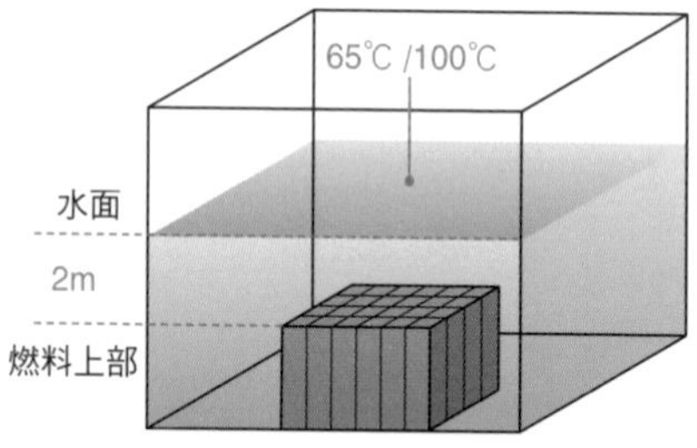


【圖2】用過核燃料池冷卻停止天數的試算

**Q4** 目前（2016年2月）福島第一核電廠1～3號機的反應爐冷卻作業，平均1小時需要灌入約多少立方公尺的水？

**A4** **未滿 $15m^3$**
1～3號機合計

身並不具備爆炸的條件。

目前在燃料冷卻上面臨的問題，已經不是「萬一再發生地震或海嘯的話，不會再次爆炸嗎？」或「萬一面臨情況無法控制的再臨界狀態，不就束手無策了嗎？」【4】。因為燃料本身的溫度已經夠低，所以問題的重心才應該轉移到「如何順利取出用過核燃料池內的燃料」、「掌握燃料殘渣的位置與狀態之後，該如何取出殘渣」，以及「如何處理廠房內被高濃度放射性物質污染的水」之上。

## 鋼骨用量超過一座東京鐵塔的燃料取出專用遮蔽罩

那麼今後該處理的「用過核燃料池內的燃料」與「反應爐內的燃料殘渣」，又該如何取出呢？

從順序上來說，會先從「用過核燃料池內的燃料」開始取出。

這是因為燃料依然保持原狀，燃料池也裸露在外，所以比較容易處理。事實上，四號機內的一五三五束「用過核燃料池內的燃料」（用過核燃料一三三一束／新燃料二〇四束），已經在二〇一四年十二月二十二日完成取出作業。取出的燃料目前正保管於廠房外的共用池和六號機的用過核燃料池中。

若觀察現在的四號機應該會發現，原本的廠房上加蓋了一層倒L字型的建造物，也就是「燃料取出專用遮蔽罩」。加蓋這一層的目的是為了乘載裝卸機等用來取出燃料的設備，同時也避免對脆弱的廠房增加荷重。

工程的規模相當龐大，鋼骨的用量超過一座東京鐵塔。由於無論如何都必須在廠房附近進行作業，勢必得準備一套降低輻射暴露劑量的對策，因此組裝作業盡可能在1F廠區外進行，一定要在現場作業的部分也採用特殊工法進行組裝，例如鋼骨的組裝就採用了一種叫「單邊螺栓」的工法，工人從鋼骨外側鎖上螺栓，如此一來，即有可能在減少輻射暴露劑量的前提下，順利進行作業。組裝完遮蔽罩以後，進一步完成燃料取出作業，對現場來說是一大進展。也有很多人在比較四號機燃料取出前後的狀況

4 號機的燃料取出專用遮蔽罩。（攝於 2013 年 5 月 29 日）

後表示：「原本像是在看不見盡頭的狀態下，努力撥開從四面八方撲來的火花，現在氣氛卻一百八十度大轉變，周圍頓時變得好明亮。」

## 超過三十人的作業團隊
## 二十四小時輪班上陣

程序是這樣的：首先，從二〇一一年九月開始，清除位於操作層的瓦礫、反應爐壓力槽蓋、損壞的裝卸機等，清除完畢是二〇一二年十二月的事。

其次，開始建設「燃料取出專用遮蔽罩」。從二〇一二年四月開始進行地盤改良與基礎工程。這是為了避免重量相當於東京鐵塔的鋼骨在地震或海嘯來襲時，或者是在經年累月的使用之下倒塌，是相當重要的作業。

從二〇一三年一月開始建造遮蔽罩到七月，然後開始清除用過核燃料池中的細碎瓦礫，作業期間是二〇一三年八月到二〇一四年三月為止。由於池水若處於污濁狀態，就無法看清楚裡面的樣子，因此從清理視野的角度上來說，這也是一項很重要的作業。接下來才能夠開始進行真正的燃料取出作業。

取出的燃料會被放進一種傳送護箱中，這種傳送護箱在製作時已將除熱、密閉、屏蔽、防止臨界等納入考量。吊掛傳送護箱的鋼絲或吊具本身則採取「雙重化」的措施。所謂的雙重化就是即使單側壞掉或停電也不會墜落的設計，萬一發生墜落，事前已經針對周邊環境會造成多少影響或其輻射暴露劑量，進行過模擬。這一切都已經從事前模擬知道數值不會有問題。具體來說就是廠區內部與廠區外部腹地邊界不得超過五・三微西弗的狀態下，才開始進行作業。

光是燃料的取出作業，就有三十人左右的作業團隊在輪班，一天最多六班，平均每班兩小時。除此之外，周圍也有很多支援作業的人，而所有的主力都是在核電廠內從事燃料取出等工作長達十幾、二十年的資深技術人員。取燃料的機件前端部分只有一公分左右，所有作業人員都得在事前使用過實物大小模型，及使用與實際同款的機械進行長時間的技術研習，並接受避難訓練，才能開始進行作業。工程開始的時間是二〇一三年十一月，並在一年多後的二〇一四年十二月完成，但為了在四號機內進行如此長時間的作業，如何降低輻射暴露量是當時面臨的課題之一。為了減少來自三號機方的放射線，作業室的牆上裝有鉛板或鎢板。

4 號機用過核燃料（變形燃料）的取出作業情形。（攝於 2014 年 10 月 31 日）

取出的燃料大部分都存放在共用池裡，這是事故發生前就有的設施，但事故發生當時，總存放量六八四〇束中只剩下四六五束的空間，幾乎快要飽和，因此事故發生後，又在1F廠房山側標高四十公尺的高地上清出一塊長一百公尺、寬八十公尺的空地，並製作可以在地面上進行保管與管理的容器：「乾式貯存槽密封鋼桶」，與可以保管該容器的設備，此處可以保管約四千束的用過核燃料。由於事故前存放在共用池內的燃料幾乎已經失去熱能，因此在二〇一三年六月到二〇一四年三月之間，總共有一〇四束燃料被從共用池搬移到貯存設施，空出來的空間則用於存放取出的燃料。

## 為了利用遠端操作取出燃料而做的準備

今後在一到三號機的部分，同樣會進行「用過核燃料池內的燃料」取出作業。最快會進行的是三號機。三號機的屋頂在氫氣爆炸中被炸飛，使得操作層暴露在外，需要先清除操作層的瓦礫、除污，並避免遭放射性物質附著的懸浮微粒向外飄散。

其次輪到一號機進行同樣的作業。二號機由於沒有經歷氫氣爆炸，因此會先拆除操作層上完好無缺的天花板與牆壁，然後才進行同樣的作業。

或許有人在新聞上聽過類似「1F的燃料取出作業依然毫無進展跡象」的說法，但那指的是「反應爐內的燃料殘渣」，至於有關「用過核燃料池內的燃料」該如何處理，若不考慮細部工法與工期，現階段幾乎可說是大致底定了。

只是已經完成作業的四號機與接下來才要進入正式作業階段的一到三號機之間，也存在著相當大的差異，那就是一到三號機恐怕會使用遠端操作來進行燃料取出作業。

四號機是在四號機內部設置作業室進行作業，因為距離較近的話，作業也比較方便，有任何狀況隨時可以直接前往查看。但同樣在這個部分，因為一到三號機輻射強度過高，所以有可能無法在廠房內設置作業室。用肉眼觀察可以看出深度的東西，透過螢幕觀看只會是平面影像。為了進行遠端操作，必須在腦海中將影像變成立體的才行，難度自然大幅提升。負責三號機取出作業的人利用東芝京濱工廠內的模擬設施，模擬如何一邊透過螢幕觀察池內狀況一邊進行取出作業，前後訓練了將近一年的時間。現場的作業就是建立在這種高度的技術與豐富的經驗之上。

## 企業各司其職有助於提高效率

附帶一提，這些作業都是由各家企業分別負責不同的工作。在理解廢爐上，對這一點有基本認知應該也是很重要的一件事。

舉例而言，四號機用過核燃料池的燃料取出作業，是由竹中工務店負責設置燃料取出專用遮蔽罩、由奇異日立核能公司負責取出的設備、由東京電力技術負責燃料的取出作業。

同樣地，在土木建設相關工程方面，有白色遮蔽罩防止輻射塵飛散的一號機是由清水建設負責，已經在進行瓦礫取出等作業的三號機是由鹿島建設負責。另外，當初建設二號機、三號機的是東芝，建設四號機的是日立，一號機則是由奇異負責統籌日本國內各製造商進行建設，現在那些從建設時就一路看著廠房的企業或關係企業，正在使用機器人進行內部調查等工作。

有那麼多的企業貢獻出技術與人才，似乎為現狀打了一劑強心針，但在另一

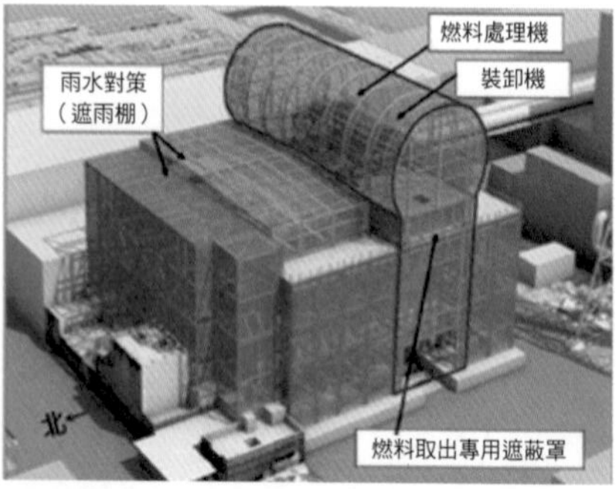

3 號機燃料取出專用遮蔽罩的示意圖。由於 3 號機周圍的空間並不如 4 號機寬敞，因此必須設計成這種結構。
擷取自「東京電力福島第一核能發電廠的現狀與今後的對策」（2016 年 3 月版）。

方面，應該也有人覺得「這完全是一盤散沙啊！這樣效率不是很差嗎！」

然而實情卻正好相反，有很大一部分「就是因為效率好才這樣」。

從事故發生時起，發包的東電與承包的承包商或機械設備製造商，便在共享所有工程資訊的前提下進行作業。事故發生後，東電總公司、1F現場、承包商和製造商之間，偶爾會透過電視會議

系統共同腦力激盪，經營階層也會共同進行判斷，並在與經產省資源能源廳、核能管制委員會協調後開始進行作業。在這之中，每家企業對於自己有經手過的廠房與沒有經手過的廠房，要說哪個比較合適的話，肯定是有經手過的比較容易上手。如果已經為了其他作業忙得焦頭爛額，有些企業也會希望與其他企業一同分擔工作。雖然大眾媒體在報導核電廠勞動問題時，「多層轉包結構」經常遭到批判，但從某方面來說，正因為多層轉包結構有利於確保必要的技術或人才，所以才會發展至今。各家企業底下的人才都有達到一定規模，超過一定程度也會人才飽和。現在的形態可以說是根據這些基礎調整而來的結果吧【5】。

事故剛發生時，最大的待解決事項就是四號機的燃料取出，而這樣的形態早在當時的作業階段即已成形。

不過這樣的團隊作業，也是在對預算或時間毫無概念的情況下展開的。例如以東芝與鹿島建設為主要負責企業的三號機，和以奇異日立與竹中為主要負責企業的四號機，雖然兩者開始的時期幾乎一模一樣，過程中也都沒有發生重大意外，但在二〇一四年年底前跨越巨大難關（從用過核燃料池取出燃料）的四號機，與直到二〇一六年才正要面臨巨大難關的三號機之間，卻存在著如此大的差異。當然，這主要是輻射強度高低的問題，而非技術能力的問題，但光是「一點點障礙物（譯註：指具體殘渣。）」的有無就會對作業難易度造成如此大的差異，基本上可以說是象徵1F廢爐現場最具代表性的事例了吧。

## 殘渣的取出該用「灌水工法」或「充氣工法」

如前所述，「用過核燃料池內的燃料」取出作業正在進行當中。

另一方面，「反應爐內的燃料殘渣」取出作業又如何呢？

按照現階段的情況看來，應該可以說還有一大部分完全不曉得未來會如何發展，因為目前仍存在著無數個「一點點障礙物」，而且完全不曉得那些障礙物在哪，所以前景可說是極度地不透明。

首先關於計畫的部分，如九十二到九十三頁的「廢爐工程表」所示，雖然目標是在二〇二一年開始進行殘渣取出作業，但這真的有可能實現嗎？答案還是不明朗的。

不過即使光說「不明朗」卻空等時間流逝，也不會有任何進展，必須實際採取一些照亮前景的作業才行。

從這一點來說，其實現在一到三號機廠房內部，依然每天在進行各式各樣的調查。這應該可以說是一項可以利用什麼東西取出殘渣、如何去完成工程的調查吧。

實際上究竟在做什麼呢？一言以蔽之，就是「全面測量」：測量廠房內部的狀況、水位、輻射劑量率、內部構造和物體相對位置的3D資料等等。若不做這些事情就無法做進一步的規畫，而且唯有詳細掌握內部狀況，作業才能夠順利進行。關於這項作業的細節，請參閱關於機器人或研究開發的章節。

在這個前提下，今後預定在兩年以內確立日後主要的方針，因為取出殘渣的工法預計將在二〇一八年確立。

目前正在考慮的殘渣取出工法主要有兩種，一是在反應爐中注水進行的「灌水工法」，二是將水抽乾後進行的「充氣工法」。此外，從工具的鑽入位置也可以分成「上方鑽入」和「側面鑽入」兩種作業方法。作業將以這些組合為前提進行。

首先關於要注水還是抽水的部分，總共分成【圖3】的四種類型，若考量到工具的鑽入位置和哪些工法有可能實現，則會得到【圖4】與【圖5】的結果。

雖然看圖就可以想像大致的情況，但在理解殘渣取出工法上，最大的重點就是「如何處理水的問題」，換句話說就是「如何處理放射性的問題」。

## 「灌水工法」的優點

基本上在處理燃料殘渣等高輻射強度的物體時，最好是在有水的環境中進行作業。或許有人會想「沒有水的環境不是比較方便作業嗎？畢竟有水的話會影響視線，而且還必須考量到電源或生鏽等問題」，或「感覺污水會增加，或是在哪個奇怪的地方破洞的話，污水會外洩出去」，確實是這樣沒錯。不過既然如此，在水中作業的優點究竟是什麼呢？

首先是冷卻效果。由於殘渣今後也會持續散發一定的熱度，因此需要加以冷卻。

其次是前文也有稍微提到的，水的放射線屏蔽效果。在水的屏蔽之下，放射線會大幅減少。即使是平時正常運轉的核電廠，實際上在更換不久前仍在進行發電的高輻射強度核燃料時，也是藉由水中作業來減低暴露以確保安全性。大部分用過核燃料池中的燃料回收作業都在水中進行，也是因為水會屏蔽放射線，降低作業人員的暴露劑量。

另一大優點就是防止輻射塵逸散。所謂的燃料殘渣，就是與熔融的金屬或水泥混合形成的固體，並不是隨便抓一抓、敲一敲就可以解決的東西，必須用鑽頭或鋸子切開，但因為不能製造太多粉塵，所以作業過程希望盡量簡單，這就是殘渣取出的大致規畫。不過即使如此，多少還是會製造出粉塵，萬一粉塵飛散到

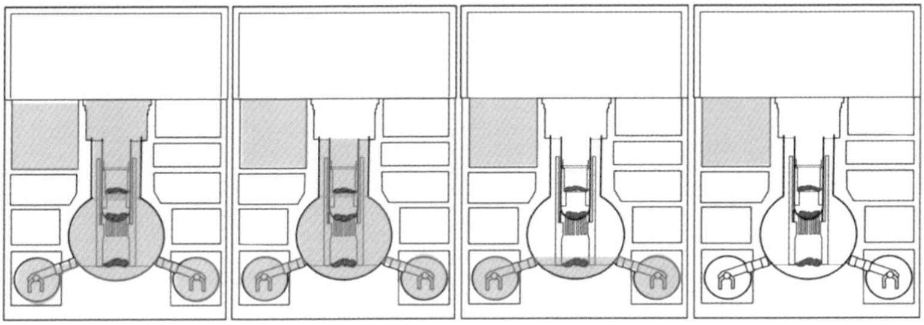

| 完全灌水工法 | 灌水工法 | 充氣工法 | 完全充氣工法 |
|---|---|---|---|
| 注水至反應爐井上部頂端的工法。 | 注水至得以完全覆蓋反應爐內燃料棒（含底部燃料殘渣）的工法。 | 注水至高於底部燃料殘渣，但不及反應爐燃料棒位置的工法。 | 抽乾圍阻體內的水，並且完全不採用水冷和灑水工法。 |

【圖 3】按 PCV（圍阻體）內水位分類的工法種類

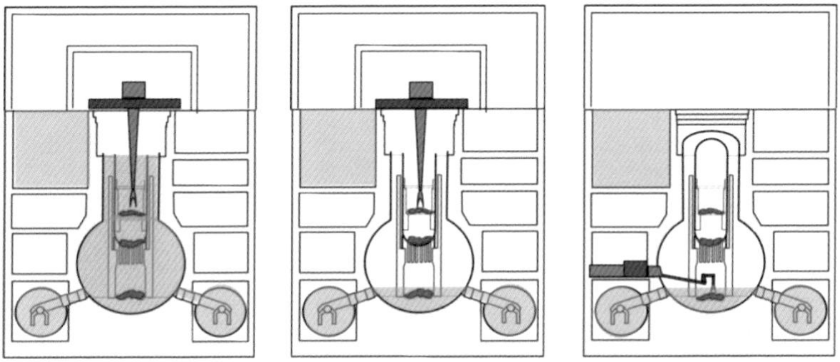

| 灌水 - 上方鑽入工法 | 充氣 - 上方鑽入工法 | 充氣 - 側面鑽入工法 |
|---|---|---|
| 此工法前提為底部燃料殘渣上方的反應爐內機件已全數取出完畢。 | 此工法前提為底部燃料殘渣上方的反應爐內機件已全數取出完畢。 | 此工法前提為圍阻體內壓力槽基座外側機器與障礙物已全數清除完畢。 |

【圖 4】三種重點式燃料殘渣取出工法組合（示意圖）

水有可能從鑽入位置溢出

新建鑽入通道的難度

冷卻性能評估的難度

| | | 鑽入方向 | | |
|---|---|---|---|---|
| | | 上方 | 側面 | 下方 |
| 水位 | 完全灌水 | a. | | |
| | 灌水 | | | |
| | 充氣 | b. | c. | |
| | 完全充氣 | | | |

重點式組合工法

a. 灌水 - 上方鑽入工法注 2

b. 充氣 - 上方鑽入工法

c. 充氣 - 側面鑽入工法

考量各種水位的特徵、各種鑽入方向的特徵、工程相關課題的難度，篩選出重點式工法進行評估。注 1

注 1：以水位低於鑽入口為前提。

注 2：灌水包含完全灌水。

【圖 5】燃料殘渣取出工法組合的篩選方式

出處（圖 3、4、5）：http://www.aesj.net/document/(1-4) 福田 .pdf

空氣中，在某些情況下，不僅會隨風飛到廠區內部，甚至有可能逸散至廠區外，這無論在科學上或社會上都是一件很嚴重的事。反之，若在水中進行作業，一來能防止輻射塵逸散，二來即使污水增加也能加以淨化。

## 除役的目標應該設在哪裡

「灌水工法」具備前述的「冷卻效果」、「放射線屏蔽效果」和「防止輻射塵逸散」等相當重要的優點。既然如此，為什麼還要將「充氣工法」納入考量呢？

主要的理由之一，就是光靠「上方鑽入」取出殘渣，有可能面臨實務上的困難。反應爐的壓力槽底部有一個所謂的「基座」，據說在這次的事故當中，殘渣熔融掉落的範圍已經超出這個基座，所以光靠「上方鑽入」有可能無法取出這些殘渣。另一方面，假如採取「側面鑽入」的話，雖然可以將機件投入反應爐中，但要從側面鑽入就必須將水抽乾到某種程度才行，否則水就會順著投入機件的管線溢出來。此處的重點就在於，要在盡可能保留較多水量的前提下，從越靠近殘渣的地方鑽入進行作業。

只是在那之前，必須先判斷哪裡有殘渣，和反應爐的哪個部分有哪些損傷，所以目前才處於「全面測量」的階段。

在進行判斷之後，未來又將面臨什麼事呢？若按照既定的計畫，除役的目標就是完成一到四號機廠房的全面拆除與善後。另一方面，管制委員會的更田委員曾在二〇一六年二月前往視察時表示，由於條件完全不同，因此不可能像車諾比那樣在每座廠房外用水泥建造「石棺」罩起來，但既然殘渣已經不再放熱，也不會再釋出新的放射性物質，那麼能夠取出的就取出，無法取出的就放棄取出，留在原來的地方妥善管理，或許也是一個可以考慮的選擇。同時他也提及，萬一事情演變成超過現階段設定的時間目標，也就是需要耗費三十到四十年數倍以上的時間，那麼現實上也應該考慮其他的選擇。

雖然現在還不確定結果會如何發展，但在既非「沒有辦法全數取出」，可是又「無法確定一定能夠全數取出」的情況下，如何將取出的燃料減容化並在穩定狀態下妥善保管，以及如何才能長期管理無法取出的燃料，將會是愈來愈重要的課題。

## 「廢爐」＝「廢棄物的處理」

最後是關於「後續」的事情。即使「用過核燃料池內的燃料」與「反應爐內的燃料殘渣」皆能順利取出，並得以在穩定狀態下妥善保管於容器內，那麼後續究竟該如何處理？又會遇到什麼問題呢？

首先是關於「如何處理」的部分，現在廠房當中是有燃料的狀態，這在處理上會分成廠房與燃料兩個部分，而四號機已經可以說是處於這樣的狀態了，所以接下來就是要如何處理的問題。

「用過核燃料池內的燃料」就像四號機現在的狀態一樣，會存放在共用池等保管設備中進行管理，可以說是具有一定的安全性吧。說起來，這件事情本身是事故發生前就已經在做的事。

另一方面，「反應爐內的燃料殘渣」則稍微麻煩一些。一般的用過核燃料含有何種元素的物質與其含量，以及該如何處理等等，無論在科學上或社會上都可以進行一定程度的預估，例如根據鈾的含量與鈽的含量大概有多少，日本國內和國際上針對再處理或儲存等方法都有一定的制度與政策，並有各式各樣的前例可參考。

調查用水中攝影機拍攝的 3 號機用過核燃料池內的燃料束。由此可確認把手部分僅有些許變形。（攝於 2015 年 10 月 16 日）

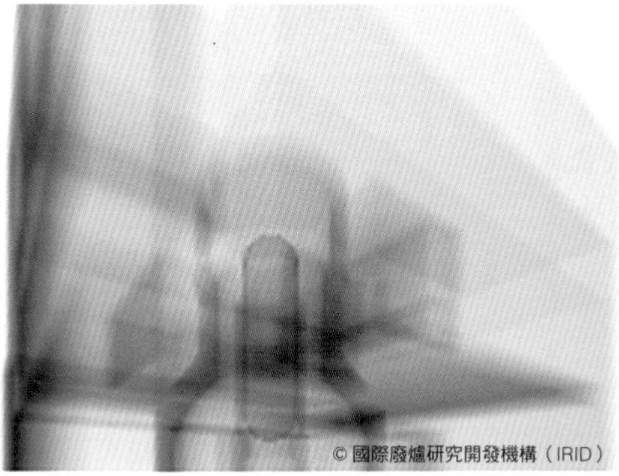

目前透過實驗量測從宇宙射線緲子（muon）穿過反應爐的數量或軌跡的變化，來推測反應爐圍阻體內部狀態。圖為根據 2015 年 2 月到 3 月在 1 號機進行的量測結果，由圖可知在正常狀態下爐心位置燃料配置的狀態，但無法確認燃料狀況。

不過事實上，殘渣若不實際取出的話，就無法知道裡面有什麼東西、量有多少，又該如何處理才好，因此必須從分析並摸索安全的處分方法開始。基於前述考量，JAEA（日本核能研究開發機構）設立了研究單位「大熊分析研究中心」。同樣地，有關燃料取出後的廠房，如何進行安全性評價或做為廢棄物應採取什麼方法處理等，也預計將在這個研究中心進行評估。有關瓦礫等低放射性物質和殘渣等高放射性物質的研究設施，分別將在二〇一七年度與二〇二〇年度開始運行。

接下來才是關於「會遇到什麼問題」的部分，簡單來說就是「廢棄物的處理」。這不僅是一種關於如何經由減容化將垃圾量減到最少，或避免放射線造成損害等，自然科學上與工學上的「廢棄物處理」問題，也是一種關於該用什麼程序來處理、如何才能在大家有共識的前提下進行決策、如何看待這件事等，這就是社會科學上與人文學上的「廢棄物處理」問題。

當我們長期面對這兩方面的問題，究竟會得出什麼樣的答案呢？即使隨口重複著「不會忘記福島」、「必須聆聽如今依然深受折磨的受災者聲音」、「對過於依賴核能的文明社會進行反省」等刻板印象的定型句，這個問題也不會解決。誰能解決這個問題呢？由上面的人指揮下面的人來解決嗎？由科技的進步來解決嗎？或是我們的民主主義能夠解決嗎？當然有很大一部分必須依賴技術的進步，但我們也應該理解的是，「廢爐」的未來有更大一部分，決定在我們自身的討論與選擇上。

【1】
從現場的角度來看，比起燃料較少所以無所謂的論調，反而更重視的是四號機裡有冷卻期間較短的用過核燃料與使用中的燃料（原本預計在定期檢查後用於發電）。本來應該是全部都很危險，但四號機風險又特別高，所以才優先處理。另外，當時為了早期調查而取出兩束新燃料，所以設置遮蔽罩後取出的燃料雖然是一五三三束，但地震時儲存在四號機用過核燃料池中的燃料其實是一五三五束。

【2】
定期檢查是法令規範每十三個月進行一次的總檢查。這種檢查的用意就像汽車定檢一樣，為了檢查一定要停止運轉，而且十三個月以上沒經過例行檢查就不能運轉。檢查時也會一併檢查反應爐內部，因此才要將燃料移至用過核燃料池。

【3】
一旦到達臨界狀態，就會產生一種叫「氙（Xe）」的揮發性放射性氣體。這種氣體雖然比空氣重，但由於圍阻體內處於對流狀態，因此可以偵測出來。

【4】
現在熔融的燃料殘渣與燃料周邊的不純物體融合，（冷卻後）形成特殊形狀，而且與「水量」的平衡也已瓦解，所以現狀已無法滿足再臨界的條件。當然，現階段不能否定在某些特殊的偶然情況下，燃料排列成「容易達到臨界的配置」再加上「適當的水量」的話，確實有可能再度到達臨界狀態，但為了避免達臨界狀態，目前設有硼酸水槽，有任何狀況隨時都能加以應變，因此臨界的風險應該可以說是極低。

【5】
為了確保工作量平均分配，目前採取由多家企業共同分擔的策略，最大的目的是平均分配工作人員整年的工作量並維持僱傭關係。

## CHECK 在這裡確認反應爐的狀態！

正如前文所說明的，判斷反應爐或用過核燃料是否穩定，或者是否到達再臨界狀態，最大的重點就是「溫度」與「惰性氣體」。這些資料任何人都能夠輕易地在東京電力的網站上進行確認。以下是從首頁到「報道配布資料」的路徑。

**東京電力控股網站 tepco.co.jp**

＞福島への責任＞廃炉プロジェクト＞報道・データ＞報道配布資料

**http://www.tepco.co.jp/decommision/news/handouts/index-j.html**

反應爐的溫度　福島第一原子力　電所の状況

福島第一原子力発電所の状況

2016 年 4 月 5 日
東京電力ホールディングス株式会社

＜1. 原子炉および原子炉格納容器の状況＞ (4/5 11:00 時点)

| 号機 | 注水状況 | | 原子炉圧力容器下部温度 | 原子炉格納容器圧力 | 原子炉格納容器水素濃度 |
|---|---|---|---|---|---|
| 1号機 | 淡水注入中 | 給水系：約2.5 m³/h<br>炉心スプレイ系：約1.9 m³/h | 15.2 ℃ | 0.45 kPa g | A系: 0.00 vol%<br>B系: 0.00 vol% |
| 2号機 | 淡水注入中 | 給水系：約1.9 m³/h<br>炉心スプレイ系：約2.5 m³/h | 19.9 ℃ | 4.34 kPa g | A系: 0.06 vol%<br>B系: 0.06 vol% |
| 3号機 | 淡水注入中 | 給水系：約1.9 m³/h<br>炉心スプレイ系：約2.5 m³/h | 17.7 ℃ | 0.27 kPa g | A系: 0.09 vol%<br>B系: 0.08 vol% |

＜2. 使用済燃料プール(SFP)の状況＞ (4/5 11:00 時点)

| 号機 | 冷却方法 | 冷却状況 | SFP 水温度 |
|---|---|---|---|
| 1号機 | 循環冷却システム | 運転中 | 16.8 ℃ |
| 2号機 | 循環冷却システム | 運転中 | 26.4 ℃ |
| 3号機 | 循環冷却システム | 運転中 | 23.8 ℃ |
| 4号機 | 循環冷却システム | 運転中 | 12.7 ℃ |

※ 各号機 SFP および原子炉ウェルへヒドラジンの注入を適宜実施。

惰性氣體　＞原子炉建屋からの追加的放出量の評価結果

### 1. 放出量評価について

■**放出量評価値(2月評価分)**

単位:Bq/時

| | 原子炉建屋上部 | | PCVｶﾞｽ管理ｼｽﾃﾑ | | | Cs-134,Cs-137合計値 | | |
|---|---|---|---|---|---|---|---|---|
| | Cs-134 | Cs-137 | Cs-134 | Cs-137 | 希ガス | Cs-134 | Cs-137 | 合計 |
| 1号機 | 4.4E2未満 | 6.3E2未満 | 1.7E1未満 | 1.8E1未満 | 2.2E7 | 4.6E2未満 | 6.5E2未満 | 1.1E3未満 |
| 2号機 | 2.8E4未満 | 1.2E5未満 | 3.7E0未満 | 1.1E1 | 1.1E9 | 2.8E4未満 | 1.2E5未満 | 1.5E5未満 |
| 3号機 | 9.4E3 | 4.9E4 | 1.3E1未満 | 3.5E1 | 1.4E9 | 9.4E3未満 | 4.9E4 | 5.8E4未満 |
| 4号機 | 5.4E3未満 | 5.1E3未満 | — | — | — | 5.4E3未満 | 5.1E3未満 | 1.1E4未満 |
| 合計 | — | | | | | 4.3E4未満 | 1.7E5未満 | 2.2E5未満 |

■**放出量評価値(1月評価分)**

単位:Bq/時

| | 原子炉建屋上部 | | PCVｶﾞｽ管理ｼｽﾃﾑ | | | Cs-134,Cs-137合計値 | | |
|---|---|---|---|---|---|---|---|---|
| | Cs-134 | Cs-137 | Cs-134 | Cs-137 | 希ガス | Cs-134 | Cs-137 | 合計 |
| 1号機 | 1.5E3未満 | 3.1E3未満 | 1.2E1未満 | 1.2E1未満 | 2.6E7 | 1.5E3未満 | 3.1E3未満 | 4.6E3未満 |
| 2号機 | 8.4E4未満 | 3.5E5未満 | 1.3E1未満 | 2.3E1未満 | 1.1E9 | 8.4E4未満 | 3.5E5未満 | 4.4E5未満 |
| 3号機 | 7.9E3 | 4.5E4 | 2.0E1未満 | 3.3E1未満 | 1.6E9 | 8.0E3未満 | 3.3E4未満 | 4.1E4未満 |
| 4号機 | 1.5E4未満 | 2.7E4未満 | — | — | — | 1.5E4未満 | 2.7E4未満 | 4.1E4未満 |
| 合計 | — | | | | | 1.1E5未満 | 4.2E5未満 | 5.3E5未満 |

※2.2E7 = $2.2\times10^{7}$ = 2200 萬 Bq/h

※ 核電廠在正常運轉時所釋放出的惰性氣體為每年數十億～數千億 Bq

# 廢爐所產生的垃圾會運往哪裡呢？

放射性廢棄物不只是「燃料」而已

**固體**

- 用過核燃料
- 殘渣（熔融核燃料）
- 使用過的裝備（防護衣、手套、面具等）
- 廢吸附塔（污水淨化設備的過濾裝置）
- 不再使用的污水槽
- 瓦礫類（分成混凝土與金屬）
- 為了取得製作水槽的空間而砍掉的採伐木
- 使用於出入管理設施、大型休息所等建築物的通風系統過濾設備
- 上述設施內產生的日常垃圾（尤其是飲料容器類）

**液體**

- 污水
- 廢棄沉澱物

（污水淨化設備的樹脂類吸附劑）

**氣體**

廠房排氣

（為了調查反應爐狀態而抽出的氣體，經淨化處理後排放至大氣中）

聽到「放射性廢棄物」，許多人應該會聯想到「用過核燃料」或「燃料殘渣」吧？不過由於1F廠區內部在事故中遭到污染，因此腹地內的東西全部受到放射性物質污染，不能帶到外部，而所有東西一旦不再使用，就會變成放射性廢棄物，例如1F廠內的車在事故當時遭到嚴重污染，目前是用來當作廠內專用車輛，往後如果因為故障或老舊而無法使用的話，又會變成新的「放射性廢棄物」。

這種「無法清除」的特點就是放射性廢棄物麻煩之處，要處理放射性廢棄物，唯有等待半衰期過去才行，在安全且穩定的狀態下保管是唯一的處理辦法，因此盡量減少製造垃圾也是廢爐作業的重點，不過只要「廢爐」持續進行，就會持續產生放射性廢棄物，接下來要如何處理這些廢棄物，是所有人都應該切身思考的問題。

只要廢爐作業持續進行，使用過的裝備等垃圾就會持續增加，最後沒有空間可以保管，因此利用廠內的焚化爐燒掉可燃物以進行減容化，也是很重要的一件事。

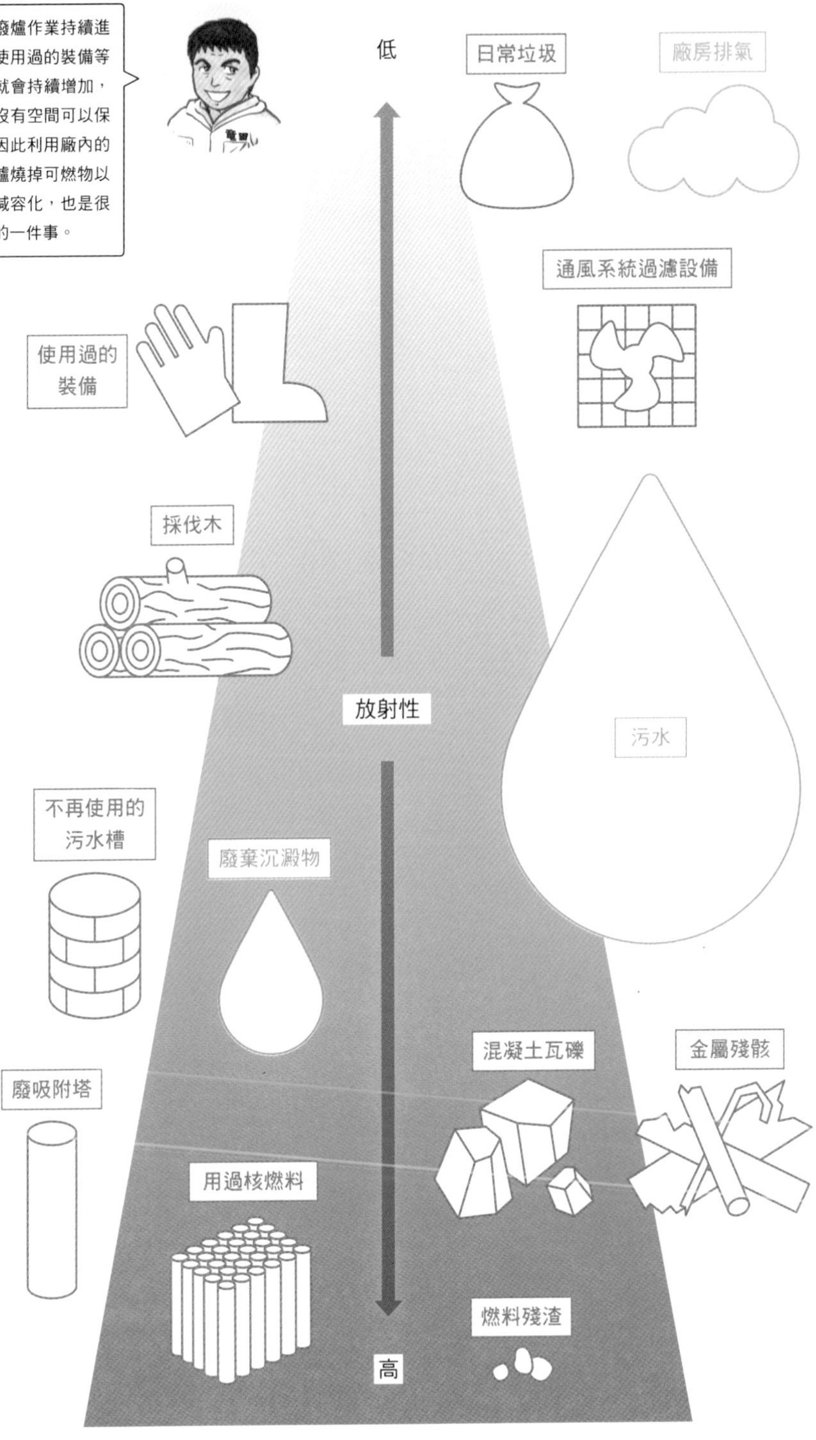

# 垃圾流向地圖

1F 廠內產生的垃圾依照種類不同，分別被保管在廣大腹地內的各處。

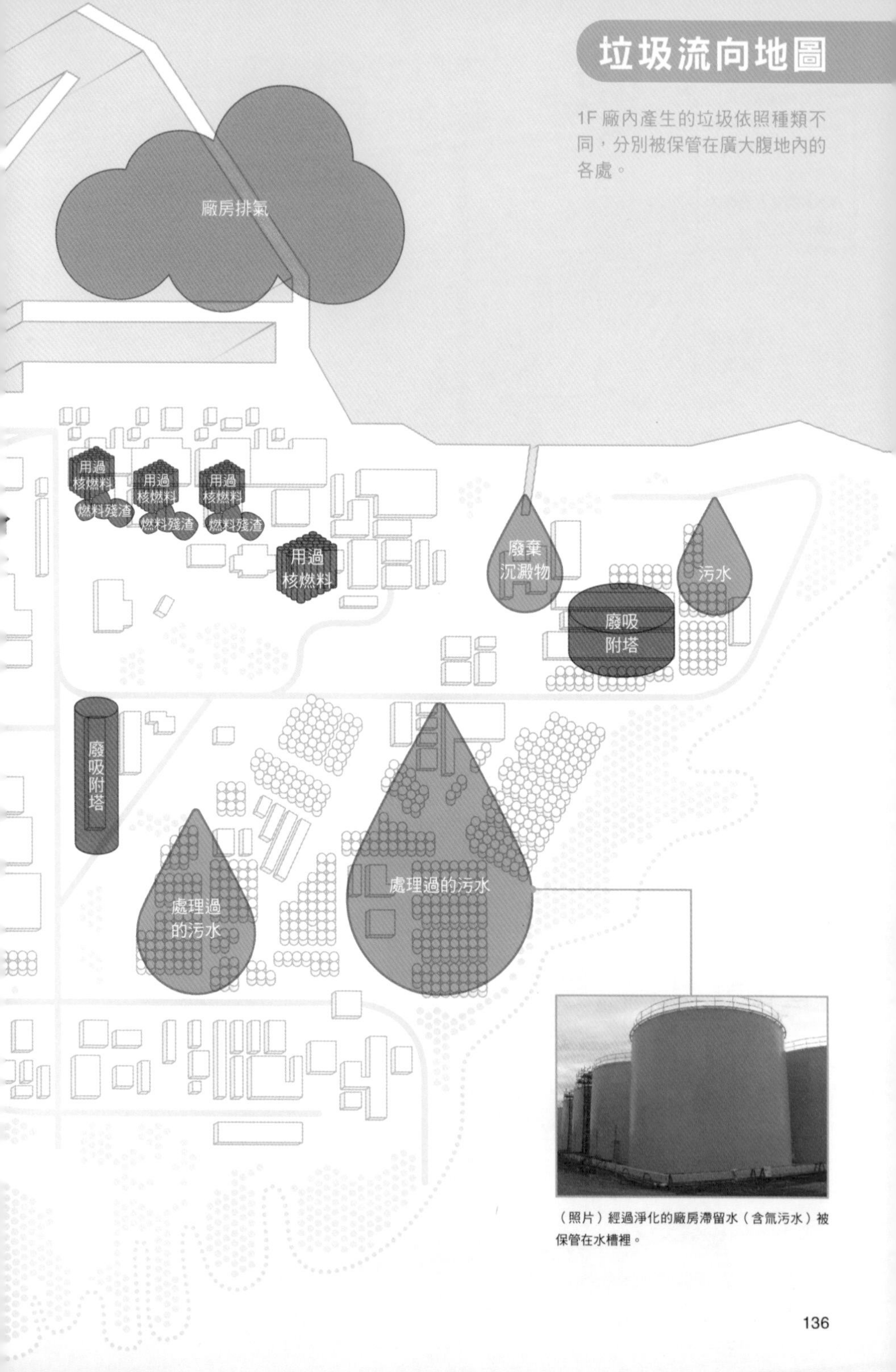

廠房排氣
用過
核燃料
燃料殘渣
用過
核燃料
燃料殘渣
用過
核燃料
燃料殘渣
用過
核燃料
廢棄
沉澱物
污水
廢吸
附塔
廢吸
附塔
處理過
的污水
處理過的污水


（照片）經過淨化的廠房滯留水（含氚污水）被保管在水槽裡。

一部分表面輻射強度在 1 ～ 30mSv 的瓦礫被保管在覆土式臨時保管設施中。

新建的個體廢棄物焚化設備，防護衣等物品都在此處焚毀。

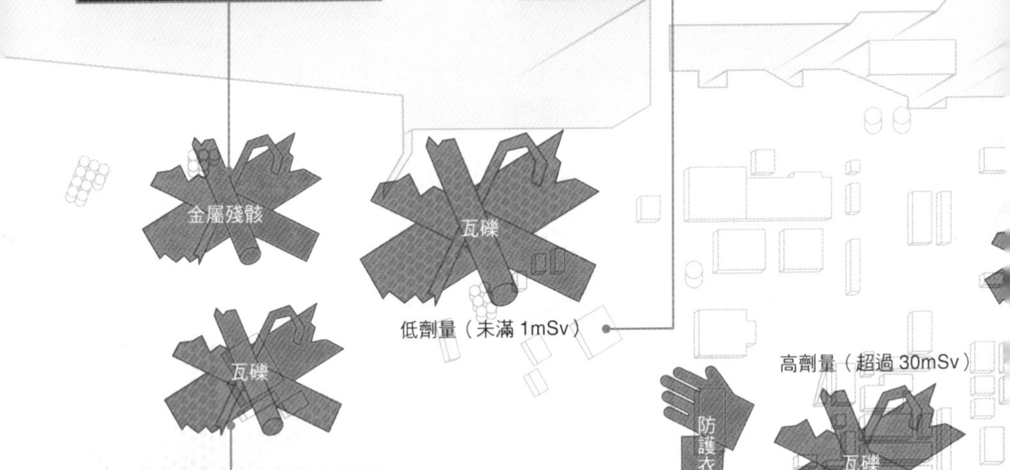
金屬殘骸
瓦礫
瓦礫
低劑量（未滿 1mSv）
高劑量（超過 30mSv）
防護衣等
瓦礫

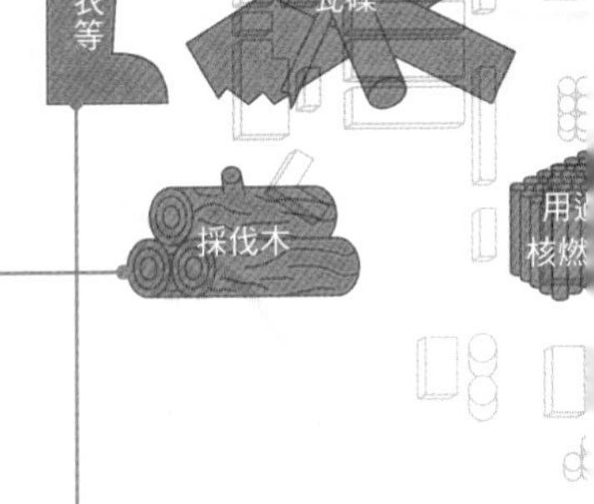
採伐木

低劑量瓦礫的保管棚。

為了設置污水槽而遭砍伐的採伐木也一律視為放射性廢棄物保管於廠區內。

保管使用過防護衣等物品的貨櫃。

# 放射性廢棄物是與我們切身相關的問題

## 廢爐要靠大家共同思考　吉川彰浩

### 廢棄物問題將延續50年以上

放射性物質是危險的東西，這是眾所皆知的事，而我們選擇遠離那裡，可以的話，完全不想有任何牽扯，因此對於放射性廢棄物的處理，亦即廢爐一事，只有消極負面的印象而已，這是目前大家都有的感覺吧？

相信也有很多人是因為核電廠事故才這麼想，但若追溯歷史，其實這並不是今天才開始的事。

日本第一座核能發電廠是建於一九六三年十月二十六日、茨城縣東海村的JPDR（Japan Power Demonstration Reactor）。在這座核電廠開始運轉的同時，如何處理放射性廢棄物的問題也就隨之展開，這可以說是從五十多年前就應該開始思考的問題。

我們經常聽到放射性廢棄物無法進行任何處理的說法。

放射性物質的性質，就是依照種類的不同，只要經過一段時間（＝半衰期）後，量就會剩下一半，變成不會釋出輻射的穩定狀態，達到「無害化」的結果。

雖說放射性物質具有放著不管就會「無害化」的性質，但有一點需要知道的是，半衰期長短依種類不同而有所差異。舉例而言，碘131的半衰期約為八天，銫137約為三十年，鈽239約為二・四一萬年，鈾238約為四十五億年。要等到鈽或鈾完全無害，需要極長的時間。核燃料之所以被說成最麻煩的廢棄物，也是因為它是由半衰期長的鈽與鈾所構成。

若從無害化是需要時間的角度來看，「高階放射性廢棄物無法進行任何處理」的說法可以說是正確的。不過，「雖然很難達到真正的無害化，但可以設法在盡量接近無害的狀態下進行保管」，而且「正因為是難以處理的東西，所以更要採取避免繼續增加的對策」，這就是目前核電廠在廢棄物處理上的原則。

### 無害化狀態下的保管技術已經確立

青森縣六所村有高階放射性廢棄物管理中心與低階放射性廢棄物管理中心這兩個放射性廢棄物的最終處置場。

前者有可以穩定保管用過核燃料的設備，是一種叫玻璃固化體的容器，可於穩定狀態下長時間保管高階輻射廢棄物，貯存量可達二八八〇支玻璃固化體。

後者則是將高階放射性廢棄物以外的東西放入大型鋼桶裡保管，貯存量為四十萬個兩百公升的鋼桶，未來預計增加到六十萬個。

或許有人會想，既然已經有最終處置場，技術上又能夠保管，那不就沒有問題了嗎？但是最大的瓶頸是「這邊可以代為貯存，但請先處理成可以被接受的狀態再帶過來」。

各位也是自己做垃圾分類，然後裝到袋子裡拿去丟的吧？這是丟垃圾的人被要求遵守的規定；同理，核電廠也有丟棄放射性廢棄物的規定。如果是用過核燃料的話，就裝在一種叫護箱的容器裡，其他則必須裝在鋼桶裡才能拿去丟棄。

簡單講是裝在鋼桶裡送過去，實際上並沒有這麼單純。因為是放射性物質，所以必須在穩定的狀態下運送才行，例如運送高濃度污水時，要分成水與放射性物質，放射性物質還要經過乾燥處理以減少體積（減容化），粉狀物要用水泥或塑膠等固著成穩定的狀態（固化），才能裝入鋼桶裡運送，必須經過這樣的加工處理才行。

此處的問題是加工的難度，當中也有輻射強度高到人類不宜靠近、沒辦法輕易運送的高階放射性廢棄物。因此才會稍微轉換思考方式，採取暫時保管在發電廠內的作法。

1F廢爐作業所產生的放射性廢棄物之所以一直保管在廠區內，主要原因就是無法加工到得以安全運出廠外。目前也持續在討論廢棄物適合運輸的狀態為何、該帶到哪，又該如何進行保管。

雖然可能有人會認為，那不是東京電力或核電業界的問題嗎？但考量到半衰期等因素，放射性廢棄物確實也是一個會遺留給下一代的問題。

## 傳承給下一代遺產的想法

在國外核能相關設施的廢爐用語中，有一個字叫「legacy」，就是「遺產」之意。

正如本文一開始所述，這是一個約從五十年前就開始的問題，令人不禁感嘆我們究竟留下多麼棘手的東西啊，而我們的下一代應該也會有同感吧。

另外，前文也介紹到青森縣六所村的最終處置場，但六所村的居民們是否樂意在當地見到這些設施呢？

在核電廠事故後展開的除污事業中，除污廢棄物的輻射強度雖然大幅低於福島第一核電廠的廢棄物，但包含最終保管方式在內，也引起眾多討論。若將廢爐定位在放射性廢棄物的處理，並將處分方法也納入考量範圍的話，那對我們而言是「切身相關的問題」。然而，明明是切身相關的問題，我們卻始終避之唯恐不及，同時我們也與廢爐現場保持距離。

解決這個問題所需要的並不是技術，真正需要的應該是由投身廢爐工作的人、生活在周圍的我們、地方政府機構、核能相關管制當局等，所有人共同討論並確立一套大家都能夠接受的處理方法。「大家」一起思考並執行有關廢爐的方法，是我們必須留下的遺產。

東京大學工學系研究科
精密工學組
淺間一教授訪談

# 廢爐的現場與機器人技術

在輻射劑量率高、人類難以接近的環境下，導入可以進行各種調查或作業的機器人或遠端操作機器，對廢爐的現場而言必不可缺。負責技術開發的是國際廢爐研究開發機構（IRID），技術委員則是參與機器人開發的東京大學工學系研究科的淺間一教授。地震發生後，淺間教授也在日本政府與東京電力所設立的福島第一核電廠「事故對策統合本部」，加入負責研究機器人或導入無人重型機械的遠端控制專案小組，以下是有關淺間教授對於機器人如何在廢爐現場運作、在現場遇到的課題和未來的展望等問題的訪談紀錄。

## 機器人能處理的事情有限

——說到在福島第一核電廠廢爐現場大有貢獻的機器人，有關機器人目前正在進行的事情，就是接下來即將開始的重要作業的前置階段，其中之一是廠房內的劑量測量或調查，再來則是清除瓦礫以利日後的作業順利進行，請問以上的理解是正確的嗎？

淺間：是的，如果從除役這項長期任務來說的話，最重要的還是燃料殘渣的取出作業。目前的狀況還是處於前置作業的階段。

——相信殘渣取出作業也會很棘手，但到目前為止的五年期間，我想應該也經歷了一連串困難的作業吧？請問要將機器人運用於1F的廢爐，在技術面上有哪些困難呢？

淺間：最大的困難就是廠房內部的狀況處於「未知」的狀態吧。機器人最不擅長的就是在陌生的狀況下執行任務，這是人類與機器人之間最大的不同。

人類的適應力非常強，即使去到全新的環境也能夠正常地活動或進行作業，反觀機器人只要環境稍微改變，就很難穩定地活動。即使是步行機器人，只要環境稍微改變就會立刻摔倒。如果很熟悉環境的話，只要事先做好程式即可，但若使用在廢爐現場的未知環境下，即使遭遇到沒有預期到的狀況，也必須設法移動才行，所以在能夠預見這種狀況的前提下如何設計系統，才是最大的問題。

——原來如此。

淺間：在這樣的背景下，首先要讓機器人進入現場調查內部狀況，就算只有一部分也好，然後根據蒐集到的資訊設計下一個機器人，再用那個機器人調查出更詳細的狀況，接著再進行下一次的設計，就這樣製造出可以更確實完成工作目的的機器人。我們只能像這樣按部就班地前進，這就是目前的狀況。

在一般民眾之中，或許有人以為機器人的智能已經相當高度化了，但實際情況卻不見得是這樣的，機器人可以做的事情還很有限，要讓機器人可以適應環境並動作流暢，我想還是一項困難的技術。

——原來如此。在一般民眾之中，應該也有人認為「因為輻射劑量率很高，所以難以開發機器人」，請問這樣的看法又如何呢？一開始雖然對於內建半導體等組件是否會在高強度的放射線影響下迅速損壞一事存有疑慮，但如今看來似乎還是有一定的輻射耐受性，所以是不是代表這些東西比想像中還要耐用呢？

淺間：關於這個問題，由於以往都是使用在輻射劑量率較低的地方，因此還算堪用，但今後當然是以能在高輻射劑量率的環境下移動的機器人開發技術為首。以往的主流是使用了內建半導體的攝影機或裝載控制器的機器人，今後需要的是將半導體放在劑量低的地方，只把機械投入劑量高的地方這種構想。這一點是與以往不同的作業。

## 具備「成功經驗」以外的功能很重要

——除了半導體，還有什麼東西會受到放射線影響？

淺間：像密封處使用的是橡膠，這種東西也很容易受到放射線影響，會逐漸耗損。

——會耗損是嗎？不過這種在輻射高的地方長期操作機器的技術，也存在於其他領域吧？例如醫療機器、人工衛星等在太空中移動的機械，因此在我的想像之中，具備耐久性的材料應該也開發到某種程度了不是嗎？

淺間：是的，不管是在醫療或太空的領域，講求的都不只是實用性而已，還講求耐久性和堅固性，只是那在某種程度上也只限於特定的環境下，才比較容易臨機應變，但就像小行星探測機隼鳥號的例子一樣，在不知道實際上會發生什麼事的時候，原本準備做為其他用途的功能，有可能莫名就派上用場了。

雖然將每項因素一件一件仔細地考慮進去很重要，但光那樣是不夠的，還必須預估各式各樣的狀況，事先想好要把什麼東西組合進去，我認為這個問題需要的是懂得設計（機器人）的頭腦。

例如機器人這次如果在廠房內摔倒的話，還能不能再站起來？能不能回收呢？必須連這些都想到才行，甚至必須設想在理想狀況裡不必要、實際上萬一在緊要關頭就能發揮作用的功能，如果不思慮到這種程度，就沒辦法安心使用。

——廠房內因為有厚實的混凝土牆阻擋，所以很難使用（無線）通訊器材，必須用有線的方式傳送資料，這似乎也讓狀況更加艱難對吧？

淺間：是的，機器人在一邊前進的同時，會一邊放出全長可達數百公尺的電纜。如此一來，這些電纜很有可能會在某處勾到東西，導致電纜斷掉。即使（事前）進行再多訓練，都不會知道現場有哪些障礙物，要能夠完全監控電纜在哪裡勾到，還是一件相當困難的事。

——雖然說是廢爐，但問題並不只是輻射而已，反而是有關移動範圍受限時該如何移動、電波到不了的地方又該如何通訊等問題，才是在這次廢爐中機器人的特殊性吧？

淺間：是的，例如機器人卡在溝裡無法動彈，是空間認知的問題。如果是我們人類在場的話，很容易就會注意到，但無法光從遠端觀看裝載在機器人上的攝影機回傳的影像得知。透過螢幕能否掌握現場的臨場感，其實不見得有那麼容易，並不是因為機器人朝前面走，就只需要看著前方就好了。雖然照明也是在考量到這些情況下設計的，但腳邊的畫面卻比想像中還不清楚。

## 「前進三步倒退兩步」的輪迴

——原來如此。不過相對來看，應該算是穩定的環境吧，好比現場一直維持在三一一時的毀損狀態對吧？我在想如果投入一定時間的話，是不是就能夠掌握到必要的狀況呢？

雖然這個可能很難表現，但如果以距離一百來說，這五年來的進展大概可以說是到達哪個階段呢？當然，在輻射劑量率或實務上的限制下，或許很難有百分之百確定的答案，但至少不會是停留在零吧？

淺間：這個問題好難回答，連我自己也無法進行任何判斷。雖然這完全是我個人的感覺，但我想現階段應該連百分之十都不到吧。

——原來如此。不過我想一般人不曉得那裡面的感覺。當然我們不能太樂觀，可是我想有很多人在聽到「機器人無法回收」這種很片面的新聞以後，就認為「沒希望了，一點進展也沒有」，所以就算只是感覺的數字，也可看出這是一項非常重要的資訊。

淺間：這只是我個人粗淺的感想啦。

——但假如是那樣的感覺，代表還存在相當多未知的部分吧？

淺間：對，不過如果開始進行燃料殘渣的取出作業，我想至少可以提高到百分之二十左右吧。

——原來如此。

淺間：總之到目前為止，還沒有任何人看過燃料殘渣就是了。

——現在已經看得到反應爐廠房地下室的抑壓槽了吧？

淺間：雖然有看得到的部分，但也有很多未知的部分。一樓的部分已經探測得滿清楚的了，只是因為地下室有污水，所以還不太清楚水裡面或底下是什麼情形。

**——到目前為止的進展狀況算是順利還是不順利呢？進度是否都有在預想的範圍內呢？**

淺間：該怎麼說好呢，這個問題就得看一開始預想的範圍到哪裡吧。雖然有預設一個里程碑，但那個里程碑也只是「三哩島核電廠事故時大概花了這麼多時間，所以如果以情況更為嚴重的1F狀況來看，大概會花上多少時間」這種程度的根據而已，並不是排好一個接一個步驟，然後計算出「所以會花幾年幾個月」這樣。

所以這樣說來，我想廢爐作業應該算是每前進三步就倒退兩步的輪迴吧。當然還是有在前進沒錯，可是我想大多數人都覺得事情比想像中還棘手吧。

## 「廢爐」並不是被動的技術開發

**——事故發生後，以前用在雲仙普賢岳火山爆發善後作業中的遠端操作型機器人，聽說也派上了用場。這樣說來，我想在工學的世界裡，應該是持續努力去發現這個東西可以使用、那個東西也可以使用的「可能轉用前例」並積極轉用，是這樣嗎？**

淺間：雖然某種程度上確實會參考前例，但1F的廢爐是史無前例的情況，因此光靠用在其他方面的技術是完全不夠的。

這樣說來，曾經有外國的研究人員在與我交談時，表示「非常地羨慕日本」。雖然這樣講可能不太妥當，不過那位外國研究人員的說法是，因為發生了事故，所以產生具體的需求與環境，必須為此進行技術開發，投入大量的開發資金，同時也創造出商業機會。

畢竟技術就是競爭力，所以也可以說這場事故製造出創造競爭力的機會。不要把目的只擺在廢爐與事故的善後，反而應該把廢爐視為彈簧，把握機會強化具有競爭力的技術，我認為這樣的想法極其重要。

**——我認為除了科學技術之外，對其他所有主題的現狀認知也是很重要的。因為這種集合了多方資源的狀況，也是一個為人類創造貢獻的機會。**

淺間：關於這一點，這次福島核電廠的機器人開發之所以讓人覺得非常困難，是因為有好技術就加以應用的這種草率想法是行不通的，必須找到在各種風險之中仍能兼顧安全性的進行方式，例如有什麼失敗時，依然能確保放射線物質不會外洩等等。雖然有些技術看似可以使用，也陸續得到許多新構想，但還是必須時時顧慮到這些真的能夠確保安全嗎？在不容許失敗這一點上，這和一般的情況截然不同，不可能抱持著先試試看再說的心態。

——原來如此。像太空探索因為有人們的夢想做為後盾，所以能夠以驚人速度前進，那樣定位科學技術在社會中位置的年代，已經不再存在了對吧？從您剛才那番話聽來，不僅不同於那樣的後盾，反而是在反向的力學阻攔下進行技術開發，我想那樣勢必很辛苦，對嗎？

淺間：雖然大家可能會認為這是為了善後才進行的被動技術開發，而不是全新的創造，但當我在課堂或其他場合談到福島的這種嘗試時，年輕人反倒格外地感興趣。這果然並不單只是被動的技術開發而已，雖然說是廢爐，但我想還是會讓人有興奮感，再加上這個部分比起太空探索更能夠直接對人類產生貢獻，我想對於推動廢爐並進一步對社會產生貢獻一事，學生們也覺得很有意義。

　我想正如您所說的，科學技術已經迎來巨大的轉換期，以往推動科學技術的主流是探究心、好奇心，或是覺得什麼東西有趣、想嘗試什麼東西等等，但如今各種社會問題層出不窮，當然不僅是核電廠事故，連高齡化和地球暖化也都日益嚴重，因此在必須解決一些社會問題的意識下，自然應該要有愈來愈多的研究人員受到這樣的研究動力驅使，我想實際上也確實有這樣的趨勢。

　這樣說來，研究人員的定位已經從原本整天關在象牙塔中做自己喜歡的事的時代，進入到逐漸與社會產生連結的巨大轉換期。我想這次的福島核電廠事故，或許就是轉換的契機之一吧。

## 今後需要的是決策

——我明白您的意思。這樣說來，在進行世代交替的同時，也必須一邊確認現場，或是行政機關與企業以各種形式參與其中，統籌的任務則必須由研究人員來負責。再一次舉前面提過的例子，以太空探索來說的話，或許曾經有過由政府編列預算，相關單位負責號召，研究人員投身參與，社會也群起響應這種一鼓作氣向前推展的時代，但現在要求的大多是要管理「這個萬一失敗了該怎麼辦」、「能夠花那麼多預算嗎」，還要一邊承受「這個不夠」、「那個也加進去」的轟炸。請問在這樣的情況下推動事情的重點與難度分別在哪個部分呢？

淺間：我想正如您所說的，至今為止政府結構都是金字塔型的，這在講求工作效率的時候，或許是最適合的一種形式，但那在解決社會問題的目的上，其實是非常脆弱的。

　不過如果想解決問題的話，光靠單一的觀點當然無法解決，需要有非常多種知識、技術與人員才行，只是過去很少採行那樣的計畫，而這次的事故則讓我們意識到其必要性。

所以我想這次也不是只有在核能這個非常受限的領域當中處理這個問題，其他當然還有電力、機械、土木等工學方面的專家，而且社會科學領域的風險傳播、您所指出的管理、確保系統安全的系統工學方面的技術等，也都變得極其重要。

**——您說的很有道理。**

淺間：國際合作的方式也在大幅改變當中，現在大概也有愈來愈多國際學會在討論集資的議題，不僅日本在討論該透過國際合作推動什麼，其實所有國家都在進行，大家都在尋找伙伴，我也從國外得到各種形式的邀約，問我「要不要一起進行研究？」

然後實用化的程度也正在改變，以往我們只需要上上課、寫寫論文即可，但現在這樣的狀況已經愈來愈少了，我們有愈來愈多機會與企業共同進行開發，或是與相關政府單位的人進行對話。

要進行那種國際性跨領域的管理，需要所謂的決策，以前由於必須克服的問題很小，因此都是由能夠掌握大局的人負責決策說：「用這種方式去進行。」但現在卻不是如此，為了由多樣的組織或技術進行解決問題的決策，便衍生出跨越領域攜手合作的需求。

**——我想科學技術在社會上的定位變化，已象徵性地顯現在廢爐機器人開發當中，謝謝您接受採訪。**

**淺間一**
**（Asama Hajime）**

生於一九五九年，一九八四年畢業於東京大學工學系研究科碩士班，曾任理化學研究所副研究員、副主任研究員等，後於二〇〇二年就任東京大學人工物工學研究中心教授，二〇〇九年就任東京大學工學系研究科教授。主要研究領域為自主分散式機器人系統、空間智能化、服務工程學、行動智能、服務型機器人。

# 在 1F 廠區內效力的機器人

目前有各種機器人在 1F 廠區內效力，包括三菱重工、東芝、奇異日立等，各自竭盡智慧與精力，持續不斷地進行挑戰。

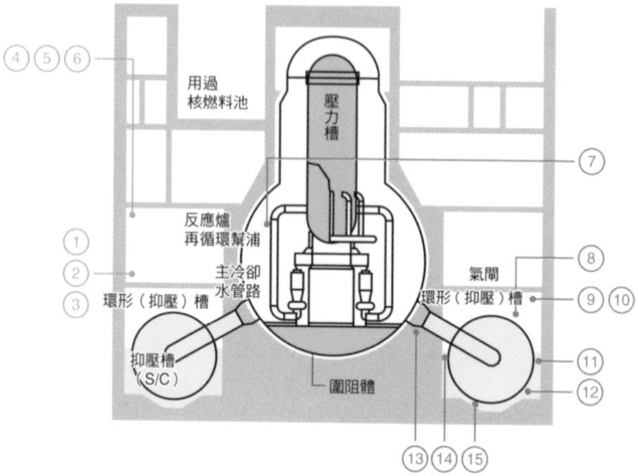

④⑤⑥
用過
核燃料池
壓力槽
⑦
反應爐
再循環幫浦
①
②
③
環形（抑壓）槽
主冷卻
水管路
氣閘
⑧
環形（抑壓）槽
⑨⑩
抑壓槽
（S/C）
圍阻體
⑪
⑫
⑬⑭⑮


## 作業用機器人

① 抽吸、噴砂除污裝置（Meister）

〔作業內容〕用噴砂機進行除污
〔作業地點〕1 號～3 號 反應爐廠房內 1 樓地面與低處牆面
〔開發廠商〕三菱重工
本體尺寸：寬 700mm× 深 1250mm× 高 1300mm
重量：約 500kg

② 乾冰噴洗除污裝置

〔作業內容〕用乾冰噴洗機進行除污
〔作業地點〕1 號～3 號反應爐廠房內 1 樓地面與低處牆面
〔開發廠商〕東芝
除污台車尺寸：寬 920mm× 深 1460mm× 高 1840mm
支援台車尺寸：寬 786mm× 深 2333mm× 高 1990mm
重量：除污台車 730kg、支援台車 980kg

③ 高壓水除污裝置（Arounder）

〔作業內容〕用高壓水槍進行除污
〔作業地點〕1 號～3 號反應爐廠房內 1 樓地面與低處牆面
〔開發廠商〕奇異日立
本體尺寸：寬 600mm× 深 1600mm× 高 1300mm
重量：台車約 850kg

④ 高處用高壓水槍除污裝置

〔作業內容〕用高壓水柱進行除污
〔作業地點〕1 號～3 號反應爐廠房內 1 樓的 2 公尺以上高處牆面與結構
〔開發廠商〕奇異日立
本體尺寸：寬 7000mm× 深 1800mm× 高 1500mm（收起機械手臂時）
重量：約 1200kg

⑥ 高處用乾冰噴洗除污裝置

〔作業內容〕將除污用噴嘴移送到反應爐廠房的高處（以乾冰噴洗為基本除污方法）
〔作業地點〕1 號～3 號反應爐廠房內 1 樓的 5～8 公尺高的牆面、天花板、導管和線架等
〔開發廠商〕東芝
本體尺寸：寬 930mm× 長 2069mm× 高 1961mm
裝置最大到達高度：8000mm 以上

⑥ 高處用抽吸、噴砂除污裝置（Super Giraffe）

〔作業內容〕用噴砂機進行除污
〔作業地點〕1 號～3 號 反應爐廠房內 1 樓的高處部分
〔開發廠商〕三菱重工
本體尺寸：約寬 1300mm× 深 2350mm× 高 1700mm
重量：約 4000kg

## 調查用機器人

⑦ 1 號機反應爐圍阻體（PCV）內部調查裝置
（變形式機器人：履帶型）

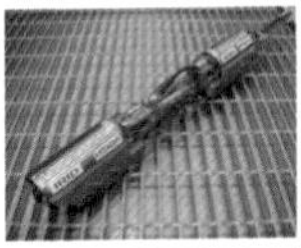

〔調查內容〕①偵測 1 號機圍阻體內基座外側 1 樓格柵板上的影像、輻射劑量率、溫度②確認圍阻體內控制棒驅動裝置軌道的狀況
〔調查地點〕1 號機圍阻體內的基座外側 1 樓格柵板上
〔開發廠商〕奇異日立
穿越導管時：約長 600mm× 寬 70mm× 高 100mm
穿越格柵板時：約長 200mm× 寬 300mm× 高 100mm
重量：約 10kg（排除電纜重量）

⑧ 1 號用抑壓槽（S/C）上部調查裝置
（伸縮式手臂機器人：抑壓槽上部調查）

〔調查內容〕從工人作業平台上開始調查抑壓槽上部結構的外洩情形
〔調查地點〕1 號環形（抑壓）槽上部（氣中部）
〔開發廠商〕奇異日立
尺寸：長 600mm× 寬 500mm× 高 800mm
質量：約 70kg

⑨ 1 號用抑壓槽（S/C）上部調查裝置
（伸縮式手臂機器人：環形（抑壓）槽牆面調查 < 聲納 >）

〔調查內容〕從工人作業平台上垂下聲納探測器調查牆面連通部分的水流
〔調查地點〕1 號環形（抑壓）槽與渦輪機廠房的連通部分（水中）
〔開發廠商〕奇異日立
尺寸：長 600mm× 寬 500mm× 高 1200mm
質量：約 100kg

⑩ 1 號用抑壓槽（S/C）上部調查裝置
（伸縮式手臂機器人：環形（抑壓）槽牆面調查 < 攝影機 >）

〔調查內容〕從工人作業平台上垂下攝影機調查牆面連通部分的外洩情形
〔調查地點〕1 號環形（抑壓）槽與渦輪機廠房的連通部分（水中）
〔開發廠商〕奇異日立
尺寸：長 600mm× 寬 500mm× 高 1200mm
質量：約 100kg

⑪ 環形（抑壓）槽牆面調查裝置
（GENGO ROV：水中游泳機器人）

〔調查內容〕調查水中的牆面連通部分
〔調查地點〕環形（抑壓）槽與渦輪機廠房的連通部分（水中部分）
〔開發廠商〕奇異日立
尺寸：長 500mm× 寬 400mm× 高 400mm
質量：約 22kg（氣中）、中性浮力（水中）

⑫ 環形（抑壓）槽牆面調查裝置
（Tri-Diver：地面行走機器人）

〔調查內容〕調查濁水中的牆面貫通部分水流
〔調查地點〕環形（抑壓）槽與渦輪機廠房的連通部分（水中部分）
〔開發廠商〕奇異日立
尺寸：長 600mm× 寬 500mm× 高 400mm
質量：約 40kg（氣中）、約 1.5kg（水中）
耐水壓：10m

⑬ 排氣管、乾井（D/W）連結處調查裝置（VT-ROV）

〔調查內容〕置於排氣管上後，可自行移動至排氣管與乾井連結處，並利用照明和攝影機調查排氣管與乾井的連接處和混凝土牆開口內側下半部是否漏水
〔調查地點〕環形（抑壓）槽內的排氣管與圍阻體殼接合部分（氣中部）（尚未確定是否能用於實際作業流程上）

〔開發廠商〕東芝
尺寸：長 280mm× 寬 280mm× 高 90mm
重量：10kg

※ 已開發完成，但尚未實際使用。

⑭ 砂墊層排水管調查裝置（DL-ROV）

〔調查內容〕潛入環形（抑壓）槽移動到沒入水下的砂墊層排水管開口，利用照明、攝影機與示蹤劑，來檢測砂墊層排水管流出的每分鐘 1 公升以上的漏液
〔調查地點〕環形（抑壓）槽砂墊層排水管出口（水中部分）（尚未確定是否能用於實際作業流程上）

〔開發廠商〕東芝
尺寸：長 530mm× 寬 290mm× 高 300mm
重量：14kg

※ 已開發完成，但尚未實際使用。

⑮ 壓抑槽（S/C）下部外側調查裝置（SC-ROV）

〔調查內容〕置於抑壓槽外側後，可自行移動到抑壓槽外側底部，並利用照明與攝影機（前後左右共 4 台），調查抑壓槽外側底部是否有直徑超過 30mm 的破洞
〔調查地點〕2 號機環形（抑壓）槽 S/C 外側（氣中與水中部分）

〔開發廠商〕東芝
尺寸：長 280mm× 寬 280mm× 高 140mm
重量：10kg

照片提供：IRID

JAEA 福島研究開發部門
福島環境安全中心特任顧問
石田順一郎訪談

# 過去與未來的「研究機構角色」

福島第一核電廠事故的災害，已超過東電或行政機構可以單獨應付的範圍，衍生出比平常更加需要與研究機構和研究人員合作的狀況。在這段期間，研究機構與研究人員究竟採取了什麼行動？又發揮了什麼樣的作用呢？
JAEA（國立研究開發法人日本核能研究開發機構）從災害發生之後，就針對測定與除污方面進行各式各樣的技術開發，今後也將設立有關廢爐的研究據點。從 JAEA 在福島設立據點的初期開始，石田順一郎特任顧問就成為現場活動的前線指揮，同時也擔任福島縣的除污顧問，以下是針對石田先生進行的訪談。

## 遠水救不了近火

——石田先生在JAEA（國立研究開發法人日本核能研究開發機構）於事故發生後成立的機構災害對策本部中，以副理事長的身分進行活動的前線指揮。請您分享一下至今為止JAEA在福島的角色，與三一一後的活動概況。

石田：JAEA基於國家專門核能領域機構的立場，從事故發生以來，便持續協助解決國家或東電所遭遇的困難，或是回應外界對機構的各種要求。

一開始雖然是以茨城縣常陸那珂市的核能緊急支援暨研修中心為基地，在整個事業所與所有部門職員的配合下，JAEA開始派遣職員到福島現場或國家事故對策本部等地方。但後來判斷福島縣內需要一個據點，便在事故發生三個月後的六月三十日，於福島市設置辦公室。

目前在福島的工作人員共有一百三十人，不過在我剛來福島的六月三十日當時，只有九人。

事故發生當時，我以安全統籌部長的身分，擔任機構全體安全的總指揮。在那之前，我擔任過核能緊急支援暨研修中心長，這個單位會在事故時進行派遣，也就是把人送到現場去協助，或是在沒有發生事故的期間，前往各地的發電廠進行緊急應變教育。

——兩者以前在茨城縣東海村都有據點對吧？

石田：是的，三月十一日當天，位在東海村等地的JAEA設施也受到地震波及，因此我們當時正在整理定期檢查的結果，然而三月十二日時，福島第一核電廠一號機廠房爆炸，這表示整個福島將面臨很嚴重的狀況。我首先前往核能緊急支援暨研修中心，展開福島的應變工作。基本上是由我下一任的緊急支援暨研修中心長負責，但狀況實在不是一、兩個人應付得來的。

整個ＪＡＥＡ單位，究竟要怎麼支援福島呢？三月十二日一早已經送了五、六個人搭乘自衛隊的直升機，從霞浦駐屯地前往福島的廠區外部中心進行監測，之後也從各地據點召集人手，以每趟幾人的方式開車送過去。當時的福島正處於混亂的狀態，雖然人可以過去，但不僅沒地方睡覺，也沒有棉被、沒有食物，更沒有廁所。當時我們被罵得很慘。

在那樣的狀態下撐過兩、三個月以後，考量到「從遠方送人過來支援福島實在太耗時費力」，所以我們決定設立辦公室。當時由於國、縣、市町村的人都以福島縣政府為據點蒐集資訊或執行任務，因此我們先將辦公室設於福島市，暫時在福島站前的大樓租一間房做為辦公室。當時監測員也連日輪班來這裡，每天早晚集合在一起分享資訊。最多人的時候，還曾經一次擠進五十人在同一個房間內，連坐的地方都沒有，就在這樣的狀況下，大家每天都會討論當天的計畫，回來以後也會進行總結，這就是最初在福島的活動情形。

## 農田的肥料測量技術在監測中派上用場！

**——ＪＡＥＡ後來開始負責航空監測，在廣域放射線地圖化作業中發揮了力量對吧？**

石田：是的，一開始是美國的ＤＯＥ（Department of Energy：能源部）利用美國飛機在福島第一核電廠上空進行監測。當時我們雖然沒有非常充足的航空監測技術，但因為有團隊在做類似的事情，所以能夠一邊參與ＤＯＥ的調查以學習技術，一邊進行監測技術的開發。開發狹窄區域的詳細測量方法或寬廣區域的全面測量方法，最初的契機就是與ＤＯＥ的合作。

**——「類似的事情」是指？**

石田：大約在負責人來到這裡的十年前，有研究人員在農田中央堆滿肥料，讓直升機飛在上空，研究能否測量出肥料裡所含的放射性物質並畫成地圖。最初是因為在兩千年看到北海道有珠山火山爆發時，用直升機蒐集火山碎屑流的資料，所以才開始思考這如果用來測量放射線，是不是也是一種有效的工具。

當然，十年前並沒想到會發生三一一這樣的事故。由於我們是有四千名研究人員的研究開發團隊，因此我們開發的技術遍及各種領域。有這樣的基礎，才能在三一一後提升到ＤＯＥ的技術水準。

**——原來如此。**

石田：就算現在一般人不見得理解我們為什麼要進行那項研究，機構當中還是有兢兢業業做研究的人。十年前有人會說：「那傢伙測量農田裡的肥料做什麼啊？」把負責人當成怪人看待，但研究員以前到現在努力做的研究終於開花結果，派上用場。如果沒發生事故的話，或許一點用處也沒有，但在JAEA的文化下，這些研究人員都能夠被接納。

地圖被引用在各種地方，因為可以藉由從空中俯瞰整體，來討論該如何解除疏散指示，也可以將數平方公里設定為一個地點，在地面上一個點一個點地測量。把那個資料與空中的資料進行比對後，即可提供給國家或地方更精確的結果。

## 從監測到除污技術的研究

——那是因為JAEA是累積了人才與知識的研究機構，而非國家、東電或製造商，所以才能夠做到的事吧。一開始在混亂狀況逐漸穩定下來的過程中，活動的內容或組織體制也有所改變嗎？

石田：在一開始的半年到一年期間，因為不知道哪些地方會有多少的放射性物質落塵量，所以一直在進行監測。接下來進行的是除污，但這並沒有在JAEA原先的預期之中。事故發生前，曾經發生過有實驗室內的放射性物質外洩造成輻射污染而進行除污，但要對釋放到外界的放射性物質進行除污，這在以往並沒有類似的經驗。

車諾比核電廠事故雖然同屬第七級的嚴重事故，但他們幾乎沒有除污，而是直接放棄那塊土地，讓附近居民集體搬遷至遠處。

——當時還沒研究過如何進行環境的除污嗎？

石田：與其說是沒研究過，不如說是從來沒意識到需要做那樣的研究。之前因為存放高輻射強度放射性物質的室內實驗儀器老朽，所以在更換新儀器時，有過需要研究如何除污並拆除的經驗，但當時沒有像有農作物的土地或自來水等，這種會進到人類嘴巴裡的東西被污染時該如何處理的知識。一開始我自己在福島車站前測量輻射劑量率時，當時我不明白為什麼距離（核電廠）七十公里遠的福島市劑量率會這麼高，高到出現熱點般的數字，這就是因為我們並沒有預期到這件事。

開始進行除污試驗是二〇一一年十一月左右的事，其後花了半年左右的時間，討論如何才能降低農地或住宅等的放射線水準。由於一開始在進行監測的時候，並沒有考量到是否需要除污，因此有效率的將除污方式系統化是下個階段的重要任務。當時是由內閣府而非現在的環境省負責除污，我們一邊討論除污計畫一邊合作。

二〇一二年三月召開成果報告會時，原本打算舉辦在一個小會場裡，但因為很多人反應說想一起聆聽，才改到另一處可以容納約一千兩百人的市民公會堂。國家、地方自治體、有意願參與除污的人都到現場，把會場擠滿了。透過那樣的機會，我們開始推廣如何進行除污。

**——監測到一定程度，進入除污的執行階段後，是不是就開始討論到污水或廢爐用的機器人技術等話題呢？除此之外應該還有其他各種研究的需求吧？**

石田：我們的團隊從一開始就進駐福島，而為了了解廠區外部，也就是發電廠外當時的狀況如何，以及該如何盡量讓廠區外的環境恢復原狀，我們進行了一次全面性的巡視。

剛才您提到的廠區內部，輻射劑量率已經超過相當程度，並非一般人都可以任意進去做些什麼的狀況了。首先還是得針對廠區內部繪製詳細的輻射劑量率分布圖，尤其是該如何取出用過核燃料與燃料殘渣，這部分所講求的技術與廠區外部所需的技術完全不同，因此需要由其他團隊來負責對應。目前廠區內部的團隊位在磐城市與楢葉町，最初磐城市的辦公室有一百二十人左右，現在是七十到八十人，其餘的人都遷去楢葉了，今後將在富岡町或大熊町設置據點，繼續研究、開發出新的知識與技術。

## 一年內完成十年的事

**——在1F附近設置據點的意義在哪裡呢？設立於楢葉町的楢葉町遠端技術開發中心，也就是在所謂的「模型設施」內，已經可以進行大規模的研究開發了吧？**

石田：在現場附近的話，可以和東電或製造商的人進行更順暢的溝通吧。我想在現場附近設置模型設施是一件很有意義的事，由於製造商之間屬於競爭關係，也有些東西無法對外公開，因此才要準備場地做為研究機構，讓製造商或東電的人來這邊一起思考該怎麼做。在有需要的情況下，我們也會進行技術開發。

**——原來如此。以JAEA立場進行的廢爐相關研究開發，就外行人來說實在很難想像是什麼情況，請問目前是否進展到一定階段了呢？**

石田：我想對於廢爐，尤其是爆炸後的反應爐該如何處理，在我們的研究員當中應該也有進行相關研究的人，但該如何以工程學的方式著手進行，我想在這次事故發生之前並沒有經過那麼深入的思考。

**——關於您剛才提到的工程學部分，在面對事故應變這道課題之前，我想以往應該有過以研究人員身分接到臨時的開發需求，要求在從未設想過的前提下，開發出滿足特定數量或特定產品標準的東西吧？這種講求高度實踐性、必須立即實現某些事情的急迫性，我想是不是與平常學術研究開發屬於完全不同的層**

次，而是以製造商立場的急迫性提出各種要求呢？

石田：您說的沒錯，當時的情況真的令人分身乏術，只要有可以使用的技術就直接適用在現場，如果能夠找到幫助他們解決困擾的線索，就能前進至下一個步驟。雖然學術研究是否能立即適用於現場還是個疑問，但現在的狀況經常需要跳躍，時間上感覺就好像以往花了十年的東西要在一年之內完成一樣。當然安全第一是前提，但我們要如何支援才能盡快解決現在的狀況，讓想回家的人能夠盡快回家呢？

——具體來說需要什麼呢？

石田：過去在組織當中，大家習慣停留在研究成果，但我認為現在更重要的是，開始要對外發出「我們手中有這種東西」的訊息。

例如有種東西叫塑膠閃爍光纖（Plastic scintillating fibers），只要鋪好光纖就能知道放射線射向光纖的哪個位置。鋪好光纖以後，只要在地面上移動光纖，就能知道哪裡的輻射劑量率較高。我們團隊原本的光纖是五公尺長左右，現在已經延長到五十公尺。比方說，把光纖圍繞在污水槽周圍，如果有輻射外洩的話就會檢測出來，也可以找到其位置。

學術界到處都有可用的半成品。如果能配合現場需求妥善挑選的話，我想就能更快找出應變方式。研究這回事，做的人也會出於「雖然不知道可以如何使用，但那樣的機制很有意思」等理由而投身其中，此時若有第三人建議說：「這項研究可以用在這種情況下嗎？」做的人可能就會因此覺得「啊，那就試試看吧。」而加以應用。我想這次有很多類似這樣的情況，包括無人直升機和塑膠閃爍光纖等也都是這樣。

——讓研究人員細心培育的種子貼近現場需求，這樣的角色是很重要的吧。雖然廠區外部的環境還在恢復當中，但廠區內部從現在開始必須集結更多技術與知識才行。

石田：根據現場提出的具體要求，目前現有的研究能夠做為解決方案是很重要的。

## 對放射線的憂慮千差萬別

——如今在由國家所統籌的「國際研究產業都市（Innovation Coast）」等計畫中，有很多將雙葉郡設為以廢爐技術為主軸的研究開發據點的聲音。只是從地方居民的立場來看，這雖然看似一件有益的事，但我想大家具體而言依舊不曉得今後會發生什麼事。

另外，東海村或福井縣等ＪＡＥＡ的據點已是研究開發據點，同時也可做為在地方長期經營的前例。關於研究一事在地方上所扮演的角色或改變地方形象的可能性，由於石田先生本身也參與福島相關事務長達五年之久，不曉得您有什麼看法嗎？

石田：在參與地方事務這一點上，由於民眾不曉得「輻射、放射性物質是什麼？」內心始終感到惴惴不安，因此我們從二〇一一年七月左右開始進行風險傳播活動，一直到現在總共和差不多兩萬人進行過對談。

基本的簡報時間是三十分鐘到一小時，主要以聽眾發言的形式進行，到目前為止總共與兩萬人左右進行過對談。不管是十人或一百人，我們都接受，甚至也有過一場只有六人，幾乎是面對面交流三、四小時的經驗。

人數並不是重點，雖然說對象多達數萬人這件事，一般聽來很厲害，但說實在的，我們並不知道那數萬人是不是真的能夠聽進去我們說的那些話，如果是一對一、一對五，最多到二十人左右的團體，在講的時候就可以從表情知道他們是否真的理解，或是覺得哪裡聽不懂。

這種距離一般人很遙遠的內容，特別是核能或放射性物質我認為要讓民眾理解，非常重要的一點就是即使聽眾人數不多也要不斷地舉辦。在地方上協助活動的主要成員，如何持有中立而不偏頗的資訊也是非常重要的。

在我們看來，也有人會為一些心裡在意的小事情感到煩惱。在某一場輻射說明會上，一對老夫婦說：「北面的窗戶關不起來，有一點縫隙，請問該怎麼辦才好？」我想我們雖然不需要回答這種問題，但透過一對一的交流去了解那個人在煩惱什麼，去接觸每個人千差萬別的煩惱是很重要的。在聽取對方想說的、想問的事情以後，我想更重要的是我們該如何妥善地傳達，否則就會被對方認為「這個人在敷衍了事」。

——這五年以來，在JAEA當中是否不僅只做研究，也不可避免地累積了許多將社會或現場需求與研究實際連結在一起的作業呢？

石田：研究人員本身的動機改變了。只要看到「現場缺少這個」的需求，就會著手改善以往的技術或開發新技術，也就是試圖組合現有技術看看能不能應用在現場，但過去不太有這樣的情況。

——原來如此，看來今後研究機構的角色也很重要呢，謝謝您接受訪談。

**石田順一郎（Ishida Junichiro）**

生於一九五一年，一九七四年進入動力爐核燃料開發事業團，主要從事再處理設施等放射線管理或環境監控。後於組織變革為核燃料循環開發機構、日本核能研究開發機構期間，歷任品質保證部長、核能緊急支援暨研修中心長、安全統籌部長。為了1F事故的應變而遷至福島，出任福島環境安全中心長，目前（二〇一六年三月）是該中心特任顧問。

# 報告 JAEA楢葉町遠端技術開發中心

利用 VR 設備模擬真實畫面進行訓練，以便日後在劑量高的反應爐廠房內迅速完成作業。

「楢葉町遠端技術開發中心（模型試驗設施）」建設的地點位在廣野町、楢葉町的交界與常磐高速公路的交會處附近。

我們最先被帶到一棟叫「研究管理大樓」的建築物。除了會議室、研究員用的房間，還有VR（虛擬實境）的設備，可以模擬實際進入反應爐廠房時的輻射劑量率、障礙物的位置、光線亮度等等。內部影像是利用3D掃描廠房內部所得到的資料，結合製造商手中的設計圖後加以重現，因此相當逼真，即使是平常不關心1F的人應該也會對那樣的體驗感到震撼吧。

接著來到的是「試驗大樓」，在這個長六十公尺、寬八十公尺、高四十公尺的巨大建築物內部，有一座以原尺寸重現的部分反應爐圍阻體實驗模型，也有用於實證實驗的水中機器人實驗用水槽，還有機器人開發用的障礙物等等，每一樣都令人嘆為觀止。

實驗用水槽可以調整水的濁度、鹽度和水溫。今後這裡將針對各種環境研發「機器人遠端操作技術」，是完成廢爐任務不可或缺的開發據點。

①深 5.8（m）× 寬 7.4（m）× 高 7.5（m）的模型樓梯，是在機器人實證試驗中，模擬實驗所需的 1F 廠房內樓梯。為了能夠應付各式需求，這裡有各種組合式零件的模型。 ②照片右側是深 7.7（m）× 寬 8.0（m）× 高 8.5（m）的實驗用水槽。此圓筒型水槽可以模擬水中機器人實證試驗中所需的 1F 爐內水中環境，也附有升溫裝置、水中攝影機、水中照明等設備。 ③用於開發遠端機器人操控技術的標準試驗場。 ④試驗大樓於 2016 年 4 月起正式啟用。

在虛擬實境室內，可以事前模擬在高輻射劑量率廠房內的作業計畫，或進行現場工作人員教育訓練。

# 1F的重型機械與機件介紹

本單元將透過照片介紹大型起重機或輻射管理中不可或缺的機件、緊急車輛等支撐起廢爐現場的重型機械與機件。

左：出入口偵測器。出入管理區域的人利用出入口偵測器檢測全身上下是否受放射性物質污染，以避免將放射性物質帶出廠外。在受到污染的情況下，出口側的門不會打開。
右：全身計數器（whole body counter，通稱 WBC），用於測量是否出現體內暴露的裝置，測量時需坐在位置上 1 分鐘。在核電廠工作的人每個月都會進行測量，並保存這些資料。

左：設置於防震大樓等地方的監視器，用於告知作業人員各作業區域的輻射劑量率值。設計成觸控式螢幕，任何人都能操作。總共列出廠區內 86 處的劑量。
右：可搬式輻射劑量率監測器，利用太陽能板提供電力，資料可從此處直接傳送至建築物裡的監控面板。

用於清除反應爐廠房內瓦礫的大型起重機。最大可超過全長 100m、高度超過約 50m（相當於 15 層樓建築）的反應爐廠房。因為廠房附近是高劑量區域、所以操作方式是在防震大樓內的遙控室進行遠端操作，而非由人直接坐在機器上操作。

核電廠事故後設置於發電廠區內的加油站。核電廠事故造成的放射性物質逸散，使得廠區內的車輛或重型機械無法離開，所以為了提高廢爐作業效率才設置加油站，不僅備有汽油，還有發電機用的柴油。漫畫裡的寬邊草帽是工作服專門店或五金行販售的東西，可以戴在安全帽上，是夏天用來避暑的好工具。

擷自漫畫《福島核電》第 1 卷 © 竜田一人／講談社（台灣由尖端出版）

水槽搬運車停在海運物資卸貨區。這種用來儲存淨化後含氚污水的污水槽並非在 1F 現場打造，而是在工廠製作完成後，經由海運再利用水槽搬運車運到現場。

核電廠事故當時，要在現場製造修復所需的設備，從輻射暴露的觀點來看是很困難的事，因此才會先在核電廠外製造設備，再用拖吊車運到現場，試圖減低過程中的輻射暴露。現在除污進行到一定程度，正朝著水槽常設化的方向進行。

事故當時，廠區內的車輛受到放射性物質污染，無法開出廠區外，因此只能在廠區內的修車廠進行檢查和維修，並做為廠區內的專用車輛。修車廠內有技術人員值班，可以提供一般的修車服務。沒有車牌的車就是廠區內專用車輛。

廠區內緊急用車輛。運送傷者的車輛駐點在 ER（緊急治療）室旁，是緊急應變設施之一。

配置於廠區內的消防車。為了預防海嘯來襲而停在 35m 的高地上。萬一發生任何情況，就能利用消防車供水。

由左到右分別是斑馬 1 號、大象 1 號與大象 2 號，其他還有長頸鹿、長毛象等被取了特殊名字的混凝土幫浦車，可以噴灑冷卻水或放射性物質逸散防止劑等等，也有些機件用相關人士的名字命名，目的是希望藉由取綽號的方式建立整體感，就能預防操作或指示上出錯。目前已完成任務，在現場靜靜待命，以便在緊急時刻派上用場。

## 放射性物質

就是會釋放出**放射線（輻射）**的物質。

放射性物質釋放出放射線的現象就稱**放射性**。

如果要再說明得更詳細一點，放射性物質就是
原子核處於不穩定的狀態且容易衰變的元素。
放射性物質經過多次衰變以後，狀態就會逐漸穩定下來，
在衰變過程中釋放出的能量就是放射線（輻射）。
依放射性物質的種類不同，輻射種類也有所不同。

福島第一核電廠事故中大量逸散的放射性物質　※（　）內為半衰期

- 碘 131（約 8 天）
- 銫 134（約 2 年）
- 銫 137（約 30 年）
- 鍶 90（約 29 年）

何謂半衰期

放射性物質一邊釋放出能量（放射線）一邊形成更穩定的物質，使原本放射性物質的濃度降為原本一半所需時間。

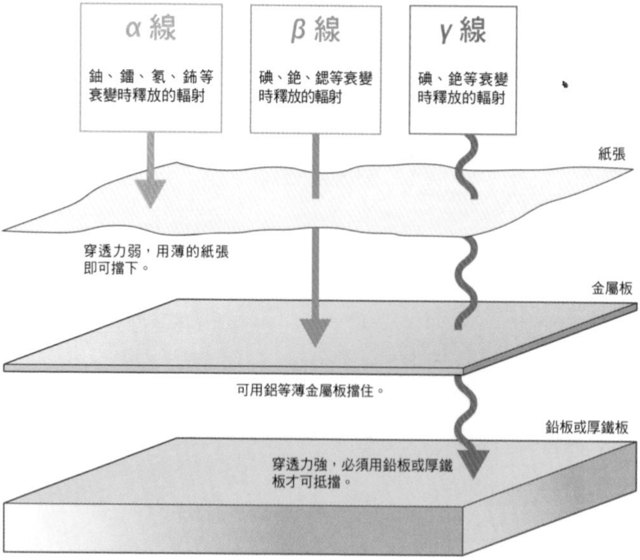
α 線
鈾、鐳、氡、鈽等衰變時釋放的輻射
β 線
碘、銫、鍶等衰變時釋放的輻射
γ 線
碘、銫等衰變時釋放的輻射
紙張
穿透力弱，用薄的紙張即可擋下。
金屬板
可用鋁等薄金屬板擋住。
鉛板或厚鐵板
穿透力強，必須用鉛板或厚鐵板才可抵擋。

### 放射線（輻射）的種類

α 射線與 β 射線的穿透力較弱，因此利用衣物等即可輕易阻擋，但 γ 射線的穿透力較強，必須留意體外暴露。另一方面，α 射線與 β 射線一旦進入體內，由於穿透力較弱的緣故，放射線會留在體內持續照射身體組織直到排出體外為止，因此必須留意體內暴露。

## 暴露與污染的差異

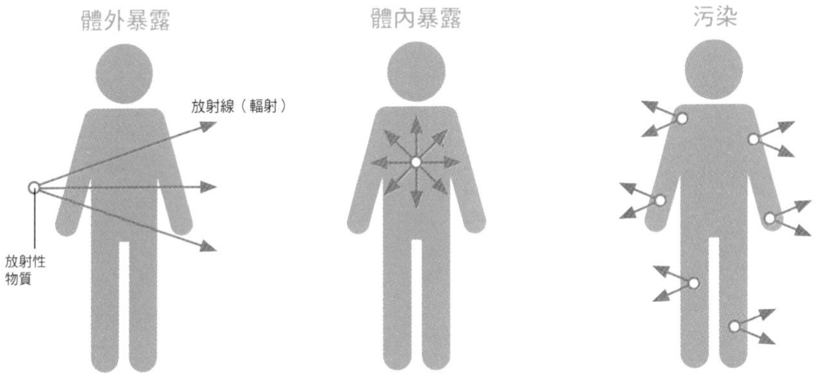


從體外照射到輻射。

進到體內的放射性物質所釋出的輻射。

放射性物質附著在皮膚或衣服表面。

**體外暴露**

天然花崗岩等釋放的輻射、X光機等醫療機器發出的放射線、宇宙射線（來自太空的輻射）等，無論是人工或天然的輻射，對人體的影響皆同。

**體內暴露**

基本上，進入體內的放射性物質可以代謝、排出體外，但碘131容易留在甲狀腺，與鈣相似的鍶90容易留在骨骼中不易代謝。依據放射性物質的種類，留在體內的情況也會有所不同。

**污染**

在附著的放射性物質除去之前，人體會持續接收到來自這些放射性物質釋出的輻射。因此在受到污染的情況下，必須用擦拭或清洗體表、衣服的方式來去除放射性物質（＝除污）。

## 關於單位

### 西弗（Sv）

指該放射性物質對於人體影響程度的活度單位

考量到輻射的種類和能量強度，以及不同輻射對人體各部位產生影響等差異，進行換算後的單位，主要用來做為輻射防護安全的標準。

### 貝克（Bq）

放射性物質釋放輻射能力的強度單位

以放射性物質的原子核在1秒內衰變的個數為基準。主要用於標示每公斤食物當中含有多少貝克的放射性物質。

**1西弗（Sv）＝ 1,000毫西弗（mSv）＝ 1,000,000微西弗（μSv）**

## 關於空間劑量率 Sv／h

### 空間劑量率

表示在毫無輻射屏蔽的場所待1小時所接收的輻射暴露量。單位是Sv／h，意即在空間劑量率0.01mSv／h的地方待了1小時的暴露劑量為0.01mSv；若在0.01mSv／h的場所待30分鐘，暴露劑量就是0.005mSv，停留時間愈短，累積的劑量就愈低。

## 311後日本國內外的1年體外暴露劑量估計值

| | 最小值 | 中間值 | 最大值 |
|---|---|---|---|
| 安積 | 0.71 | 0.85 | 0.99 |
| 磐城 | 0.61 | 0.70 | 0.84 |
| 會津 | 0.57 | 0.63 | 0.75 |
| 田村 | 0.70 | 0.76 | 1.08 |
| 安達 | 0.75 | 0.97 | 1.18 |
| 福島 | 0.57 | 0.86 | 1.11 |
| 福山（廣島縣） | 0.67 | 0.80 | 0.90 |
| 灘（兵庫縣） | 0.54 | 0.73 | 1.06 |
| 奈良 | 0.52 | 0.55 | 0.71 |
| 神奈川 | 0.49 | 0.60 | 0.68 |
| 普瓦捷（法國） | 0.62 | 0.78 | 0.98 |
| 布洛涅（法國） | 0.44 | 0.51 | 1.81 |
| 巴斯提亞（法國） | 0.72 | 1.10 | 1.33 |
| 白俄羅斯 | 0.65 | 0.79 | 1.06 |
| 波蘭 | 0.52 | 0.69 | 1.15 |
| 楢葉 ※ | 0.78 | 1.01 | 1.34 |

用一種叫「D-Shuttle」的劑量計測量個人在一定期間實際受到的體外暴露量，計算出「含天然放射線影響在內的全年體外暴露劑量」。
※僅「楢葉」是2015年7～8月的資料。
擷自 http://www.town.naraha.lg.jp/information/files/27.9.1%E2%91%A8.pdf
其餘則引用自福島高中生所執行的「日本、法國、波蘭、白俄羅斯高中生體外暴露個人劑量的測量與比較（D-Shuttle計畫）」（Journal of Radiological Protection "Measurement and comparison of individual external doses of high-school students living in Japan, France, Poland and Belarus - the 'D-shuttle' project-"）

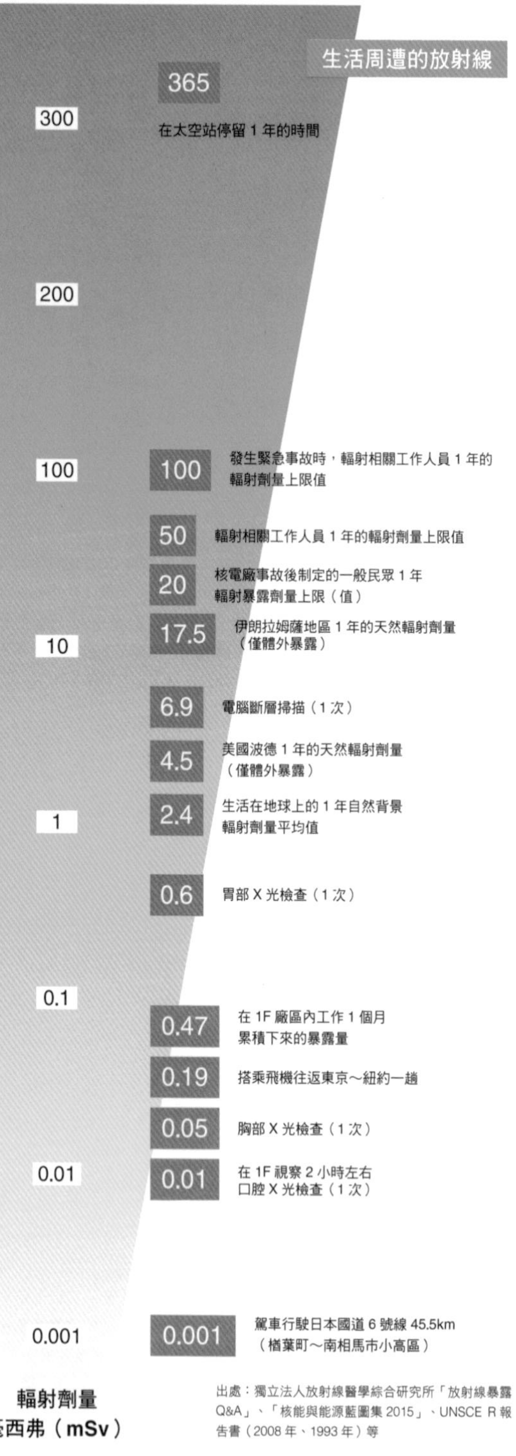

生活周遭的放射線
300
200
100
10
1
0.1
0.01
0.001
365 在太空站停留1年的時間
100 發生緊急事故時，輻射相關工作人員1年的輻射劑量上限值
50 輻射相關工作人員1年的輻射劑量上限值
20 核電廠事故後制定的一般民眾1年輻射暴露劑量上限（值）
17.5 伊朗拉姆薩地區1年的天然輻射劑量（僅體外暴露）
6.9 電腦斷層掃描（1次）
4.5 美國波德1年的天然輻射劑量（僅體外暴露）
2.4 生活在地球上的1年自然背景輻射劑量平均值
0.6 胃部X光檢查（1次）
0.47 在1F廠區內工作1個月累積下來的暴露量
0.19 搭乘飛機往返東京～紐約一趟
0.05 胸部X光檢查（1次）
0.01 在1F視察2小時左右 口腔X光檢查（1次）
0.001 駕車行駛日本國道6號線45.5km（楢葉町～南相馬市小高區）
輻射劑量
毫西弗（mSv）


出處：獨立法人放射線醫學綜合研究所「放射線暴露Q&A」、「核能與能源藍圖集2015」、UNSCE R報告書（2008年、1993年）等

**2.1** 居住在日本接收到的1年自然背景輻射劑量平均值

▼其中

- **0.3** 來自外太空（宇宙射線）
- **0.33** 來自大地（地球表面）
- **0.99** 來自食物
- **0.48** 來自大氣中的氡

## CHECK 在這裡確認輻射相關的資料！

網路上可以找到許多有關放射線的即時資料。在了解放射性的種類、單位和用語後，以下就來看看實際的資料吧。

### 東京電力控股網站 tepco.co.jp

＞福島への責任＞廃炉プロジェクト

＞施作業と計画

＞福島第一原子力発電所における日々の放射性物質の分析結果

＞放射線データの概要（〇月分）

1F 附近的空間

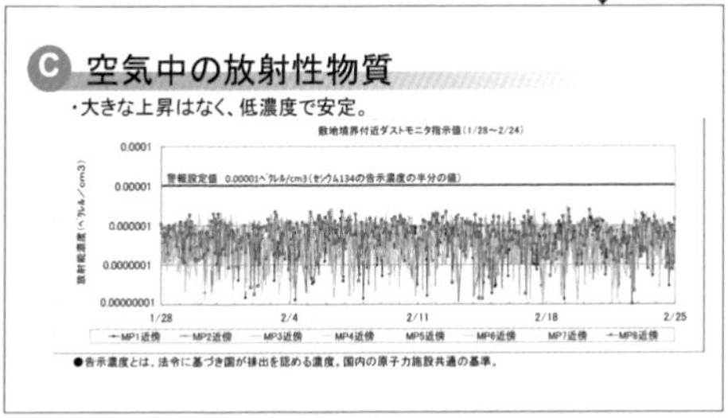


「敷地境界付近ダストモニタ指示値」（廠區邊界附近輻射塵監測值）是測量廠區內空氣中放射性物質含量的資料。若此處幾乎偵測不到放射性物質的話，代表放射性物質不會逸散至周圍地區。

1F 附近的海

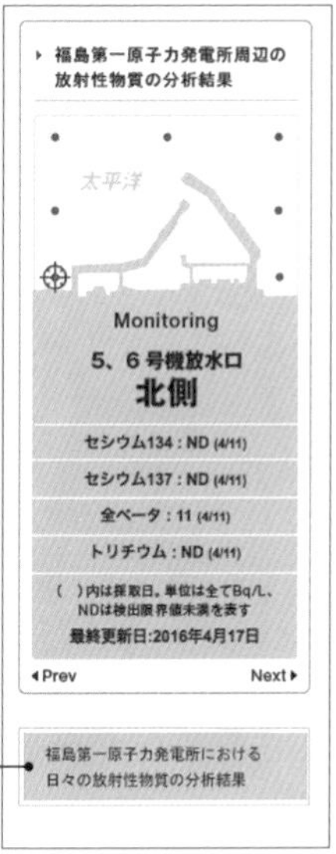


在「廃炉プロジェクト」（廢爐計畫）的首頁右側，每天都會更新海水中放射性物質的分析結果。

### 日本核能管制委員會放射線監測資訊 radioactivity.nsr.go.jp

モニタリング結果＞リアルタイム空間線量測定結果

全國的空間

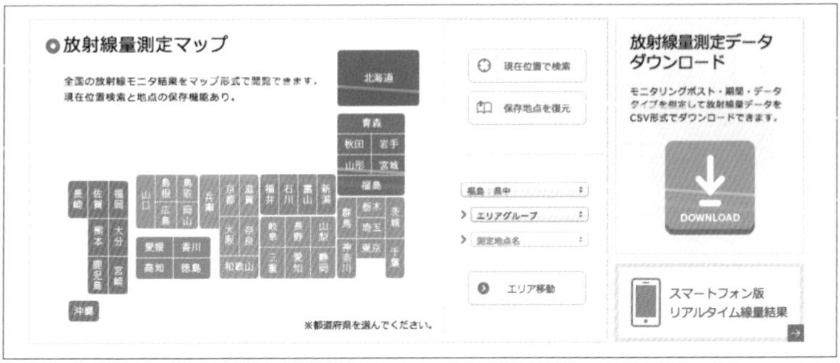


在這裡可以搜尋設置於日本全國各地監測點的偵測值，也可以下載監測資料。

# 1F 廠區內部的輻射對策

## 現場用裝備

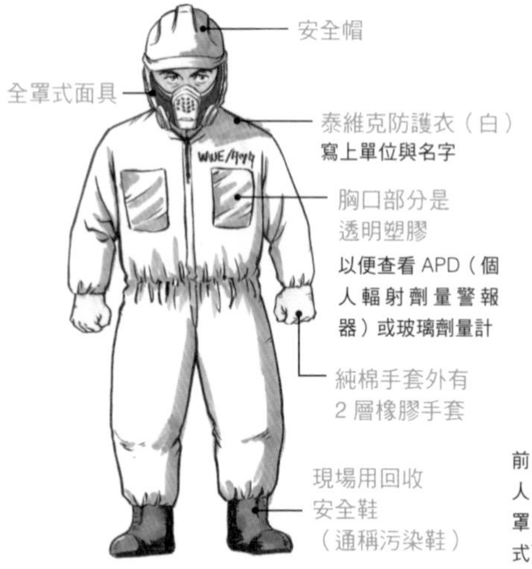
安全帽
全罩式面具
泰維克防護衣（白）
寫上單位與名字
WNE/タナタ
胸口部分是
透明塑膠
以便查看 APD（個人輻射劑量警報器）或玻璃劑量計
純棉手套外有
2 層橡膠手套
現場用回收
安全鞋
（通稱污染鞋）

## 基地內移動用裝備

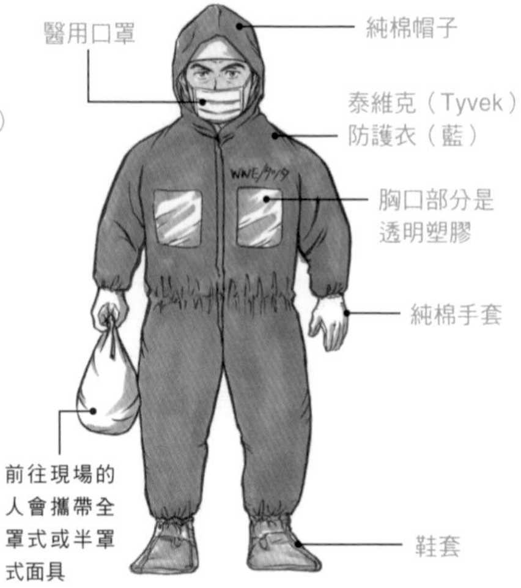
醫用口罩
純棉帽子
泰維克（Tyvek）
防護衣（藍）
WNE/タナタ
胸口部分是
透明塑膠
純棉手套
前往現場的人會攜帶全罩式或半罩式面具
鞋套

裝備底下這樣穿

在低污染區域或
搭乘巴士移動時
不穿泰維克防護衣
也 OK

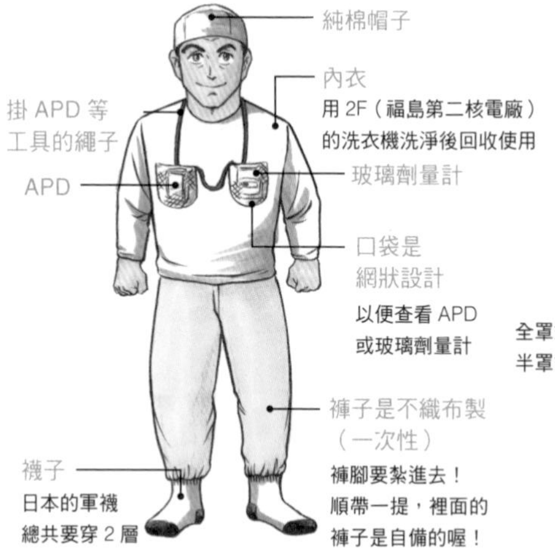
純棉帽子
內衣
用 2F（福島第二核電廠）
的洗衣機洗淨後回收使用
掛 APD 等
工具的繩子
APD
玻璃劑量計
口袋是
網狀設計
以便查看 APD
或玻璃劑量計
褲子是不織布製
（一次性）
褲腳要紮進去！
順帶一提，裡面的
褲子是自備的喔！
襪子
日本的軍襪
總共要穿 2 層

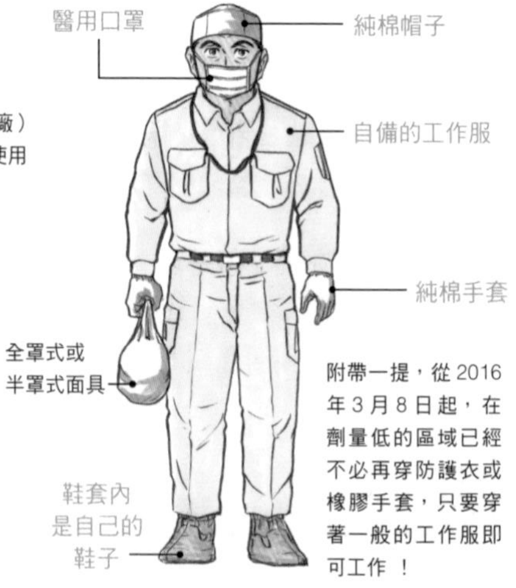
醫用口罩
純棉帽子
自備的工作服
純棉手套
全罩式或
半罩式面具
鞋套內
是自己的
鞋子
附帶一提，從 2016 年 3 月 8 日起，在劑量低的區域已經不必再穿防護衣或橡膠手套，只要穿著一般的工作服即可工作 ！

## 「抵擋」放射線
## 「不帶出」放射性物質

在核電廠工作的前提是放射性物質會造成污染，因此工人需要換上防護衣（暱稱泰維克），以避免將放射性物質帶出廠區外。或許有人會誤解，因此在此澄清一下，防護衣是用來預防放射性物質所造成的污染，並沒有抵抗放射線的功能。目前除了內衣之外，防護衣一律用過即丟，直接變成垃圾存放在廠區內。

另一方面，輻射防護的原則是「屏蔽」、「遠離」和「縮短接觸時間」，因此才會透過事前調查掌握工作場所的輻射劑量率、設計相應的防護措施（鎢板背心、在現場的鉛板屏蔽），並根據暴露劑量推算工人作業時間、安排專門測量工作時間的作業員等等。

面具則是避免吸入體內造成體內暴露。

遇到下雨天、在有水的地方或高污染的現場，也有防水外套（雨衣）。

在劑量特別高的地方穿著鎢板背心（10kg）。

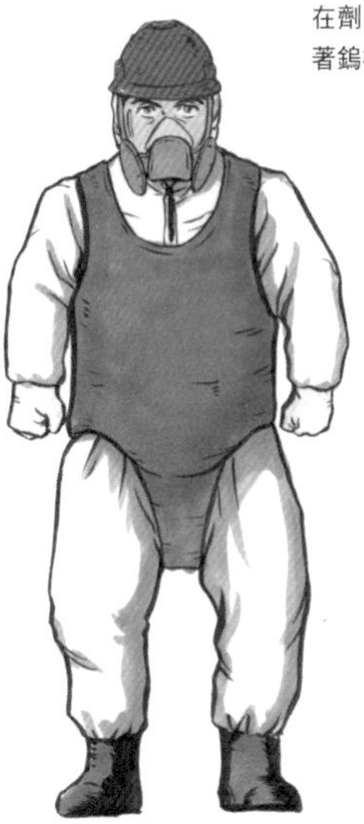

事故前主要是將尼龍製的防護衣清洗後回收利用，那麼現在為什麼不用了呢？因為清洗設備在核電廠事故後便無法使用了，再加上核電廠事故前後的污染程度不同，有些已經嚴重到不適合再以清洗的方式處理。在進行核電廠基地內的除污過程中，為了減少一次性防護衣所造成的垃圾量，將來勢必需要引進新的清洗設備與可回收再利用的防護衣。（吉川彰浩）

## 現場用裝備（共用）

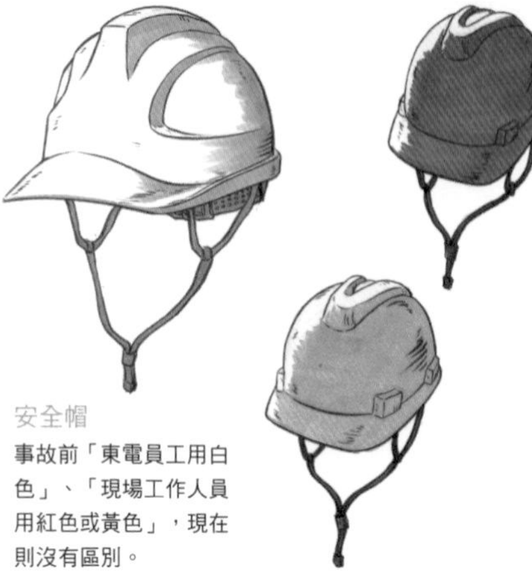

安全帽

事故前「東電員工用白色」、「現場工作人員用紅色或黃色」，現在則沒有區別。

長靴

在有水的地方工作時使用。

污染鞋

為了避免將放射性物質帶出廠區，需要換穿專用的鞋子。

半長靴

目前的主流。尺寸可從號碼分辨。這一雙是26cm，省略十位數字。

全罩式面具

現在的主流是重松製（尺寸有 M 與 L）

活性碳過濾器

也可用來防碘蒸氣，但現在已不需要此功能。

重松製面具也有僅 2 個扣環的款式

面具內部空間大，很受近視者歡迎。

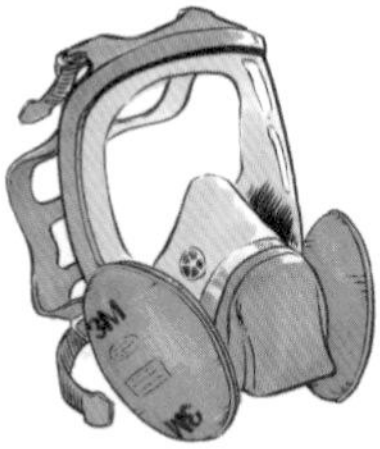

住友 3M 製

防塵過濾器是不織布製。粉紅色造型相當可愛，受到特定群眾歡迎。

半罩式面具
住友 3M 製

同款的過濾器

## 一次性裝備

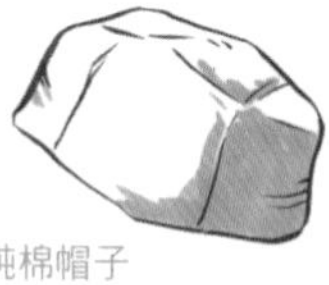

純棉帽子

醫用口罩

與罹患感冒或花粉症時使用的口罩相同。

N95 口罩

為擔心醫用口罩不敷使用的人所準備。

純棉手套

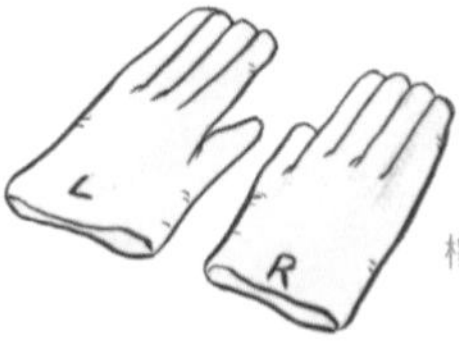

橡膠手套

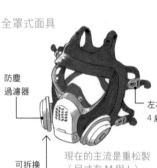

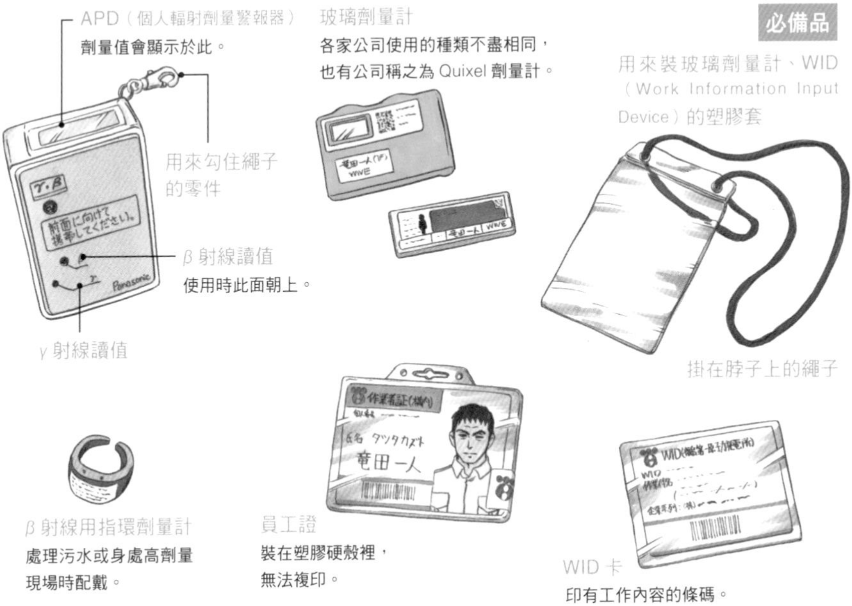
必備品
APD（個人輻射劑量警報器）
劑量值會顯示於此。
用來勾住繩子的零件
β射線讀值
使用時此面朝上。
γ射線讀值
玻璃劑量計
各家公司使用的種類不盡相同，
也有公司稱之為 Quixel 劑量計。
用來裝玻璃劑量計、WID（Work Information Input Device）的塑膠套
掛在脖子上的繩子
β射線用指環劑量計
處理污水或身處高劑量現場時配戴。
員工證
裝在塑膠硬殼裡，
無法複印。
WID卡
印有工作內容的條碼。

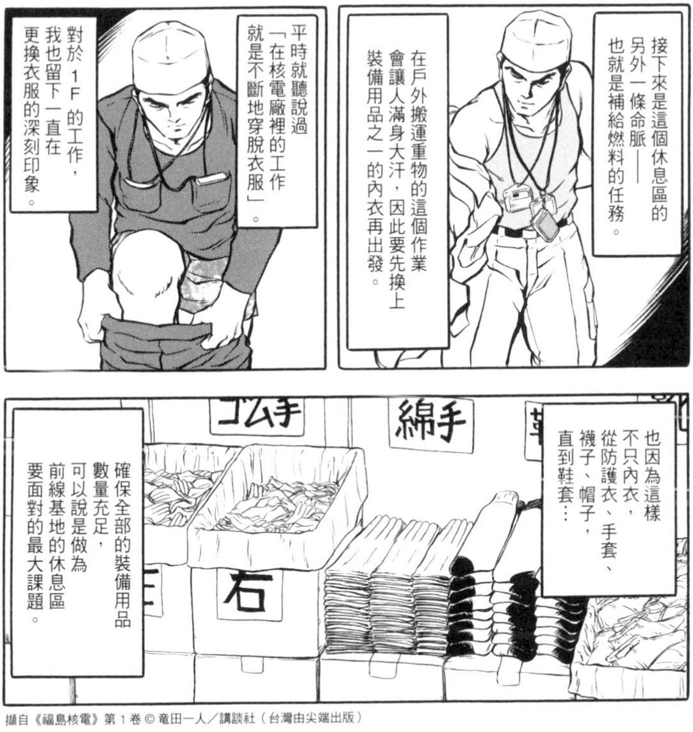
接下來是這個休息區的另外一條命脈——也就是補給燃料的任務。
在戶外搬運重物的這個作業會讓人滿身大汗，因此要先換上裝備用品之一的內衣再出發。
平時就聽說過「在核電廠裡的工作就是不斷地穿脫衣服」。
對於1F的工作，我也留下一直在更換衣服的深刻印象。
ゴム手
綿手
右
也因為這樣不只內衣，從防護衣、手套、襪子、帽子，直到鞋套……
確保全部的裝備用品數量充足，可以說是做為前線基地的休息區要面對的最大課題。

擷自《福島核電》第1卷 © 竜田一人／講談社（台灣由尖端出版）

# 工作環境的情形

「廢爐工作人員被迫置身在嚴峻惡劣的工作環境中」。

在1F廠區內部工作經常會聽到這樣的言論，但實際情形究竟如何呢？

## 人數、年齡與年資

1F的廠區內部究竟有多少人在工作呢？

正確答案是六千五百人至七千人左右，這是二〇一五年度平日平均每天的工作人數。統計方法為工作時必須配戴的放射線測量用「APD（個人輻射劑量警報器）」的借用人數。雖然出入的人一天可以借用數次，但這個數字已經扣除那些重複計算到的部分。

應該也有人會覺得「咦？並沒有想像中那麼多嘛」。

這個數字經歷過什麼樣的變遷呢？【圖1】中可以看出二〇一三年度以後的變化，二〇一三年度從三千人左右緩緩往上升，二〇一四年度急遽增加至七千人左右，然後才到達二〇一五年度的人數。

一開始在廠區內部，由於（1）缺乏大型休息所等休息或開會的空間，（2）許多區域輻射劑量率高，難以長時間工作，再加上（3）在進行大型土木工程之前，必須先以除污、鋪裝、強化設施等環境的準備工作為主，因此相對之下，二〇一三年的工作人數仍受到限制。這種情況在二〇一四年到二〇一五年初獲

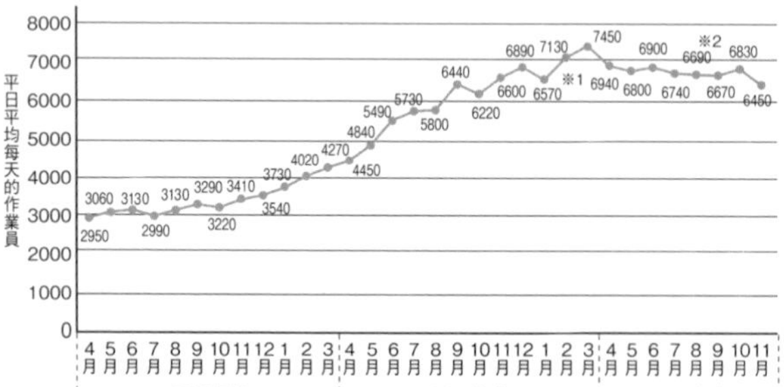


※1. 根據1/20為止的人數計算（因為1/21起實施安全檢查）

※2. 根據8/3～7、24～28、31的作業人數計算（因為重型機械總檢查的緣故）

【圖1】2013年度以後各月平日平均每天人數（實績值）的推移

出處：廢爐與污水對策團隊會議／事務局會議資料「廢爐與污水對策的概要」（2015年12月24日）

**Q5** 在福島第一核電廠內，平均1天有多少人在工作？

**A5** **6500～7000人**

得改善，主要是因為污水對策的水槽和淨化設備的設置工程快速進行，所以圖表才會呈現這樣的結果。在進行除污的期間，輻射強度也自然而然地大幅下降，例如銫134已經經過一次半衰期（兩年左右）等等。另一方面，大型休息所和新行政大樓等建築完工，從J-village移動到1F的路程也變成更加順暢。

二〇一四年度以後，平日每天平均的工人人數介於三千人到七千五百人的規模，其中也有些人「不一定每天都會進入廠區」，有些人可能一週只進去兩、三次而已，如果連這些數字也算進去的話，平均每個月約有一〇八〇〇人實際進入現場執行業務。每當有人要進入輻射管制區域時，就必須完成「作業員登記」，而上述人數便是根據二〇一五年八月到十月的平均值。若連同只進行「作業員登記」的人數在內，同一時期每月平均人數則為一三八〇〇人左右。

在作業人數只有三千人左右的階段，由於大眾媒體大篇幅報導「工作人員人數不足」，造成很多民眾的誤解。但實際上，目前已經有兩倍以上的工人固定會進入現場工作了。

不過這件事情並非只有好的一面，因為當初並沒有預期到需要這麼多人手，而這也反映出污水問題懸而未決才會造成這樣的局面。

那麼其中的組成結構又如何呢？有人甚至說：「那些人都是覺得自己就算遭到暴露也無所謂、從沒有固定工作的宿民街（譯註：打零工的受雇者聚集的區域。）上帶來的高齡者。」或是「他們是為了錢才過來的。」但事實真的是這樣嗎？

自從二〇一一年十月起，1F廠區內部定期針對在那裡工作的人進行「福島第一核能發電廠的工作環境相關問卷調查」。這項調查的對象是所有出入1F的關係企業，並透過放置在大型休息所、J-village的回收箱或承包商回收問卷。最近一次的第六次調查實施於二〇一五年八月底到十月初，總共蒐集到六五二七人的答案（回收率為百分之八十六・四）。

其中反映出許多資訊。

首先是年齡結構。

未滿二十歲……○・二％
二十到二十九歲……一一・七％
三十到三十九歲……二一・一％
四十到四十九歲……二八・三％
五十到五十九歲……二六・七％
六十歲以上……九・四％
未回答……二・六％

由此可知，四十到五十九歲占百分之五十五，二十到三十九歲占百分之三十二・八，這個職場的年齡組成以四十到五十九歲為主，其餘幾乎都是二十到三十九歲。換言之，整個職場雖然較多四十到五十九歲的人，但也可以說是反映出日本的年齡結構，亦即「當今日本各行各業都有可能出現的年齡結構」。

雖然「較多四十到五十九歲的人」這一點令人在意，但六十歲以上也有百分之九・四又是怎麼回事呢？說得更明確一點，這個年齡層究竟是「因為無處可去，所以只好來1F的人」？還是「長年在核電廠工作，所以才在1F工作的人」呢？

從「從事目前職業類型的作業經驗年數」就可以看出實際情形。

十年以上……四六・六％
五～十年……一三・五％
一～五年……二四・六％
未滿一年……一二・一％

換句話說，六成以上的人是五年以上，也就是事故前即已從事與現職相似的工作。

另外還有一部分人仍然有所誤解，認為「有經驗的核電廠工作人員都已經達到暴露劑量的上限了，所以剩下的都是外行人」或「明明就是簡單輕鬆的工作，卻因為會累積輻射劑量的關係，可以在短時間內賺到錢」，甚至認為「只要做好心理準備，就算是沒有技術或經驗的人也可以做到」，不過事實絕非如此。在1F的工作大多是專業性高且講求經驗的作業，雖然確實有打掃或維護裝備等相較之下經驗較少也能完成的工作，但那還是需要經過充分的研習才能夠進行的作業。

支撐起1F廢爐的要角都是擁有十幾、二十年技術，經驗相當豐富的資深熟練作業員，是我們應該要理解的現狀。

## 地方雇用率與工作意義

另外，地方雇用率也是需要了解的部分。二〇一三年度以後介於百分之四十五到五十之間。這裡所謂的地方指的是「擁有福島縣內的住民票（譯註：戶籍在當地的證明文件。）」，因此在1F廠區內部工作的人有一半左右是當地人。

在前文提到的問卷當中，有一道題目是「請問您認為在福島第一核電廠工作是一件有意義的事嗎？」其中回答「相當有意義」或「還算有意義」的人占百分之五十二・七，至於「認為有意義的理由」是什麼，有百分之六十八・三的人回答「為了福島的重建與廢爐」，百分之二十五・一的人回答「因為從以前開始就在福島第一工作」。

綜上所述，「在這個以資深熟練工作人員為重心的職場上，有一半是當地人，一半來自別的縣市，而且對於福島重建具有一定程度的認識」。

當然，事實上的確有些在1F工作的人會說：「就算發出徵人公告也找不到年輕人。」以資深員工為重心也代表「年長者必須勉強到現場工作」，而一半的人來自縣外也反映出「在當地找不到足夠人手」，這些都是很嚴峻的現實。雖然不像大眾媒體所渲染的那樣「現在就要立刻停止作業」，但在培養十年後、二十年後的熟練作業員這方面，確實也必須體認到未來狀況依然不明朗的事實。

因此我們必須注意的是「對於工作的不安」。

問卷中有一題是「請問您對於在福島第一核電廠工作會感到不安嗎？」其中回答「不會感到不安」的有百分之五十三・二，回答「會感到不安」的有百分之三十七・三。

而在「會感到不安」的理由當中，「擔心暴露對健康造成影響」最多，占百分之六十三・三，其次是「在現場發生意外或受傷」占百分之三十六，「無法預估未來的工程數量，不曉得可以工作到什麼時候」占百分之三十五・四，「社會對於在福島第一工作的批判」占百分之二十九，「工資太少」則占百分之二十四・五。

全體當中約有兩成左右（在百分之三十七・七「會感到不安」的人當中，有百分之六十三・三「擔心暴露對健康造成影響」）的人對於放射線感到不安，這也是理所當然的事。不過更重要的是，包括在現場發生意外或受傷、對工作未來性的預期、社會對於在1F工作的誤解或毀謗中傷等，各種不安的背後都隱藏著在1F工作所造成的對輻射的不安。

比起實際在那工作的人，這對其家屬所造成的問題更嚴重。

同樣地，對於「請問您家人是否對您在福島第一核電廠工作感到不安？」這個問題，回答「會感到不安」的有百分之四十七・八，多過於回答「不會感到不安」的百分之四十一。

理由分別是「擔心暴露對健康造成影響」占百分之八十五・五，「在現場發

「1 FOR ALL JAPAN——廢爐的今天與明天」（http://1f-all.jp/）網站上有為家屬提供視覺化的資訊，1 個月的點擊率有 9000 次。

生意外或受傷」占百分之五十．九，「社會對於在福島第一工作的批判」占百分之三十三．八。

由此可知，家屬都比工作人員本人更加擔心與心疼。為了改善這樣的狀況，東京電力在二〇一五年十月製作「1 FOR ALL JAPAN——廢爐的今天與明天」（http://1f-all.jp/）的網站，同年十一月出版免費誌《月刊1F》，向工作人員與家屬提供作業狀況、巴士時刻表、供餐項目、輻射資料等圖像化資訊。此外，據說今後也預計出版簡單解說廢爐進度狀況或作業內容的手冊，並會透過承包商發布影片以讓家屬安心。這個效果將會如何顯現出來，且讓我們拭目以待。

## 收入與企業數量、種類與比例、在哪裡做什麼？

接下來也檢視一下收入的部分吧。

坊間有種說法是「在1F工作的報酬很好」，但大眾媒體也不斷地報導著完全相反的說法：「1F的工資很差，所以招不到工作人員，正面臨危機。」關於這個部分，現階段究竟是什麼情況呢？由於具體的收入依作業或所屬企業有所不同，因此無法輕易斷言說：「平均年收入大概是這麼多。」但在某種程度上還是可以評估一下實際感受。

關於前文提到「認為有意義的理由」，其實繼「為了福島的重建與廢爐」之後，第二多的回答是「工資比其他地方好」，有這種意識的人大約占百分之三十五．七。

關於收入方面可以看到的是，東電在意識到社會的批判後，祭出多項改善方案且逐漸奏效。舉例而言，針對「雇用企業方是否針對工資加成或新津貼提出說明？」這個問題，有百分之八十．二的人回答「有」，其中回答「確實有按照加成的時期獲得加成」占百分之八十九．七。這道題目是從前一回的第五次問卷調查（二〇一五年八到九月）才加入的問題，當時前者的數字是百分之五十三．二，後者的數字是百分之五十九．七，而數字分別成長三成左右這一點也很重要。

換句話說，這反映出什麼事實呢？也就是「1F廢爐作業的多層轉包結構不斷延伸，六次轉包、七次轉包的企業從中抽成，榨取勞工利益」的這種看法。雖然六次轉包、七次轉包的確是事實，這不僅是核能產業的問題，也是常見於製造業或土木建築業的情形，因此學者或記者若想在這方面作文章，我認為這有點缺乏一般常識，但問題是這之中是否真的有過度的工資榨取？不能否認的是，過去恐怕確實過度榨取，但對於這個問題，也已透過詢問「是否有針對實際工作人員在危險的地方工作或進行特殊作業等提供加成津貼？如果沒有的話會很困擾，所以我們會去確認工資明細」的方式獲得改善，讓企業支付適當的金額。雖然對於還稱不上是「完全解決問

**Q6** 大約有多少企業參與福島第一核電廠的廢爐作業？

**A6 約1500家**

題」的狀況，我們當然得多加注意，儘管還有少許人不滿現狀，但業者試圖改變且逐漸改變為「收入穩定並且可以考慮長期工作的職場」，應該也是一項值得鼓勵的變化吧。

除此之外，東電為了讓工作人員能夠獲得穩定的收入，也採行了另一項改善方案，也就是採取限制性招標而非競爭性招標。若採取「競爭性招標」，企業會相互競爭，試圖以最便宜的方式進行作業，如此一來就不得不縮減人事費用，進而壓低工資。當然，如果採取競爭性招標的話，能夠得到的好處不僅限於競爭所帶來的成本縮減，但由於「首要之務是要確保人手充足」，因此才選擇以限制性招標的方式，與有具體實績的公司簽約。若採取限制性招標，企業就能夠在預期未來兩、三年依然能夠持續這份工作的動力下，安排作業進度或計算人事費用，並且減少過度的削減成本。

另一點令人在意的部分是「進出1F廠區內部的企業究竟有多少家？」

關於這個部分，日本勞動基準監督署每年會收到四次報告，統計承包企業數量與承包企業所使用的公司數量。若試著檢視每個會計年度的年中數字，也就是每年九月的歷年變化，就會得到以下的結果。

| | 承包企業數 | 總企業數 |
|---|---|---|
| 2011年9月 | 27家 | 約500家 |
| 2012年9月 | 30家 | 約800家 |
| 2013年9月 | 31家 | 約1000家 |
| 2014年9月 | 39家 | 約1600家 |
| 2015年9月 | 40家 | 約1500家 |

有一點必須注意的是，「總企業數」當中有重複計算的部分。例如四次轉包企業中的「開沼工業」主要承包東芝關係企業的工作，但在現場有可能因為接到人手不夠需要支援的要求，而承包日立關係企業的工作。如此一來，東芝和日立遞交的轉包企業名單中都會有「開沼工業」，於是開沼工業在「總企業數」中就會被計算為兩家，因此我們可以預估實際情形應該比統計數字再少一些。

在這樣的前提下，我們可以看出很明

確的變化。最大的變化還是從二〇一三年到二〇一四年的一年間，承包企業增加八家，含轉包在內的總企業數則急遽增加六百家之多。也就是說污水對策或四號機燃料取出等廠房內的工程，是從這個時候正式展開。

不過其中的組成比例又如何呢？應該有很多人覺得「不是只有東電嗎？」或者「聽說也有東芝或日立等承包商」吧。

大致上可區分成以下四種：

①東電與集團公司；

②機械設備製造商；

③建設公司；

④其他。

工作分配大致如下：

①東電與集團公司負責全面性的設計與管理作業的進行，包括監督現場所有作業或意外狀況、管理進度表和預算，以及處理各種相關業務，好讓現場工作進行得更加順利。②機械設備製造商原先就在製造發電廠與周邊各種機件和建築，現在也從事相關的工程，或製造並維護在污水對策中誕生的「新式化學設備」等機器，例如「高性能放射性污水處理系統」主要就是由奇異日立核能公司負責。③建設公司負責清除瓦礫或建設凍土牆、鋪裝、大型休息所等各種與土木、建設相關的工程，例如凍土牆是由鹿島建設所負責。④其他則包括管理出入安全的保全公司、防護裝備等廢棄物處理和維護1F廠區內的汽車等。

這些工作分別都由數家企業共同參與，但具體的比例又如何呢？

這也可以根據前面的問卷進行一定程度的評估。

最近期的結果如下：東京電力集團公司占百分之三十一，機械設備製造商占百分之十二．四，建設公司占百分之二十六．五，上述以外的占百分之二十三．二。

由此可知，建設公司的比例出乎意料地高，主要原因是廠區內部新增很多污水對策相關的土木工程與新行政大樓本館等建設工程。這一點應該與地震前大不相同。以前現場主要以集團公司或機械設備製造商所負責的機械與電力為重心，八成以上都是當地的電力配管工程

1F廠區內部的修車廠。事故當時在廠區內部的車輛，因為受到放射性物質污染，不能開出廠區外，所以必須在此進行維修。目前預約修理或檢查的車輛已經排到很久以後了。

行或建設公司，現在不僅作業內容改變，承包商的比例增加，來自縣外的人數也增加了。

然後比例出乎意料高的還有「上述以外」，也就是「其他」。說到「1F廢爐工作人員」，大部分人印象最深刻的或許是「穿著白衣服進行工程的人」，但實際上還有一大批後勤的人在支援，現場才能夠順利運作。

至於目前在哪些地方有多少人手呢？以下就來看看具體的概數吧。

首先，在目前進出廠區的六、七千人中，一到四號機附近約有兩千至兩千五百人，水槽區域約有兩千人。

此外，為了避免污染從廠區內部被帶出去，「出入管理（防護裝備穿脫、APD借用、污染檢查）」的工作也需要一定的人手。這項作業在事故剛發生時，由於輻射污染度高的緣故，原本都在J-village進行，但自二〇一三年六月起，出入管理大樓設置完畢，便開始在那裡進行檢查，這一區大約有七十人。另外因為出入的車輛也需要檢查，所以負責車輛輻射偵檢業務的大約有兩百人。此外還有大量的保全人員，但這個數字並未對外公開，因為1F是處理核燃料的設施，所以這樣做是為了避免發生恐怖攻擊等事故。事實上，要進入設施內部需要通過金屬探測器，並進行身分驗證，就像在機場實行的安檢制度一樣。

其餘則包括在廠區內部的其他室外業務，或是在防震大樓、新行政大樓、大型休息所等室內執行各自的工作。

## 暴露情況如何？

前文雖已從各種角度檢視1F的工作環境，不過最讓人好奇的還是暴露的情況吧。

實際在1F工作的那些人，目前的暴露劑量大約是多少呢？

答案只要看【圖2】與【圖3】即一目瞭然。在二〇一五年十二月的階段，月平均劑量是〇・四七毫西弗。這個值大概是什麼程度呢？舉例而言，搭乘飛機從東京前往紐約的暴露劑量大約是〇・一毫西弗，所以這個值差不多相當於往返東京與紐約二・五趟的暴露劑量。

不過應該有人會想問：「那只是平均值，就算全體平均如此，當中應該也有

**Q7** 在福島第一核電廠從事廢爐的工作人員，平均1個月的輻射暴露值是多少？

**A7** **0.47mSv**（2015年12月的平均劑量）

相當於搭乘飛機往返紐約與東京2.5趟的暴露劑量

數值特別高的人吧？」針對這個問題，也有各種形式的資料可以予以答覆。

舉例而言，【圖3】是二〇一五年十月到十二月，各月出入者的體外暴露劑量分布。首先，分母大約是一萬左右，核對前文提到的「作業員登記」人數即可知，數字確實是一致的。

從表格中可知其中約有九千人，即百分之九十左右的人在一毫西弗以下，與平均值〇．五八毫西弗也具有一致性；其餘則超過一毫西弗，但仍然集中在五毫西弗以下；超過五毫西弗的人僅占全體的百分之一左右，尤其超過十毫西弗者更是只有個位數，亦即全體的百分之〇．一左右；同時，沒有任何人超過二十毫西弗。

二十毫西弗這個數字是很重要的指標。目前在1F工作的人都必須遵守一項標準，即五年累積超過一百毫西弗就不能繼續工作。簡單來說，只要一年累積不超過二十毫西弗的暴露量，就能夠持續在1F工作。

然後這份資料所顯示的是，目前沒有任何人一個月超過二十毫西弗。假如有人某個月在高輻射劑量率的地方工作，且單月累積十幾毫西弗的暴露劑量，那麼剩餘月分只要到暴露量少的地方作業，還是可以繼續工作。假如從前文提到的「月平均值〇．四七毫西弗」暴露劑量來推算，即使剩餘的十一個月都繼續工作，也只會累積五．六毫西弗。換句話

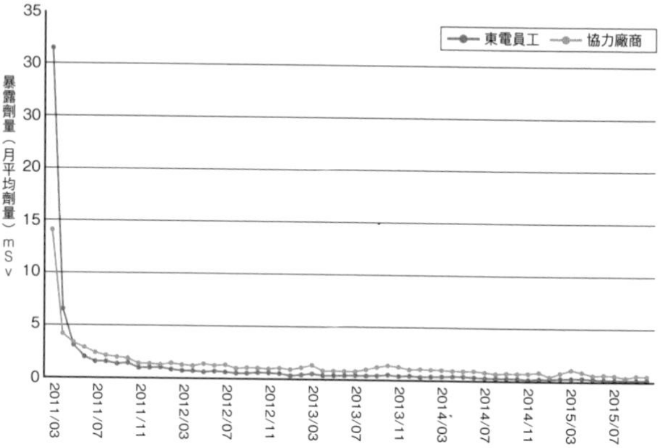


【圖2】工作人員各月分個人暴露劑量的變動（月平均輻射劑量）

出處：廢爐與污水對策團隊會議／事務局會議資料「廢爐與污水對策的概要」

| 劑量（mSv） | 2015.10月 | | | 2015.11月 | | | 2015.12月 | | |
|---|---|---|---|---|---|---|---|---|---|
| | 東電員工 | 協力廠商 | 總計 | 東電員工 | 協力廠商 | 總計 | 東電員工 | 協力廠商 | 總計 |
| 100以上 | 0 | 0 | 0 | 0 | 0 | 0 | 0 | 0 | 0 |
| 75以上～100以下 | 0 | 0 | 0 | 0 | 0 | 0 | 0 | 0 | 0 |
| 50以上～75以下 | 0 | 0 | 0 | 0 | 0 | 0 | 0 | 0 | 0 |
| 20以上～50以下 | 0 | 0 | 0 | 0 | 0 | 0 | 0 | 0 | 0 |
| 10以上～20以下 | 0 | 9 | 9 | 0 | 7 | 7 | 0 | 4 | 4 |
| 5以上～10以下 | 0 | 145 | 145 | 0 | 110 | 110 | 0 | 66 | 66 |
| 1以上～5以下 | 52 | 1699 | 1751 | 48 | 1447 | 1495 | 43 | 1256 | 1299 |
| 1以下 | 1130 | 7864 | 8994 | 1119 | 7924 | 9043 | 1014 | 7989 | 9003 |
| 總計 | 1182 | 9717 | 10899 | 1167 | 9488 | 10655 | 1057 | 9315 | 10372 |
| 最大（mSv） | 3.20 | 14.42 | 14.42 | 4.96 | 13.88 | 13.88 | 2.59 | 13.27 | 13.27 |
| 平均（mSv） | 0.22 | 0.70 | 0.64 | 0.22 | 0.57 | 0.57 | 0.18 | 0.51 | 0.47 |

【圖3】體外暴露所造成的有效劑量

出處：http://www.tepco.co.jp/press/release/2016/pdf/160129j0501.pdf

說，就是可以控制在二十毫西弗以內的意思。

此外，應該也有人想知道關於體內暴露的部分，懷疑「前面提到的是不是都沒有考慮到體內暴露？」

然而從現狀來看，要檢測出體內暴露本身就是一件不太可能的事。這個部分從二〇一二年六月開始就一直沒有被檢測出來，理由是因為在採取各種措施以後，就愈來愈少輻射塵逸散、呼吸時不小心吸進體內或從嘴巴吞進去等狀況【1】。

當然，當初曾經有人受到大量的輻射暴露也是不能否認的事實。二〇一一年三月的最大劑量是六七〇・三六毫西弗，不過在經過一年的時間以後，最大劑量已經大幅下降，事實上自二〇一二年五月以來，超過二十毫西弗的人只有三人，分別是二十・五毫西弗、二十・五八毫西弗與二十・七毫西弗，都是剛好超出標準一點點的程度而已【2】。

順帶一提，應該有人覺得二十毫西弗聽起來是「非常嚴重的暴露」吧？的確，這個數字並不是一般生活形態下會出現的暴露劑量。

不過即使在核電廠以外的地方，還是有人會達到這樣的暴露劑量，例如做一次電腦斷層掃描是十毫西弗，太空人一天的暴露劑量則是一毫西弗，而在太空中停留數個月以上也不是什麼稀奇的事。

當然，適當的控管雖然是必要的，但我們也必須知道，其實只要做好適當的控管，這並不會造成什麼嚴重的問題。

## Q8 福島第一核電廠廠區內部1天之中的哪個時段最多人？

## A8 上午9～10點

### 工作時段如何安排？

接下來也稍微介紹一下工作的時段。

在福島第一核電廠廠區內部工作的人，通常是在什麼時段工作？各時段又分別投入多少人力呢？

舉例而言，請看【圖4】的二〇一五年十一月十七日APD借出情形一日折線圖。

早上五點到六點開始向上攀升，尖峰時段的九點到十點大約是五千人，接著開始減少，並在下午五點到六點趨於平緩。

簡而言之，這是一個早上很早開工的職場，大概從清晨東方天空露出魚肚白開始，就陸續有人進入現場，並且在一般大眾的上班時間九點多左右，現場人數達到高峰，接下來雖然還有人來上班，但下班的人數反而更多，到中午左右只剩下尖峰時段的一半人數，而且過了下午兩點以後更湧現回家的人潮，許多人開始往 J-village 移動。

此外據說夏季期間還會往左移動一小時，也就是四點左右就開始上班，因為夏天中暑機率較高，所以會限制正中午時段的室外作業。

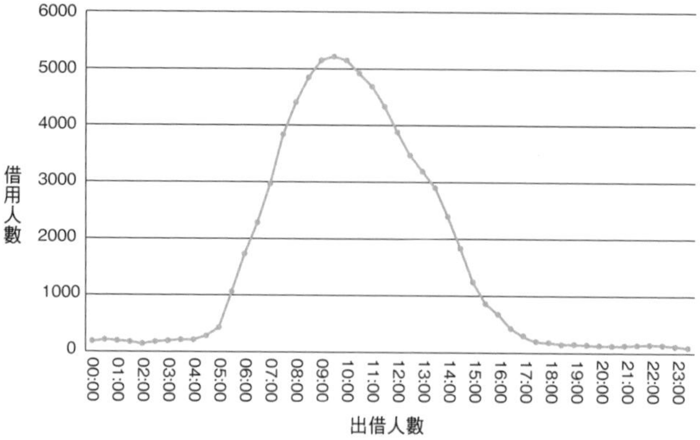


【圖 4】APD 借出情形（2015 年 11 月 17 日）
出處：東電負責單位

| | 死亡 | 受傷（休息 4 天以上） |
|---|---|---|
| 2011（3/14 為止） | 2※ | 2 |
| 2011（3/15 以後） | 1 | 8 |
| 2012 | 0 | 7 |
| 2013 | 0 | 4 |
| 2014 | 1 | 7 |
| 2015 | 2 | 4 |

出處：東電福島第一核電廠廢爐作業中的安全衛生管理對策實施狀況 2016 年 1 月 22 日 厚生勞動省勞動基準局安全衛生部（http://www.mhlw.go.jp/file/05-Shingikai-12602000-Seisakutoukatsukan-Sanjikanshitsu_Roudouseisakutantou/4.pdf）與福島第一核能發電廠作業災害發生狀況（H25 實績、H26 活動計畫 http://www.meti.go.jp/earthquake/nuclear/pdf/140424/140424_01_029.pdf）

【圖 5】從 311 到 2015 年底為止 1F 廠區內的死傷人數
※ 這 2 位是在渦輪機廠房地下室巡邏時死於海嘯中的東電員工

由於晚上也會進行反應爐等狀態確認或輸送大型機件等不適合在白天進行的作業，因此廠區內部會維持有數百人在工作的狀態【3】。跨年期間也有約六百到八百人在工作。

## 安全對策的規畫？

由於提到中暑的話題，接下來就來確認一下大致的安全對策吧。

令人意外的是，一般人對於重大事故的了解反而不多。若在網路上搜尋「福島第一核電廠死傷人數」，會看到「四千三百人」、「一萬人」、「一千萬人」等數字。詳細情形留待「驗證廢爐謠言」的章節深入探討，不過應該有很多人知道這個數字只是謠言，同時也有很多人不清楚具體的死傷人數究竟有多少吧？

在1F廢爐現場作業中發生的死傷人數，截至二〇一五年十二月底為止，共有六人死亡，三十二人重傷（休息四天以上）【圖5】。

詳細的情形是什麼呢？以下來看看二〇一五年整年度發生的事故內容吧。

一月七日　踩空鋼筋，扭傷膝蓋。

一月十三日　升降台車的機械操作失誤，頭部遭到台車一角強烈撞擊。

一月十四日　從廠區內的巡迴巴士上下車時，腳底踩空，摔傷肩膀。

一月十九日　從水槽上的孔蓋墜落（死亡）。

六月十六日　兩人共同搬運重物下樓梯時，一人因為倒退前進，沒注意到地上的管線，被絆倒在地。

八月八日　在關閉清理砂石的水肥車槽罐後艙門時，意外被槽罐的門夾到頭（死亡）。

在訓練設施內進行危險體感教育，同時也在模擬現場的地方確認危險的場所。

從這些資料中可以觀察出特定的共通點，就是「不小心」恐怕是造成意外的原因，此外大部分意外都集中在一月分，之後一整年總共只發生兩起事故。

每當有死亡事故發生後，大部分工作就會暫停一段時間，這種做法可說是發揮了一定的效果【4】。在一月分的連續事故之後，大部分工作也因此暫停了兩週。廢爐推進公司負責人增田尚宏在二〇一五年六月的記者會上表示，（造成事故的）原因之一是「講求效率」，往後將會採取以安全為優先的方針【5】。

背後原因還有一點，就是此處未顯示出來的輕症增加趨勢。

若包含休息三天以內或沒有休息的輕症在內，二〇一三年度的死傷人數是三十二人，但二〇一四年度卻倍增至六十四人，尤其檢視二〇一四年度的死傷情形會發現，其中有四十七人，也就是全體的七成以上都是「作業經驗未滿一年」的人【6】。

避免安排太過緊湊的作業程序，尤其對於缺乏經驗的人不應該疏忽安全對策，都是能夠預防「不小心發生意外」的方法。

所謂的安全對策，具體來說就是制定並實施「1F作業安全統一規定」等方針，或實行KYT（危險告知訓練的簡稱）訓練等等【7】，其中更從二〇一五年開始加強包括KYT在內的「危險體感教育」研習，這種研習是利用訓練設施，體驗繫著安全帶向下垂

根據我們得到的消息指出，下星期會有電力公司的人前來視察朝會的情況。
喔——
怎麼又來了？
似乎是來確認TBMKY是否確實，以及在各部門間的傳遞。
原來如此…

擷自漫畫《福島核電》第 2 卷 © 竜田一人／講談社（台灣由尖端出版）

吊，或是綁著繩索在橫梁上行走等等，二〇一五年度預計將有七千人接受這樣的教育訓練。此外，漫畫《福島核電》中也有詳細介紹到，現場鼓勵採行「TBMKY（工具箱會議危險告知的簡稱）」，也就是為了預知危險活動，將作業前確認程序的時間有效活用於安全確認上，此外東電也制定「1F鼓勵採行的KY法」，並製作「模範KY實施方法影片」分送給承包商等對象。

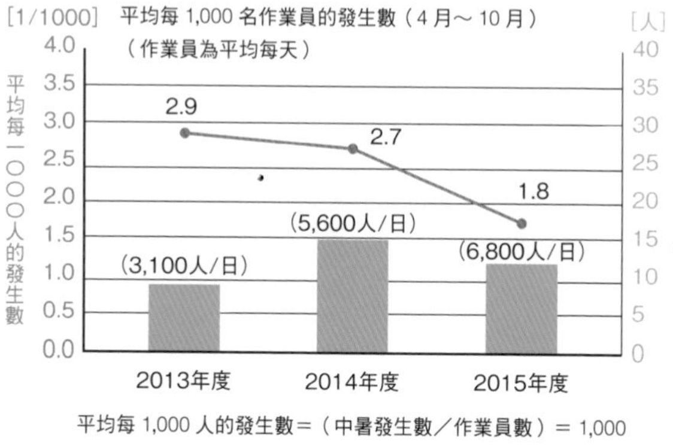
[1/1000] 平均每 1,000 名作業員的發生數（4 月～ 10 月）
（作業員為平均每天）
[人]
平均每一〇〇〇人的發生數
中暑發生數
4.0
3.5
3.0
2.5
2.0
1.5
1.0
0.5
0.0
40
35
30
25
20
15
10
5
0
2.9
2.7
1.8
(3,100人/日)
(5,600人/日)
(6,800人/日)
2013年度
2014年度
2015年度
平均每 1,000 人的發生數＝（中暑發生數／作業員數）＝ 1,000

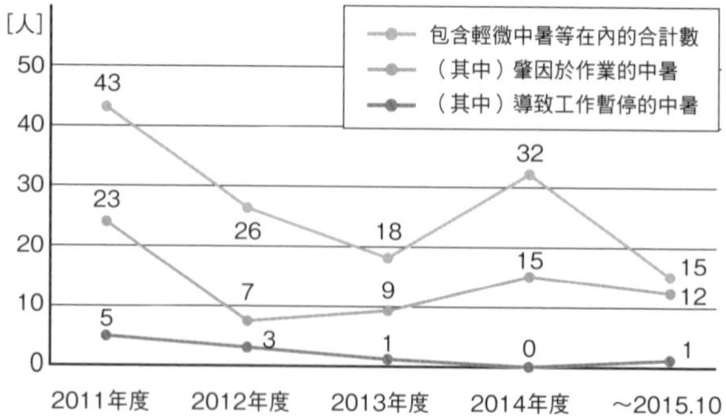
[人]
包含輕微中暑等在內的合計數
（其中）肇因於作業的中暑
（其中）導致工作暫停的中暑
50
40
30
20
10
0
43
26
18
32
15
23
7
9
15
12
5
3
1
0
1
2011年度
2012年度
2013年度
2014年度
～2015.10

【圖 6】福島第一中暑發生數（2011 年度以後）

出處：廢爐與污水對策團隊會議／事務局會議資料「廢爐與污水對策的概要」（2015 年 12 月 24 日）

還有一種狀況，雖然不至於演變成重症事故，卻在輕症中占據相當大的比例，那就是中暑的發生數。由【圖6】可知，雖然從大方向上看來，數字有明顯減少的趨勢，但今後當然也需要一套安全對策。

針對這個部分，東電也在制定並實施「中暑預防統一規定」方針的同時，讓作業員在防護衣底下穿著「涼感背心」，也就是裡面裝有冰塊的背心、安排五輛「移動式給水所」，也就是載著水的小型巴士在廠區內部巡迴、隨時讓廣播車載著公布欄或音響前往現場，告知以氣溫和濕度等計算出來的「WBGT（綜合溫度熱指數）」數值，提醒工作人員在中暑機率高的情況下應多加留意，並且在工作前進行體溫、血壓、酒精偵測等等。

不過就算使用再多的冰塊或水加以冷卻，或提醒大家多留意，燥熱的天氣還是一樣燥熱，因此有時候也會視情況停止作業，例如禁止在下午兩點到五點的艷陽天下作業，或是根據WBGT值限制作業時間等等。

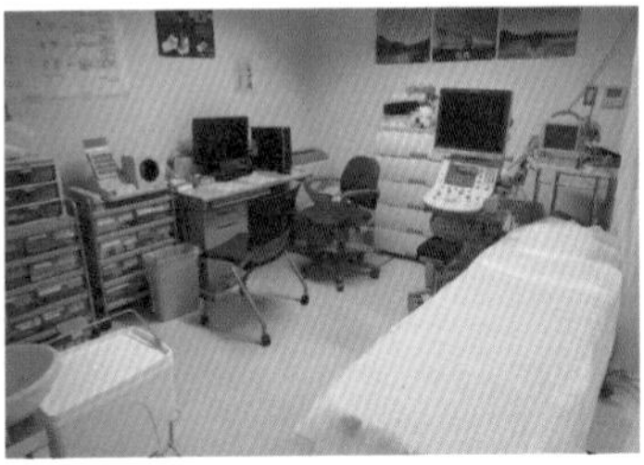

出入管理大樓內新增設的ER。健康管理對於穩定的廢爐作業來說也很重要，因此現場費盡心思安排各種措施，例如在1F工作的人可以免費接種流行性感冒疫苗（在2F工作的人須負擔正常價格），也可以做健康檢查，這些全都在2F進行。

即使採取這麼多項對策，還是可能有人會受傷或身體不適，因此現場也設置有ER（急救醫療室）。最初設置的地點是「五、六號服務中心」的一樓，稱作「五六ER」，現在則重新增設於出入管理大樓內，裡面有醫師、緊急醫療技術員和護理師二十四小時待命，也有診療室和X光機，萬一身體遭到污染也有「除污室」可以處理，有人被抬進來時就進行處置，必要時則會送往大型醫療機構。

・醫療人員是日本政府在事故後下達指令，由厚生勞動省等單位負責向產業醫科大學、勞災醫院等要求派遣醫師等人員前往現場，中間改由廣島大學成為事務局，建立由醫師等成員所組成的「東電福島第一核電廠急救醫療體制網」，目前依然持續在東電福島第一核電廠的醫療人員派遣等方面提供支援。

## 工作人員很「可憐」嗎？

以往關於1F廢爐工作環境的實際情況，時常在相當嚴重的偏見下遭到扭曲或誤解。

之所以會這樣認為，是因為我在和各界人士交談的過程中發現，很多人都會對「可憐的工作人員」表達偏離事實的擔心或提出有關實際情況的問題。

舉例而言，我曾經多次接受文科研究生或年輕新聞記者的訪談，他們希望「針對核電廠的工作環境進行調查」，而大部分的模式都是一樣的。

「聽說目前面臨招不到工作人員的困境？」、「東電強行從宿民街上帶了多少人來這裡呢？」、「我想知道底層勞工在高輻射劑量率下長時間勞動的實際情形。」【8】、「聽說內部隱瞞了受傷、生病和死亡人數，我想知道真相。」

首先，我想回應的是：「請問您已經盡可能調查過公開資訊了嗎？」

過去確實有一段時期，週刊雜誌、網路和部分報紙上都流傳著這樣的消息。此外，自從一九七九年堀江邦夫的《核電廠吉普賽（暫譯）》（現代書館）問世以來，那些發表於一九八〇年代，刻意強調那種印象的報導、電影或小說，即使在三十年後的今日依然具有影響力，只是那些印象究竟有多少是出於事實呢？各位又是否有想過，那有沒有可能是有人誇大現實，或將原本不存在的東西造謠成好像真的存在一樣呢？

雖然現實中確實難以看見1F廢爐現場工作人員的模樣，也難以聽見那些人的聲音，但如果要將那解釋為「有人在控制言論」等等，未免也太過輕率了。無論是哪一種工作，能夠將自己透過業務得知的內容告知第三者，這種情況才是少數吧？這不僅不能說是「被隱瞞」或「有人下緘口令」，甚至只要稍微調查一下就知道，早就有許多資訊公諸於世，不能因為自己沒有徹底調查，就任意搬出「隱瞞」或「緘口令」等陰謀論來推翻這一切。

當然，我說這番話的對象是研究人員或新聞記者等「以調查為工作」，且其調查結果受到社會一定程度信賴的人，一般民眾應該很難進行專業級的調查，不過在此想請各位理解的是，其實現在已經有許多資料公諸於世，而且只要稍微分析一下就能多少了解實際情況。

## 工作人員的「不足、特殊性與社群網路」

以往在描寫1F的工作環境時都有特定模式。

舉例而言，大眾媒體大肆報導「工作人員不足」的新聞，在「過度暴露」與「勞工薪資不足」之中，不斷強調「工作人員不足！這樣下去廢爐作業遲早會停止！」等訊息（具體來說，NHK的廢爐相關報導或富士電視台的紀錄片《1F工作人員～福島第一核電廠九百天追蹤～》等就是典型的例子），媒體再三重複「工作人員不足」的這個分析架構。實際上，現場熟悉放射線作業的工作人員數量，感覺似乎比事故前減少了，但正如前文所述，工作人員的人數相當充足，沒有必要危言聳聽地強調「工作人員不足」。

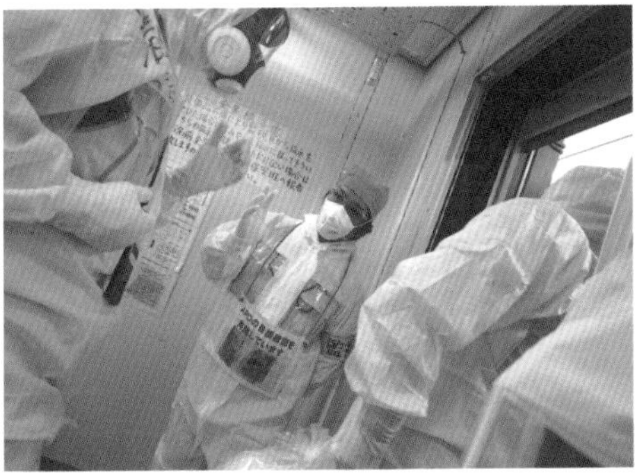

從室內出去外面之前，先確認胸口是否有配戴 APD。由於有人會忘記配戴或故意不戴 APD，因此有特別安排專門檢查 APD 的人員。

此外，雜誌、海外媒體或網路上的報導比這個更加聳動，例如「工作人員滿身刺青，個個都是從貧民街上帶來的」或「工作人員被迫接受過度的輻射暴露，完全不為外界所知」等等。當然，作業員當中確實有刺青或講關西腔的人，實際上也有新聞報導揭露有人用鉛板遮住APD以混淆輻射劑量讀值的情況，正因為有這些事實存在，才會讓人覺得這樣的報導方式有一定的可靠性，得以持續煽風點火。

同時，也有實際在1F工作的人透過社群網路傳達狀況，甚至有其中一部分登上NHK的新聞節目或出版成冊（例如Happy的《福島第一核電廠善後作業日記》〔暫譯〕）等等。

只是這些由作業員「不足、特殊性與社群網路」所構成的「廢爐工作環境真相」的概要性報導，大多集中於二〇一三年度以前，二〇一四年度以後，就愈來愈少看到這樣的報導。

背後的原因大概是民眾逐漸失去興趣和工作環境變化所致。

當初事故剛發生時，曾經有一段時間都是由在1F工作的少數特定人士，負責在大眾媒體前發言，其中也包括利用社群網路發布訊息的人。這些聲音雖然很重要，但畢竟每個人的作業都只占一小部分，因此當然也有純屬個人意見的部分，把從部分作業所得到的見解說得像是對全體的見解一樣，一開始社會基於內容的新奇性而接受，但隨著時間經過，那些內容也逐漸失去滲透力，這樣的發言隨著民眾逐漸失去興趣，也就愈來愈少登上大眾媒體。換句話說，也就是在民眾逐漸失去興趣的過程中被消耗掉了。

不過，為什麼「工作人員的不足、特殊性與社群網路」會構成這樣的報導呢？明確說來，應該是因為在二〇一三年度以前，政府和東電的應對不力理當遭到批判，而且資訊揭露也不夠充分。至今恐怕依然有不少人深信雜誌等媒體誇大渲染出來的「1F作業員＝每個人都有刺青，每個人都來自宿民街」等偏見，但正如前文所述，實際情況並非如此。另一方面，就像大眾媒體所描述的，確實有人因為暴露劑量達到事先規定的標準值而無法工作，也有人因為工資太少而辭職，而污水問題讓社會動盪不安也是二〇一三年七月的事。

但在這些狀況與批判之下，輻射劑量或工資的問題也確實在逐步改善。如前所述，目前的暴露劑量得以維持在低水準，累積劑量大幅增加的人數也沒有大量增加的狀況。

最初政府和東電的應對總是慢半拍，

目前在廠區內已經有將近 90%的區域可以穿著一般工作服移動。

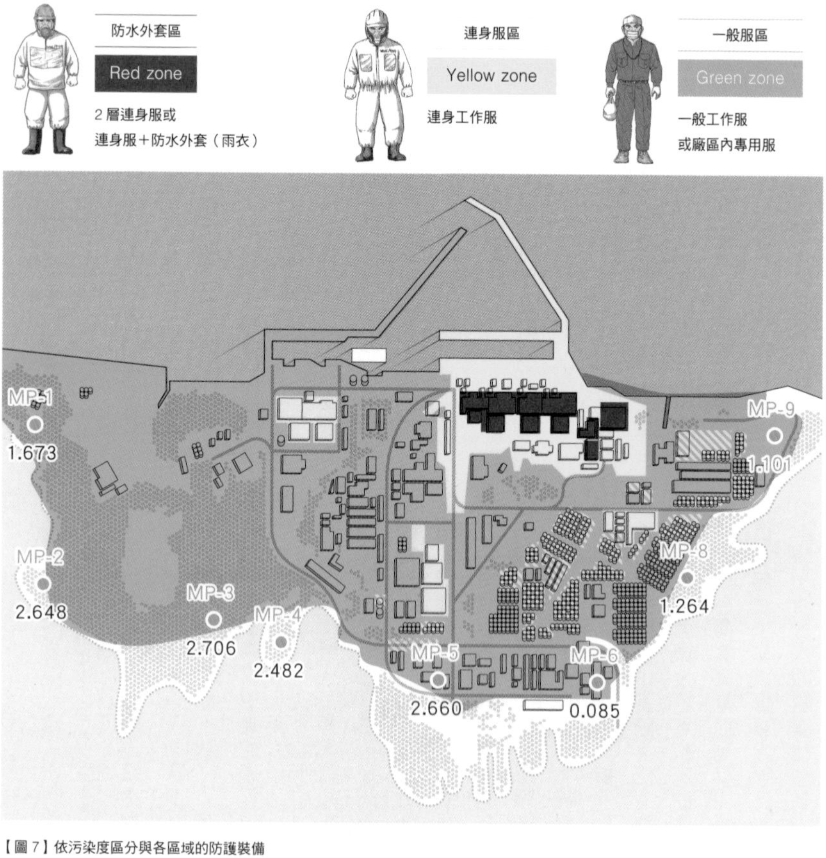
防水外套區
Red zone
2 層連身服或
連身服＋防水外套（雨衣）
連身服區
Yellow zone
連身工作服
一般服區
Green zone
一般工作服
或廠區內專用服
MP-1
1.673
MP-2
2.648
MP-3
2.706
MP-4
2.482
MP-5
2.660
MP-6
0.085
MP-8
1.264
MP-9
1.101
【圖 7】依污染度區分與各區域的防護裝備

出處：根據東京電力資料「管理對象區域的區域區分與放射線防護裝備適當化的運用」（2016 年 2 月 25 日）繪製而成。

※ 監測點（MP1 ～ 8）的數值為 2016 年 3 月 31 日上午 9 點的測定值，單位為 μSv/h

由此而生的猜疑心才會更加強化「政府與東電試圖隱瞞真相」的印象，其後的資訊揭露不足或揭露的資訊太難懂，也確實是造成目前偏見的罪魁禍首之一。

現在在1F基地內，不僅廠區內的除污或監測點的設置都已進行到一定程度，能夠即時確認劑量測定值的系統也正在運作當中，因此從二〇一六年三月開始，廠區內不需要全罩式面具的區域大幅增加，而且大部分的地方都可以穿著一般工作服進行作業【圖7】。

日後1F的工作環境應該還是會持續改變吧，重要的是持續掌握最新的變化，如果一直戴著有色眼鏡，憑著過去的印象加以檢視，到最後也只會無法看清楚當下的問題而已。

「作業延遲」或「一直發生問題，遲遲沒有進度」等報導，在我們心中留下強烈的印象。雖然作業速度確實是愈快愈好，但太過急躁有可能會導致意外發生或提高暴露劑量，一旦有人因此無法長期工作，作業就有可能無法繼續進行。

漫畫《福島核電》裡面介紹到，在1F基地內打招呼的時候，都說：「一路安全！」保障安全是一切廢爐作業的基礎，對於廢爐作業是在速度與安全性的絕佳平衡中進行一事，我們應該有更深入的理解才是。

【1】
http://www.tepco.co.jp/cc/press/betu16_j/images1/160129j0506.pdf

【2】
http://www.tepco.co.jp/cc/press/betu16_j/images1/160129j0503.pdf

【3】
五、六號機與一到四號機分別都有運轉操作員不分日夜常駐在中央控制室與防震大樓。由於目前宣布進入「緊急事態」，因此連操作員以外的員工也會在此過夜。

【4】
不僅限於死亡事故，只要發生任何勞災事故，在正式採取對策前，類似的作業都會暫停。在死亡災害的情況下，全體作業都會受到影響，所有廢爐作業一律暫停。唯一的例外是與冷卻有關的作業。

【5】
http://www.mhlw.go.jp/file/05-Shingikai-12602000-Seisakutoukatsukan-Sanjikanshitsu_Roudouseisakutantou/4.pdf
http://www.meti.go.jp/earthquake/nuclear/pdf/140424/140424_01_029.pdf

【6】
http://www9.nhk.or.jp/kabun-blog/200/215875.html

【7】
「1F作業安全統一規定」是地震後追加的規定。原本的安全對策詳細條列在「標準施工要領書」，也就是所謂的作業程序手冊內，是絕對必須遵守的規定。雖然分量相當多，但各承包企業的安全管理者會負責公告周知。此外，東京電力員工在著手進行工程前會召開事前檢討會，敦促所有工作人員參加並告知規定。產業界也理當鼓勵實行KYT。這是擔心現場安全水準降低而再次開始的訓練。

此外，安全對策中也包含放射線防護。這次的工程預計會有多少輻射劑量的暴露，因此需採取什麼樣的防護對策，作業時間是幾小時，有時甚至是幾十分鐘，這些都會由放射線管理者公告周知。這些內容都會列在事為每一次工程製作的「追加施工要領書」中。

「標準施工要領書」的正本由承包企業與東京電力分別保管，並適用於類似的作業，若內容稍有不同時，則會製作「追加施工要領書」做為程序手冊。

【8】
APD以一分鐘為單位計算工作時間，基本上可以連續工作十一個小時，但十個小時又三十分鐘的時候，鬧鈴就會提早響起。此外，時數是每天重新累積計算，過了一天就會歸零。實際上若以一天的行程來計算，在管理區域內的作業時間大概都是五小時左右。

# 工作人員圖鑑

在 1F 廠區內工作的人們

1F 廠區內也愈來愈
多女性的身影。

行政職員

為管理廢爐的員工提供行政或宣傳等後勤支援。

技術類員工

與廢爐作業直接相關的工作。負責製作與核能安全或廢爐相關的工程設計與監管必要文件、製作政府機構檢查文件、檢查對應等。需要陪同檢查或確認工程時，也會前往作業現場。

## 東京電力

在防震大樓內透過
集中監控系統監控
資訊的操作員

運轉操作員

操控核電廠反應爐設備的工作。由於目前反應爐處於停機狀態，因此主要業務為監控反應爐的狀態巡視現場，和廢爐作業所需的檢查或修理工作而進行相關設備的停機或修復工作。365 天全年無休，一天 24 小時 3 班制輪替。

## 協力廠商

負責檢查工人身體
是否遭到輻射污染
的專門人員。

調查員

電池式吸塵器（某
工具製造商製）發
揮極大功勞。

清掃員

### 現場的後勤支援

支援直接進入現場工作者的人們。

- 清潔公司
- 機器配送製造商、代理
- 技術圖書管理公司
- 中央廚房員工等

大型休息所等地方的餐廳員工

## 檢查與修理類

東電的技術類員工主要工作是辦公事務，但也會去現場進行檢查或確認進度狀況（通稱陪同）。
東京電力

儀表設備

主要負責檢查或修理設備控制機器與測量儀器。

機械設備

主要負責檢查或修理水相關的設備、閥門、幫浦、管線等等。

## 建設類

負責土木工程（清除瓦礫、水槽設置基礎工程等）或建築物建設工程，又稱承包類。

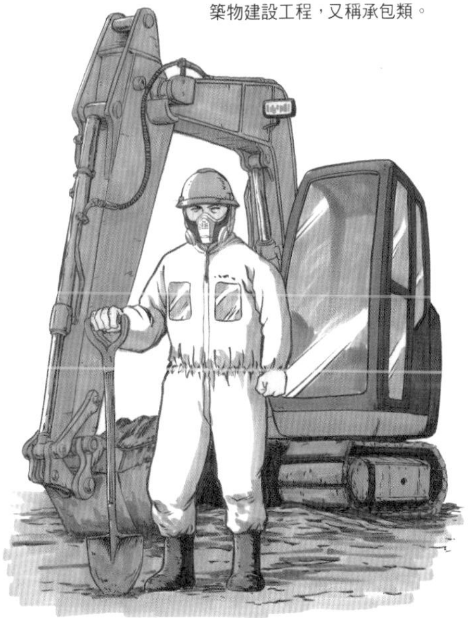

電力設備

主要負責檢查或修理馬達與電源設備。

# 某工作人員的一天

東京電力員工 D 氏每天從磐城市通勤，負責 2 班制的設備操作工作。

**5:30** 起床

**6:00** 出門

常磐道是單線道路，廣野交流道又常塞車，感覺很容易遲到，動作必須快點才行！

**7:00** 到達 J-village，搭上前往 1F 的巴士

快快快，操作員嚴禁遲到！

**7:30** J-village ～ 1F

疏散區域的城鎮也變得跟以前不一樣了。

**8:00** 到達 1F 防震大樓

事故前的作業空間在中央控制室，現在則移到防震大樓內的遠端監控系統室。

**8:30** 交接業務

9:00 交接過程中必須記錄參數。每小時 1 次的參數在記錄上很辛苦。

**9:30** 儀器試運轉相關作業、為了進行相關作業而停機、巡邏、記錄儀器參數

10:00 今天起有哪些作業開工，要先停止其他設備才行。

11:00 事故後製造的設備要進行試運轉，那今天預定要測試的儀器是什麼？

**12:00** 休息

如果防震大樓內也有餐廳就好了，好想吃熱騰騰的飯。

13:00 哎呀，別忘了記錄參數。

**13:30** 儀器試運轉相關作業、為了進行相關作業而停機、巡邏、每小時記錄 1 次儀器參數

14:00 必須去巡邏了。現在也滿習慣穿全罩式面具和防護衣了。

14:30 也別忘了每小時記錄 1 次儀器參數！

17:00 進行儀器試運轉作業，確保儀器在緊急時刻也能運轉。

**20:30** 交接、結束後從 1F 前往 J-village

21:00 交接時必須清楚告知巡邏中發現的情形和停機後的狀態！

**21:30** 在 J-village 換乘自用車回家

操作員的一天真漫長。

**22:30** 到家

趕緊吃完飯，早早就寢吧。

**23:30** 就寢

真想好好睡一覺，但明天又要早起了。

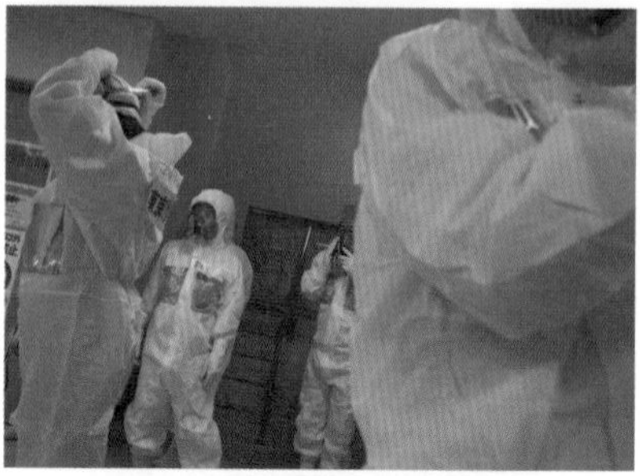

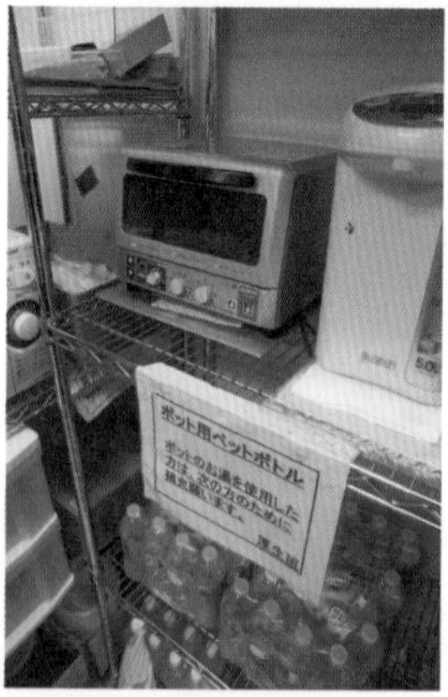

從核電廠事故發生前就在當地企業工作的 A 氏，為了和家人一起生活，每天從磐城市通勤。

**4:00 起床**

雖然天色還一片黑暗，但必須起床才行。

**4:30 吃早餐並準備出門**

**5:00 出門**

這個時間出門還是有可能被堵在車陣中，動作快！

**6:00 到達 J-village**

從常磐道前往 J-village。廣野交流道出口每天都塞車。到了 J-village 以後先歇一會兒吧。

**6:30 搭乘前往 1F 的巴士**

雖然進度緩慢，但一切都在重建當中。

**7:00 到達 1F**

**7:30 朝會**

為了避免受傷，今天也請一路安全！

**8:00 到達作業地點，進行 TBMKY 後展開作業**

換穿防護衣前往現場，抵達現場後和組員們確認作業過程的危險之處。

**8:30 作業**

可使用半罩式面具的區域增加，感覺輕鬆多了。使用全罩式面具真的很痛苦！

9:00 如果可以解決太熱或太冷的問題就好了。

11:00 早點前往餐廳吧，免得晚一點太多人。

**11:30 休息**

用餐後在休息室放鬆一下。

12:00 稍微睡個午覺吧。

**13:00 作業**

**16:00 結束現場作業**

離開前也要好好收拾一番。

**16:30 1F ～ J-village**

進行除污作業的人也很努力呢。

**17:00 到達 J-village**

換乘自用車。6 號線車多，走高速公路回去吧。

**18:30 到家**

**23:00 就寢**

雖然想要晚睡，但明天也要早起，還是早點睡吧。

# 食物的變遷

吉川彰浩

事故發生前，東京電力員工所使用的行政大樓與協力廠商所使用的企業大樓，各自有各自的餐廳與商店，餐廳提供麵食（烏龍麵、拉麵、蕎麥麵）與定食兩種類型，可依個人喜好自由選擇，在鰻魚節等特別的日子裡會準備鰻魚丼，夏天則會準備中華涼麵，只要一枚銅板（日幣五百圓，相當於台幣一三八元）有找的價格就能飽餐一頓，既經濟又實惠。便當業者也經常進出，也有人會吃他們提供的便當。商店裡的商品琳琅滿目，完全可以與便利商店相匹敵，因此夏天天氣熱時可以吃冰，空檔休息時也可以吃點零食，而且很多人都不知道發電廠內也曾經有過咖啡店。事故發生前，這裡的飲食環境可說是相當優良，工作起來非常方便。

飲食環境在核電廠事故的影響下大幅改變，餐廳和商店紛紛關門，福島第二核電廠成為辦公和生活的據點。事故發生後一、兩個月，每天都只有緊急糧食可以吃，說起當時的情況，每當休假組的人回來時，都會順道帶回在超市購買的食物，大家還一起買冰箱，買了好幾台冰箱塞滿辦公室。

## 令人無法忘懷的飯糰便當

二〇一一年五月，某家貼心的磐城市便當業者送來飯糰便當，當時的感動令所有工作人員都無法忘懷。在全日本不斷傳來的批評聲浪之中，每一個便當上都附著一張小字條寫著「加油！」

大約從二〇一二年開始，陸續有便當業者進駐廢爐據點所在的福島第二核電廠，在福島第一工作的人只要返回第二核電廠就能夠吃到便當，第一核電廠的防震大樓則持續處於發送夾心吐司或飯糰便當的狀況。

疏散區域內的便利商店開張後，工作人員主要的午餐便改變為便利商店的便當。到了二〇一二年六月，福島第二核電廠的餐廳重新開幕，目前連在第一核電廠工作的人也能夠前往用餐了。

## 菜色豐富的新餐廳

二〇一五年九月，福島第一核電廠大型休息所內的餐廳開幕，餐點都是從設於大熊町的中央廚房製作好送過來的，甚至有人說餐廳的菜色比地震前更豐富。至此，長久以來依賴便利商店便當的生活終於結束，回到可以悠閒享用熱食的環境了。

二〇一六年三月，LAWSON便利商店在大型休息設施內設

大型休息所內的 LAWSON 以零食或甜食最受歡迎！這裡是福島縣內 LAWSON 中泡芙賣得最好的店面。此外，泡麵種類也應有盡有，占據好大一塊區域。

現在的便當。初期的便當只有兩、三個飯糰加一些小菜，當時有緊急糧食以外的食物就很感動了，如今已逐漸改善為一般的便當菜色。

這是自掏腰包蒐集食物的證據，光靠緊急糧食無法保持活力，現在則用來存放飲料。

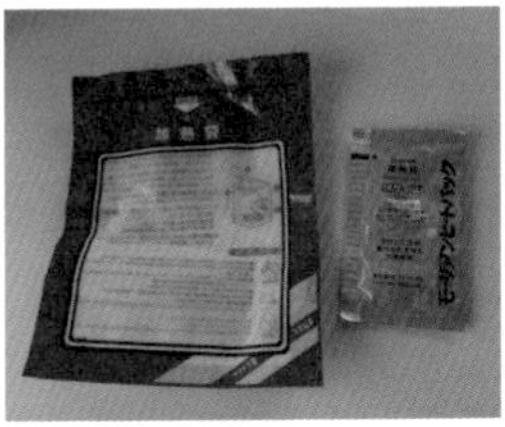

事故剛發生時，只能夠共享有限的乾糧和飲水。有一段時期，即食沖泡飯、罐頭、加熱食用的緊急糧食等堪稱是「人間美味」。食物的狀態是長久以來的問題。

麵食、定食、單點菜單等，每天的菜色都會盡量避免重複，價格為日幣 380 圓（相當於新台幣 105 圓），用專用的卡片支付。即使點分量最大的，餐廳員工還是會以充滿魅力的笑容回應。

點，而設置便利商店而非一般商店是有原因的，因為便利商店能夠提供許多機能。發電廠外至今依然是疏散區域，而工作人員也有付帳單或使用ATM的需求，所以才會設置便利商店，以盡量減少工作人員的不便。然而，社會大眾對於1F的印象應該還停留在「非常恐怖、危險的地方」吧？雖然已經能夠購買到御飯糰或泡麵了，但因為垃圾回收的問題，目前還不能販賣罐頭或便當等商品，ATM的設置也是之後才要進行。

若能正確地傳達給社會大眾知道1F廠區內的環境改善，那麼工作人員的境遇也會大幅改變。食物的變遷正是環境改善與社會理解共同進行下的結果。

## 報告 福島復興中央廚房

### 「中央廚房」設於一到四號機所在的大熊町

「在衛生的考量下，我們希望能盡量將烹調完畢到用餐之間的時間縮短至兩小時以內，因此一天分成四趟運送。午餐大約是一千八百份，晚餐大約是兩百份，一天下來差不多是兩千份。由於我們的能力最多可以做到三千份，因此目前還算應付得來。」（福島復興中央廚房株式會社負責人）

二〇一五年春天成立於大熊町大川原地區的「福島復興中央廚房株式會社」，主要業務是負責提供1F廠區內部餐廳供應的餐點，出資者是在員工餐廳或福利設施等提供餐點的日本General Food與其子公司，以及在當地經營外送便當店的鳥藤本店。

關於這個中央廚房最值得一提的一點，就是地點「坐落在1F一到四號機組所在的大熊町」了吧。

雖然愈是不熟悉現場狀況、愈不愛傾聽地方居民之間的細部對話或愈愛不懂裝懂的人，往往愈會自以為是地說：「大熊或雙葉地區在未來數百年都不可能再住人了。」或是「告訴地方居民說：『那個地方回不去了，放棄吧。』應該算是一種體貼的行為吧？」但在短短不到五年的時間內，中央廚房在這塊「被迫處於不幸狀態的土地」上落成。

剛開始營業時總共有一百名員工，六成是女性，九十人是當地人。其中一半以上來自濱通，還有大約二十人來自雙葉郡，另外有七人是大熊町出身。

最初招募員工時，反應相當冷清。即使要在媒合網站Hello Work上發出徵人訊息，得到的回應也很嚴苛：「在大熊町的工作，恐怕沒什麼女性求職者會來應徵。」

最初前來參加說明會的人只有十人左右，不過後來經過一番努力，例如根據中央廚房的設計圖製作3D電腦動畫，好在民眾瀏覽徵人訊息時可以同時閱覽動畫，讓工作內容的介紹資料更簡單易懂、更容易想像，或是設法透過媒體宣傳等等，後來便漸漸有愈來愈多人來詢問，最後總共收到一八五人的履歷。現在的員工從二十幾歲到七十幾歲都有，從早上五點到晚上八點輪班工作。有的人從南相馬或磐城通勤，也有一半左右的人從位於廣野町的公寓式員工宿舍通勤。

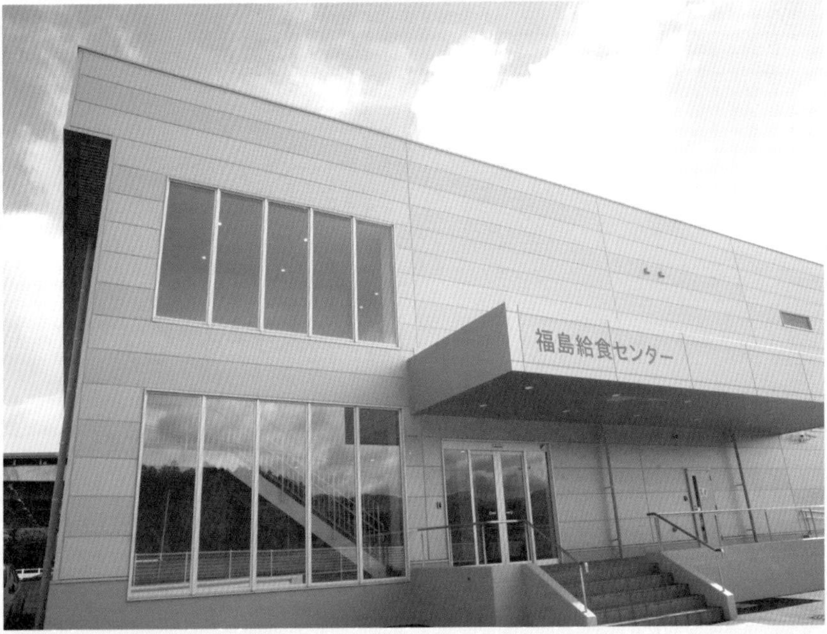


1 樓有烹調空間，2 樓有會議室和參觀通道。

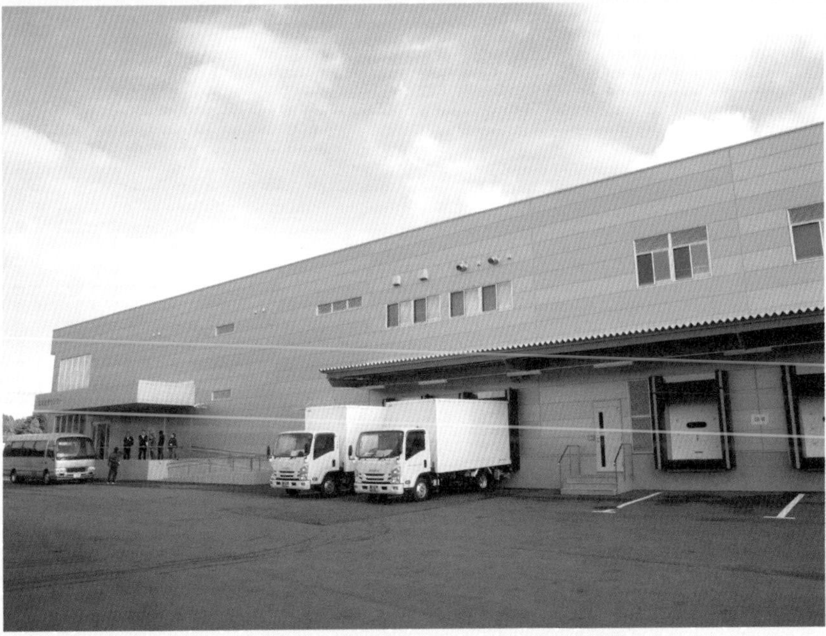

餐點放在貨櫃裡，由卡車運送到現場。1F 的餐點提供是經過各種調整並獲得保健所許可等後才得以實現。

各項烹調作業分別在不同的烹調室進行，餐具清洗和烘乾則大部分都已機械化處理，作業從早到晚不停歇。

## 三成的食材是福島縣產

使用的食材包括廣野町產的米、川內村產的萵苣等蔬菜、肉、蛋、豆腐、調味料等，盡可能使用福島縣產的東西，目前大約占全體的三成。今後也預計使用試營運所採用的當地產的魚。

烹調和學校供餐一樣，在中央廚房內完成每日餐點。由於東電也參與廚房營運，所以在烹調過程一律不使用瓦斯，而以ＩＨ電磁爐加熱。餐點放進保鮮性高的餐桶後，由卡車載運單程約九公里，也就是二十分鐘左右的路程，分別送到大型休息所三樓與新行政大樓兩處的餐廳，再由現場約五十五名員工負責盛裝。

菜單有肉類料理、魚類料理、丼飯、咖哩和麵食等五種，而且每天都會變換菜色，同一個月不會出現重複的料理，例如咖哩的話，就有「雞肉咖哩、肉醬咖哩、海鮮咖哩……」等變化，好讓在１Ｆ工作的人不會感到厭膩。

每個月還會舉辦「拉麵季」或「楢葉町木戸川鮭魚季」等活動，有時候菜單當中也會出現專為大人準備的「兒童餐」。從這裡即可看出那份努力增添樂趣，試著從飲食方面改善工作環境的心意。

為了避免增加現場的廢棄物量，所有餐具或廚餘都直接帶回中央廚房。據說清洗餐具用的機器也是在南相馬市小高區製造的。

在如全新建築一般乾淨的中央廚房二樓，可以參觀烹調現場。這是當初設計時特別規畫的部分，希望將來居民返鄉時可以來這裡參觀。

中央廚房所在的大川原地區位在1F西南方約八公里處，當初委託了三名地主才得以在這塊土地上進行建設。這裡在大熊町當中空間劑量率較低，且被規畫為重建據點，從早期開始便展開除污，現在的空間劑量率為每小時〇・一到〇・二微西弗的程度，與福島縣外的差異並不大。中央廚房旁邊將會建設植物工廠，周圍也可以看到有人在農地上耕種的身影。至於那些來去頻繁而無法耕作的人，則由二〇一四年八月設立的「大熊町農業復興組合」，幫忙在他們的農地上進行除草與耕田。

大川原地區已經有東京電力在此建設七五〇戶員工住宅，並從二〇一六年中開始入住，周圍也預計會建設兩千戶一般用住宅、提供給研究人員的旅舍或商業設施。

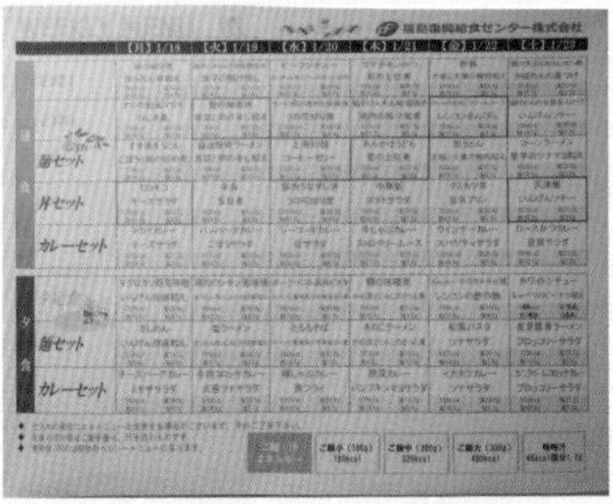

主要團隊成員是在供餐業有專業知識與實績的「日本General Food」員工，不過菜單、食材、調味與分量都是從零開始專為1F設計的。當地出身的員工還會用手機拍下「好看的盛盤方式」，做為標準範例彼此分享。

東京電力技術株式會社
訪談

# 在「廢爐現場」工作的男人

「廢爐現場」模糊不清，看不見臉，也無法辨別表情或聲音。這 5 年來，即使有人在我們面前談論「廢爐現場」，他的臉上還是會打上馬賽克，無一例外。曾經令我驚訝的是，竟然有人認為「因為沒有透露長相和姓名，所以這個人說的肯定是隱藏在檯面下的真相」。實情完全相反，不管是工作兩個月或工作不到兩天，只要消去長相和姓名，任何背景資訊都可以完全隱瞞。5 年來我們就是這樣被馬賽克給蒙蔽，所以我認為我們應該側耳傾聽那些沒有打馬賽克、從 311 以前就在那裡工作，現在也依然在那裡揮灑汗水的人所說的話。

——首先想請您介紹一下公司的概要。

宇佐神：東京電力技術（以下簡稱TPT）是二〇一三年七月時，由東電集團中的三家企業（「尾瀨林業株式會社」、「東電工業株式會社」、「東電環境工程工業株式會社」）合併而成的公司，本事業所的主要業務是福島核能發電廠的穩定化與廢爐等作業與工程，以及福島第二核能發電廠的穩定化作業與工程。1F的主要業務是放射線管理、化學分析放射性測定、污水處理設備的運轉等委託相關業務，以及污水對策相關工程或焚化設備建設等工程相關業務。

目前總共有五二七名員工。

——原來如此，大和田先生一直在1F工作對吧？請問您都做些什麼工作呢？

大和田：是的，我參與了1F四號機用過核燃料的取出作業。我們從核電廠事故發生前就一直在處理放射性物質，因此熟知輻射暴露和管理，也理解這份工作帶給社會的影響。

——現在新聞三不五時會播報說：「這項作業順利完成了。」請問這是否也會影響現場作業人員的士氣呢？

大和田：其實作業人員都對自己的工作抱有使命感，所以不太會受到外界反應影響，但我想大家都有同感的是，地震後最擔心我們的還是家人，如果自己的父親或丈夫說：「我要去參與核燃料取出作業。」家人肯定會問：「沒問題嗎？」我想家屬心裡確實是很不安的。我們在進行作業的過程中，都會先向家屬各自提出說明，讓他們能夠安心接受。對於這一點我相當感謝。

## 「安全管理」不僅限於1F而已

——原來如此，謝謝您的回答。接下來想請問黑木先生，您主要從事什麼樣的工作呢？

黑木：我是安全管理組的人。我是當地出身的，但地震時人在柏崎，當時想要立刻回來支援，可是一直沒獲得許可，直到大概一年以後才回到2F。我在那裡負責電力檢查的工作，之後公司在二〇一三年七月合併，而我也稍微開始協助1F的工作。

一開始是做工程的工作，從二〇一四年十月起調到「安全」，已經做了一年多了。

——您說的「安全」是指？

宇佐神富夫（58）／核能事業部福島核能事業所業務部長

黑木：就是進行各種指導或教育以保護眾人的安全，不過一直沒有辦法避免一些小狀況、粗心大意造成的意外或交通事故。

——您說交通事故，意思是安全管理不僅限於1F裡面，連外面也必須管理嗎？

黑木：是的。

宇佐神：不僅我們的員工而已，現在很多作業員都是從磐城市遠距離通勤，而且交通流量也變得非常大，車禍發生件數比地震前還要多。

——這樣做的用意是為了避免給地方居民造成麻煩嗎？當然我想一方面應該也是為了保護員工的安全吧。

宇佐神：兩者皆是吧。

——具體的事故預防對策呢？例如呼籲大家「充分休息」之類的？

黑木：為了減輕大家開自用車通勤的負擔，我們租用巴士，讓大家可以搭到辦公室或1F上班。

——我以為使用巴士是因為沒有停車場的緣故。

黑木：對，沒有停車場確實也是原因之一，但主要還是希望減少員工的負擔與事故的風險。

——順便請教一下，早上要從磐城市中心到1F，目前大概要花多久時間呢？

宇佐神：從常磐高速公路磐城中央交流道附近的停車場，走高速公路直達1F的話大概是一個多小時。若搭接駁車從

大和田和正（55）／核能事業部福島核能事業所設施管理部發電營運組經理

黑木宗房（55）／核能事業部福島核能事業所安全管理部安全管理組經理

J-village去1F的話，包含等車時間大概要兩小時。

**——搭上巴士後還要通勤一個半到兩小時，所以這是包含每一位工作人員在搭上巴士前，抵達巴士集合場所的通勤時間吧？**

黑木：是的，由於上班時間是八點，因此巴士平均在六點二十分從磐城市出發。

**——也就是說，每天早上最晚五點半左右就要起床了嗎？**

黑木：不，比那個更早。我到巴士乘車地點大概要十分鐘，但我一定要五點左右起床，不然會趕不上。

山田：我也都是五點起床。

**——比照一般上班族正常的上班時間，也算是相當早的吧。**

黑木：是啊，畢竟在地震前只要大概三十分鐘就夠了。

**——各位在地震之前住在哪裡呢？**

黑木：我住在楢葉町。

大和田：我住在富岡的夜之森。

山田：我住浪江。

宇佐神：我住富岡。

**——大家現在都住磐城嗎？**

山田：我是從南相馬過來的。

## 嚴峻的住宅狀況與困難的人才招募

**——這樣啊，不過不管住在哪裡，大家這四年半來都過著每天早上五點起床上班的生活吧？我看很多人都住在磐城，但大家都搭同一班巴士嗎？**

宇佐神：磐城市內設有四處自用車的停車場，基本上都是把車停在離家最近的停車場，然後去搭巴士，中途有人要上車的話再沿路接他們上車。

**——那是公司負責安排的吧？**

宇佐神：是的，目前有十台巴士。還有1F的工程會比其他的早三十分鐘開始進行朝會，因此巴士的時間也會提早。

黑木：1F從七點半開始進行朝會。新行政大樓前蓋了兩棟臨時的組合屋，其

山田壽廣（51）／核能事業部福島核能事業所設施管理部環境設施組副組長

中之一是B棟。朝會有兩場，從七點半開始是工程相關，八點開始是委託相關。2F是在2F辦公室北側的停車場進行朝會。

——下班時間呢？

宇佐神：下午四點四十分。加班的話也有兩班巴士，分別是晚上六點和七點的時段。

往返於J-village與1F的巴士一天約往返300趟。

——回程的通勤時間也很長吧？下午四、五點正是塞車的時候，時間跟去程一樣差不多是兩小時嗎？

宇佐神：正常上下班的員工會在1F的作業結束後，搭乘巴士返回辦公室。通勤時間視交通狀況而定，不過從辦公室到磐城市中心大約要一個半小時。

——原來如此。山田先生從南相馬是如何通勤的呢？

山田：我都開自用車走高速公路或六號線。

宇佐神：像山田那樣從北邊來的通勤者還很少，而且上班時間也不太一樣，所以能不能安排巴士還需要再做評估。

——但南邊的人口急速成長，住宅的數量也快供不應求了吧？接下來是不是會有更多人選擇到北邊居住呢？

宇佐神：磐城市的住宅數量確實面臨短缺的問題。雖然目前還很少有人從北邊通勤，但還是有員工從南相馬過來。我想今後還會繼續增加，不過每一位員工也都有各自的家庭考量吧。

——為了和家人一起生活，放棄長年以來在工作上建立起的技能和那股使命感與成就感，是一件很令人惋惜的事吧？我想這五年來，應該有離開公司的人，也有新進來的人吧？實際狀況如何呢？

宇佐神：公司創辦以來包含退休的人在內，總共有將近一百人離職。基於家庭考量辭職的人是無法慰留的。

——辭職的主要原因呢？因為和家人的生活環境改變嗎？

宇佐神：理由很多都是因為與家人分隔兩地、遠距離通勤或家人的照護等，因為疏散而產生的情況。

——那麼現在才進公司的人又有什麼特徵呢？

宇佐神：中途採用有相當的難度，而目前為止採用的人，都以員工的親戚或認識的人為主。

——當地人多嗎？

宇佐神：中途採用幾乎都是當地人。

——根據東電的報告，有四到五成是本地人，其餘都是外地人。

宇佐神：本公司的中途採用者還很少，但都是當地出身的人。

無論在 J-village 或 1F 都很常看到排隊等待巴士的人龍。

——那是因為對外招募也沒有人來應徵嗎？

宇佐神：是的，狀況很嚴峻。

——雖然理由應該有很多，但是不是因為其他土木相關工作的價格也提高了，所以變得不像地震前那樣非得在這裡工作不可呢？

收納在各家協力廠商專用箱裡的全罩式面具。

宇佐神：從雇主的角度來看，畢竟當地的各級學校學生在地震後都去避難了，所以人力招募和環境都大幅改變。

——整體的平均年齡呢？

宇佐神：平均年齡是四十六歲。

——那就是資深員工對吧？目前主要的作業人員都是工作十年、二十年以上的資深員工嗎？

宇佐神：很多都是工作二十年以上的資深員工，雖然也有年輕人，但在整體比例上還是少數。

包含雇用在內的人才招募活動是我們經常要面對的課題。此外，由於廢爐作業必須長期持續下去，因此為了傳承技術，也必須雇用年輕的員工才行。

## 藉由作業現場的觀念改革大幅減少「中暑」症狀

——其他現場各自有什麼樣的課題呢？黑木先生的「安全」單位有什麼樣的課

題呢？我想在核電廠事故發生後，當然必須時時刻刻意識到輻射或中暑等問題，請問你們是如何因應這些問題的呢？

黑木：中暑與輻射是嗎？由於輻射是原本就存在的，因此我們會要求大家遵守一定的規則。中暑的話，今年以來TPT總共只有一個案例而已，相較於去年有五、六個案例，這可以說是加強眾人改變觀念的成果。

——這之中不僅包含員工，也包含協力廠商的人嗎？

黑木：是的。

——員工共有五百多人，如果再加上協力廠商的人數的話？

黑木：大概有兩千人。

——然後一整年下來只有一個案例。

黑木：我們從去年開始就有派巡邏車去宣導預防中暑，但光是口頭宣導很難讓大家實際採取行動，因此今年採購了很多中暑指數計。日本TANITA有推出性能良好的中暑指數計，我們採購了發都發不完的中暑指數計給各作業班長。我想還是要讓各作業班自己去意識到這件事比較好。

——花在這上面的成本應該是其他產業無法想像的吧。

黑木：為了以安全為第一優先，當然得採購足夠的血壓計、酒精偵測器、體溫計等日常管理儀器，從作業開始前的健康管理著手。

——巡邏車有什麼樣的功能呢？

黑木：我們會攜帶大型精密中暑指數計到定點量測，巡邏車會透過喇叭在現場呼籲說：「現在的時間是幾點，WB值是○○。今日預報將在中午前達到○○左右，請適當的休息。萬一氣溫達到三十度，請停止作業。」

——山田先生在2F工作，請問您目前工作上面臨的課題是什麼呢？比方說2F雖然沒有在運轉，但在今後必須妥善維護的前提下會面臨什麼課題等等。我個人的想像是目前的狀況是不是已經穩定下來了？

山田：我的工作是2F焚化設備的作業。

——這樣啊，我還想詢問一下關於工作人員比較私人的部分。首先，通勤時間相當長，而且也可以想見作業的緊繃程度很高，那麼請問公司方面是否有加強員工的福利保障呢？例如有沒有聚餐等等，從這一點來看，地震前後的狀況有什麼改變嗎？

宇佐神：地震前也有工作以外的活動或舉辦體育活動的機會，地震後則因為員工在休假期間比較想和家人在一起，或是想要好好放鬆身體等各種原因，所以變得比較難聚集大家共同參與活動，目前幾乎沒有在工作以外交流的機會。

我想今後會針對這方面重新進行檢

J-village 的入口附近也是工作人員的交流空間。

討。

——雖然現在已「逐漸穩定下來」了，但情況最不穩定的階段是什麼時候呢？

宇佐神：地震後兩、三年的情況特別嚴重，當時員工的家屬幾乎都去避難了，現場的狀況也變得跟原本完全不同。

我在工作的支援上，不管是宿舍的安排、籌備或建立妥善的職場環境，都遭遇很大的困難。

山田：地震後面臨到的狀況是，員工必須參與幾乎沒人有過經驗的工作，大家雖然擁有各式各樣的技術，但也有些事情是光靠那些技術無法應付得來。

## 公司內部溝通減少

——和最艱難的時期比起來，心情上有沒有什麼變化或覺得稍微能喘口氣了嗎？

山田：我個人是沒有變得比較輕鬆，我的家人都分散在各地，兒子在南相馬的高中上學，平常住學校宿舍，女兒則就讀二本松的高中，所以只有六日一起生活而已，以前幾乎天天見面吵架，但地震發生後，一星期只能見兩次面。此外，跟公司同仁之間的交流也確實變少了，有很多人都過著避難生活，大家各過各的日子，一到週末就回去家人身邊，也沒有機會舉辦什麼聚餐活動了。

——第一優先的還是家人嗎？

山田：我自己是這樣沒錯，在地震之前，如果公司舉辦什麼休閒活動的話，我會看家裡有沒有安排再決定要不要參加，現在則是一到週末就回去家人身邊，要是公司刻意安排活動的話，反而會認為「公司是不是沒有替我們著想」。我想短時間內還是會持續這樣的狀態，畢竟大家的據點分散各地，這也是無可奈何的事。

——有人預期未來幾年之內，富岡或浪江將重新開放居住，屆時狀況是否會有所改變呢？

山田：一時之間還很困難吧。

——有個問題想請教黑木先生，您原本住在楢葉，近來楢葉已經解除疏散指示了，請問在這樣的狀況下，您還是很難和家人一起生活嗎？

黑木：雖然我想回去，但沒辦法馬上回

去。目前回去的人以高齡者為主，至於年輕人是否適合現在回去，還要考慮到那邊會不會有國小和國中？就算有是不是也不能開運動會呢？如果是那樣的話，我想孩子們真的太可憐了。

——原來如此。通勤的時候都會經過各位以前住過的城鎮吧？我想稍微了解一下大家的心情，比方說會不會覺得自己正在做的事情，可以幫助重建自己的家鄉，或者是覺得自己做的工作很辛苦，再加上本身也過著避難的生活，所以心情上很難受等等。

居住的地方被奪走，不可能完全不會感到生氣吧。
但是，引發事故的地方可是我們工作的職場啊。
也只有我們能夠為這裡做些什麼。
更何況⋯如果我們不做些什麼，即使有人想要回家鄉，也沒辦法回來吧。

擷自漫畫《福島核電》第 1 卷 © 竜田一人／講談社（台灣由尖端出版）

黑木：我們非常努力地工作，希望能讓大家都重返家園。

——大和田先生現在跟家人一起住在磐城嗎？

大和田：是的，我現在和太太一起生活。在地震之前，我們住在著名的夜之森櫻花隧道旁，因此我本來強烈希望帶著孩子們一起回去，如今偶爾回去看自己的家時，那種心情漸漸沒有地震後那麼強烈了，不過有種非常空虛的感覺。我的老家也在富岡，每次帶老爸老媽回去都不禁掉淚。現在每次看到自己的家就覺得很難過，所以也不怎麼回去了。雖然我很喜歡夜之森，但不能否認的是，我跟那裡也愈來愈疏遠了。

——山田先生沒有和家人一起生活，請問是從什麼時候開始的呢？

山田：我在地震之後，大概和孩子們去了五個地方，因為孩子們是鄉下長大的，不習慣大都市，所以當二本松成立了當地的國中以後，我們就從東京回來這裡。我家屬於返鄉困難區域，不曉得什麼時候可以回去，田地裡的雜草都長到超過人的身高，看了令人好難受。我一年大概會回去四、五次，但因為沒有電，所以也無法使用吸塵器打掃。雖然不曉得什麼時候可以回去，但我還是會定期除草，另外為了預防犯罪也會不時巡邏一下。

## 現場正逐步改變為容易作業的環境

**——最後想請問各位，對於社會或地方有沒有什麼希望能夠改變的事情？**

大和田：感覺只有在發生意外事故時特別吵鬧。

黑木：從一開始就努力處理事故的很多都是當地人。

**吉川：各位的意思是，和剛發生事故時的狀況相比，現場已經改善非常多了，只是感覺社會大眾都不知道這些事情對吧？請問各位認為在負面消息之外，成果方面有得到社會適當的評價嗎？**

宇佐神：雖然在報導方面，也有關於工程等成果的內容，但報導意外事故的還是很多，感覺因為那樣，成果也被掩蓋過去了。

**——也就是說提供正確資訊，讓身為一般大眾的我們確實接受到那些訊息，還是很重要的吧。大和田先生，請問在現場進展最多的部分是什麼呢？**

大和田：首先是1F近郊地區的環境改變了，地震剛發生時，所有人從J-village搭巴士過去都要戴上全罩式面具，不過現在輻射劑量率已經降低了，即使是在1F廠區內，有些地方只需要戴半罩式面具，在廠區內的移動也改善為只需要戴醫用口罩即可，整體環境變得更容易作業。周邊地區的環境也在這一、兩年改善相當多，地震剛發生時，每次要返回老家前，都得先在廣野集合，穿上防護服才能進去，現在則跟平常一樣，不需要特別的裝備也能進去。

黑木：現在有了大型休息所，開始提供餐飲，可以吃到熱騰騰的飯菜，而那裡雇用的大部分都是當地的女性，我想這裡也變成女性也能安心工作的職場了。

**——冬天會很冷嗎？**

黑木：我今天也去了一趟現場，滿溫暖的，只要穿一件普通的工作外套，裡面再穿一件內衣就夠了。冬天的話，裡面會配備稍微厚一點的貼身衣物，從某種意義上來說，就跟穿著輕便服裝出門沒什麼兩樣，和這身打扮沒有太大的區別。有些作業或區域會在外面穿一層防護衣，因此裡面也可以自行穿著厚一點的衣物，這完全取決於作業類型和區域。平常會聽到（預防）中暑，但不太會聽到什麼禦寒對策。

**——現場不使用暖氣機嗎？**

大和田：因為裝備表面是不織布的泰維克防護衣，因此會盡量避免火源。

　現場對於火的處理相當嚴格，必須徹底管理才行。是不是能為了取暖而在現場用火，我想現階段還是很困難的。

**吉川：有人跟我說過暖暖包也是可燃物，有引發火災的危險性。**

山田：從地震前開始，管理區域廠房內對火的管制就相當嚴格，就算有空調也不會是整棟建築都有暖氣，雖然有一段時間使用陶瓷電暖器，但還是沒有維持太長的時間。

——在這裡工作的人有很多都是父子檔吧？雖然公司可能不一樣。

黑木：也有夫妻檔，或是兄弟在不同公司工作的也有。

——貴公司有女性在現場工作的嗎？

宇佐神：目前在1F進行的作業沒有女性，不過在J-village和2F的業務有女性員工。

——原來如此。在五五〇人當中，男女比例大約是多少呢？

宇佐神：女性員工是三十五人，約占百分之七。

——這次想拜託各位的是，由於來自現場的聲音往往被打上馬賽克，無法呈現出真實性，因此不曉得能不能讓我們放上各位的姓名與照片呢？

山田：沒問題。

大和田：只要大家能夠理解我們今天說的都是個人意見就好。

——我想這次聽到的只是各位小部分的感想而已，希望不僅透過這次機會，往後也請繼續告訴我們更多的現狀吧，謝謝。

1F內隨處可見到從日本各地寄來的紙鶴與留言。

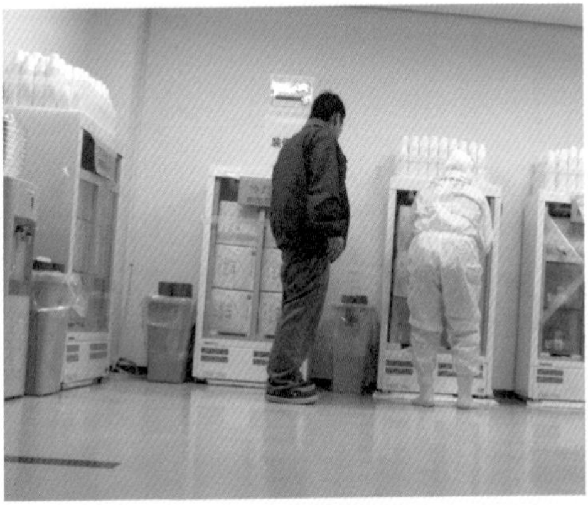

位於出入管理大樓內的水分補給區，所有人都可以隨時在此補充水分。

出入管理大樓內按企業別分區的置物櫃。

# 1F參觀之旅的內容是什麼？

## 日益擴展的廠區外部視察與參觀

「不能直接去看1F的廢爐現場嗎？」

沒去過福島的人，或者去過福島卻沒去過1F附近的人，應該也有可能對廢爐現場感到好奇吧？

因此關於前面的問題，答案是當然有可能，雖然不是任何人都可以隨心所欲地進入廠區內部，但只要有汽車，從東京前往當地只需要三小時左右，任何人都可以立即出發，而且也可以在當地親眼目睹各種形形色色的「廢爐現場」。

以往禁止進入的警戒區域，現在大部分都可以進入了，即使是在禁止進入的返鄉困難區域等地區當中，也有像常磐高速公路或國道六號線等可以自由通行的地方，而現在被下達疏散指示的區域範圍，也預計在二〇一六年到二〇一七年之間重劃，今後可以自由進出的區域應該會愈來愈多吧。

另外，在廠區外也有可能用肉眼看到1F，其中有幾個地點比較容易辨識，而最具衝擊力的應該就屬從浪江町請戶海灘看出去的風景了吧。請戶海灘位於1F的北側，在海嘯來襲時也受到嚴重摧毀；另一方面，由於南側幾乎沒有像請戶一樣凸出海岸線，且毫無障礙物遮蔽視線的場所，因此幾乎沒有任何地點可以看到1F。南側唯一可以同時看到1F與2F的地點，就是廣野火力發電廠的煙囪內，從煙囪裡可以眺望到十幾公里外的2F和二十多公里外的1F，不過這座煙囪幾乎沒有對一般民眾開放，因此除了當地居民以外，目前很難有機會前往參觀。

從西邊的山側也可以看見1F，其中之一是國道六號線，在雙葉町與大熊町的邊界附近一邊開車一邊往海的方向看，可以在山與山之間看見一部分的起重機、煙囪和廠房；在距離十公里以外之處，也有地點可以看見相同的東西，就是從川內村通往富岡町的山路，雖然這個地點令人意外，但天氣好的話，可以清楚地看見1F的廠房。

應該也有人覺得光是這樣還不夠吧？五年的時間也醞釀出可以更加仔細觀看廠區外部與廠區內部的機會。

2014年的富岡車站。一度成為「著名景點」並吸引許多人到訪，後於2015年1月拆除。

在廠區外部的部分，有幾個民間團體會舉辦災區視察或參觀活動，定期帶領一般民眾前往視察或參觀，不僅福島縣或磐城市等政府機構有舉辦參觀活動的先例，與長期固定舉辦參觀活動的民間團體合作，參與既有方案的形式也愈來愈盛行。

例如由開沼博擔任代表的「福島學研究所」，從二〇一三年十月開始每月舉辦一到兩梯的視察之旅「福島團體行」，目前為止總共舉辦過約三十梯次，最初都邀請認識的人或有往來的企業，現在則有一半左右是與政府的觀光或社會教育相關部門合作，一般大眾均可報名參加。

行程雖然依團體而異，但主要的視察地點應該有一些重複的地方，例如南側的J-village、天神岬、福岡車站遺址、富岡町市區與慰靈碑，北側的南相馬太陽能農園、小高勞工基地、請戶小學等都是外來人士經常造訪的「著名景點」。

「福島團體行」還會在巴士上進行演講或筆試，這趟旅程的特色就是「能夠在一天之內體驗兼學習福島的歷史和最新狀況」，而不是只結束於「景色令人印象深刻」而已。結束之後，還會在磐城市的復興飲食店街「夜明市場」為有意參加者舉辦交流會。

## 視察體驗者遍及男女老幼

另一方面，廠區內部雖然也可以進行視察，但目前可接受的人數有限，因此如果不是專家或當地居民，目前還很難得到視察的機會。

基本上是由東電負責帶領視察，通常一天是兩個團體左右，最多好像曾經接待過四個團體，但有時必須配合停止作業，又因為是處理放射性物質的設施，必須考量到安全的問題，所以這個程度已經是極限了。大約從二〇一二年起，開放以政治家、專家或大眾媒體為主的

2015年夏天從楢葉町天神岬眺望出去的風景，可以同時看見廣野火力發電廠與臨時放置場。

視察行程，二〇一四年度共有四七二七人，二〇一五年度共有六七二三人，截至目前為止總共約有一萬九千名視察者踏入廠區內部。

其中福島縣居民的比例，二〇一四年度約為百分之二十二，二〇一五年度約為百分之二十八，另外以政治家、專家或大使館職員等為主的外國人約占百分之十三，其餘則是來自日本其他地區的視察者。在年齡層上除了未滿十八歲者不予進入之外，造訪者不分男女老少，從十八歲的大學生到七十歲以上的當地居民都有。現年（二〇一六年）八十一歲的劇作家倉本聰先生也曾經前來視察。

由吉川彰浩擔任代表的一般社團法人AFW，從早期起便著手籌辦以當地居民或大學生為對象的視察行程與行前行後的學習活動，目前該單位是唯一一個定期提供廠區內部視察機會的團體。

關於視察日程的安排，由於在政府首長視察等情況下必須盡速安排，因此皆由東京電力總公司進行，現場的導覽則由當地的視察中心負責，此處的員工在二〇一五年底時是十四名（其中一名為女性），大部分皆為行政職員而非技術類員工，但會由熟知現場的員工擔任隨行人員。若視察期間全程待在巴士上，則每十人會安排一名隨行人員，若會下車視察的話，則為每五人會安排一名隨行人員，負責管理視察者的安全或回答問題等任務。協力廠商中也有能夠勝任隨行人員的人，例如聽說也有承包企業帶領合作的工學研究人員去確認狀況等情況，不過由於發生意外的最終責任在核電廠廠長身上，因此基本上都是由東電負責導覽。

拍攝照片或影片必須事先得到許可，而且即使得到許可，也必須登記攝影器材的型號等，每一個攝影器材必須由一名管理者陪同，雖然有媒體將這種像獨裁國家監控行動般的措施寫成「隱瞞資訊」的手段，但這完全是過度的揣測，做為處理放射性物質的機構，這只是一種危機管理的方式，避免因為廠房出入口、區分管理區域與一般區域的鐵絲網、監視器的地點等資訊外洩，而成為恐怖攻擊的對象。不僅其他國內外運轉中的核電廠如此，連車諾比等發生事故後停止運轉的核電廠也都在做同樣的事，如欲「追究真相」的話，至少該先具備凌駕於隨行人員之上的知識再親臨現場吧。

大學生團體視察 1F 時在 J-village 進行交流會的情景。

## 將廢爐現場「可視化」

視察行程基本上已經定型至某種程度，以一般大眾為對象的行程會全程待在巴士上，並穿著普通的衣服繞行包含廠房旁邊等基地內的全部範圍。自二〇一六年起，連醫用口罩都不需要戴了。至於針對媒體定期舉辦的視察，會以當時的議題，例如以四號機用過核燃料取出完畢、海側擋水牆完工等相關地點為主，進行重點式的參觀，並依據下車地點的劑量配戴全罩式面具或半罩式面具。

目前若以兩小時左右的廠區內部視察來說，輻射劑量僅數微西弗的程度，如果前往可以眺望一到四號機的高地（在高處約每小時兩百微西弗）或進入四號機廠房內（同樣每小時二十微西弗）的話，暴露劑量有可能達到數十微西弗。

另外也有一些比較特殊的視察地點，例如前美國駐日大使卡洛琳・甘迺迪（Caroline Kennedy）到訪視察時，曾視察事故當時使用的「中央控制室」。這個以飛機來說就好比駕駛艙一樣的地方，目前是少數除了廠房外「依然維持不變的風景」。

許多舉辦災區視察或參觀的團體，或東京電力等舉辦廠區內部視察的相關人員，都會掛在嘴上的一句話就是：「下次再來。」這句話隱含的意思不單只是情感上不希望人們忘記或希望始終保持聯繫，因為唯有持續造訪才能夠實際體驗到現場無時無刻都在改變的風景和至今仍待解決的課題。資訊大幅落後的紙上談兵只會對現場造成損害，然而令人唏噓的是，過去這五年來卻始終在那樣的話題上打轉。

事故發生至今五年，現在開始將廢爐這個「話題」進一步「可視化」，應該有助於推動廢爐現場的健全進展吧。

# 1F 視察之旅一日體驗

## 廠區內部（AFW 主辦的視察）

自2015年2月起平均每月舉辦1次，參加者包括當地居民和重建支援者，目的在於創造親眼見識與學習的機會，讓與廢爐比鄰而居的人們能夠使用自己的語言談論廢爐。

**12:00**

12:00　在 J-village（中央館）集合

12:00-12:50　在中庭天井會議室確認身分

**分發臨時訪客用的 ID 卡、進行與廢爐相關的概要說明等。身分確認時需要準備官方身分證明證件（駕照、護照等有大頭照的證件），忘記帶就不能進去視察，沒有例外！**

**移動前務必先去一趟洗手間！**

**手機、錢包等貴重物品暫時保管於此。**

**13:00**

12:50-13:30　搭乘巴士從 J-village 前往福島第一核能發電廠

13:30　抵達福島第一核能發電廠（新行政大樓前）

**徒步移動到出入管理大樓，途中經過工作人員使用的聯絡道路時，向他們說聲：「辛苦了。」**

13:35-13:55 穿著防護裝備（鞋套、純棉手套、醫用口罩）、分發 APD（個人輻射劑量警報器）

**防護管理者確認配戴 APD 與入廠 ID 卡以後開始視察。換乘廠區內專用巴士時，因為會踏入管理區域，所以必須套上鞋套！**

**14:00**

13:55-14:45　福島第一核能發電廠 基地內視察

**搭乘「東電 1F 廠區內專用巴士」繞行污水槽區、放射性污水處理系統、1～4 號機反應爐廠房西側區域、5 號與 6 號機海側區域、港灣區域等地點。**

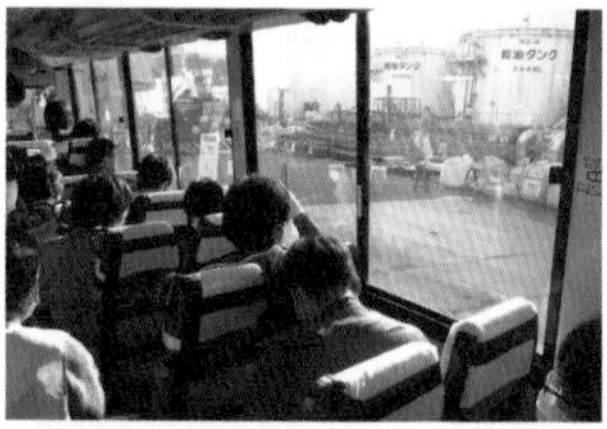

**15:00**

14:45-15:15　視察防震大樓的緊急應變室

**其後前往會議室聽取福島第一核電廠廠長談論廢爐的處理。**

15:15-15:25　搭乘巴士從防震大樓前往出入管理大樓

15:25-15:45　卸下防護裝備、進行身體掃描、辦理出境手續等

**即使視察全程待在巴士上，也會進行全身掃描以確認身體是否遭到污染。**

**隨身攜帶的筆記本、筆、錄音筆等用品也會檢查（用隨身物品掃描器確認有無污染）。**

**視察時間累計 10μSv（微西弗）。**

15:45-15:50　從出入管理大樓徒步移動到新行政大樓前

**16:00**

15:50-16:30 從福島第一核能發電廠移動到 J-village

16:30-17:30 回答問題

**由東京電力員工直接回答視察期間的疑問。**

17:40 視察結束 從 J-village（中央館）出發

**視察時間僅 1 個多小時，但整趟行程將近耗費半天的時間。**

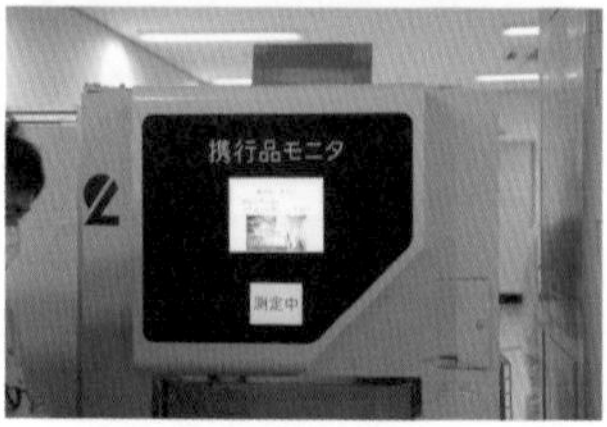

## 廠區外部（福島團體行）

由開沼博擔任代表的福島學研究所從 2013 年 10 月開始，每個月舉辦 1～2 次視察廠區外部的「福島團體行」。參加者雖然也有當地居民，但大多是來自福島縣外的企業、大學、NPO 相關人士或議員，視察的重點在於讓人們了解福島當下所需的支援。

**8:00**　8:00　搭乘常磐線特急「常陸號」從上野站出發

刻意讓在東京近郊上班的社會人士可以在與平常一樣的時間出門。如果未購買指定席，很有可能會買到站票！

**10:00**　10:30　在磐城站前的 Mister Donut 旁集合

確認完人數後出發。

**11:00**　10:30-11:15　巴士移動＆演講

沿著國道 6 號線北上，同時在巴士上進行有關「福島歷史」（以《「福島」論》〔暫譯〕為基礎）或「福島現狀」（以《福島學入門》為基礎）的演講

11:15-12:00　田野調查 1（磐城－廣野－ J-village）

在「四倉休息站」、「濱風商店街」、「二沼產地直銷中心」等地點一邊休息一邊尋訪海嘯災害的蹤跡，了解當地的農業生產或生活狀況。

**12:00**　12:00-12:30　午餐（J-village@ 楢葉）

在事故發生以來即成為善後作業據點的 J-village 內的餐廳享用午餐。

12:30-13:30　田野調查 2（楢葉）

走訪 2015 年 9 月 5 日解除疏散指示並邁向重建的楢葉町，參觀「模型設施」、「天神岬」、「楢葉町公所」等地點，了解剛歸返區域的造鎮課題與探索相關的可能性。

**13:00**　13:30-14:30　田野調查 3（富岡）

前往從以前開始就是雙葉郡重心且日後將逐步解除疏散指示的富岡町，了解「富岡車站周邊」、「市區」、「夜之森的櫻花隧道」等重建作業的進展狀況，探索在時間流逝中殘留下來的問題，並思考是否有任何著手處理的方法。

**14:00**　14:30-15:30　田野調查 4（大熊－雙葉－浪江）

走訪大部分區域被指定為返鄉困難區域的地區，思考其中得以著手重建和無法著手重建的部分，究竟是什麼造成兩者之間的差異。

**15:00**　15:30-16:30　巴士移動＆「福島團體行」筆試

抵達浪江町後稍作休息，再沿著國道 6 號線南下，途中根據演講內容進行筆試。

**16:00**　16:30-17:00　休息

抵達磐城市後，等店家開始營業，在時間允許下可以前往購買紀念品。

**17:00**　17:30-　參加者交流會

在磐城車站前的「夜明市場」等地點進行交流會，無論有任何意見或疑問都會給予答覆。

**20:00**　晚上 8 點多　開往東京的末班電車、末班巴士

電車大約晚上 10 點以後、巴士大約晚上 11 點以後抵達東京。

東京電力控股株式會社
福島第一廢爐推進公司負責人
增田尚宏訪談

# 從「野戰醫院」的現場開始

很多人都知道吉田昌郎先生在 311 當時是 1F 的廠長，而那個時候在同樣深陷危機的 2F 擔任廠長的人，就是現在福島第一核電廠廢爐推進公司的負責人增田尚宏先生。增田先生自進入公司以來，始終在核能產業耕耘，並且長期在福島工作與生活。關於「廢爐真的能夠完成嗎？」或「要到什麼時候才能達到讓居民安心的狀態呢？」等問題，現階段恐怕沒有人能夠給予明確的答案，但這並不代表沒有任何可以談論的事情。現在究竟能夠談論些什麼呢？我們直接訪問了增田先生。

## 首要之務是恢復成「普通的現場」

——一般人並不太清楚廢爐現場正在發生什麼事，甚至連生活在福島的居民或部分專家，我想都可能有誤解的一面。請問這五年以來，廢爐現場改變最大的是什麼？

增田：從東日本大地震以來的五年期間，讓民眾過著避難生活，我們真心感到非常抱歉。我想改變最大的就是工作方式了，地震剛發生時，大家都在擔心「我們有沒有好好注水冷卻熔融的核燃料？有沒有妥善管理遭到核燃料污染的水？從水槽流出來的污水會不會影響到環境？之後也因為污水在下雨的時候外洩等情況，讓大家非常擔心。在這接二連三的狀況下，我們每一次都是臨時製造設備來因應各種狀況，就像撥開眼前的火花一樣，都只是急就章而已。

大概從前年開始，好不容易才開始可以在看到未來三個月規畫的情況下工作。污水處理的方向大致底定，同時也可以藉由從*次排水管汲取地下水、建造海側擋水牆等方式，打造出對環境不會立即造成影響的狀態，這些就是最大的變化。接著，針對用過核燃料或熔融的燃料殘渣取出等廢爐的核心作業，也逐漸可以展開調查了。

我一直都在呼籲大家說：「讓現場恢復成普通的現場吧。」我想原本有如野戰醫院般的現場，最近應該可以說是愈來愈接近普通的現場了。

——我感覺社會的意識是不是也從去年開始逐漸出現變化了呢？

增田：其中之一或許是來自於污水問題的進展吧，雖然還是有人不安地認為「真的能夠妥善管理，避免污水外洩嗎？」或「是不是有高濃度污水被排入海裡呢？」但只要參考我們所提出的資料即可知道，廠房內滯留水的狀況已經穩定下來，可以加以淨化了。

——關於燃料取出的部分又如何呢？

增田：是的，我想一開始全世界認為福島第一（核電廠）最大的風險，就是四號機組的用過核燃料，大家都擔心會不會發生反應爐倒塌，或是水池裡的水沒了，導致用過核燃料暴露在外，因此二〇一四年十二月完成取出作業，可說是一個非常重要的進展。

## 清除熔融的燃料是「最終方案」

——關於四號機，我先前也採訪過負責取出用過核燃料的人，我想在處理的過程中集結了各式各樣的資源，請問順利進行的主要原因是什麼呢？

增田：一般的核能發電廠也會進行燃料裝卸作業，另外也有從用過核燃料池中取出堆積的燃料，再送到六所村再處理工廠的工作。四號機的用過核燃料取出作業除了這些基本工作外，還面臨到用過核燃料周圍堆滿爆炸所造成的混凝土瓦礫等問題。

——也就是說，這些都是從事故前既有的工作延伸出來的囉？

增田：是的，技術或風險本身在我們想像的範圍內，是原本就知道的工作。

只是今後的工作形態將會逐漸改變，像是一到三號機的用過核燃料取出作業或一到三號機的燃料殘渣取出作業等，這些至今從來沒人經歷過的工作將會愈來愈多。

——關於燃料取出完成的四號機部分，如果一直維持現在的狀態，將來也會保持穩定嗎？也有些人擔心「廠房會不會倒塌」？

增田：我們已經確認過廠房應付地震或海嘯的強度了，剩下的風險就是廠房底部殘留的污水，也就是所謂的「滯留水」，只要能夠順利清除這些污水，四號機就可以說是幾乎沒有風險了。

——這樣的話就表示，接下來會開始進行一、二、三號機的燃料取出作業對吧？

現場正在進行的作業主要有三個方向，一是污水對策，二是取出燃料，取出燃料又分成維持原狀的用過核燃料或新燃料，與熔融的燃料殘渣兩種，第三個是拆除與善後，完成最終的除役。所以現在將正式進入第二個階段對吧？

增田：是的，用過核燃料或新燃料的取出作業，可以參考地震前的經驗進行處理。另一方面，像福島第一這種規模的燃料殘渣取出作業，全世界還沒有任何人有過處理的經驗。由於沒有任何先例或教科書，因此工作時必須謙虛地聽取海內外提供的知識或意見才行。

——在一般民眾當中，也有人提議說：「挑戰『沒有挑戰過的事』實在太勉強了，所以與其進行高風險作業，不如像車諾比那樣做成石棺長久維護下去，不是比較好嗎？」另一方面，三哩島事故

**時也有過處理燃料殘渣的實績。請問相較於這些前例，福島事故的困難度或特殊性在哪裡呢？**

增田：在三哩島事故當中，雖然核燃料熔融，但並沒有掉到壓力槽外，而且我們是三機同時發生事故，我想這個困難度與先例截然不同，但我認為也不能因為這樣就像車諾比那樣打造一個石棺，我們有責任降低福島第一的風險，讓能夠返鄉的人都順利返鄉，所以我想清除熔融的核燃料就是最終方案。

## 困難的是在作業速度與暴露量之間取得平衡

**——原來如此，但這肯定需要耗費難以計數的預算或時間吧？按照工程表的規畫，從地震發生以來到取出燃料殘渣為止，預計將耗費十年的時間，而目前已經過了五年，我想知道這件事情真的需要耗費這麼多時間嗎？為什麼會設定這麼長的時間呢？或者有沒有可能有額外延長的時間呢？**

增田：不能否認的是，十年這個規畫的確是事故剛發生時，憑感覺去推算的，但我們認為唯有設定一個目標，才能夠有計畫地推動工作，讓各種細部環節相應而生。

目前最困難的就是在作業速度與暴露劑量之間取得平衡。

用過核燃料或熔融的燃料目前處於穩定的冷卻狀態，不像污水那樣必須趕在第一時間加緊處理，但若置之不理的話，也無法降低福島第一的風險。可是關於需不需要加緊推動作業的問題，還是得先設法抑制工作人員的暴露劑量才行。問題難就難在我們該考量哪一邊的風險，即使讓作業人員受到大量暴露也應該盡早取出燃料嗎？還是該降低對環境或當地民眾所造成的風險呢？

與其完全按照工程表進行，不如思考該以什麼為優先才能降低整體的風險。或許應該先進行更徹底的遮蔽或除污再展開作業比較好，或者是反過來優先除去風險大的東西以降低對環境造成的影響。這些判斷不是光靠東京電力決定就夠了，而是應該要在國家的指導下，一邊考量當地民眾在意或擔心的事情一邊進行才對。

**——所以說得極端一點，假如工作人員即使暴露劑量更高仍繼續作業，並且投入更多金錢的話，是有可能提高效率的對吧？只是現在沒有這樣做而已。**

增田：福島第一每天約有七千人投入作業，正因為有這些人的付出，作業才能完成到今天的程度。因為兩年前大約是三千人，所以現在差不多是兩倍的人數。可惜的是，去年發生死亡事故（※詳細事故內容請參閱一七六頁），造成兩人失去寶貴的生命，受傷的情況也沒能完全避免。

我認為讓工作的人能夠在安全且安心的前提下長期工作是很重要的事。無論是輻射暴露劑量的問題，或是有人不能繼續工作，都是已經本末倒置了。為了重建福島，我們必須讓當地人願意工作，而且也願意相信福島第一是可以長期工作下去的職場，因此我認為整頓出一個妥善的工作環境是必要的。

**——接下來想請教關於費用的問題，目前設定的預算是十年約兩兆日圓（相當於新台幣五五二四億元）對吧？**

**這裡要請教兩個問題，首先是我想簡單了解一下國家與東電如何分擔費用，分擔的原則是什麼？另一個問題是在研發必要技術方面花費的費用，與將技術實用化，例如取出燃料殘渣等應用在現場的費用，在十年這樣的單位下，我想勢必得先將兩者加以區別才行。**

增田：首先我們有得到國家補助的，是在比較偏向研究開發的部分，例如淨化污水用的放射性污水處理系統（ALPS），另外像我們稱之為陸側擋水牆的凍土牆，也有得到國家的補助。

**——國家會涉入研究開發的部分，是因為那樣比較容易讓更多人共同參與嗎？**

增田：我想那是非常重要的因素之一，舉例而言，由國家所組織的NDF（核能損害賠償與廢爐等支援機構）向全世界號召說：「我們需要具備這種技術的人才。」實際上各式各樣的技術也陸續聚集而來。不能否認的是，這種事情是東京電力無論多麼努力都無法達成的，因為相比之下，國家的號召力還是比較高。

尤其和日本比起來，世界上顯然有更多處理放射性物質污染物的經驗。如果要有效開發廢爐的技術，我想那些人所擁有的知識是很重要的。

## 願能擔任連繫廢爐現場內部與外界的「翻譯」

**——有關廢爐的技術，從研究開發階段進入實用化階段，中間的過程已經很順利了嗎？**

增田：這還有一點困難。到目前為止，我們曾經遭遇過污水的問題，或是讓放射性物質逸散。在展開工作之前，必須仔細思考每一項作業有可能對發電廠附近的民眾造成什麼樣的風險。

**——也就是說在實用化之前，也必須考量到對社會的影響對吧？**

增田：在進行工作的同時，也必須思考地方民眾在意什麼，或者對什麼感到不安，這就是我們這兩年來的自我反省。

**——我還想請教技術面以外的事情，增田先生像現在這樣站在綜觀整體，包括與1F有關的人、物、金錢、資訊等各種面向的立場上，請問最大的任務簡單來說是什麼呢？**

增田：是的，我想最重要的就是「擔任翻譯」了。我在就任這份職位時也說過，我要將發電廠內部正在進行的事情確實傳達給外界知道，接著將地方民眾在意或擔心的事情確實傳達給內部的人，然後再將內部進行的事情繼續傳達出去。翻譯得好的話，對話會相當順暢，促進課題的討論，並得到好的解決方法；翻譯得不好的話，事情就不會有任何進展。翻譯是連繫現場與地方居民、縣民乃至國民的角色，我想這就是最大的任務。我在西元一九八二年從濱通進入公司，也對於自己能在這塊土地上成長茁壯相當感激，對於濱通的民眾因為福島第一、福島第二（核電廠）的事故而必須被迫疏散，我感到非常地抱歉。我會負起責任繼續推動廢爐作業，好讓大家能夠早一點安心返鄉，我想這就是最大的任務。

——這就是為什麼在日常業務當中，有這麼多的時間用來向相關單位提出說明或蒐集資訊嗎？

增田：是啊，說真的我還想花更多時間監督現場，但對於那些實在沒有時間兼顧的部分，我都委託福島第一的廠長或現場負責人幫忙。

最主要分享資訊的場合是每天早上的「MM（朝會）」。從日本核電公司來的資深副總裁、從製造商那邊來的副總裁、廠長還有東京的人，所有幹部齊聚一堂，共同了解每一天的狀況並進行討論。當然，如果同時發生別的意外或問題，也會有人立刻通知。

——您在地震當時也身為2F的廠長，我想對於地方或省政府等單位盡起說明責任，也是您相當重要的業務之一，但這跟您現在的業務是不是相差很大呢？

增田：我在擔任福島第二的廠長時，最重要的工作就是維持穩定的運轉，若有任何情況發生時，就停止廠區作業以確保安全。我的責任就是憑著過去數十年來累積的技術、知識和經驗維持發電廠的運轉。地震的時候，福島第二也在海嘯的影響下一度喪失冷卻功能，而如何收拾現狀好讓情況穩定下來，便成為最重要的事。

然而現在真要說起來的話，感覺比較像是在進行什麼建設，一邊製造東西一邊推動廢爐作業；另一方面，同時也在破壞東西，我的工作不再是「維持廠房穩定運轉或停止」，而變成了「避免放射性物質或污水外洩」或「讓七千名工作人員每天安全地工作」，我覺得工作的目的和必須對地方民眾說明的事情，都變得跟以前不一樣了。

## 答覆民眾
## 「想知道的事」或「擔心的事」

——我在演講等場合與全日本的民眾對話時，經常有人懷疑：「廢爐是不是根本就不可能實現？」可是當我反問如果要那樣斷言的話，他們是否清楚了解廢爐的具體內容，例如目前的污水狀況、工作環境狀況等等，他們也沒有特別清楚。簡而言之，這項計畫實在太過龐大，讓人不知道該如何看待整件事，雖然會感到不安，卻也沒有什麼特定的根據，模糊的負面印象正逐漸蔓延當中。

增田：我想這或許是因為當福島第一的資訊，透過報導出現在民眾眼前時，通常都是發生了像「污水再度外洩」等問題，所以大家才會覺得「搞什麼啊，又舊事重演了嗎？」這是我們必須反省的地方。這五年以來，福島第一的內部也有很多確實改善和進步的部分，而讓大家了解這件事情其實是很重要的，可是我明明說自己要成為翻譯，卻沒有善盡這份職責。

舉例而言，當我們說：「原本池水的溫度每小時會上升攝氏一度，現在則變成攝氏〇・一度了。」我想大部分聽到的人應該都毫無頭緒吧？與其如此，不如說：「現在可以穿著工作服行動的區域增加了。」或「現在已經可以在休息所吃到熱騰騰的飯菜了。」我想這樣大家是不是會比較容易理解到「啊，原來環境已經變成這樣啦。」反之，我認為親自聆聽大家「想了解哪方面的事」或「擔心哪些事情」，然後逐一給予回應是很重要的。

——所以我們究竟要到什麼時候才能放心呢？說不定有很多人一直到燃料殘渣取出完畢為止，才能真正感到放心吧。

增田：燃料取出作業預計從二〇二一年開始，也就是在二〇二〇年東京奧運以後的事。我希望能夠盡量降低福島第一的風險，好讓現在過著避難生活的民眾可以返鄉。

假如在現在的狀況下發生任何事情，是不是不需要再次告知決定回來的民眾「請再次疏散」呢？我認為在現在的狀況下，即使發生任何事情，都不需要再度疏散了。從這層意義上說來，我可以宣布福島第一已經穩定下來了。

但不能否認的是，我自己的標準與眾人的標準並不一致，也可能有人會說：「你的感覺是不是有點奇怪？」這個部分需要謹慎地去配合每一個人的標準才行。

無論如何，我想在取出燃料殘渣之前，一步一腳印地創造出適當的報告時機，提供足以用來判斷的資訊給大家。

——話雖如此，在作業進行的過程中，有可能會浮現各式各樣的風險吧？就像污水問題在二〇一三年七月浮上檯面時那樣，可能每一次都會造成社會動盪不安。舉例而言，如果接下來要進行撤除廠房瓦礫的工程，輻射塵濃度上升，那麼即使1F廠區內部的放射性物質濃度一度降到微量，還是有可能再增加的吧？

增田：在接下來進行作業的過程中，作業現場的輻射塵濃度的確有可能上升，但假如變成那樣的狀態，我們必須討論的是，我們連一丁點的濃度上升都不允許嗎？還是如果控制在風險管理上沒有問題的程度，那麼就請繼續進行下去呢？如果沒有經過這些討論的話，即使我自己說已經沒問題了，也沒什麼太大的意義。

## 打造將來也能安心工作的環境

——在讓地方居民感到安心的同時，也必須讓工作的人感到安心。

從現狀看來，人力已經可以達到一天七千人的規模，但也面臨到必須以四、五十歲資深員工為主力的狀況，當那些人在十年、二十年後陸續退休時，要如何確保有足夠的人手呢？

增田：我認為人力可以分成幾種，包括本公司員工、現場第一線的工作人員和擁有研究開發專業的工程師，主要可以分成這三種。

首先關於員工的部分，包含我在內的核能部門的人，最初都是想從事核能發電才進入東京電力的，換句話說，在事故發生後，我們在工作上該如何看待無法發電的核能與廢爐，我想這是非常困難的一個問題。我們當時是藉由成立廢爐推進公司，才能夠告訴自己：「這就是我的工作。」我想就是從那個時候開始，才能夠下定決心告訴自己：「我要專心投入廢爐。」

另一項令人擔心的問題是，有沒有新人願意加入我們？一開始我覺得新人可能不會進我們公司，但事實完全相反，這樣說或許有點語病，可是當我聽到有年輕人心生嚮往地說：「接下來從事廢爐這項重要的工作，有三、四十年都有工作可以做，這份工作不僅可以做生涯規畫，而且還可以長期投入沒人做過的事情。」我心想原來如此，也開始期待若由我們主動宣傳廢爐的魅力，或許可以吸引更多年輕人加入廢爐的行列。

其次是關於製造商等工程師的部分，這也是不太需要擔心的問題，接下來全世界的人都會把目光焦點擺在如何處理燃料殘渣上，由於現場有機器人技術、處理燃料殘渣的技術等各種開發項目，因此我想人們自然會慕名而來，只要能夠提供足以滿足那些人的資訊或研究場所，應該會有各種人聚集在這塊土地上，進而形成一個研究型都市吧。我們必須實現這件事情才可以，這將會是確保工程師人力的方法。

最後是在現場第一線工作的工作人員，這些人是最重要的一群人。設法讓地方居民能夠安心地長期工作下去是很重要的一點，我們在合約的形式上費盡心思，努力讓他們願意長期工作下去。

每次要製造東西的時候，都是用競爭性招標的方式，從投標的公司中選擇價格最低的去下訂單，如此一來，中標的公司就會招募工作人員，而未中標的公司就不再需要工作人員了，這看在工作人員眼中，從事廢爐作業的職場就顯得非常不穩定。

在福島第一卻反其道而行，我們請求協力廠商說：「接下來會交給你們公司這樣的工作，大概可以持續到未來三年吧，由於其中有高輻射量的工作，也有低輻射量的工作，因此請衡量輻射暴露劑量，並實施教育訓練，打造出可以讓工作人員可以長期安心工作的環境。」藉由這樣的方法，才不會在例如奧運時，因為東京的景氣變好，結果大家都跑去那邊，而是願意留在地方上工作。

雖然三者情況各不相同，但無論何種情況，都是為了吸引大家前來福島第一。

## 技術開發並非專為廢爐進行的研究

——原來如此。說到這裡，請問對於研究機構的期待又如何呢？若從研究的切入點來看，我想也有像JAEA、大學、製造商等各種組織或研究人員對廢爐有興趣，並且實際進入這個區域，請問目前是否有任何期待或可能性呢？

增田：這個答案或許會令人感到意外，但不將範圍限定於「針對核能或廢爐進行的研究」是很重要的，這是什麼意思呢？也就是說我們期待在各種領域擁有不同技術的人都能聚集過來，共同促成新技術的開發，一來為了廢爐開發的技術，日後有更多的可能性可以使用在其他目的上，二來我也認為這樣是很重要的。

只是為了實現這件事，「現場處於什麼樣的狀況，目前又需要什麼樣的技術」，我想必須由我們來傳達才行。

福島縣設有高科技廣場，由縣內的五十家企業為福島第一的廢爐進行各種技術開發，我們雙方有互相磋商的機會，而我自己也去參加過，他們都不清楚福島第一處於什麼樣的狀況，只能一邊想像一邊努力為我們進行開發，有時會出現「不需要設想那麼多也沒有關係」的部分，有時也會有「光是那樣還有一些不足，可以再多做一點」的部分。

在各位看來或許會覺得，他們沒有看見福島第一的現場，也不夠清楚廢爐現場的需求，只是純憑想像在進行開發而已，但如果因為這樣就說他們在浪費時間，或是做出來的東西沒有用的話，那就太失禮了，為了讓他們開發出真正有用的東西，我們必須讓他們先了解現場狀況再進行開發。

在發生一些狀況的時候，如果考慮請國外製造商的人直接過來一趟的話，最好能讓對方在現場直接進行修正。由於現在依然會發生這樣的情況，因此我認為我們必須確實傳達現場的需求或環境才行，我想「翻譯」在這裡一樣扮演著很重要的角色。

專欄

# 世界眼中的福島與廢爐

馬可麥克・威廉

這件事情發生在距離地震超過兩年半的二〇一三年十月。

職場上，在鄰縣大學任職的人突然致電詢問：「最近您的大學有留學生逃跑避難去了嗎？」

詳細詢問下才知道，有留學生看到母國的新聞報導，說福島第一核能發電廠即將於次月展開四號機用過核燃料池取出作業，是「人類歷史上最危險且可能導致世界滅亡的作業」【1】，於是逃到國外去避難了。

當時完全沒有學生找我商量是否該像地震剛發生時那樣去避難，因此我相當驚訝經過兩年半以後還有學生跑去避難。

## 福島——不可能的任務

與此同時，我才意識到原來在日本以外的地方，對於福島第一核能發電廠事故的廢爐作業，還存在著彷彿世界末日即將來臨般的危機意識，甚至根深蒂固到足以讓留學生逃跑避難的程度，而且很多推波助瀾的海外媒體至今依然用「福島——不可能的任務」等比喻，寫出充滿負面訊息與些許失望情緒的報導。

對於福島現狀的悲觀報導不僅可見於部分反核網站上，連大型媒體也屢見不鮮，例如二二〇頁的照片是二〇一四年八月美國《時代雜誌》的封面，內頁刊登了福島第一核能發電廠的視察報導，這篇報導以「全世界最危險的房間」【2】為標題，取材處於危機狀態下無法控制的反應爐現狀，並在內文中描述現場有如好萊塢電影中經歷核戰後荒廢的世界一般，充滿死氣沉沉的淒涼感。而工作人員在那樣的環境下長期與放射性與壓力為敵，造成工作過勞、流鼻血或不明的濕疹等等，還有磐城市居民擔心健康受損，以及無法信任一味高喊「Trust us」口號的日本政府。

雖然不能說報導內容是捏造或誤報，但報憂不報喜的言論也實在無法說是中立的內容。

像這種偏重負面言論的報導，尤其是在地震剛發生時，特別常見於歐美等國的報導機構，詳情可以參考「Wall of Shame（www.jpquake.info）」網站。

不知道是否有受到這種報導的影響，在距離地震即將滿五年的現在，日本國外對於福島的印象卻逐漸發展出與事實不同的形態，從二二一頁的圖中即可明顯看出這樣的事實，也就是在我撰

The Economist　World politics　Business & finance　Economics　Science & technology　Culture　Blogs　Debate　Multimedia　Print edition

Fukushima Dai-ichi

Mission impossible

Comment (28)　Timekeeper reading list
E-mail　Reprints & permissions
Print

An industrial clean-up without precedent

Feb 7th 2015 | FUKUSHIMA | From the print edition

THE stricken Fukushima Dai-ichi nuclear plant is the world's most complex and costly industrial clean-up. The first three of Fukushima Dai-ichi's six reactors melted down in March 2011 and the fourth was damaged. TEPCO's early guess was that decommissioning would take 30-40 years. That is certainly optimistic.

Engineers are grappling with problems with little precedent. Akira Ono, the plant manager, says cameras have begun peeking into the first reactor to check the state of 100 tonnes of molten fuel. A robot needs to be developed to extract the fuel. Last October the utility ... work by five years, to 2025. Dale Klein, a former ...latory Commission, says that the schedule for

Subscribe today and enjoy

DISCRIMINATION

標題被取為「Mission impossible」的網路報導。

寫本章的二〇一五年十二月，使用英文版Google.com搜尋關鍵字「Fukushima（福島）」相關圖片的結果。當中有氣仙沼市海嘯火災的圖片或像魷魚一樣的巨型物體被沖上岸的合成圖等，與福島毫無關聯的照片，甚至也有扭曲事實的圖片弄假成真地以「福島的模樣」並列其中。此外，Google的建議功能會顯示出人們較常搜尋的圖片關鍵字，其中包括：

①「Mutations（突變）」；

②「Nuclear Disaster（核能災害）」；

③「Radiation Map（環境輻射即時監測）」；

④「Human Mutations（人體的突變）」等單字。

這樣的結果在使用德文版的Google.de或法文版的Google.fr，得到的關鍵字也大同小異。

燃燒的街道、犧牲生命的作業、堆積如山的瓦礫、無止盡的健康損害、對海洋的無盡威脅、突變生物。這些人間煉獄般的「福島」印象，究竟為什麼會在地震後短短數年內，變得如此深植人心呢？又為什麼這麼容易引起媒體偏頗的報導呢？

雖然這主要關係到資訊的可用性或地震前福島的低知名度等因素，但在這些負面印象背後，也存在著歐美社會對「核能產業」長期污名化的影響，就像《紐約客》等雜誌在一九八〇年代用文學比喻形容這是一場「與魔鬼的交易」一樣。

## 偏頗的報導與印象的定型

「污名（stigma）」一字源自古希臘，本指在奴隸或犯人身上的烙印，現在在社會學或心理學當中則指「嚴重失去他人信賴的特性」【3】。

在冷戰時期，以美國為中心的歐美各國都瀰漫著一股社會氣氛，認為世界很有可能會因為核子戰爭而毀滅。人們對核武的恐懼（Nuclear Fear）隨著古巴飛彈危機抵達尖峰，然後在一九八六年發生車諾比核電廠事故時，進一步擴大至核能產業【4】。當時的蘇聯總書記戈巴契夫表示，車諾比事故是「對人類反覆上演的無情警告」，而且反應爐也和核子武器一樣會對人類造成威脅【5】。這股危機意識與對核

THE WORLD'S MOST DANGEROUS ROOM

上：標題為「全世界最危險的房間」的福島第一核電廠視察報導。
右：使用於報導內的照片，照片說明是「在自殺的兼職除污作業員房間前面等待救護車的人們」。

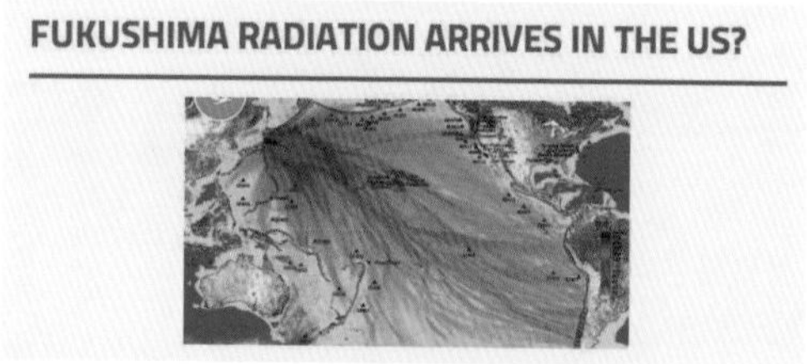
FUKUSHIMA RADIATION ARRIVES IN THE US?

在「FUKUSHIMA RADIATION ARRIVES IN THE US?（福島的輻射會波及美國嗎？）」的標題下，附上一張標示海嘯高度的示意圖。

能產業的不信任感結合，讓核能即等於「現狀無法收拾」、「資訊不透明」、「對環境有負面影響」等污名滲透到社會當中。

然後1F的事故再度助長了這個污名，於是地震後的福島不僅承受了人們對事故應變等災害本身的印象，更繼承了長年累積下來對核能的「負面烙印」。在這種背景下所產生的潛在且頑強的負面印象，不僅停留在對福島相關資訊感到悲觀且疑神疑鬼的偏見或資訊報導中，「偏頗」的程度甚至造成了謠言的擴散。

上圖是二〇一一年東日本大地震時，美國國家海洋暨大氣總署（NOAA）製作的海嘯高度示意圖【6】，然而大約在二〇一三年八月，東京電力發布污水槽在廢爐作業過程中有外洩

用 Google 搜尋「Fukushima」的圖片檢索結果。

的消息後【7】，這張圖突然變成「不知不覺蔓延全世界的污水威脅」示意圖，並以社群網路為中心誤傳開來。

當我利用分析網站調查後發現【8】，這張圖片大約在社群網站上被分享超過一百萬次，而且人們在分享時一定會附上「這是日本政府有所隱瞞的證據」等訊息，而原本圖片上的數字標記全部被消去，可以推測的是，這恐怕是某些對於東電公布的訊息，抱持著「福島廢爐作業果然進行得不順利」或「日本政府一直在隱瞞嚴重的狀況」等偏見的有心人士，故意讓這張圖片流傳開來，導致即使到了二〇一五年的現在，這張圖片依然在部落格等媒介上，被錯誤地介紹為污水擴散示意圖【9】。

## 福島親善大使的培育

我從加拿大移居福島不知不覺已快滿八年了，但每次在與這樣的報導、謠言或與海外人士接觸之際感受到潛在的污名時，我都感到非常痛心，因為我所知道的福島儘管在多重災害下面臨著各種社會課題，卻充滿不屈不撓的人們與邁向未來的活力，絕對不是什麼人間煉獄。

福島並未死亡。

雖然這裡確實面對著各式各樣的課題，卻也正一步一腳印地向前邁進。

為了讓更多人了解我這股強烈的心意、無法清楚傳達現狀的焦心，以及針對福島的各種

在 Fukushima Ambassadors Program 中參加志工活動的學生。

污名化解釋，並且能夠正確掌握福島的實際情況與廢爐的課題或風險，我從二〇一二年五月到現在，總共舉行過八次名為 Fukushima Ambassadors Program 的企畫。

## 培育向世界宣傳福島的「親善大使」

這個企畫的宗旨是招待外國學生來福島進行兩週的「密集授課」，透過實踐教育來學習福島過去、現在及未來的課題，以培養出向世界宣傳福島的「Ambassadors（友好大使）」。參與企畫者不僅包含來自海外的學生，還有在福島大學或福島縣內大學就讀的學生擔任營運志工。一邊學習福島相關知識，一邊培養用英語討論的「傳達力」，也是目的之一。我很用心地設計企畫內容，希望能讓學生透過暫住在災區的寄宿家庭、參與南相馬市小高地區等地方的志工活動、視察警戒區域、與避難居民交流、在大學聆聽專家授課，或是和各種背景的學生團隊合作等等，在沒有偏見的真實狀態下理解福島的現狀，並且知道如何自行解讀。雖然在企畫剛開始時，曾經遭到許多無憑無據的毀謗中傷，例如很多美國家長或網友就撻伐說：「去什麼福島啊，想害死參加者嗎？」或「讓學生去參加核電廠的廢爐作業，是不是有病啊？」但到目前為止已經有八十六名留學生（六個國家十一所大學）和三一二名日本學生獲得 Ambassador 認證。參加者所提出的感想，例如「我現在知道媒體的報導不能盲目盡信了」或「我覺得福島已經成為我第二個故鄉了」等等，還有他們回國後在母國活躍的表現與在當地獲得的認同，在在證明污名並非絕對無法推翻的烙印。

英國社會科學家凱薩琳・坎貝爾（Catherine Campbell）曾說，要打破污名需要兩種類型的教育【10】，一是向製造污名者傳達的「對外教育」，二是打破遭污名化者心中「內在污名」的教育。

正如這句話所說，我認為我必須一邊透過 Ambassadors Program 在海外和福島培育理解並宣傳福島的人才，一邊以一個熱愛福島的加拿大人身分，每天有意識地學習福島的現狀，並持續追求知識與保持動力，在發現不實的謠言時能夠加以反駁。

重建或廢爐需要耗費漫長的歲月，在這漫長的歲月當中，今後來自海外、客觀的福島狀況報告或建議，還有來自海外人士的支持都是不可或缺的。為此，我必須持續舉辦這些活動，而且我們自己也必須提高音量持續發聲才行。我相信只要能夠讓世人對福島的污名逐漸消失，並讓福島的現狀獲得正確的評價與報導，總有一天當人們在 Google 搜尋 Fukushima 照片時，看到的會是逐步朝著重建與廢爐前進的福島縣、美麗的大自然，還有臉上洋溢著笑容的人們。

【1】 Harvey Wasserman, *Humankind's Most Dangerous Moment.* http://www.globalresearch.ca/humankinds-most-dangerous-moment-fukushima-fuel-pool-at-unit-4/5350779（2013 年 9 月 20 日）等

【2】 Hanna Beech, *The World's Most Dangerous Room.* http://time.com/worlds-most-dangerous-room/（2014 年 8 月 21 日）

【3】 Goffman, E, 1963 *Stigma: Notes on the Management of Spoiled Identity*

【4】 Weart, S 2012 *The Rise of Nuclear Fear*

【5】 New Yorker 62, no. 12 (12 May 1986):29, NTY, 15 May 1986, p.A10

【6】 http://www.noaa.gov/features/03_protecting/images/Energy_plot_japantsunami.png

【7】 http://www.tepco.co.jp/cc/press/betu13_j/images/130826j0501.pdf

【8】 http://www.sharedcount.com/

【9】 http://www.truthandaction.org/fukushima-radiation-arrives-us/ 等

【10】 Catherine Campbell, Carol Ann Foulis, Sbongile Maimane, Zweni Sibiya (2005), "I have an evil child at my house: stigma and HIV/AIDS management in a South African community", American Journal of Public Health 95 (5): 808-15.DOI:10.2105/AJPH.2003.037499

**馬可麥克・威廉**

福島大學經濟管理學類助教，生於加拿大溫哥華。父親是加拿大人，母親是日本人，從五歲到八歲為止居住在德島縣，其後直到出社會以前都在加拿大生活，並從事日文口譯的工作。後以國際交流員身分再度前往日本，開始居住在福島縣。東日本大地震、福島第一核電廠事故發生後，一邊在災區投入支援活動，一邊積極對海內外進行各種資訊傳播活動。

專欄

# 驗證　關於福島第一核電廠與廢爐的謠言

林智裕

關於福島第一核電廠廢爐的謠言數也數不清，但其中大部分都可被歸類為某些特定模式，而那些樣板化的謠言一再被人以訛傳訛，所以即使過了五年，仍然持續製造出更多的誤解與歧視。

以下就透過具體的事例介紹並驗證當中的典型案例。

## ❶ 福島第一核電廠已經有很多工作人員死亡，但這項事實卻一直遭到隱瞞！

最典型的就是這種，例如以下這幾個事例：

「KPFA in Japan: I've learned over 800 people have disappeared from Fukushima plant—"May have been killed or died during work"—Gov't actually in business with the Yakuza"」（在福島的核電廠，都是跟黑道做生意，總共有八百人以上的作業員死亡或遭到殺害）【1】。

「在被送去福島第一核電廠重大事故現場的工作人員（約三千人）之中，明明已經有八百人因為放射線而死亡，東北大學醫學部附設醫院卻下達緘口令，不准對外透露消息。患者會先在東北大學醫學部附設醫院接受診療，之後會被送到新潟縣的分院，在那邊靜待死期的到來，因為即使接受放射線治療也為時已晚了。」【2】

另外還有一篇大量流傳的文章，日期是二〇一一年十一月，內容寫道：「有四千三百名作業員死亡，他們的遺體被福島縣立醫科大學當作『放射線傷害研究用檢體』，家屬則收到三億日圓（相當於新台幣八二八六萬元）的封口費【3】。」雖然有許多以假亂真的故事，但只要稍微調查一下就知道，這些都是無憑無據的事。

例如這篇文章當中出現的「瀨戶教授」（或者網路上列出的全名是「瀨戶翼教授」）據稱是「東北大學的教授」，但東北大學並沒有教授叫這個名字。

之所以會有人相信這種謠言，恐怕是因為廢爐作業現場的嚴酷形象，已經深植人心的緣故吧。

不能否認的是，福島第一核電廠確實有人傷亡，例如二〇一四年度就有六十四人，其中死者為一人，是從污水槽上摔落而喪命的。二〇一三年度包含死者在內共為三十二人，具體公布的原因是中暑或經驗不足所引發的意外所致【4】。

從這一點來看就知道，現在真正需要的是「預防中暑或勞動災害」的對策。那些「死了數千人」之類的謠言，一點用處也沒有。

在散播謠言的人當中，或許有人認為「我這是為福島好」才這麼做的吧？不過這對於那些拚命工作以守護我們生活的工作人員（其中很多也是受災者）來說，卻是一件失禮的事。不負責任地以訛傳訛，對任何人都沒有幫助。

擷自漫畫《福島核電》第1卷©竜田一人／講談社（台灣由尖端出版）

## 2 來到福島第一核電廠周邊地區的救難隊隊員在遭到暴露後死亡！

典型的「作業員大量死亡」的謠言其實還有變形的版本，例如相關人士或動植物大量死亡等模式。關於動植物的謠言留待後面介紹，此處先來看一個「事故當時出入福島的人被造謠成死人」的案例吧。

二〇一一年十一月六日，札幌地區舉辦了全國學校供餐論壇，而在議員山本太郎演講結束後，一名參加者在問答時間說出以下這段話：

「我有一個大阪的朋友過世了，他服務於災害派遣的救難隊，一直都有去岩手或福島等地方，但七月的時候發現有體內暴露（中略），他的身體狀況真的很糟糕，而且他知道自己已經撐不下去了，隊友們也全都辭職，（中略）他在七月知道這件事情之後，真的就在短短三個多月之內吐血好幾次，最後因為腎衰竭而死亡……。」【5】

當時議員在問答當中將這段「被派遣到災區的救難隊隊員死亡」的發言視為「事實」，而網路上也一傳十、十傳百地將這樣的資訊視為「媒體不會報導且國家意圖隱瞞的真相」。

這段發言內容是真的嗎？且讓我們來驗證看看吧。

首先，發言的人說死者服務於「大阪救難隊」，而且曾被派遣至「岩手或福島等地」，但基本上在岩手的救難活動不太可能接收到異常的輻射暴露，因此這裡所指的應該是被派遣到福島第一核電廠或周邊地區的人。

那麼實際上真的有災害救難隊從大阪被派遣到福島嗎？關於這個問題，我們可以從負責管轄消防廳的總務省網站【6】或大阪市網站【7】的公開資料中查到，大阪市消防局總共派遣出十七隊五十三名隊員，派遣期間是二〇一一年三月十一日到六月六日。

這裡就已經出現矛盾之處，發言內容提到「七月的時候發現有體內暴露（中略），他的身體狀況真的很糟糕，而且他知道自己已經撐不下去了，隊友們也全都辭職」，但災害派遣早在六月分就結束了，即使是擔心「或許會再度被派遣過去」，也很難想像五十三名「隊友們也全都辭職」，這段發言的背後究竟有多少確切的證據呢？

對於說出這段話的人而言，或許他「真的有重要的朋友去世」，而我們應該鄭重體諒他的心情才對，但是「被派遣到福島的救難隊隊員在遭到暴露以後，健康狀況急轉直下，不幸喪命」的發言，真的可以確定是資訊來源完全正確的事實，而非將臆測或傳聞東拼西湊組合起來的謠言嗎？

經過這番確認後，我又直接去詢問大阪市，結果得到的答案是「去支援地震的救難隊隊員當中，並沒有人因為腎衰竭而吐血身亡」。

這就和前面（1）的謠言一樣，表面上裝作在為那些實際在現場進行救災活動的救難隊隊員著想，實際上卻「擅自把活人造謠成死人，卻絲毫不打算了解那份工作的實際狀況」，對於在重建現場拚命工作的當事人，只不過是一種侮辱而已。

另一種同樣的行為，就是在核電廠事故後的反核運動中，有一些團體擅自舉辦「葬禮遊行」，哀悼那些明明還活著的一般福島縣民或他們的孩子，但這也只是為了自己的政治考量，「擅自將活人變成死人」，趁機利用災區的例子之一而已。

在這個最痛苦的時期，光是災害所造成的傷痛就已經夠煎熬了，當事者又是用什麼樣的心情看著這一切的呢？他們的心境或許就像「在學校被欺負的人，到教室以後發現桌上擺著菊花」一樣吧，即使找藉口說「都是國家或東電的錯」，試圖把責任都推到最先欺負人的人身上，卻絲毫不打算協助受害者減輕痛苦，那種好比實際上擺上菊花的行為，完全就是一種出於個人意志與責任的新式暴力。

我刻意在此停筆，不過像這種以「都是國家或東電的錯」為免死金牌，對災區施以無情暴力的例子，實在是不勝枚舉，就像謠言所助長的歧視現象也是其中之一。

## 3 只要踏進福島第一核電廠任何人都會接收到大量的輻射暴露！

或許有人會說：「這不是謠言，而是誤解。」因為「實際前往福島第一核電廠的話，確實有些地點的輻射劑量率很高不是嗎？」

可是當資訊與事實相差十倍、百倍、千倍，卻像「事實」一樣流傳時，顯然就已超過「誤解」的範圍，而不得不說是「謠言」了吧。

舉例而言，最近日本新潟縣的知事泉田裕彥，才在二〇一五年十月底發表了一番頗受爭議的言論。

泉田知事在被問及「是否有意視察福島第一核電廠」（儘管他經常提到他去視察車諾比核電廠的事，或一再強調東京電力福島第一核能發電廠的危險性）時，他說自己對視察一事需要慎重考慮，因為「一天的暴露劑量會達到八毫西弗（八千微西弗）」【8】。

那麼長期待在東京電力福島第一核電廠的人，輻射暴露劑量會達到什麼程度呢？東京電力持續有在公布「工作人員各月分個人暴露劑量的變動（月平均劑量）」。根據這份資料可知，作業員的平均暴露劑量早在二〇一一年度開始沒多久，就已經降低到每月一毫西弗（一千微西弗）左右或是更低

泉田裕彦
@IzumidaHirohiko
フォロー
IC不稼働原因調査等のため委員が8mSv被曝したのは事実です。会見での１Ｆ視察についての質問に対し、本県では、原発事故調査を続けており、「調査の進展状態、被曝量などを総合的に判断したい」旨回答したものです。記事の引用は不正確です。
twitter.com/hidetoga/statu…
このツイートはありません
514
168

https://twitter.com/izumidahirohiko/status/661152445817487360

的程度了【9】。

此外，最新的平均暴露劑量實測值也公開在日本厚生勞動省的網站上【10】，從「二〇一四年四月到二〇一四年十月累積劑量」亦可知，這半年期間的平均累積劑量已經降低至三・四二毫西弗（三四二〇微西弗）。

至於實際參與廢爐作業而非視察的人，事實上他們「一個月」而非「一天」的暴露劑量未滿一毫西弗（一千微西弗），二〇一五年度在現場的人「半年」的累積暴露劑量，也降低至三・四二毫西弗（三四二〇微西弗）左右。然而，身為一名有影響力的公務人員，竟宣稱「一天的暴露劑量會達到八毫西弗（八千微西弗）」，顯然是一段大幅偏離事實的輕率發言。

泉田知事應該也有自己的一套說詞吧，泉田知事所說的數值根據，似乎是二〇一五年二月二十一日（六）下午一點到兩點左右，新潟縣技術委員會實際前往現場調查時的輻射暴露劑量，不過當時勘查的並不只是視察發電廠基地的程度而已，而是發生事故的反應爐一號機廠房內的四樓，那裡連一般的工作人員都不會隨意靠近【11】，泉田知事如果前往福島第一核能發電廠的話，難道他打算進入反應爐廠房內，進行遠超過一般視察範圍的詳細調查嗎？

不能因為他在公開場合發表這段言論，讓很多一般民眾都知道這項訊息，就說這樣的說法是正確的，這就是最典型的以訛傳訛，因為謠言這種東西本來就是將這種極端的部分毫無保留地一體適用【12】，才會像滾雪球般愈滾愈大。

看到這裡，如果還有人認為「東京電力發表的數據不可信」，那麼不妨去網路上找幾篇報導確認一下，那些實際前往視察的一般民眾究竟測得多少輻射劑量吧。舉例而言，由一般社團法人ＡＦＷ所舉辦的實際現場研習，據說前往基地視察一到兩小時的暴露劑量是〇・〇一毫西弗（十微西弗）的程度。

也就是說，實際數字與泉田知事所主張的八毫西弗（八千微西弗）暴露劑量相差八百倍，而且即使連續兩年以上每天前往視察，也不會達到泉田知事所說的數值。

此外，在不對健康造成顯著影響的前提下，核電廠工作人員的暴露限制被設定在一年不超過五十毫西弗（五萬微西弗），五年不超過一百毫西弗（十萬微西弗），但假如按照泉田知事所說的「一天八毫西弗（八千微西弗）」的暴露劑量，那麼工作人員一年最多只能工作六天，五年最多只能工作十二天而已。光到這裡就已經與現實大幅乖離了。

另外知事也聲稱「即使前往車諾比，輻射暴露劑量也只有福島第一核能發電廠的千分之一」，但那樣的輻射劑量應該是假設對車諾比基地進行一般的視察而已，那又為什麼僅針對福島的視察改變條件，刻意強調其危險性呢？

倘若是有意為之，這種以誘導眾人誤解只有福島危險為目的之舉，可以說是明顯的謠言加害行為；若是無意為之，則知事本身可說是已然受困於對福島的偏見與歧視當中，而公眾人物本來就不應該若無其事地做出散布謠言或歧視等舉動。

假如「公眾人物忽視現實的數字，只憑印象就不負責任地散布不實的資訊」，進而助長偏見或歧視，最後受害最深的不會是國家也不是東電，而是立場最薄弱的一般民眾。

有很多民眾從福島到新潟避難，對於那份積極接受避難者的態度與善意，感謝之情自然無以言喻，泉田知事的為人、各種政策與長期的實績等，肯定都相當出色才會獲得眾多的支持，不過在另一方面，雖然向國家或東電追究責任是個人自由，但為了達到目的而不惜利用謠言，不加查證就試圖憑印象或言語蹂躪福島、蹂躪我們的故鄉，那麼生活在當地的我們也只能全力抵抗才行。

## 4 福島第一核電廠因為發生地表下再臨界，所以才會瀰漫著白色的霧氣！

前面提到的都是有關「在廢爐現場工作的人」的謠言，不過關於「廢爐的現場」同樣也流傳著各式各樣的謠言，其中最典型的就是「白霧」。

以最近的例子而言，二〇一五年十月發售的《週刊PLAYBOY》，在報導中指出有「異常的白霧」，並「猜測」理由會不會是因為三號機的燃料殘渣正在發熱。除此之外，網路上也有報導懷疑1F內部的即時攝影機拍到霧氣，有沒有可能是再臨界所導致的現象。

為了得知「臨界所導致的白霧」是否真的存在，必須先了解何謂臨界。簡單說明的話，就是「核分裂反應下所產生的快中子，在碰到和緩劑輕水（一般的水）速度減慢後，被別的原子捕捉到（在高速的狀態下只會被彈開而不會被捕捉到，因此無法連鎖引發下一次的核分裂反應）產生新的中子，並且在一定的速度下，持續引發這樣的連鎖反應」，聽起來好像有點複雜吧。

總之唯一可以說的是，要維持臨界狀態，「必須刻意預備好複雜的條件才行」。

況且假如真的發生臨界的話，應該會產生氙等惰性氣體才對，但按照東電定期公布的惰性氣體發生量，過去從來沒有出現過任何惰性氣體。此外，照理來說，冷卻燃料用的循環水應該會有溫度上升的情形，或是流向海側的地下水應該會檢測出放射性物質才對，但也都沒有這些情況發生【13】。

對廠房內情況一無所知的時期早已過去，如今即將進入取出燃料棒的作業階段，在此時發生再臨界的可能性微乎其微，而這已是「理所當然」的事情【14】。

那麼為什麼明明沒有達到臨界狀態，卻在這個時候看見「白霧」呢？答案很簡單，因為這裡本來就是會定期出現海霧的地區，因為早在好久以前，連核電廠都還沒興建的時候，「白霧」就已經理所當然地存在在這裡了。

日本東北地區沿海從以前開始，就有一種叫「山背」的自然現象，在初夏到夏日之際，鄂霍次克海洋氣團從日本東北方帶來濕冷的空氣，在日本近海與暖空氣接觸以後，屢屢在海上生成濃厚的雲霧，規模大的時候，不僅東北地區沿岸，連內陸都會被籠罩在其中。

在宮澤賢治〈不畏風雨〉一詩中，「冷夏時慌亂地奔走」的「冷夏」，指的就是深受山背現象影響時的情況，可見這是與核電廠事故毫無關聯的尋常氣候現象。近年來最嚴重的一次山背現象發生在一九九三年，當時由於寒害歉收導致米暴動，大家紛紛搶購進口的外來米，這件事情應該還有不少人有印象吧？

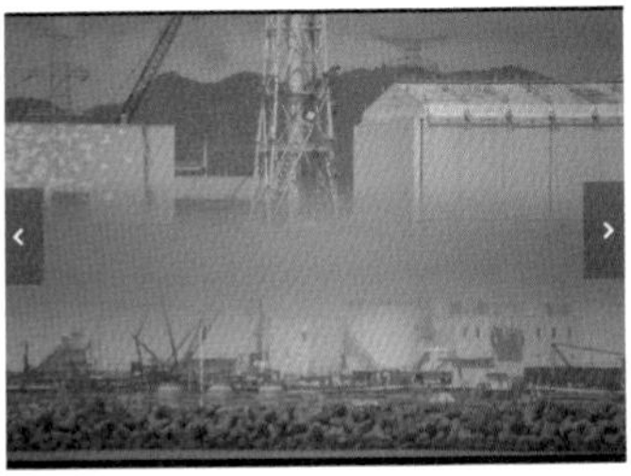

http://zasshi.news.yahoo.co.jp/article?a=20151025-00055426-playboyz-soci

事實上，山背現象是義務教育中必修的內容，當筆者還在就讀小學和國中的時候，也好幾次出現在社會科或理科課本上。

如此「熱心」談論福島話題的大型出版社，卻對日本東北當地的地方文化或氣候環境毫不關心，連國中、小學內容的知識都不甚了解，從各種意義上來說都是一件很可惜的事。

在報導福島第一核電廠之際，確實還是有人喜歡看到「輻射暴露風險難以估計」或「將會再度爆炸」等內容，覺得愈煽動愈好，畢竟週刊雜誌也是一種商業行為，所以可以理解他們試圖拉攏那些讀者以賺大錢的心態，但我更期望看到他們能夠藉此機會，讓更多的人對於東北的氣候、環境，甚至是生活在當地的人，也就是受災者的歷史、文化、生活等方面，抱持敬意並產生更多關心，套句老話來說，就是「事件並不是發生在會議室裡」。事實上，拋棄對當地的敬意、理解，甚至是義務教育水準的知識，還堅稱自己談論的是「真相」的人，才是那個距離真相最遙遠的人吧。

從「再臨界」謠言衍生出來的謠言還包括核電廠事故當時，發生的是「核爆炸」或「被飛彈炸到」而非氫氣爆炸【15】、「其實四號機的用過核燃料因為大爆炸而全部被釋放到大氣中」【16】等等，但這些謠言的根據全都只是來自「政府的陰謀」或「美軍的隱瞞」等猜測而已。

此外，和海霧一樣從即時攝影機影像衍生出來的謠言，還包括看到建築物在夜裡透出光線的影像，就謠傳說：「（伴隨著再臨界等狀況）出現電漿火球了！」

我本來不曉得什麼是「電漿火球」，一查之下才知道，那竟然是「怪獸卡美拉的必殺技名稱」。

如果有人實在很想知道火球的真面目，不妨先試著讓手邊的攝影機鏡頭接觸雨水，再從暗處望向明亮的建築物，或許就能看到「電漿火球」了。

## 5 福島第一核電廠周圍出現大量畸形或巨大化的動植物！

前面介紹的是有關「在福島

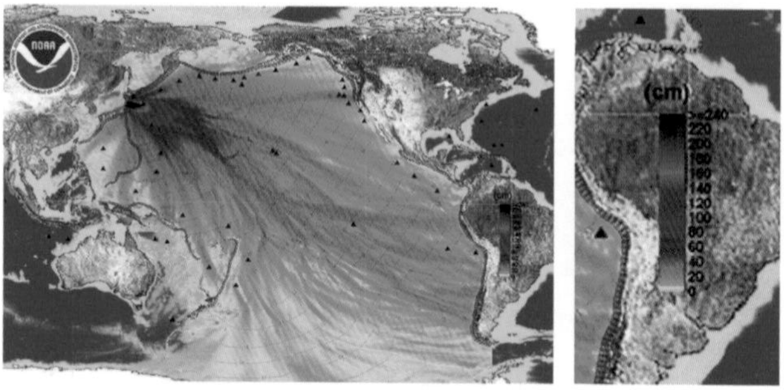


NATIONAL OCEANIC AND ATMOSPHERIC ADMINISTRATION UNITED STATES DEPARTMENT OF COMMERCE

第一核電廠基地內工作的人或環境」的謠言，不過也有像「福島第一核電廠周圍出現這種現象」之類的謠言，最典型的就是「畸形或巨大化的動植物」，例如「放射性物質混入海水或空氣中，造成畸形或巨大化的結果」。

首先，關於畸形或巨大化前提之一的海洋污染本身，就已經大量流傳著與現實不符的謠言了，例如上圖據謠傳是「福島第一核電廠事故所造成的放射線海洋污染資料」【17】。

從顏色來看，日本近海的顏色最深，且顏色遍及整個太平洋，右側則是解說色彩的圖表，單位為公分（cm）。

試問，究竟從什麼時候開始，放射性物質的污染單位變成了公分呢？

事實上，這是美國政府機關針對海嘯高度所製作的分析圖，原本用來表示海嘯高度的資料，不知不覺間被流傳成海洋污染的資料，有些散播出去的謠言還消去右側的cm單位或海嘯的說明文字，顯然是有人要故意製造謠言。

可能有人會說：「或許真的是這樣也不一定，但東電或國家隱瞞海洋污染的事不也是事實嗎！」我建議那些人務必親自動手調查看看，相信會找到許多非國家也非東電的機構正在調查海洋污染程度的例子，福島地區有政府或漁聯透過試營運的方式反覆蒐集資料，同時也有以地方居民為中心的團體「磐城海洋調查隊．海洋實驗室」【18】持續進行獨立的海洋調查，反覆研究各種魚類或土壤的污染，只是每一項調查都像在加強資訊的可靠性，不斷測出同樣的結果。

透過試營運或海洋實驗室的持續調查所得知的結果已經相當明確。

檢測出放射性物質的魚僅限於地震前出生，而且原本就在核電廠周圍的種類。連地震後出生的底棲魚類也沒有從海底土壤遷移的現象，換句話說，在討論放射性物質是否造成畸形或巨大化之前，實際上根本沒有魚被檢測出放射性物質，魚體內的放射性物質量未達異常程度，即表示魚沒有受到「體內暴露」。不僅如此，即使牠們靠近部分高輻射強度的污染土壤或污染水，由於水對放射線具有屏蔽效果，因此也不需要擔心體外暴露。

即使如此，動植物畸形或巨大化的謠言，還是與這個「海洋污染」的謠言結合成各種形式廣泛流傳，例如左上的照片是國外的一篇報導，內容是「有人在距離福島很近的北海道，釣到一隻受放射性物質影響的變種魚」。

這張照片當中喜歡釣魚的日本部落客Hirasaka Hiroshi，在知床半島釣到的東方狼魚的照片[19]。不用說也知道，東方狼魚原本的容貌就是這麼巨大，但謠言似乎隨著放射線影響，使得巨大化的「哥吉拉魚」的科幻形象散布到全世界。

除此之外，畸形或巨大化發生在陸上生物之間的例子，還包括左下角這張在網路上流傳的照片。

也有人說：「青蛙的幼蟲竟然變得如此巨大……放射線對日本的影響果然日益深刻……。」「這隻青蛙幼蟲變成成蟲以後，說不定會吃掉貓狗，更糟的搞不好會吃掉幼兒。這種巨大化的生物在核電廠全面廢止前，恐怕會擠滿整個日本吧。即使如此，那些反對反核電派的人還要支持核能嗎!?」[20]但只要查詢「日本大鯢」就可以知道這張照片裡的生物真面目究竟是什麼。

像這樣流傳開來的謠言不僅以各種形式影響海產，連農作物都遭到波及，進而助長對災區的偏見或歧視，造成重大的經濟損失。

看完前述的事例後，或許有人會說「都是一些極端的例子」。的確，這裡選出來的都是淺顯易懂的例子，很多謠言都相當難以分辨真偽。

將謠言巧妙地藏在事實當中也是一種常見的類型，例如過去也有一些公開的研究事例指出，某些鳥類、昆蟲或植物的數量減少，或者是成長遭到抑制，但這些都是缺乏確切根據的內容，刻意操作讓人以為是受到暴露的影響[21]，可是在地方上反而是因為沒有人類加以驅逐，導致野豬或老鼠愈來愈多，或沒人捕魚導致魚類增加等現象成為議論的焦點。

又或者是利用群眾對於頭銜、權威或立場的信任，將毫無根據的話說得言之鑿鑿，例如長野縣松本市長菅谷昭先生在不參考任何資料的情況下，不斷提出福島縣墮胎人數增加等缺乏確實根據的言論[22]，但正如《福島學入門》中驗證的結果所示，並沒有那樣的事情發生。

此外，在四號機的用過核燃料取出作業於二〇一四年底結束之前，關於四號機崩塌的流言始終不絕於耳，「福島第一核電廠四號機的現狀，四號機崩塌造成十八萬人死亡!?」[23]等煽動性的謠言在作業期間流傳開來，吸引了許多人的目光，但只要閱讀報導就知道內容淨是無稽之談，一旦作業結束，報導「過期」以後，再也不會有人去驗證其真實性。

因此重要的是，先讓各位理解前面所列舉的「淺顯易懂的

新聞中指稱這張東方狼魚的照片是受到福島的影響。

被說成「巨大化青蛙幼蟲」的日本大鯢。

謠言」模式，好讓更多人注意到乍看之下不像謠言，實際上卻是「難辨真偽的謠言」，並且得以進一步逐項驗證。

## 6 「散布謠言的只不過是少數激進人士，所以不要隨便批評」，這種說法正確嗎？

每當我們這樣檢驗謠言，指出謠言如何與現實脫節的事實以後，肯定會有因散布謠言或歧視獲得好處的人提出反駁。雖然有人毫無根據就老羞成怒地說：「即使如此，那也不是謠言。」但更多的是對批判者的人格、外貌、印象或特性等與邏輯毫無關係的部分，提出暴力性的「攻擊」，而非針對邏輯或客觀根據不足的部分提出「反論」。為了讓批判者的邏輯顯得毫無說服力，試圖讓周圍的人對於批判者的人格而非邏輯產生「這個人不可信賴、他的話不值得一聽」的印象，例如毫無根據地說：「那個人私底下能夠得到這樣的好處，所以才這麼說的。」這種人恐怕只是因為自己靠著謠言獲益，所以才會自我投射，認為對方也像他一樣從中獲益吧。

這樣做確實有一些效果，既然科學或事實與人的思想無關且無情，那麼從某種意義上來說，否認謠言就是無視人的思想，同時也在破壞寄託心情的「夢」。想要持續做「夢」而刻意忽視痛苦現實的心情，將使危言聳聽者趁虛而入。想要持續做「夢」的人，與「不想讓人聽見」謠言被拆穿的危言聳聽者，兩者之間的利害關係是一致的。

即使如此，有時危言聳聽者會露出馬腳，讓人幾乎快清醒過來，意識到謠言只是謠言而已，這時想要繼續做「夢」的人會說：「難道你們想要忽視核電廠事故造成的傷害嗎！你們想替政府或東電脫罪嗎！」換句話說，「政府與東電的責任重大，所以就算反應過度也要不斷強調嚴重的被害，這才是絕對的正義。不這麼做的人，難道是想否定正義嗎！」然而這樣的邏輯並不正確。當然，心理上的傷害或經濟上的損害確實存在，該負責任的人還是該負起責任，但不能因為這樣就扭曲科學事實，捏造不存在的被害。

科學意義上的被害本來就與心理傷害或經濟損害是截然不同的事，這並不是說福島因為沒有人在放射線暴露下遭到直接的健康傷害，或是動植物與自然環境沒有受到負面影響，所以其他類型的被害也不存在（在此必須再次強調這一點）。

不過至今依然有很多人，將這些應該有所區別的「被害」相互混淆，導致科學事實愈是否定核電廠事故所造成的福射暴露的負面影響，人們愈容易誤解成連心理傷害等內在無形的部分都遭到無情的否定。

如果產生那樣的誤解，當然會不安地覺得「自己的心情被輕忽了」，所以才會對於「謠言批判者都是無情且不可信任的人，福島的未來還不知道會發生什麼事，他們卻那樣否定」等言論產生依附心理，背後那種「不想側耳傾聽」的心態也情有可原。

又或者他們周圍也有一種人，明明知道謠言是謠言，卻依然試圖瓦解批判聲稱：「散布謠言的只不過是極少數激進人士而已！多數人都認為謠言是不好的，也在各自的立場上努力，所以不要說那種冷血又充滿攻擊性的言論！這樣不是反而更加深彼此的分歧嗎！」這應該也是出於想要保護自己或他人心理的心態吧。

不過難道因為這樣，就不能告訴被害者哪些事情與事實不符嗎？如果始終沉默不語的話，究竟要到什麼時候才會有人伸出援手呢？事故都已經過去五年了，究竟還要等到什麼時候呢？

這種情況就好像校園內經常發生的「班級內部不為人知的霸凌」問題，如果因為害怕麻煩，想保持「班級氣氛和諧」，而強迫受害者單方面隱忍，也只是在從頭到尾都沒人知道問題的情況下壓迫受害者而已。

這種暴力秩序之所以能夠被建立起來，「謠言的存在」也是原因之一。

由於謠言妨礙了科學事實的共享，導致核電廠事故的受害定義或應變的優先順序，取決於聲音的大小或社會影響力的強弱等，偏離客觀性或民主主義的「力的邏輯」。

由於「受害的定義或重建的優先順序取決於有力者的想法」，導致群眾焦點全集中在放射線暴露所造成的直接健康傷害，其餘的受害情形或課題反而遭到邊緣化，連向社會發聲的機會也沒有，每一位災民壓抑在內心的心理問題，恐怕就是最好的例子吧。對於謠言坐視不管，不僅有礙社會掌握受害的實情，對於化解分歧也會帶來反效果。姑且不論與核電廠事故有關的問題，如今來自災區的聲音在社會力量強大者或擁有話語權的少數派干擾下，難以傳達到社會上，同時來自社會的善意也難以傳達到災區。為了克服這樣的分歧，並由整個社會共同構思解決方案，我認為災區也必須「高聲求救」才行，而不是將這些問題一股腦地向社會「宣洩」。

## 利用不安擴大謠言

究竟「散布謠言的」，是否真的「只不過是少數激進人士！」呢？

正如前文所述，關於福島第一核電廠與廢爐的謠言，並不是只在網路上或極少數激進人士之間流傳而已，包括有一定知名度與影響力的參議院議員山本太郎先生、新潟縣知事泉田裕彥先生、長野縣松本市長菅谷昭先生等政治家在內，很多記者或學者也都難辭其咎。此外，連一般在便利商店販售、銷量動輒數十萬本的知名雜誌，也是散布這些資訊的助力之一【24】。

最近才獲日本社民黨宣布為參議院議員東京選區候選人的增山麗奈女士，過去也曾經指著福島附近栽培的米說是「銫米」【25】等，三番兩次地對福島問題提出充滿偏見的歧視性言論，因此遭到許多批判，然而到目前為止，增山女士從未正式道歉，對於失言一事只想設法全身而退，從未思考自己的失言會對哪些人造成最大的傷害，連社民黨的官方帳號也選擇擁護她的行為。

做為一個長年標榜重視社會弱勢族群政策的國政政黨（譯註：非地方政黨。），五年來竟然沒有從謠言如何蹂躪災區並製造出多少混亂一事當中學到任何教訓，實在讓人深感問題的嚴重性，當中反映出來的是，「若福島受害有限，將違反自己反對核電、避免暴露的原則，強調受害情形並非小題大作」，說得明白一點，就是當中應該也藏有「福島的受害情形必須非常嚴重才行，持續處於不幸的狀態才對我們有利」的政治意圖吧。

## 謠言的模式

眾所皆知，前文提到的參議院議員山本太郎先生等人，由於積極參與反對核電、避免輻射暴露的運動，因此無論是街頭演說或演講活動，至今依然有許多支持者會參加。

山本議員曾在自己的推特上說：「大阪才開始焚燒瓦礫，母親的身體就出現異狀，心情低落、頭痛、出現大量眼垢、淋巴腫大、心跳加速等等。過著超健康生活的她，身體立刻就出現反應。又要搬家了嗎？簡直就是國內難民啊。」然而根本沒有任何參考資料可以證明這些事實，而且後續也沒有說明她的身體狀況變得如何，但由於社會上有很多人出於「既然是太郎先生說的，肯定是真的」的心態信以為真，因此以訛傳訛之下，這種從未經過任何驗證的觀念就這樣半永久性地深植人心了。

不僅是這些名人或媒體而已，在地震後大幅舉辦的演講或客座教學等場合，也有多不勝數的危言聳聽者利用人群的不安，散布錯誤資訊或不夠嚴謹的言論，簡直就像一種名為謠言的病毒在社會上蔓延一樣。

雖說只是少數案例，但這次介紹的謠言模式就是「利用人群的不安提升個人知名度，或圖利個人，進行政治分贓」的經典手段與具體實例。盡量讓更多人理解這種「換湯不換藥的模式」，就如同注射疫苗一樣，將有助於社會全體對抗謠言這種病毒，只要每一個人都能夠冷靜看待與福島第一核電廠廢爐有關的謠言，應該就更容易看清楚謠言背後的真相或堆積如山的問題本質了吧。

謠言總是在「似是而非的言論」下被正當化，例如「每個人都有懷疑事實的自由」、「人人都有犯錯的自由」或「內心會感到不安是理所當然的事，所以必須加以體諒才行」。的確，日本是一個民主主義國家，在思想、信念、言論自由受到保障的前提下，即使再怎麼缺乏科學根據或邏輯，也無法強制個人內心要如何思考。

不過當多數人都透過那些行為歌頌「在不做功課的前提下任意懷疑的自由」，或「任何不安都可以在毫無驗證的情況下受到肯定的自由」，最後的代價就是處於弱勢的當事者被剝奪日常的人權，被迫生活在不自由當中，這種情形簡直可以說是典型的歧視，與社會上其他各種歧視問題並無二致。

日文中「風評被害」一詞以較委婉的方式表達謠言所造成的損害，但若以更接近本質的表達方式來說，其實就是「歧視」。根據日本國憲法的精神，做為一個民主主義國家，在「不求知的權利」與「不被歧視的權利」之中，必須優先受到維護的應該很明顯是後者吧。

地震發生至今，因為人們使用片假名而非漢字標示「福島（フクシマ）」，使得災區一再受到二次傷害，「福島（フクシマ）」是憑印象或意識形態所掌握的福島，這種稱呼在輕視或忽視科學性事實的同時，也是在對災區和生存在當地的人們，索求純粹的受害者情節（victimhood），為了別的目的試圖榨取那些「偉大的犧牲者」。那不僅是謠言的溫床，也是一種非常基本教義派的行為，輕視災民身為生活者的立場，一味強制他們以「被害者」之姿，維持不變的非日常或期望的形象，否定重建等所帶來的變化（詳情也歡迎參考筆者在SYNODOS發表的文章。http://synodos.jp/society/15632）。

## 心理的被害應該分開思考

在距離事故已經過去五年的這個時期，但願能邀請到各位一起積極思考解決方式，而非累積仇恨，想一想如何才能終結這個因社會上資訊更新不夠順利而導致的被害。

在此重申一遍，在思考核電廠事故的被害時，必須區分科學意義上的被害與心理上的被害，不是說因為沒有放射線直接暴露所造成的健康傷害，就連同其他發生在福島不合理的事、心理傷害或非暴露所造成的健康傷害都一併否認，也沒有必要為了提出這些控訴而對「福島（フクシマ）」上癮，祈禱福島陷入不幸。

てめえら豚はうすぎたねえプルトニウム米でも喰ってな！RT @renaart イヌならまだしもブタ扱いでしょう。

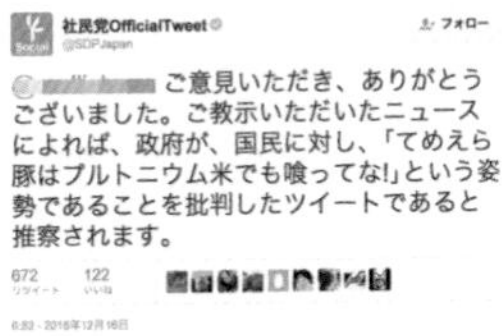
社民党OfficialTweet
@SDPJapan
ご意見いただき、ありがとうございました。ご教示いただいたニュースによれば、政府が、国民に対し、「てめえら豚はプルトニウム米でも喰ってな!」という姿勢であることを批判したツイートであると推察されます。

https://twitter.com/SDPJapan/status/677118123795812352

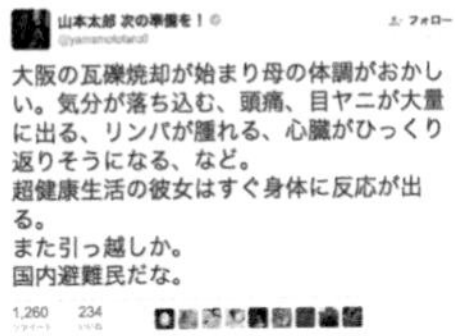
山本太郎 次の準備を！
大阪の瓦礫焼却が始まり母の体調がおかしい。気分が落ち込む、頭痛、目ヤニが大量に出る、リンパが腫れる、心臓がひっくり返りそうになる、など。
超健康生活の彼女はすぐ身体に反応が出る。
また引っ越しか。
国内避難民だな。

https://twitter.com/yamamototaro0/status/303145899222253568

儘管如此，由於焦點至今依然集中在「福島（フクシマ）」或「謠言」上，因此很多真正的被害始終不曾被正眼相待。健康傷害發生在與放射線直接暴露完全不同的領域，在地震後不到五年的時間裡，就已累積超過兩千人在避難期間因為身心健康狀況惡化而死亡，也就是所謂的地震關聯死亡。

最近日本內閣府向在核電廠事故中疏散的兩萬名居民進行問卷調查，結果顯示在有疏散經驗的家庭當中，實際上約有四成經歷過家庭的離散，也有很多人因為對謠言感到不安而選擇疏散。如果不曾受到謠言影響的話，這個數字或許會更少吧，而地震關聯死亡人數想必也會隨之減少才是。不僅如此，謠言還以各種形式剝奪重建的資源。

不過在地震已經過去五年的福島，不是只有負面新聞而已，正如前文多次提到的，福島也得到許多捐款、善意和人的幫助。

即使只列舉名人，也有像地震後持續提供眾多支援的TOKIO每位成員，每次看到他們運用在福島學習到的經驗有所表現都讓人大受鼓舞；看到好幾次私下造訪福島享受美食或觀光，並隨手替福島做宣傳的搞笑藝人作弊二人組之一的竹山先生或糸井重里先生，總是讓人眼角泛淚。

全日本各地也有許多人前來幫忙，共同在第一線投入重建作業。

雖然跟地震前比起來，前來校外教學的學生或外國觀光客還是很少，但也陸續有人回來造訪福島市的花見山或大河劇

《八重之櫻》的舞台會津；也有許多人雖然無法前來當地，卻願意光顧位於東京日本橋的福島縣物產館MIDETTE。

栽種的農作物當然在出貨標準值以內，而且也幾乎不會檢查出放射性物質，最近歐盟也放寬了福島縣產農畜產物的禁止進口措施。若以出口來說，連續三年在評鑑會中獲得全日本最多金獎的福島日本酒，海外出口量已經超過地震前的水準，福島的酒即使在同一縣內，也會依地區而有完全不同的特徵或味道，種類豐富多樣，愛酒的人請務必一試。

其實還有很多可以告訴各位的事，但唯有一件可以確信的是，來自眾人的善意正逐漸讓希望萌芽。雖然災區還有堆積如山的問題，但只要沒有那些少數人所散布的謠言，應該可以與更多人分享這樣的喜悅。

對於資訊傳達不夠確實，無法做到這件事，我真心感到遺憾。

接下來的日子，請務必親自造訪福島，透過自己的雙眼進行確認。

最後，請讓我引用曾為水俁病所苦的水俁市，在核電廠事故後發出的緊急訊息，做為這篇文章的結語。

「輻射確實很恐怖，可是沒有事實根據的偏見歧視、誹謗中傷，才是身為人更加恐怖而可悲的行動——」。

**林智裕**

一九七九年生於福島縣磐城市。自由作家。畢業於茨城大學人文學部社會科學科。曾在首都圈和仙台等地的公司任職，後於東日本大地震前一年返回福島縣。地震後投入福島縣內災區重建的相關業務，同時在由堅持傳達現場實情的評論家荻上Chiki擔任主編的「SYNODOS」等媒體撰寫文章。

【1】 http://enenews.com/kpfa-in-japan-ive-learned-over-800-people-missing-from-fukushima-plant-they-may-have-been-killed-or- died-during-work-govt-is-actually-in-business-with-the-yakuza-audio

【2】 http://www.asyura2.com/12/genpatu23/msg/427.html

【3】 http://etc8.blog.fc2.com/blog-entry-1269.html

【4】 http://www3.nhk.or.jp/news/genpatsu-fukushima/20150501/0407_worker.html

【5】 http://etc8.blog.fc2.com/blog-entry-1269.html（有發言的影片）

【6】 http://www.soumu.go.jp/menu_kyotsuu/important/43319.html

【7】 http://www.city.osaka.lg.jp/shobo/page/0000116589.html

【8】 擷自新潟日報 2015 年 10 月 31 日報導 http://www.niigata-nippo.co.jp/news/politics/20151031214671.html

【9】 http://www.pref.fukushima.lg.jp/uploaded/attachment/129927.pdf

【10】「東電福島第一核電廠作業員暴露劑量管理的應變與現狀」 http://www.mhlw.go.jp/file/05-Shingikai-11201000-Roudoukijunkyoku-Soumuka/0000070370.pdf

【11】 http://www.pref.niigata.lg.jp/HTML_Article/116/923/150324%20No.12.pdf、http://www.tepco.co.jp/nu/fukushima-np/f1/surveymap/images/f1-sv3-20150508-j.pdf

【12】 泉田知事過去也曾發表過這樣的言論：「在燒毀柏崎市與三條市的地震瓦礫時，如果有人死亡的話，我雖想說是傷害致死，但卻幾近於殺人。」http://chiji.pref.niigata.jp/2013/02/post-33ed.htm

【13】 詳細解說參考以下資料應該會更容易理解：http://synodos.jp/science/15807 「福島第一核電廠 3 號機發生的是核爆炸嗎？——思考核電廠事故的謠言與誤解　菊池誠 × 小峰公子」

【14】 http://www.tepco.co.jp/decommision/planaction/removal3/index-j.html

【15】「3 號機是鈽的核爆炸，4 號機是被飛彈炸毀的」http://www.link-21.com/earth/b06.html

【16】 http://iiyama16.blog.fc2.com/blog-entry-7916.html

【17】 http://matome.naver.jp/odai/2131829810240813801/2137697269362681303

【18】 http://umilabo.hatenablog.com

【19】 http://portal.nifty.com/kiji/151112195027_4.htm

【20】 http://togetter.com/li/689227

【21】 目前在網路上已經形成一種文化，只要有報紙等媒體試圖散布謠言學說，就會有具備專業知識的人像 STAP 細胞事件那樣，立刻找來相關論文提出反證，例如《朝日新聞》的「藍灰蝶」（http://togetter.com/li/673140）或「日本冷杉」（http://togetter.com/li/867238）等學說都相當有名。

【22】 http://portirland.blogspot.jp/2012/04/blog-post_20.html、http://www.city.matsumoto.nagano.jp/shisei/koho/koho/2011/20111201.files/P1-P11.pdf

【23】 http://matome.naver.jp/odai/2133803357357149601

【24】 並不是所有媒體都以煽情主義為賣點，例如雜誌《CROISSANT》（MAGAZINE HOUSE 出版）曾在封面刊載這段文字：「受到放射線傷害的基因會遺傳給子孫」遭到各界批判，後來便在網路上刪除這篇報導（http://togetter.com/li/155975）。目前科學已經證實，並沒有所謂因基因突變而影響好幾代以後的「遺傳性影響」，真正有影響的不是「遺傳性影響」而是「母體內暴露的影響」，但這也只有在胎兒在母體內輻射暴露高達 100 毫西弗的情況下才需要擔心，而福島第一核電廠事故並未造成這樣的胎內暴露。

【25】 事實上並不存在所謂的「鈽米」這種東西。很多調查都顯示，在思考福島第一核電廠所造成的放射性物質影響時，只需要考慮碘、銫即可。鈽或鍶的釋出量微乎其微，近期也發現「福島的土壤比其他地區土壤所含的鍶濃度還低」的事實，因為冷戰期間在大氣層下核試驗導致放射性物質降落在全日本，而這是當時殘存的影響所造成的現象。換句話說，「事實與印象完全相反，福島的放射性物質比其他地區還要少」。（譯註：指冷戰時期福島地區因地理因素，輻射落塵量比其他地區少，此現象直到三一一福島核災後依然如此。）

即使考慮到銫的部分，福島的米在經過全量全袋檢查以後，幾乎都未滿偵測極限值，其安全性已獲得證實。雖然也有人表示無法相信檢查的結果，但如果無法相信的話，應該也能夠自行進行檢查才對。「儘管有這麼多人想說福島的農作物很危險，卻沒有半個人實際從市場上販售的大量樣本中找到任何被污染的農作物」。把那些米叫成「鈽米」，完全是對災區的歧視行為。

## CHECK 在這裡確認廢爐的資訊！

關於 1F 與周邊地區的各種資料可以在以下的網站進行確認，如果有任何想了解的資訊請務必親自查閱。

### 關於現在的 1F ?

**東京電力控股＞廢爐計畫**

http://www.tepco.co.jp/decommision/index-j.html

可以確認目前的作業狀況、每天的放射性物質分析結果等詳細資訊。

**一般社團法人 日本核能產業協會＞福島第一核能發電廠的狀況**

http://www.jaif.or.jp/news/fukushima/

主要刊載有關技術面的議題

**日本核能研究開發機構＞福島研究開發部門**

https://fukushima.jaea.go.jp/

主要刊載有關技術面的議題

### 關於現在的重建狀況？

**福島復興站**

http://www.pref.fukushima.lg.jp/site/portal/

重建資訊的入口網站，提供有關放射線或除污的資訊、疏散區域、縣內的水或食物的放射性物質檢查結果等。

**福島縣環境省 除污資訊廣場**

http://josen-plaza.env.go.jp/

提供市町村別除污狀況和與除污有關的 Q&A 等資訊。

**一般社團法人 日本核能產業協會 福島地區資訊**

http://www.jaif.or.jp/news/fukushima-area/

篩選福島相關的新聞報導。

### 關於現在的輻射劑量率？

**核能管制委員會＞放射線監控資訊**

http://www.nsr.go.jp/activity/monitoring/index.html

可以確認目前的作業狀況、每天的放射性物質分析結果等詳細資訊。

**福島縣放射性測定地圖**

http://fukushima-radioactivity.jp/pc

由福島縣管理的放射線測定地圖

**福島／磐城市放射線／放射性資訊**

http://iwakicity.org/html/htdocs/index.php

▶▶關於輻射劑量率也請參考 p.161

### 關於廢爐與地方的連結？

**經濟產業省＞東日本大地震相關資訊**

http://www.meti.go.jp/earthquake/index.html

不僅提供大量的相關資訊，還有災民支援、中小企業對策等資訊。

**經濟產業省＞東日本大地震相關資訊 除役配套方案＞廢爐與污水對策 福島評議會**

http://www.meti.go.jp/earthquake/nuclear/decommissioning.html

由行政機關、東電、地方自治體長官和地區代表人定期集會討論廢爐的「廢爐與污水對策福島評議會」。會議紀錄中記載著與廢爐、地區定位有關的實際討論內容，可以從中清楚得知地方居民的心聲或他們如何面對廢爐等內容。

# 全世界的廢爐核電廠一覽表

參考日本核能發電株式會社
http://www.japc.co.jp/haishi/world.html「立法與調查」2015.10 No.369
（參議院事務局企畫調整室編輯暨發行）等製成

## 完成除役的核能發電廠

| 美國 | 類型 | 運轉期間 | 除役年分 |
|---|---|---|---|
| Pathfinder | BWR | 1966～1967 | 1991 年 |
| Shippingport 2 | PWR | 1957～1982 | 1989 年 |
| Shoreham | BWR | 從未開始運轉 ※ | 1995 年 |
| Fort St.Vrain | 高溫氣冷式反應爐 | 1979～1989 | 1997 年 |
| Trojan | PWR | 1976～1992 | 2005 年 |
| Maine Yankee | PWR | 1972～1997 | 2005 年 |
| Big Rock Point | BWR | 1965～1997 | 2007 年 |
| Connecticut Yankee | PWR | 1968～1996 | 2007 年 |
| Yankee Rowe | PWR | 1972～1997 | 2007 年 |
| Rancho Seco | PWR | 1972～1997 | 2009 年 |
| 德國 | | | |
| Niederaichbach | 重水氣冷式反應爐（HWGR） | 1973～1974 | 1994 年 |

BWR：沸水式反應爐
PWR：壓水式反應爐
※Shoreham 核能發電廠在 1989 年 4 月獲得 NRC（美國核能管理委員會）的全功率運轉許可，但由於核電廠所在的紐約州強烈反對——例如拒絕配合運轉許可所需的緊急疏散計畫等等——因此尚未正式運轉便遭除役。

## 全世界的除役狀況

2015 年底為止，全世界正在進行除役的核電廠

| 國家 | 座數 |
|---|---|
| 英國 | 29 |
| 瑞典 | 2 |
| 立陶宛 | 2 |
| 俄羅斯 | 4 |
| 荷蘭 | 1 |
| 哈薩克 | 1 |
| 亞美尼亞 | 1 |
| 烏克蘭 | 4 |
| 保加利亞 | 4 |
| 斯洛伐克 | 4 |
| 德國 | （完成 1）23 |
| 義大利 | 4 |
| 法國 | 12 |
| 西班牙 | 2 |
| 日本 | 15 |
| 加拿大 | 3 |
| 美國 | （完成 10）17 |

除役中（包含準備中）……127 座
完成除役……11 座
合計……138 座

※ 輸出功率 3 萬 kWe 以上的非軍事用核電廠

根據核能管制委員會針對「從何時起不再活動的斷層不能稱作『活斷層』」所制定的安全標準，從 12～13 萬年前至今，曾經發生過斷層活動的都是「活斷層」。但在難以判斷 12～13 萬年至今是否曾出現斷層活動的情況下，將採用更嚴格的標準：如果 40 萬年前的地層曾發生斷層活動即為「活斷層」。

智人出現

| 40 萬年前 | 25 萬年前 |
| --- | --- |

8 月 6 日 在廣島投下原子彈
8 月 9 日 在長崎投下原子彈

第五福龍丸在馬紹爾群島附近海域因美國的氫彈試爆而遭到暴露

福島第

| 1945 | 1946 | 1950 | 1954 | 1955 | 1961 | 1962 | 1966 | 1968 |
| --- | --- | --- | --- | --- | --- | --- | --- | --- |
| | 美國開始在比基尼環礁進行氫彈試爆 | 韓戰<br>冷戰結構與軍備競賽 | | 日本制定《核能基本法》 | 福島第一核電廠招商 | 古巴飛彈危機 | 日本首座商用核能發電廠 ── 東海核電廠開始運轉 | 政府承認水俁病與工廠排水內的甲基汞有關 |

J-village 開張

日韓聯合舉
國際足協世

| 1995 | 1997 | 1999 | 2 |
| --- | --- | --- | --- |
| 快滋生反應爐「文殊」啟用<br>約 3 個月後液態鈉冷卻劑外洩引發火災 | 動燃東海事業所火災爆炸事故<br>J-village 開張 | 東海村 JCO 臨界事故 | 東京電<br>事故 |

參考資料：未來年表 https://seikatsusoken.jp/futuretimeline/search_category.php?year=2070&category=11

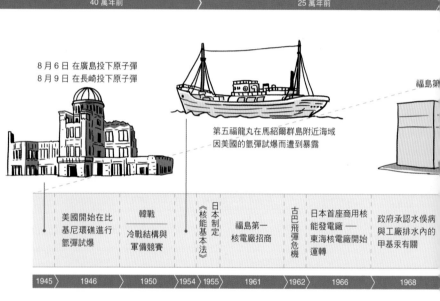

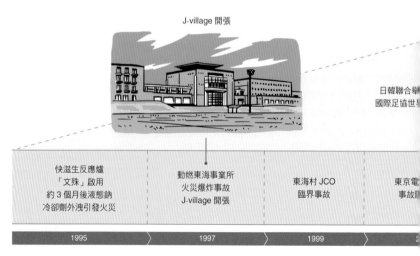

| 15 萬年前 | 12 萬 5 千年前 | 3 萬年前 | 1 萬 3 千年前 | 約 1 萬年後 |
|---|---|---|---|---|
| 歐洲大陸出現長毛象 | 人類開始在日常生活中用火 | 最早的洞窟壁畫 | 日本列島與歐亞大陸分離 | 高階放射性廢棄物經輕水反應爐處理後，放射性物質濃度降到和天然鈾差不多所需時間＝約 8000 年。 |

2011

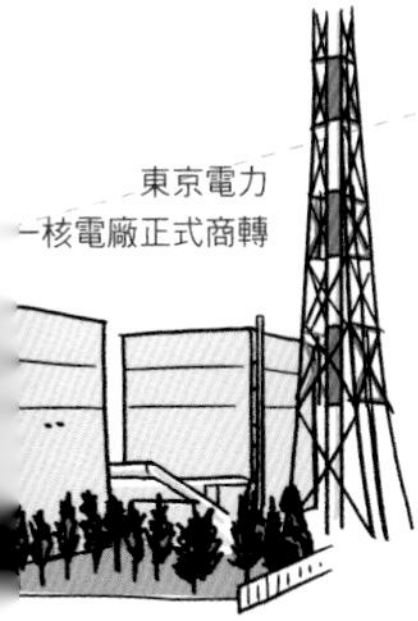

東京電力
—核電廠正式商轉

車諾比
核電廠事故

東京奧運會

TOKYO 2020

2011

| 1971 | 1979 | 1985 | 1986 | 1993 | 1999 | 2020 | 2021 | |
|---|---|---|---|---|---|---|---|---|
| | 三哩島核電廠事故 | 快滋生反應爐「文殊」主體工程開始 | 哈雷彗星接近地球 | 六所村再處理工廠開工 | 東海村 JCO 臨界事故 | | 開始取出燃料殘渣 | Line（東 |

辦
盃

2002
FIFA WORLD CUP
KOREA JAPAN

4 號機的
用過核燃料
取出作業開始

2011

| 002 | 2006 | 2010 | 2011 | 2012 | 2013 |
|---|---|---|---|---|---|
| 力核電廠<br>瞞事件 | 中越沖地震後，柏崎刈羽核能發電廠發生火災。 | 推動鈽—熱中子計畫<br>快滋生反應爐「文殊」在 5 月重啟；8 月時福島第一核電廠因渦輪機廠房漏水事故而暫時停機。 | 福島第一核能發電廠事故<br>東日本大地震 | 正式決定 1F 1～4 號機組廢爐 | |

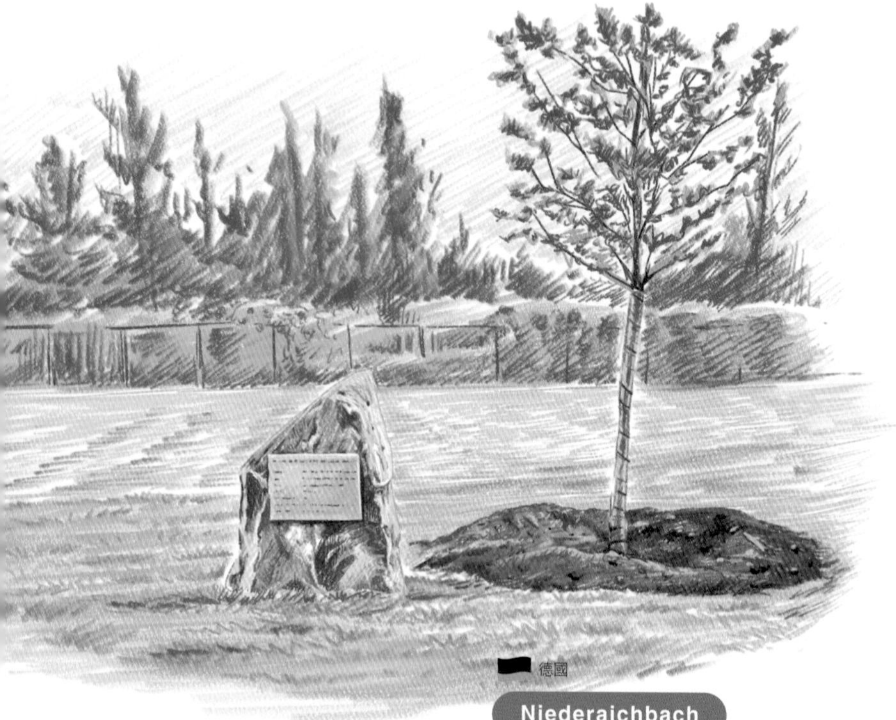

德國

## Niederaichbach

1994 年完成廢爐

DATA

所在地 德國巴伐利亞州

類型 重水氣冷式反應爐

運轉開始 1973 年

運轉結束 1974 年

核電廠拆除後，整座廠區在 1997 年被變更為可以無限期做為農地使用的「綠地」。

**廢爐的未來**

世界上也有其他沒發生任何事故，但已經完成廢爐的核電廠，有些變成空地或綠地，有些則改為火力發電廠。
廢爐遠超過我們能夠想像的時間與空間，我們很難想像今後多久會變成什麼模樣、什麼形態，因此一旦超出我們的想像，很容易直接連結到絕望，不過那種絕望，或者也是希望，不過就是我們任意設想的結果而已，如果能夠閱讀年表，從稀少卻確實存在的先例中學習的話，也許能夠鍛鍊一下想像力，想像何時會發生什麼事情吧。

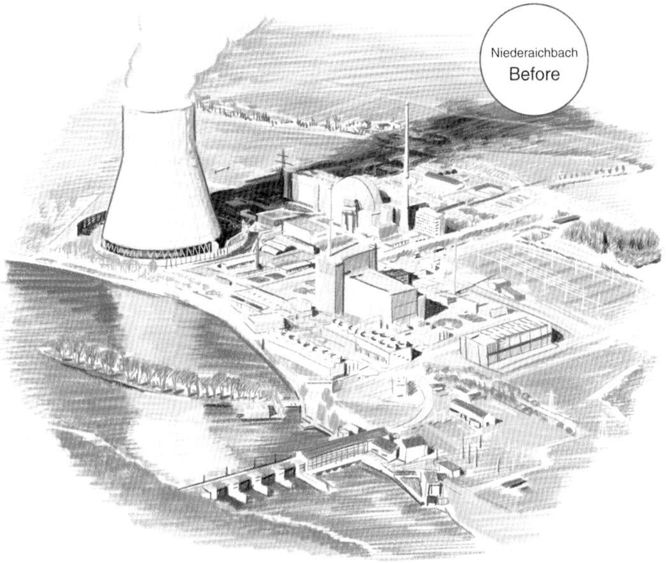

美國

## Fort St.Vrain

1997 年完成廢爐

DATA

**所在地** 美國科羅拉多州

**類型** 高溫氣冷式反應爐

**運轉開始** 1979 年

**運轉結束** 1989 年

停止運轉後，計畫將設施轉換為天然氣火力發電廠，並直接將廠房轉用為天然氣發電廠。

# 廢爐編年史

地球史中的廢爐

92U 鈾 Uranium

高階放射性廢棄物未經處理直接存放，放射性物質濃度降到和天然鈾差不多所需時間＝約 10 萬年。

10 萬年後

天然鈾（鈾 238〔$^{238}$U〕）的半衰期＝ 44.7 億年

40 萬年後

北海道新幹線預計全線開通

哈雷彗星接近地球

2027 中央新幹線（～名古屋）開通

2030 北海道新幹線預計全線開通

2031 ～ 2036 燃料殘渣取出完畢

2038 電腦的 2038 年問題

2041 ～ 2051 預計完成廢爐作業／利用奈米碳管製造出太空電梯

2061 哈雷彗星接近地球

2070 日本人口減半至 6581 萬人／世界人口達到 90 億人的高峰

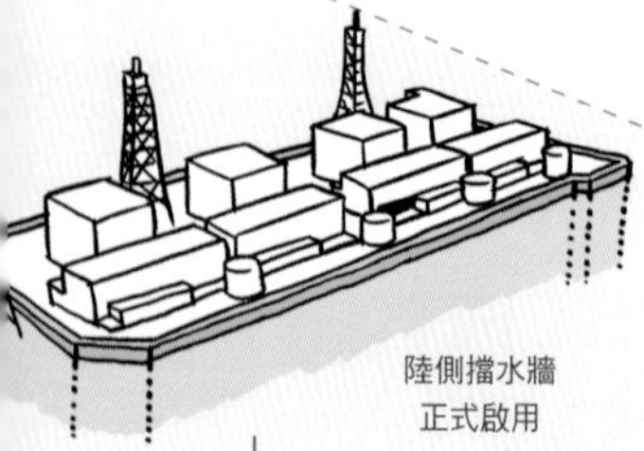

陸側擋水牆正式啟用

預計將消費稅提高至 10%

2014 …調書…事件

2015 海側擋水牆設置完成／常磐高速公路全線開通

2016 設置 3 號機燃料取出專用遮蔽罩

2017 解除「疏散指示解除準備區域」與「居住限制區域」等返鄉困難區域以外的疏散指示／預計將消費稅提高至 10%

2021 廠房內滯留水處理完畢

2025 邁入每 4 人就有 1 人超過 75 歲的超高齡社會

插畫 萩原慶

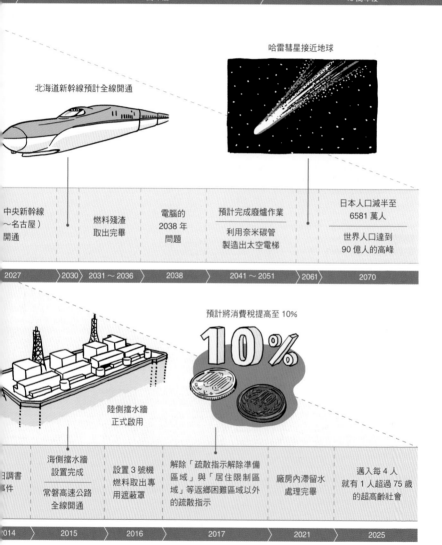

【開沼博的重點整理】

# 福島現存的五個課題

東日本大地震與福島第一核電廠事故發生至今五年，災區的狀況一天比一天更加難以理解。

雖然有媒體或知識分子一再採用「重建進度緩慢」、「廢爐毫無進展」、「景象一成不變」等充滿刻板印象的表達方式，但這些都是天大的謊言，那些充滿刻板印象的言詞，雖然在佯裝自己熟知福島課題上是很方便的表現方式，但任何人只要採用這樣的表現方式，即使實際上一無所知，聽起來也像真有那麼一回事，這無非是在自曝其短，就像自行拿出調查、取材不充分的證據一樣。

最糟糕的是，這種表現方式會讓人忽略現實，阻礙人們以適當的角度面對課題。現場有兩種情況，一種是獲得大量資源挹注，速度突飛猛進，另一種則是進度一點也不樂觀。此時真正需要的是冷靜評估兩種情況，妥善擬定日後策略的姿態。

## 課題1 全日本共通的課題

關於災區現存的課題，我想分成五項說明。

第一項是「全日本共通的課題」。

我們在了解災區發生的悲劇時，經常會看到「因為三一一的緣故」或是「如果沒發生核電廠事故的話」等慣用句，但實際上真的是這樣嗎？

在災區現存的課題當中，很多都是「全日本共通的課題」，亦即少子高齡化與人口流失、現存產業的衰退、醫療福利體系的瓦解、社區的瓦解等課題，這些是從以前就存在於全日本的課題。

不能否認的是，地震與核電廠事故確實導致這些課題大幅惡化，但即使沒有三一一，即使沒有核電廠事故，這些慢性課題依然存在，而且正在持續惡化當中。若不能認清這樣的事實，那麼在解決課題的過程中，恐怕無法確實掌握現狀，進而導致狀況更加惡化。

舉例而言，至今為止談到福島縣的健康問題，人們往往會刻意提到「輻射對健康造成影響」，不過在第一線醫療人員看來，真正明確增加且迫切的課題，卻是與輻射暴露所造成的傷害毫無關聯的健康問題。

一項研究結果顯示，在有疏散經驗的南相馬市與相馬市居民當中，罹患糖尿病的人數比地震前增加了一・六倍，理由據信是因為生活環境劇烈變化，再加上人際關係或日常活動改變所致，而且不僅糖尿病，連腦中風、高血脂症等各種生活習慣病，或是憂鬱等症狀都明顯增加了。舉例而言，罹患糖尿病的人，罹患各種癌症的風險也會大幅增加，若簡單比喻一下那種風險，假如現在討論的「因輻射而死亡的人」是一人的話，那麼「在糖尿病影響下死亡的人」可以說是高達一百人的程度。即便如此，還是有部分大眾媒體完全不提此事，一味堅持討論「核電廠與輻射」，那種「記者精神」實在令人不敢恭維。在那種煽情主義蔓延的過程中，有資料明確顯示，在福島地區有年幼孩童的母親中，有愈來愈多人出現憂鬱症狀，也有愈來愈多兒童出現肥胖的現象。

在避難期間死亡的人稱作地震關聯死亡，而福島縣的地震關聯死亡人數已超過兩千人；另一方面，福島縣因為地震或海嘯而死亡的人大約是一千六百人。也就是說，目前長期避難所奪走的人命已經超過地震、海嘯或放射線了。

我們應該冷靜地意識到，在當地發生的事是「全日本共通的課題」，並致力於改善最根本的慢性疾病才對。

### 課題2 重建泡沫後該如何是好？

第二項是後重建期的課題，說得更簡單一點，就是重建泡沫結束後該如何是好。

國家設定的集中重建期間是從二〇一一年度起的五年期間，換句話說，據說花費高達二十六兆日圓（相當於新台幣七・一八兆元）的重建預算，會在二〇一六年三月告終。

相較於地震之前，這段期間福島縣的預算多出一・九倍，規模達到一定程度的企業破產件數也減少至〇・三五倍，以工作地點為基礎的有效求人倍率也持續保持在全國最高水平的狀態；公共投資增加，資金周轉與雇用狀況改善，企業的破產件數減少；行政機構主導的企畫開始推行，城鎮的樣貌也日新月異。這就是災區五年來持續發生的狀況。

若考量到地震與核電廠事故所造成的重大損害，這當然是必要的預算，只是有一點可以確定的是，像這種持續投入平時雙倍預算，並仰賴這樣的維生系統苟延殘喘的模式，肯定不能說是健全的地方經濟模式吧。

今後需要的是自立支援，究竟要怎麼做才能靠自己的力量，繼續栽培至今為止在集中重建期間誕生的希望種子呢？為了達到這個目的，比預算更重要的是讓社會能夠持續蒐集並活用知識、技巧，或者是女性或年輕人的力量。失業率或破產件數有可能增加，在某些情況下也有可能造成更多的憂鬱或自殺案例。此外，行政機構或企業提供給非營利組織的補助款也會減少。

這個應該被稱為「重建泡沫」的狀態，發生在將預算集中投入土木建設業，和少部分製造業或醫療福利服務等產業的背景下。可以想見的是，這些產業今後要以新的形態自立，將會是一項重大的負擔。在支援這些狀況的同時，也要防止遺忘。重要的是，讓每一個人都知道接下來即將進入後重建期一事。

### 課題❸ 謠言對策

從第三項開始是福島特有的課題。首先，第三項課題就是謠言。

至今依然有消費者會刻意避開福島的米、蔬菜或海鮮等初級產品，根據多項調查結果顯示，有二至三成的人對於放射線有所忌諱，而且有刻意避開福島產品的意識。

不過對於做為判斷根據的知識，我們究竟了解到什麼程度呢？

舉例而言，福島產的米必須經過所謂的「全量全袋檢查」，檢查方式正如字面所示，每一袋米都會進行輻射含量檢查，平均一年的檢查數量多達一千萬袋，但其中又有多少袋超過法定標準呢？二〇一二年是七十一袋，二〇一三年是二十八袋，二〇一四年是兩袋，二〇一五年是〇袋，以上每一個分母都是一千萬袋。也就是說，最多的時候也只有千萬分之七十一而已，而且這個法定標準還是以「每公斤一百貝克」為基準，相較於歐盟一二五〇貝克和美國一二〇〇貝克等國際基準，即使日本設定的基準嚴格十倍以上，依然未檢測出放射性物質，背後的原因是當地積極推動一種如特效藥般的「噴灑鉀」策略，

認識廢爐須知的15個數字

**Q9** 目前（2016年2月）有多少人生活（居住&工作）在福島第一核電廠周圍曾被下達疏散指示的地區？

**A9 約3萬人**

2015 年 12 月的大熊町大川原地區，後方的建築物是福島復興中央廚房。

如此一來即使在含有放射性物質的土地上務農，放射性物質也不會影響到作物。

海鮮類產品也一樣，地震剛發生時，漁獲當中約有四成超過食品輻射污染容許量標準，不過到了二〇一五年，約八千五百件樣本當中只有四件超過標準，雖然福島第一核電廠的污水問題尚未解決，但「大量放射性物質流入海洋」的印象是核電廠事故剛發生時前幾個月的事，與現在的情形並不相符，其中占多數的銫134在經過半衰期後，輻射強度已經降低，同時魚經過世代繁衍，如今要找到含有放射性物質的海產也愈來愈困難了。

當然，此處想表達的並不是「這樣就很安全，沒有任何問題了」。由於無法讓社會知道這些事實來刷新舊的印象，而造成福島的二度傷害，我們必須加以避免這樣的事情才行。

舉例而言，至今依然有農漁業者，光是在媒體上宣傳作物，就收到「殺人犯」或「不要賣危險的東西」等抗議訊息，或是在網路上遭到誹謗中傷。此外，前陣子曾發生一個事件，一項在福島沿岸國道六號線進行的道路清掃活動，首度準備在地震後重新舉辦，沒想到主辦團體卻收到超過一千件的誹謗中傷電話、郵件和傳真，但這項活動其實從地震前就定期舉辦，對於放射線的預防也有周全的對策。

在國外甚至曾發生更嚴重的事件，日前日本外務省在韓國籌辦販售東北產品的活動，卻遭到當地的反核團體要求「中止舉辦販售福島產品的活動並為此致歉」，最後活動雖然被迫中止，但這只不過是冰山一角而已，其他國家也持續在檯面下上演各種類似的情形。

謠言對觀光業也造成嚴重的影響，舉例而言，福島縣的觀光客造訪人數已經恢復到地震前的八成五，但這已經是極限了，不再回訪的是學校教育旅行，也就是校外教學，雖然許多家長都說：「現在去東北或福島應該可以學到很多東西吧？」「那裡是八重之櫻的拍攝地吧？」但只要有部分家長堅持：「怎麼能讓孩子去福島！」「難道想傷害孩子嗎？」

如此一來重視建立共識的學校，就會改變地點到福島以外的地方「息事寧人」。只要調查一下具體事例，這樣的情形就會浮上檯面，但不用說也知道，學生並不會因為在福島停留就受到異常的輻射暴露。最近福島高中的高中生將輻射劑量警報器發送給國內外的高中生，請他們在生活中實際佩戴在身上，最後再比較累積劑量，如今研究成果出爐，結果顯示無論是生活在福島縣內可以住人的地區，或是生活在國內外其他地區，暴露量並沒有顯著差異，反而日本西部或海外某些地方的劑量還比福島高，例如去上海校外教學的話，天然的輻射劑量率是每小時〇・五微西弗左右，在福島等日本國內地區則大約介於〇・〇五到〇・二微西弗的範圍。

當然，前述那些做出極端歧視行為的人，是一部分較激進的「擺脫核電、避免輻射暴露」的活動人士，從整體來看只是極少數人而已，不過當這些以不安與無知為背景的「極端分子」所做出的歧視性言行愈是蔓延，福島的問題就會離「普通人」愈加遙遠，這種情形使人們加速遺忘福島的問題。正因為是「普通人」，才更需要學習正確知識，創造出可以專注討論必要議題的環境才對。

## 課題4 該如何處理1F的周邊地區？

第四項是福島第一核電廠周邊地區的重建課題。

各位可以想像福島第一核電廠周邊曾被下達疏散指示的地區，現在有多少人在那邊生活嗎？

答案是超過三萬人，疏散結束後回來居住者有五千人，從事核電廠廢爐工作人員有七千人，從事除污作業者有一萬九千人。當然，實際在此生活者只是其中一部分，但至少這裡已經是一個每天有三萬人進出的生活圈了，三萬人的生活圈有多大呢？舉例而言，日本的基礎自治體（譯註：最低層級的地方行政單位。）大約是一千七百個市區町村，而三萬人的生活圈已經可以列入前七百大

楢葉町公所前的臨時商店、餐廳與超市對居民來說已成為不可或缺的場所。

的人口規模，這樣的人口遠超過人口稀少地區，因此也衍生出新的課題與可能性。今後，除污作業雖然會減少，但應該陸續會有人從疏散地區歸來，或是前來投入新成立的研究單位而在此居住。這塊一度被稱為死城的土地，正由一群新的人口展開生活，並帶來新的課題與希望。

然而我們現階段的認知，卻很難說與這樣的現實同步俱進。雖然也有人對照一九八六年發生核電廠事故的烏克蘭車諾比，反覆使用「從那天起，世界上就多了一個永遠無法住人的城市」等充滿刻板印象的表現方式，而且還樂此不疲，但現實並沒有那麼地幼稚而膚淺。

即使是在發生事故的福島第一核電廠一到四號機所坐落的大熊町，今年也有人入住東京電力公司的七五〇戶宿舍，其周圍還新建有兩千戶的公營住宅。當然，透過集中除污等作業，也保障了放射線相關安全性。

若從表面膚淺的印象看待福島的問題，久而久之就會遺忘，所以不僅是災民而已，我們所有人在面對這個問題時，都應該要兼顧現正進行的動態生活，與至今仍未進展的生活重建兩種視角。

### 課題5 如何建立社會的共識？

倘若前面提到的課題屬於中期課題，那麼第五項就是長期課題，這項課題是什麼呢？就是「建立社會共識」。

舉例而言，最近的問題之一，就是福島第一核電廠污水槽內持續累積的水該如何處理？從科學上來說，其實這些水直接排入海裡也沒有問題，所謂「污水槽內的水」具體而言，就是已經透過放射性污水處理系統（ALPS）等設備，除去銫等主要放射性物質的淨化水，只是在淨化的過程中，唯有一種放射性物質無法除去，那就是「氚」。這個「氚」究竟是什麼東西呢？其實就是「氫」的同位素之一，唯有這種物質難以經由過濾器取得，問題在於這種物質排入海裡安全嗎？答案是安全的，因為這種物質本來就會自然產生，並存在於自然界裡。比方說，在太陽光的作用下，地球上至今依然每年會產生一萬兆貝克的氚，雨水、河川或海洋中全都含有這種物質，正常運轉的核電廠也會持續產生氚，因此在已開發國家，氚並不會造成健康損害等問題，早已是不言可喻的事。雖然各位可能會想，氚的濃度太高好像會有風險，但反過來說也一樣，只要經過稀釋，氚的濃度就會變得跟大自然中的濃度一樣，如果能像點滴那樣慢慢混入普通的水裡，最後就會變成放射性物質含量極少的水了。

那麼現階段為什麼不採取這種作法呢？儘管政府相關人士和漁業相關人士

都具備這項知識，卻不採取這種作法的原因，是因為社會對此並不了解，假如實行的話會造成恐慌。具體來說，很有可能會再度引發謠言風波。

當務之急就是宣傳可以做為判斷基準的知識，思考相關技術的可能性，並取得大家都認為「這樣的風險可以接受」的共識。

磐城市四倉町的大川魚店，每天都有許多客人來買送禮用的海鮮禮盒或試營運中捕獲的在地漁獲。

同樣的結論也可直接適用在除污瓦礫該如何處理，也就是中期貯存的問題。國家承諾在三十年內將福島縣內的除污瓦礫搬移到福島縣外，但這件事情能否實現是「建立社會共識」的問題，即使無法順勢而為，也必須完成「社會共識的建立」才行。

同樣地，廢爐也必須在「建立社會共識」的前提下，才有可能完成。雖然大部分人應該都沒聽過討論內容，但氫氣爆炸後福島第一核電廠反應爐廠房或內部的燃料殘渣變得亂七八糟，究竟該送到哪裡去呢？其實這個問題至今依然找不到解決方案。換句話說，即使廢爐順利進行，也無法摧毀那座廠房，因為摧毀以後沒有地方可以安置那些垃圾，畢竟這不像一般垃圾那樣，直接送去垃圾集散中心再送去掩埋場即可。

福島的重建進度緩慢，此時此刻必須加快重建的腳步。為此，我們必須推動「社會共識的建立」，這是人文方面的問題。當科學方面的技術論逐漸塵埃落定，接下來的關鍵就在於我們的社會要如何進行討論與決定。比起仰賴自然科學或工學領域的專家和技術人員，社會科學方面的應變更應該反求諸己，「建立社會共識」或許將成為今後需長期面對的福島課題。

隨著時間的流逝，前述五項課題在如今這個邁入第五年的階段，鮮明地浮現出來。這不僅是各種個別課題逐一經過爬梳的結果，同時也顯示今後在應變上講求的是充分的耐性與韌性。

重要的是無論是否為利害關係人，都應該共同解決這些課題，沒有人應該置身事外。

傍晚的國道6號線。即使是無人居住的返鄉困難區域，從1F前往J-village的路上依然車流不息。（攝於2016年1月14日）

# 第三章

## 1F周邊地區變成什麼模樣？

在你的腦海中，如果以「福島第一核電廠廢爐」為關鍵字搜尋圖片，最先出現的會是什麼樣的圖片呢？

或許是「瓦礫」，或許是「鋼骨」，或許是「混凝土」，也或許是「防護衣、全罩式面具與輻射劑量警報器」；再不然，也有可能是「身穿工作服出席記者會的東電負責人」、「坐在桌前的核能管制委員」，或是「全身或脖子以上被打上馬賽克的作業員，正在談論有關『核電廠殘酷的勞動真相』」。

不過這些絕非「廢爐的全貌」，廢爐光是從這些「廠區內部」的面相去理解或支持是不夠的，必須連同周邊地區和生活在當地的人一併檢視，才有可能看清楚廢爐的全貌。

現今依然有很多人生活在福島第一核電廠的周圍。

正如前一章（二四九頁）所述，那裡有一個「三萬人規模的生活圈」，那樣的生活圈絕不算小，有那麼多人每天在那裡生活、工作的話，肯定會產生新的課題與可能性，而預計將耗時三十年以上的廢爐也會同時進行。

本章將描繪的是「支撐著廢爐的地域」與「當地人的面貌」，目的是希望大家在腦海中搜尋「福島第一核電廠廢爐」時，能夠浮現出「人的容貌或那個地方最新的圖片」。

有些人每天通勤往返於廠區內部與廠區外部，有些人雖然曾經暫時去避難卻又重新回來生活，有些人至今依然參與除污或拆除房屋等重建相關工程，有些人在支撐廢爐的城市經營旅社、餐廳、商店等等，也有些人來旅行、衝浪或釣魚，除此之外，這裡還有醫療機構與學校。正因為有這些人，1F廢爐才得以成立；正因為有這些人，我們才能夠確保安全的生活，廢爐也才得以進行。

有些不了解實情的人，即使造訪當地，也常把「景象依舊毫無變化」或「重建毫無進展」等表面的、刻板印象的言詞掛在嘴邊，但那只不過佐證了那些人並沒有努力注視確實存在於當地的生活，也疏於察看生活在當地的人的面貌。

那裡已經有很多人居住，景象也持續在改變當中。

二〇一五年，中央廚房在坐擁1F的大熊町重建據點大川原地區開張，共有超過一百名員工在那裡服務；二〇一六年，原本住在J-village組合屋宿舍長達五年的東京電力員工，搬遷至東電建設的七五〇戶公司宿舍。今後還有數千戶的一般住宅將完工，企業的辦公室也將落成。除了返鄉困難區域，包括雙葉町在內的周邊地區都開始準備解除疏散指示，而返鄉困難區域也將在二〇一六年針對重建的可能性，包括具體上是否有可能居住等問題，一併進行討論。

五年後的現在，在這塊一度人去樓空的土地上，究竟會孕育出什麼樣的未來？人們又會在此展開什麼樣的生活呢？

**攝影師石井健眼中的風景 ③**

從廠區內望向太平洋，一名男性在冬天寒冷刺骨的海風吹拂下，在海岸附近持續進行作業，後方的海洋則完全被消波塊擋住了。

攝於 2016 年 1 月 14 日

竜田一人漫畫 3
廠區外部
辛苦了。
J-village 圓環
（前往 1F 的作業員巴士發車地點）
這裡是 J-village，可以說是廠區外支援廢爐作業中心。
這裡原本是一處運動振興機構，曾用來當作日本足球代表隊的訓練場地。
現在則有東京電力的福島復興本社進駐在此。
在第一核電廠事故發生後，此處成為善後作業的後勤設施，
負責作業員的裝備管理、研習、登錄等業務。
右

目前裝備相關業務已移至 1F 入口的出入管理大樓

多虧J-village這裡，與1F之間是二十公里的絕佳距離，
所以多少有助於緊急作業的進行吧。
這裡真的派上了很大的用場，
但還是想盡早把場地還給足球界。
是啊，東電將在近期修復返還這座設施，預計在二〇一九年重新啟用為足球場地。
地方設施也逐漸在修復當中，
J-village 旁邊的二沼綜合公園也曾經是承包商或協力廠商的臨時現場辦公室，
現在則全部徵收回來，變回原本民眾休閒的綠地。
隨著廠區內部作業的進展，廠區外的環境也持續變化當中。

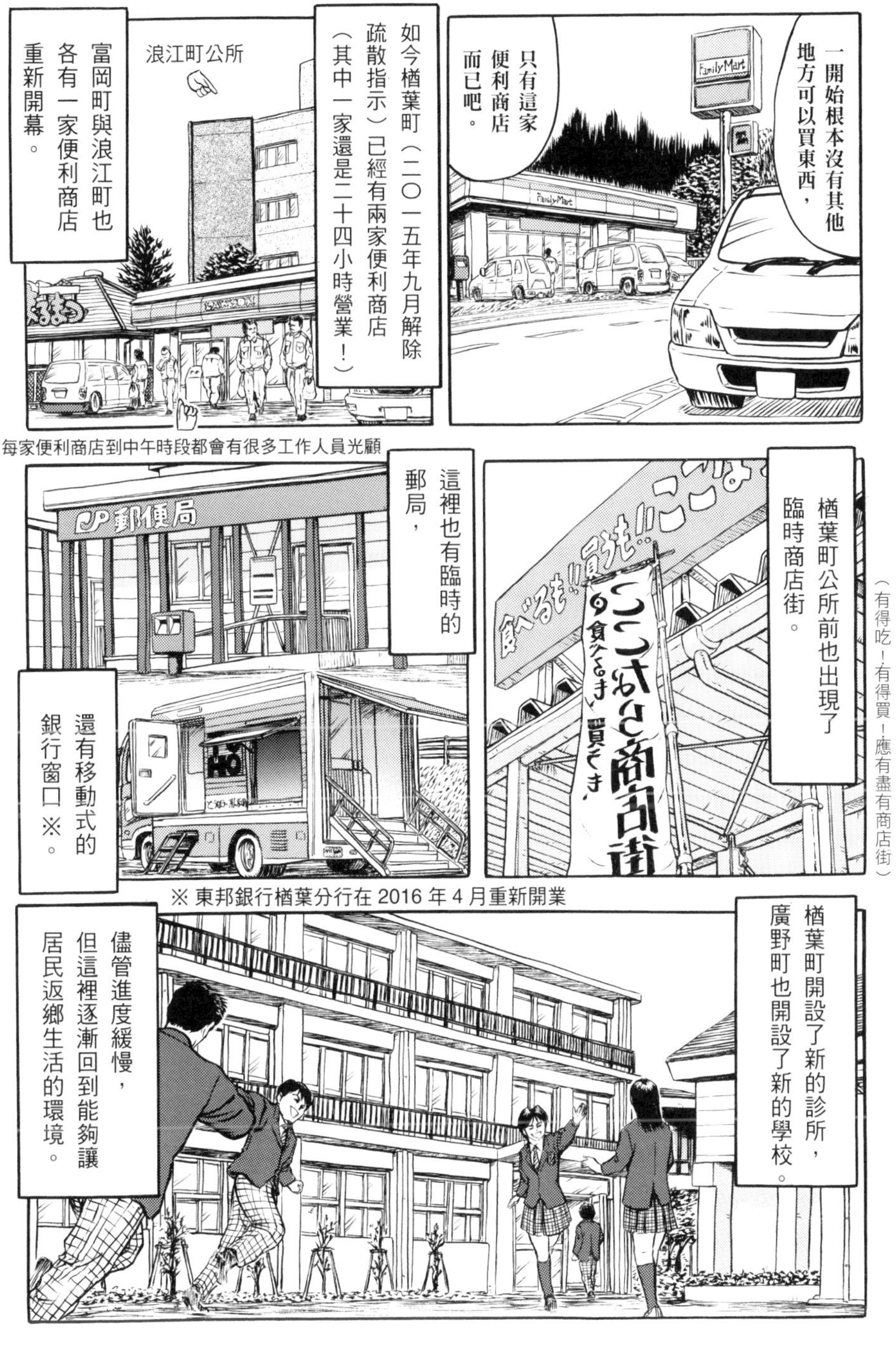
一開始根本沒有其他地方可以買東西，
只有這家便利商店而已吧。
如今楢葉町（二〇一五年九月解除疏散指示）已經有兩家便利商店（其中一家還是二十四小時營業！）
浪江町公所
富岡町與浪江町也各有一家便利商店重新開幕。
每家便利商店到中午時段都會有很多工作人員光顧
楢葉町公所前也出現了臨時商店街。
（有得吃！有得買！應有盡有商店街）
ここなら商店街
這裡也有臨時的郵局，
郵便局
還有移動式的銀行窗口※。
※ 東邦銀行楢葉分行在 2016 年 4 月重新開業
楢葉町開設了新的診所，廣野町也開設了新的學校。
儘管進度緩慢，但這裡逐漸回到能夠讓居民返鄉生活的環境。

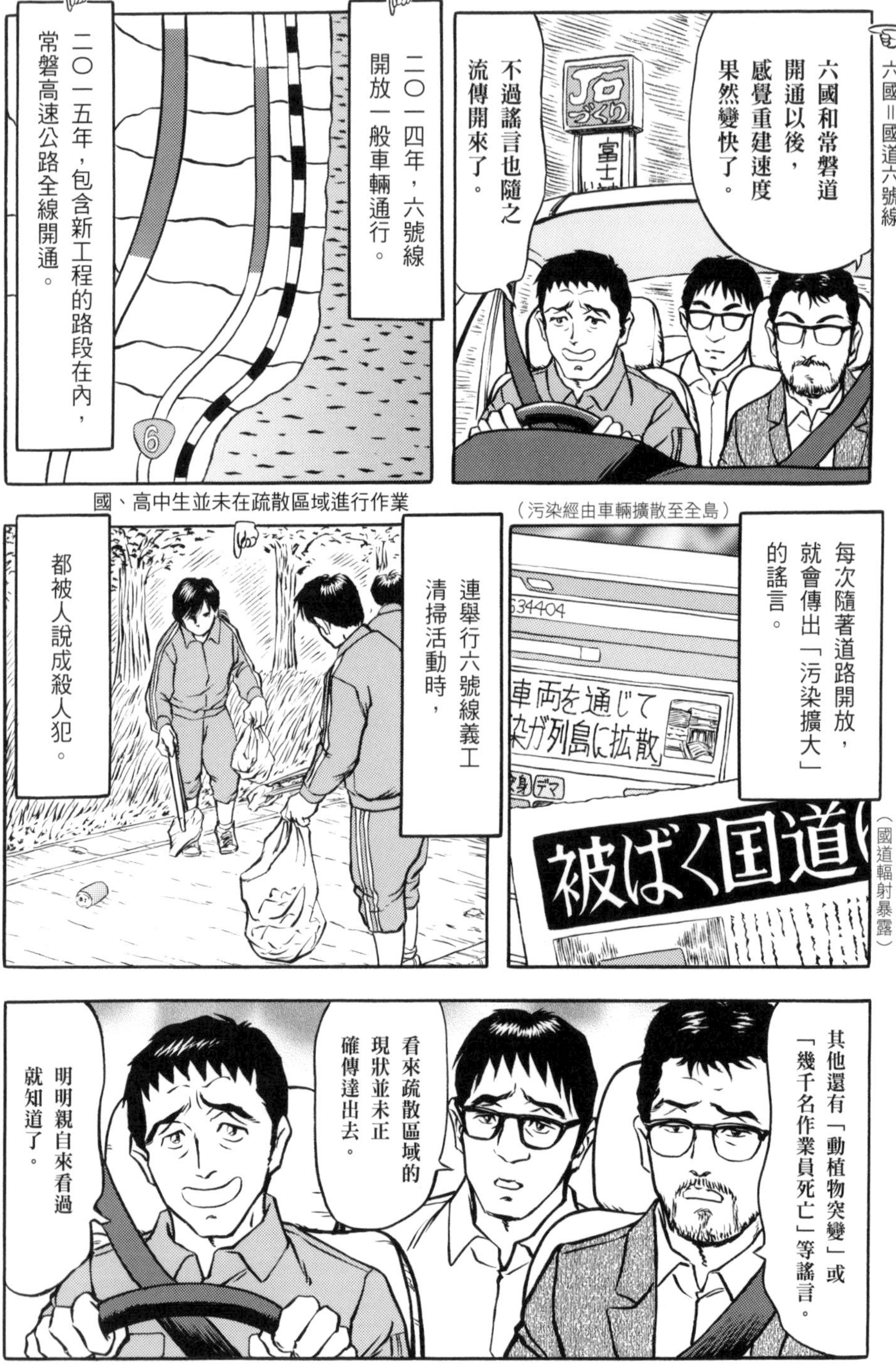

六國＝國道六號線
六國和常磐道
開通以後，
感覺重建速度
果然變快了。
不過謠言也隨之
流傳開來了。
返鄉困難區域禁止機車與行人通行，也禁止停車
二〇一四年，六號線
開放一般車輛通行。
機車也可行駛高速公路
二〇一五年，包含新工程的路段在內，
常磐高速公路全線開通。
6
（污染經由車輛擴散至全島）
每次隨著道路開放，
就會傳出「污染擴大」
的謠言。
（國道輻射暴露）
被ばく国道
車両を通じて
染が列島に拡散」
國、高中生並未在疏散區域進行作業
連舉行六號線義工
清掃活動時，
都被人說成殺人犯。
其他還有「動植物突變」或
「幾千名作業員死亡」等謠言。
看來疏散區域的
現狀並未正
確傳達出去。
明明親自來看過
就知道了。

從確定在東京舉辦開始就反覆重提此事
所以我才說既然要在東京舉辦奧運，那就在六國傳遞聖火就好啦！
實際上，福島縣已向日本奧委會傳達這項期望。
你一直這樣講，最後搞不好會讓你去跑喔。
這就饒了我吧～
討厭跑步
總之可以確定的是，今後地方的重建也會以這條國道六號線為中心吧。
目前也在進行一項「櫻花計畫」，準備在沿線種滿櫻花樹。
富岡町的「夜之森千本櫻」雖然還有一半的區域禁止進入，但應該不久之後就可以賞花了吧。

雖然大熊町現在還是疏散區域，但已經有為1F的工作人員蓋了中央廚房，
附近也蓋了東電的員工宿舍，而且不是聽說從今年（二〇一六年）就會開始住人了嗎？
附帶一提，這些建設所坐落的大川原地區原本就是輻射劑量較低的場所
之前都從100公里以外的宿舍遠距離通勤，所以感到超級羨慕
話雖如此，但現在的狀況還是有待改善。
是啊，尤其是對那些正在避難的人來說。
但像我這種後來才來的人，看到這裡稍微恢復活力，還是很高興啊。
雖然還有很多像是疏散解除時期的判斷或賠償問題等還有待解決，
所以，
為了振興地方經濟，
來去喝一杯吧♪
但地方的重生與發展才是從今往後支持廢爐現場的關鍵。

# 廢爐的預算是多少？

## 空間上和時間上都難以掌握的「廢爐」實況

假如有人問：「日本是什麼？」可能會得到各種答案，例如「政府」、「具象徵意義的天皇」、「靠著約九十兆日圓（相當於新台幣二十四・八六兆元）的預算在運作」、「領土、領海與領空」、「大概是從邪馬台國的時候開始的」、「有國民才得以成立」、「因為奧林匹克等運動或文化而受到矚目」等等。

但對於「廢爐是什麼」的問題，答案或許跟這些有些類似，也或許有些難以回答。

首先關於空間上位在何處的問題，答案就如貫穿本書的內容所示，包括廠區內部與廠區外部兩個部分，如果只看廠區內部的話，永遠也無法看清楚廢爐的實況，不過廠區內部的範圍究竟到哪裡呢？連海洋也包含在內嗎？從出入境管理區域的哪裡開始呢？邊界線其實有點模糊。這樣說來，廠區外部的範圍更加模糊，究竟指的是以雙葉郡為中心等十二個被下達疏散指示的市町村？還是連其他地區也包括在內呢？又範圍是否會隨時間的經過而有所改變呢？

時間上來說也是如此，雖然整體來說可以確定的是，問題是從三一一的時候開始的，但若將目光焦點轉移到廠區外部的問題上，即可看出醫療、教育、地方社區所面臨的問題其實早從更早以前開始，就與其他各種議題交互參雜在一起，至於何時才會結束，其實非常難說，今後國道六號線或J-village應該會因為奧運或世界盃橄欖球賽等活動受到關注，屆時那些地方或許也會成為廢爐的象徵。

本單元希望經由介紹「哪些組織與人物與廢爐有關」或「使用多少預算在運作」來描繪出其全貌。

## 廢爐相關人物與組織的關係

首先是「哪些組織與人物與廢爐有關」。

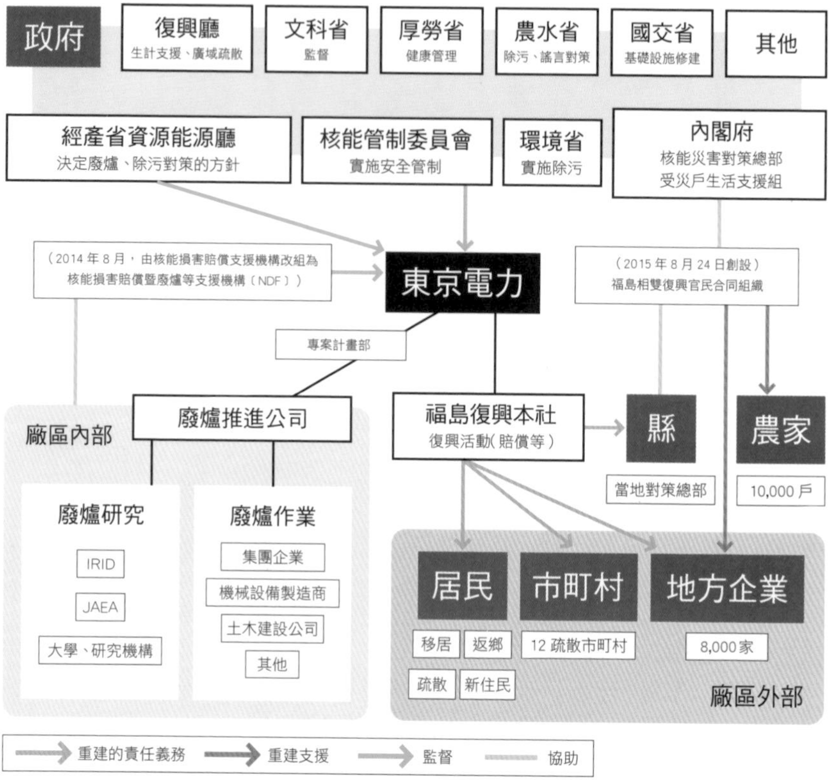


【圖 1】1F 廢爐相關組織示意簡圖

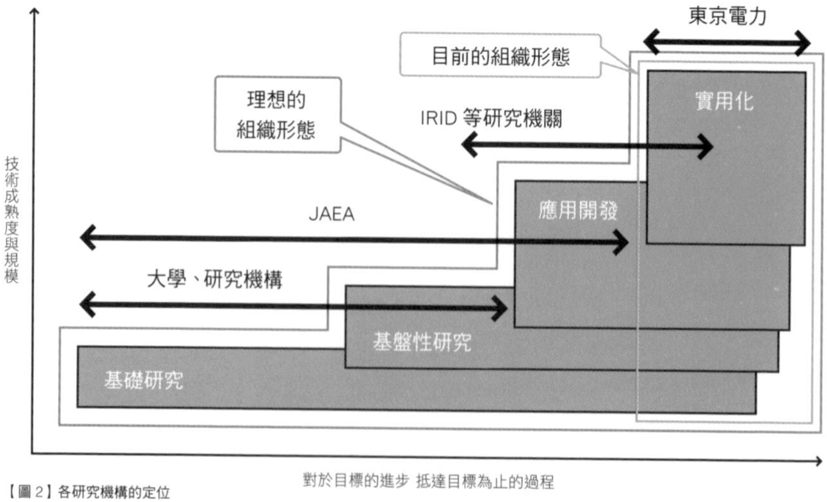


【圖 2】各研究機構的定位

出處：參考 http://www.aesj.net/document/(1-4) 福田 .pdf 繪製而成

【圖1】是以東京電力為中心的示意簡圖，我想只要能夠理解這張圖，應該就能夠概要性地掌握整體架構。將東電置於1F廢爐的中心，主要還是因為各種責任與行動都集中在此的緣故，所以以此為中心進行繪製，比較能夠透過簡單的模型說明複雜的政治、經濟和社會現象。

首先，東電旗下有兩家公司，分別是「廢爐推進公司」與「福島復興本社」，基本上只要記得，廢爐推進公司主要負責廠區內部，福島復興本社負責廠區外部即可，活動內容等詳細情形請參閱增田負責人與石崎代表兩位領導者的訪談報導。

其次需要了解的是政府方面的動作，可分成三大主軸：

一是「對於1F本身採取的應變」，主要窗口是經產省資源能源廳與核能管制委員會，兩者的差異在於前者負責推動廢爐與污水對策，後者則負責安全管制。

二是「除污」與相關的中期貯存設施建設等作業，由環境省負責主導，目前為止進行的是所謂的「直轄除污」，以1F周圍輻射劑量率較高的自治體為對象，如果能夠按照計畫順利進行的話，整個除污作業預計將在二〇一六年度告終，之後應該會以追加除污與完成中期貯存設施所需的各項作業為主要工作。

三則是以內閣府為中心的措施。在事故發生當時，政府的中心是「核能災害對策總部的核能受災者生活支援組」，相關內容也在日本前副官房長官福山哲郎的訪談報導（→三六五頁）中有所提及，這就是至今跨省廳執行避難者支援、疏散指示區域重編或解除、檢討放射線相關標準等政策的單位。目前活動重心則是支援被下達疏散指示的十二市町村居民。復興廳也投入新的業務，支援那些協助解決「新東北」這項地方課題的組織，或協助派遣在東京等地的企業人才前往名為「WORK FOR東北」的災區自治體。

除此之外，各省廳也會隨時因應個別的課題。至於這張圖表上沒有呈現出來的部分，例如至今依然有國家因為福島第一核電廠事故，而限制進口日本產的食品，所以為了傳達日本國內的狀況或讓他國變更限制，必須加強對外的溝通，此時就有可能需要外務省的支援等等。

## 進行廢爐作業與研究的廠區內部和至今依然面臨課題的廠區外部

最後關於非東電也非政府的部分，則以顏色區分為「廠區內部」與「廠區外部」，其中牽涉到各方各界，界線也難以劃分。首先「廠區內部」由廢爐作業與廢爐研究占據大部分比例，「廢爐作業」在有關工作環境的單元有詳細解說，因此這裡不再重複，至於「廢爐研究」應該有很多人難以想像是什麼樣的情況吧？首先範圍最廣的是大學等研究機構【圖2】，這裡不僅埋藏著各種研究的種子，同時也是培養年輕研究員或技術員等人才的機構，不過大學的研究還是比較難將應用性或實用化納入視野當中，因此才會有JAEA或IRID等機構。

JAEA是「日本核能研究開發機構」的簡稱，是事故發生前就已成立的機構，專門進行核能相關研究，雖然是「專門」的研究機構，但研究員總共多達四千人，研究內容也相當廣泛，核能管制委員會的田中委員長也是這裡出身的。其次是IRID，這是「國際廢爐研究開發機構」的簡稱，在事故發生後的二〇一三年八月才成立，專門為了廢爐進行研究，並且是由JAEA、電力公司、機械設備製造商等十八家法人共同設立，此處進行的研究已相當接近實用化的範疇。簡而言之，廠區內部進行的就是近程的廢爐作業，與從長期觀點出發的研究。

其次是廠區外部，到了這個部分，應該就會有很多報紙或電視上常見的「廢爐」相關新聞。正如圖表所示，當中包括縣、市町村、居民、地方企業等，每一個角色都各自面對著不同的課題。

關於這個部分，有幾項比較新的重要措施，一是「福島相雙（譯註：相馬和雙葉兩個廣域行政圈。）復興官民合同組織」，這是由內閣府與縣等單位成立的組織，內部成員雖然有公務員，但也有很多從東電調派過去的人。這個組織正如其名，是由政府機構與東電共同合作，主要業務是訪問八千家地方企業調查所面臨的課題，或推動一萬戶農家重新開始務農。重建主要可分成三種層面：（一）政府主導，（二）生活環境，（三）民間私人，相較於（一）和（二）的方針已經達一定程度，十二疏散市町村的（三）卻幾乎毫無進展，僅憑民眾自立自強，因此才會出現這樣的變化吧。

另一項則是「核能損害賠償暨廢爐等支援機構」，之所以成立這個組織，是因為東京電力無法單獨支付所有賠償金，而做為一家「民間企業」，東電要推動廢爐也有其限制，因此必須有一個獨立於國家和東電的機構，以全國的力量共同分擔國家對東電的資金貸與、提出廢爐的具體方針，或推動國內外的研究活動等工作。即使從國家的角度來看，廢爐也需要耗費三、四十年以上的時間，必須另外成立一個全力投入此事的機構。舉例而言，公務員無論如何都會有定期的人事異動或組織改編，因此人與組織所擁有的網絡或知識，要在三、四十年間維持持續性並不是一件容易的事，是以「核能損害賠償暨廢爐等支援機構」勢必將在今後成為具體應變的據點。

## 目前廢爐費用總計約兩兆日圓

由於此處提到資金運用的話題，接下來就整理廢爐在廠區內部花費的預算吧。

首先，關於東京電力是否有主動、正

式地整理廢爐相關費用提出淺顯易懂的說明，答案是否定的。雖然東電有針對放射線提出相當詳細的公開資料，但相對於此，關於哪些項目花費多少，目前並不能說有提出清楚的資料。即使提出疑問，東電也只會堅稱：「請看決算報告。個別項目花費多少錢並未對外公開。」

認識廢爐須知的15個數字

**Q10** 至2014年度為止，已知花費在廢爐上的預算總共是多少？

**A10** **5,912億日圓**
（相當於新台幣1,633億元）

因此，關於1F廢爐究竟花了多少錢，必須參考外部的檢驗資料才行。

在這方面整理得最完整的，就屬日本會計檢查院在二〇一五年三月公布的《東京電力株式會社之核能損害賠償相關國家支援等實施狀況的會計檢查結果報告書》，當中針對二〇一四年度以前可以確認的範圍，檢驗了實際上究竟支出多少費用。

從這份報告書上取得的資料顯示，截至目前為止，東電與國家的支出總計至少有五九一二億日圓（相當於新台幣一六三三億元）。其中包含以下項目：

首先是東電直接負擔的部分。

（一）災害損失為三四五五億日圓（相當於新台幣九五四億元），這是冷卻、除污、監測、取出燃料、維持廠房穩定等，廢爐或污水對策至今為止的主要部分。

（二）維持穩定費用為五四三億日圓（相當於新台幣一五〇億元），這是修繕、委託、消耗品等日常作業的相關費用。

（三）研究開發費為二十五億日圓（相當於新台幣六．九一億元），如何才能解決眼前的課題呢？必須進行各種研究並開發機件等等，這個部分是二十五億日圓。

除此之外，「技術性困難度高，必須由國家出面統籌的部分」則由國家負擔，這個部分是（四），共一八九二億日圓（相當於新台幣五二二．五七億元）。

另外，（一）與（三）是到二〇一三年為止，（四）是到二〇一四年為止的支出。

1F廢爐的現場就是一個隨時都在持續打造「新事業」的地方，例如製造ALPS、取出四號機的燃料、建造凍土牆、建造大型休息所等等。

倘若（一）是各種「新事業」的話，（二）就是維持「新事業」所需的營運成本，（三）是奠定「新事業」基礎的技術培育等活動，而所有之中困難度最高的就是（四），（四）的部分即使支出費用也不一定能得到結果，東電難以投入的研究、開發要素強的東西，由國家來負擔。基本上應該可依上述方式加以彙總。

最令人關心的是今後將會支出多少費用。這個部分明確列在二〇一五年修訂的東電經營計畫「新綜合特別事業計畫」中。

在廢爐費用的部分，彙總狀況如下：「總計將達九八六二億日圓（相當於新台幣二七二三・九億元）。此外，作業為求萬無一失，倘若有費用意外增加，也力求確實應變，除上述總計費用外，二〇一四年度起的十年間，以污水或穩定化對策的投資或費用為中心的總額為一兆日圓（相當於新台幣二七六二億元）」。

換言之，現階段預期「廢爐支出將達兩兆日圓（相當於新台幣五五二四億元）的程度」。然而這些只不過是現階段看得見的費用而已，實際上今後顯然還會發生各種意外狀況，或是發現更多必須的技術，現在預估的金額只是根據「既有技術」的適用或三哩島核電廠事故的殘渣取出作業等已知條件，預設可以掌握的費用規模並試算所得的結果而已。

## 除污費用超出預算了？

在調查1F廢爐的過程中，每當詢問各種不同立場的相關人士：「今後會如何改變呢？」得到的回答總是：「今後的方針要等狀況更加明朗才能夠逐步確定。」可見現階段還有非常多不明朗的部分。

因此，對於這裡說的兩兆日圓，最好還是能有這樣的認知，就是即使金額增長數倍也是不無可能的事，不過現階段唯有一點能確定的是，支出的費用不太可能一時之間暴增到數百兆日圓，反過來說也不太可能花數十億日圓就順利解決一切。

在此順便把東電或政府因為事故而負擔的廢爐以外的費用，也就是賠償、除污、中期貯存相關費用一起計算進去吧。

截至二〇一六年一月為止，賠償金額總計約五・八六一九兆日圓（相當於新台幣一・六一九一兆元）。那麼以後呢？根據「新綜合特別事業計畫」，包含以往支付的部分在內，預計將達到七兆七五三億八五〇〇萬日圓（相當於新台幣一・九五四二兆元）。雖然這個金額往後有可能再增加，但從某種程度上來說，已經可以算是度過巔峰了吧。

除污與中期貯存部分，按照二〇一三年當時的估算，除污是二・五兆日圓（相當於新台幣〇・六九〇五兆元），中期貯存是一・一兆日圓（相當於新台幣〇・三〇三八兆元），不過這個計畫已經無法成立了。若包含二〇一六年度的預算在內，現階段除污的預算總額已經達到二・六三二一兆日圓（相當於新台幣〇・七二六九兆元），換句話說，預算在作業進行的過程中已經超支了。

不僅如此，現在還面臨到新的問題，也就是關於「返鄉困難區域的除污」，這並不包含在當初計畫之內，日本環境省卻對此地區展開實驗性除污，而東電則表明不會支付這筆費用，因此產生了糾紛。

在此之前，除污費用都採取「先由國家代付費用，之後再由東電支付其部分費用」的形式，但由於環境省進行了計畫之外的除污，因此便與堅稱無法支付該部分的東電之間發生意見分歧。關於這件事，由於經產省也支持東電的見解，因此省廳之間的見解也出現差異。關於除污與中期貯存，五年前與現在相比之下，無論是輻射劑量率或社會的看法都有所改變，什麼才是真正必要的？又是否因為受到當初決定的計畫限制而產生不合理的現象？種種問題都逐漸浮現出來，而今後似乎仍會持續面臨這樣混亂的場面。

總之，目前從概數看來，廢爐約為兩兆日圓，賠償七・一兆日圓，除污三・六兆日圓，總計約支出了十二・七兆日圓（相當於新台幣三・五〇七七兆元）。

## 東電的費用返還期限與方法

最後，這筆國家預算級的龐大費用，東電究竟要在多久期限之內，如何償還呢？

首先關於期限的部分，根據前文提到的會計檢察院報告書，最晚將在「三十年後，即二〇四四年度以前全額回收」，不過這是以報告書製作當時的金額或東電的經營狀況為前提，因此在預算期限延長的情況下，也有可能會耗費更長的時間。然後另一個稍微複雜的情況是，由於國家是用國債交付這筆費用給東電，因此借款時的利息大約是一二六四億日圓（相當於新台幣三四九億元），而這個部分是用國民繳納的稅金來負擔。

雖然費用基本上是由東電負擔，但這個部分（即前文提到的廢爐研究開發部分等費用）卻是由國家以稅金來支援。

事實上，東電還有一個方法可以償還費用，也就是當初估算的約兩兆五千億日圓（相當於新台幣六九〇五億元）的除污費用，這個部分是以國家持有的東電股票出售收益加以彌補，說得更詳細一點，就是持有東電股票者是「核能損害賠償暨廢爐等支援機構」，他們要用大約兩兆五千億日圓的價格賣掉當初以大約一兆日圓（相當於新台幣二七六二億元）收購的東電股票，這是什麼意思呢？也就是說，東電必須改善營運狀況，將股價提高至兩倍以上，再把股票賣掉的意思。二〇一六年二月初的股價大約是六百日圓（相當於新台幣一六六元），因此東電必須讓股價提高至一千日圓（相當於新台幣二七六元）以上。為此，東電勢必得努力強化財務體質。

以上就是有關組織與預算的介紹，儘管看起來極其龐雜，但情況並非全然無序，至於能否在這種情況下順利推動1F廢爐，並創造出超越垃圾處理範疇的新價值，端視我們今後如何理解與討論。

# 關於疏散指示區域

曾被下達疏散指示的自治體包括雙葉町、大熊町、富岡町、楢葉町、廣野町、浪江町、川內村、葛尾村等雙葉郡的 8 町村，再加上相馬郡飯館村、伊達郡川俣町、田村市、南相馬市部分地區，共計 12 市町村。疏散指示將依序解除。

疏散指示區域的概念圖（2015 年 9 月 5 日）

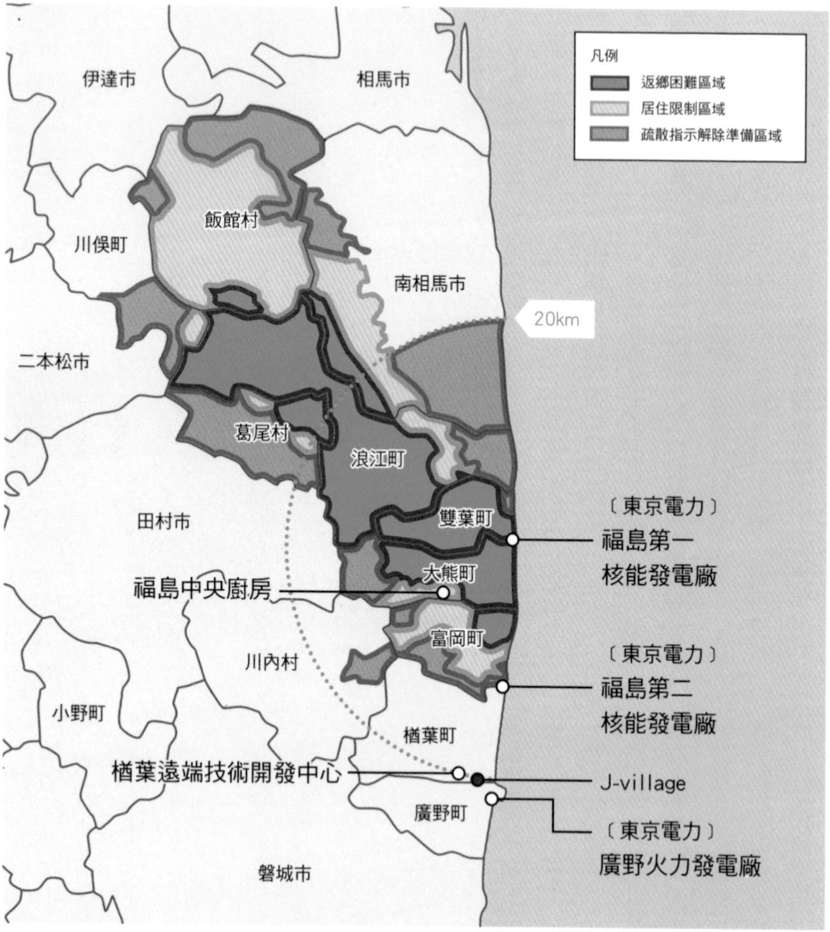


**返鄉困難區域**
由於輻射劑量率非常高，因此該地區必須設置路障等防護措施並要求人員疏散。

**居住限制區域**
為了讓居民能夠在未來返鄉並重建社區，有計畫地實施除污，並以基礎設施修復等必要的早期修復為目標的區域。

**疏散指示解除準備區域**
迅速實施修復或重建的支援方案，並以整頓環境好讓居民能夠返鄉為目標的區域。

出處：參考日本經濟產業省網站「疏散指示區域的概念圖（2015 年 9 月）」與福島縣網站製成

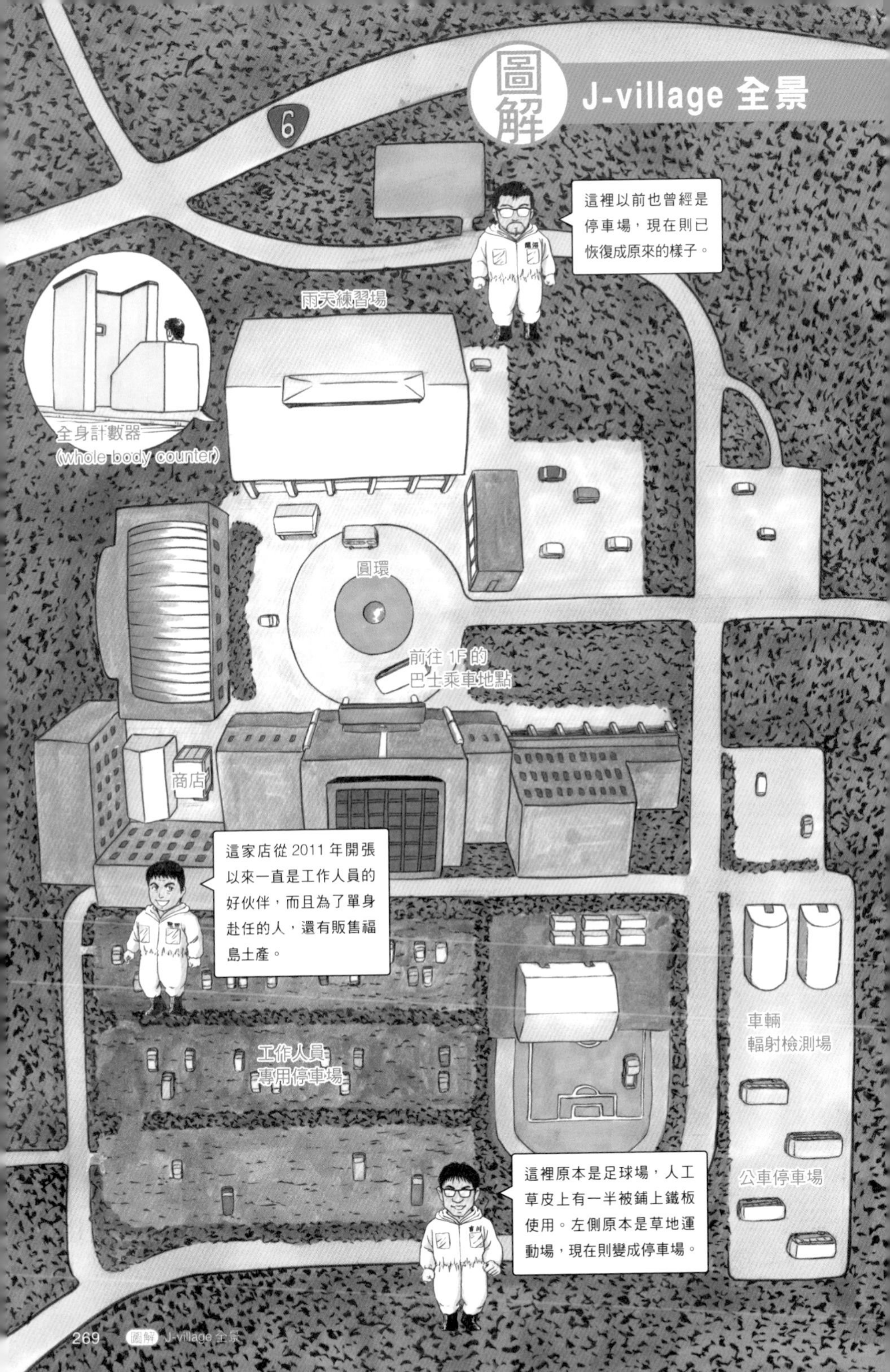
圖解 J-village 全景
6
這裡以前也曾經是停車場，現在則已恢復成原來的樣子。
雨天練習場
全身計數器 (whole body counter)
圓環
前往 1F 的巴士乘車地點
商店
這家店從 2011 年開張以來一直是工作人員的好伙伴，而且為了單身赴任的人，還有販售福島土產。
工作人員專用停車場
車輛輻射檢測場
公車停車場
這裡原本是足球場，人工草皮上有一半被鋪上鐵板使用。左側原本是草地運動場，現在則變成停車場。

# 在1F工作的人過著什麼樣的生活？

在福島第一核電廠工作的人，究竟過著什麼樣的生活呢？

關於他們居住的地方，其實並沒有一個特定的「廢爐相關人士居住地」，但似乎存在著特定的模式與偏好。

首先，在廢爐現場工作的人之中，當地居民大約占了一半，其中多數人都過著「一般的生活」，也就是跟家人一起住在周遭地區的獨門獨院或大廈，或者單身的話就一個人生活，並不會因為從事廢爐工作就有什麼特殊之處。

不過另一方面，確實也有很多當地居民正在過著避難生活，他們大多數都是原本就住在雙葉郡或周遭地區，並且是有在福島第一核電廠或第二核電廠工作經驗的人，因此有一段時間，或者直到現在都被迫遷至他處避難，他們都住在磐城市或南相馬市的臨時住宅、徵借住宅（政府徵借一般租賃房屋以提供給避難者居住的住宅）、復興公營住宅（以中長期居住為前提，為避難者建設的住宅）等地方，或是另行購入新居。

另一方面，也有半數左右是核電廠事故發生後，從遠方來此工作的人，他們都長期住在飯店、旅館、民宿，或是一般公寓等租賃房屋、宿舍，或者是因屋主前去避難而空置下來的民房等地方。

飯店、旅館或民宿的部分，自核電廠事故時，使用的就是原有的飯店、旅館或民宿，由於有很多人為了海嘯受災地區的修復工程或除污等目的聚集在此，因此磐城市或南相馬市的飯店、旅館或民宿始終處於難以預約的狀態，尤其是J-village在成為廢爐前線基地後，要在南側的磐城市找到住宿地點更是難上加難，甚至有一段時期，連距離那裡還要再花一小時左右的郡山市或茨城縣北部等地住宿都出入繁雜，在這段期間內，也有以仙台為據點的膠囊旅館業者進駐磐城市。在事故發生前，廣野町有些民宿專做核電廠定期檢查的生意，後來這些民宿也重新開業，同時也有商業旅館

認識廢爐須知的15個數字

**Q11** 在2015年底以前重返雙葉郡居住的居民人數是多少？

**A11** **4579人**
（僅包含廣野町、楢葉町、川內村）

全新落成，有些民宿還拆掉停車場，改建大量公寓，此外，有些原本經營餐飲店或賓館的業者也改變形態，開始經營以工作人員為服務對象的旅館。

在這樣的情況下，有許多業者開始以磐城市為中心，承租下一般的租賃物件讓受雇者居住，但也逐漸出現供不應求的狀況，一來因為前述的修復工程或除污等業者也採取相同的行動，二來一度到遠地避難的居民也再度返回磐城市居住。根據二〇一四年磐城市的公告地價，磐城市土地的地價上漲率占據全國前十名一事，即證明了此異常現象。

此事造成的影響就是人口的北上，如果現在前往廣野町，仔細觀察城市的樣貌，應該會發現兩件事。

第一件事是新的組合式小屋，這是廢爐或除污相關業者基於長期作業的判斷而建造的辦公室或住宅，在廣野以外的町村也可以看到這種組合屋，有些組合式小屋還有烹調區，有的是在那裡兼差的當地主婦，也有的是來自遠方、想在福島工作又會煮飯的人。

另一件事則是一般住宅變成了辦公室或共用住宅，有些房舍乍看之下只是普通的獨門獨院住宅，但曬著大量的工作服或庭院裡鋪著砂石，還停著業者的車，仔細一看就知道是業者承租的房子，業者向還在避難沒回來的居民承租房子，把屋內的物品保管在別的地方，然後將這種一般住宅當作宿舍使用。

廣野町原本的居住人口大約是五千人，目前大約有一半持有住民票的居民，也就是大約還有兩千五百人尚未返鄉，但若從整個廣野町的自來水使用量來看，水的使用量與地震前不相上下，可見總共有大約五千至六千人在此生活，換句話說，除了兩到三千名歸來的居民，其餘大約還有同等或更多參與廢爐或除污的人居住在廣野町。

可以想見的是，在二〇一五年九月解除疏散指示，成為居住可能地區的楢葉町，和將在二〇一六年到二〇一七年之間，視情況解除疏散指示的1F周圍自治體，應該都會陸續出現這樣的情形。

## 有三萬人居住的前疏散區域

在這樣的過程中，有件事情變得愈來愈重要，那就是如何才能將這個地區重建為「人類生活的地區」。

我們已經習慣將1F周邊地區形容成「人類不應該在那裡生活的地區」，例如「景色毫無改變，草木雜亂叢生」、「政府強制推動返鄉政策」或「讓國道六號線或常磐道開通還為時尚早」等等。關於輻射的問題，明明也有很多地區已經降低至〇．九微西弗以下，卻有外地人故意跑到山區或在排雨管等劑量率高的地方拿出輻射劑量警報器，小題大作地說：「現在還有這樣的地方。」好強調這裡是「人類不應該生活的地區」。雖然「現在還有這樣的地方」的確是事實，但透過這樣的行為重新製造核電廠事故後的形象，不去正視當前正逐漸改善的實情，只不過是一種停止思考的行為而已。

若正視現實就知道，我們並無任何餘地可以擺出高姿態討論此事的「應該或不應該」，因為事實上那裡已經是「人類生活的地區」了。那個曾被下達疏散指示、居住人口多達十萬人規模的地區，如今大約有三萬人在那裡生活，返鄉的居民約五千人，從事1F廢爐者大約七千人，從事除污者大約一萬九千人，雖然當中有不少人都是為了廢爐或除污而來，並未持有住民票，但正如前文所述，他們確實居住在這塊土地上，有這麼多人在這裡生活，就有可能出現新的問題和新的可能性。

現在需要的是習慣以「人類生活的地區」談論那塊土地，並且建立具體的構想，這對於原本就住在這個地區的居民，和核電廠事故後才來到這塊土地的人來說，都是很重要的問題，而現場也正如火如荼地準備當中。

## 進行中的居民返鄉準備工作

舉例而言，最快會在二〇一七年四月解除疏散指示，並有可能重新開放居住的富岡町，正在「疏散指示解除準備區域」與「居住限制區域」推動「特例住宿」，開放讓有意願的人前往居住數日到數週的時間，藉此確認生活上的便利性或安全性，預計經由「準備住宿」展開返鄉作業。

現在的問題是生活基礎設施和行政服務還不夠充足，商業設施也尚未重新營業。部分行政業務從二〇一五年十月起，在富岡町公所重新開始辦理，但還是有很多功能留在郡山市或磐城市。富岡町內的國道六號線沿線加油站也重新啟用，還有7-11也在二〇一六年三月開幕。雖然街上有些商業設施可以買到除草劑、滅鼠劑，或是可以喝杯茶休息一下，也有承攬除污事業的承包商所經營的店面，但目前可以給人們輕鬆交流的場所還是很有限。「Tom」原本是這個地區最大的商業設施，五年來始終閉門歇業，但到了二〇一六年以後，由於估計將有居民返鄉，因此目前已開始進行設施的清掃與改裝作業，計畫在二〇一六年秋季重新開幕。

此外，二〇一六年三月，東京電力福島復興本社將原本設於J-village的據點，遷至地震前就有的富岡町辦公室「濱通電力所」，J-village的部分留下二十名員工，負責支援居民返鄉的復興推進活動，其他員工則被調派到濱通電力所，其中約五十名在復興本社負責擬定重建策略、地方對應、宣傳業務等工作，另外約七十名則負責管理周遭地區的輸變電設備。

JAEA也預計在富岡町內設置廢爐國際共同研究中心的附屬設施「國際共同研究大樓」。基於這個前提，舊富岡站到市區之間也建立了新的社區營造計畫，而前文提到的商業設施內也可以看到示意圖。

除此之外，原本全面暫停的公共運輸也開始更新消息。至今為止暫停運轉的鐵路區間，也陸續開始重新運轉，富岡站也預計在二〇一七年度重新啟用，不過富岡站到浪江站之間的二十・八公里雖然還無法預期何時修復，但在三一一屆滿五年的這個時機，也頒布了在二〇二〇年三月前重新開通的新方針，儘管有幾處鐵路扭曲或橋樑壞損，但經過修理與集中除污後，終將完成重新開通的準備。同一期間，在當地經營市區公車的「新常磐交通」也提出新的方針，預計將在二〇一七年四月重啟磐城市與富岡町之間的市區公車。

## 重新檢視「返鄉困難區域」

不僅富岡而已，其他「疏散指示解除準備區域」與「居住限制區域」，也正如火如荼地展開疏散指示解除和重新開放居住的作業，其中飯館村雖然是所有被下達疏散指示的自治體中，距離核電廠最遠的一個，但由於輻射劑量率高，因此全村都被迫疏散。這裡也預計在二〇一七年三月解除疏散指示，因此最近開始針對返鄉頒布具體方針，例如在二〇一六年夏季開設診療所，二〇一八年四月在村內重啟幼稚園、小學和國中等等。

至於背後的原因，首先是國家的直轄除污預計在二〇一七年三月結束，因此這些方針是以許多居民將重新投入農業為前提。此外，原本在疏散指示解除準備區域、居住限制區域與返鄉困難區域的財務賠償計算方法各不相同，但自二〇一七年三月起將一律被視為全損。根據是否返鄉而有賠償差異的問題，其修正前提逐漸獲得統整也是原因之一。浪江町、大熊町或雙葉町的「疏散指示解除準備區域」和「居住限制區域」，應該也會陸續在二〇一六年至二〇一七年之間頒布各種解除方針。1F一到四號機坐落的大熊町，也在二〇一六年四月重新開始提供部分的町公所服務。

同時，在三一一即將屆滿五年的二〇一六年三月十日，安倍總理也表示日後將開始對過去五年來空置的「返鄉困難區域」採取行動，也就是在調查返鄉困難區域目前的劑量以後，重新將劑量低的地區劃分到居住限制區域等等。返鄉困難區域因為劑量較高，被判斷為日後有很長一段時間難以返鄉，因此與其他疏散指示區域不同，周圍設置了禁止進入的路障，而且基本上也被排除在環境省主導的除污對象之外，不過即使在那樣的狀況中，還是有許多區域的輻射劑量率自然降低，因此在進行新的社區營造之際，也陸續發現一些應該可以開放人類進入或居住的場所，今後應該會針對那些地點進行新一波的除污等作業。

## 建於體育場上的東電員工組合屋宿舍

儘管可以預見這樣的變化，但與事故前比起來，目前還是有很多在1F工作的人住在較遠的地方，往來相當不便。

以東京電力為例，目前大約有一千名員工住在廣野町 J-village 體育場上的組合屋宿舍，其中有一定比例的人是因為「福島專任化」制度而來到此地的五十幾歲員工。所謂的「福島專任化」就是事故發生後，東電在被迫進行經營改革時，順勢導入讓五十幾歲的管理職員工專心處理福島業務的制度，當時也是東電自創業以來首次導入提前退休制度（提前退休制度共有一千個名額，最後有一一五一人申請，目前已全數退休）。其餘還有各種年齡、性別的員工居住在此，但由於無法與家人同居，因此都是單身或隻身赴任的人。此外，在1F工作的女性約有四十到五十人，其中有十人左右居住在宿舍。

宿舍從事故發生後到現在一直是組合屋，一開始連廁所都在外面，因此雨天的時候連去上廁所都會淋得一身濕，而被分配到廁所附近房間的人則表示，半夜一直被其他人上廁所的腳步聲吵到失眠。由於當初趕工組建，因此聽說只要風一吹，房間就會劇烈晃動；下雨的話，房間裡面則會聽到巨大的聲響。

雖然到目前為止都還是組合屋，但居住環境的狀況已經改善至一定程度了，公用廁所也設置在居住房間的旁邊，每棟都是兩層樓，每層約有二十五間房，兩坪大的房間裡有床和空調，由於空間狹窄，很多人只有熱水壺、微波爐和電腦而已，如果帶電視進去的話，要在房租之外另外支付NHK收視費。

雖然基本生活環境沒有問題，入住兩到三年的也大有人在，但有一點不方便的是，牆壁薄到「連隔壁的隔壁房間的人講電話都聽得一清二楚」，電話必須到外面去打，使用會發出聲音的機器時必須戴上耳機，據說還有人睡覺都會戴耳塞，以隔絕咳嗽、打噴嚏或打呼的聲音。

每一棟雖然都有淋浴間，但是沒有浴缸，如果想泡澡的話，必須使用J-village中央館內的浴室，不過雖然都是在J-village，走路過去卻要花二十分鐘左右，並不是可以輕易前往的距離。洗衣服都在各自廠區內的洗衣房，由於每個人上班時間不同，因此洗衣房二十四小時開放。

廠區內有商店，販售洗髮精、清潔劑、酒、下酒零食、香菸等商品。由於這個地區尚未全面恢復送報服務，因此店裡也有販售報紙。在走路可以到的距離之內很少有便利商店或餐飲店，拉麵店或酒館也都在晚上九點前關門。房間裡面沒有廚房，但宿舍有餐廳，可以吃到定食或單點的料理，另外也有供應啤酒或調酒的機器。

（上）1F工作人員生活當中不可或缺的巡迴巴士。（中）東電員工宿舍的洗衣房。等待區有很多事故發生後出版社捐贈的漫畫。（下）東電員工宿舍。組合屋就蓋在體育場上，隔壁的日本足球學院宿舍原先是為了打造「足球菁英培訓所」而設。

單身赴任者有時會在週末回家，但有很多單身的人是退租原本的房子以後才來福島的，因此也有人無處可去，在這樣的情況下，他們很有可能好幾年都過著成天往返於發電廠、J-village與宿舍的生活。由於此處沒有停車場，很多人想要去鬧區吃喝玩樂放鬆心情時，只能花將近一小時搭乘循環巴士前往磐城市區，末班車到十一點多，但或許有人會想更悠閒地度過夜晚時間。

除了這個宿舍，核電廠周邊各個地區也有其他東電員工居住。在廣野火力發電廠工作的人，住在原本就有的幾間員工宿舍裡。此外，為了「復興推進活動」而從東京新橋總公司來這裡出差幾天的員工，都住在J-village裡原本就有的客房。為了1F或2F的各種業務而來福島出差的員工，則會住在磐城市的飯店、核電廠事故後新建於廣野町的飯店，或楢葉町天神岬的住宿設施等地方。

J-village 原本是東電為了對長年提供發電廠場地一事表達感謝，而捐贈給福島縣的設施，先前都是當地居民或日本足球協會等單位在使用，東電計畫在二〇一八年度返還此設施，並連同宿舍用地的體育場一併復原為草皮，屆時那個停留在下午兩點四十六分的時鐘也會再次開始運轉吧。

從 J-village 中央館展望室眺望出去的風景，那裡原本是一片天然的綠地。

## 支援廢爐現場的巴士

不僅對東電來說如此，對所有在 1F 工作的人來說，每天生活都有一個必不可缺的要角，那就是前文也提到過的「循環巴士」。只要走訪 1F 周邊地區，相信任何人都會注意到那裡的巴士往來有多麼頻繁，雖然也有很多砂石車、警車，或是駕駛座上看得到穿著工作服的人的廂型車，但有些時段的巴士多到首尾相連。

為什麼會用到這麼多巴士呢？首先是為了紓解周邊道路的壅塞，再來是因為 1F 的停車場還很小，再加上有很多人住在遠方，通勤時間較長，如果自己開車的話，可能會因為疲勞或倦意而增加發生車禍的風險。有些巴士是由東電以外的製造商或承包商自行安排，但大多數人使用的還是以東電安排的巴士為主。部分巴士時刻表可以在專為 1F 工作人員設立的網站「1 FOR ALL JAPAN」（http://1f-all.jp/）上確認，而在二〇一六年三月，平日有九十三班從 J-village 前往 1F 的上班車，和一〇六班從 1F 返回 J-village 的下班車，每天大約往返一百趟。這只是其中一部分而已，另外還有行經磐城站、廣野宿舍或 2F 等地點的巴士，或是從東京載社員到 J-village 進行復興推進活動的巴士。工作人員用與社員用的巴士總計一天往返三百趟。進出廢爐現場的不只是從事技術性工作的人，也有人從東京等地一日來回，因此才會有不同路線的巴士應付各種需求。

舉例而言，假如一個宣傳負責人從東京前往 1F 工作並且當天來回的話，九點從上野站出發，大約十一點半會抵達磐城站，然後搭乘直達 1F 新行政大樓的巴士，在十二點五十五分到達；工作一個下午後搭乘傍晚的巴士，依循相反的路線返回東京。只要站在J-village中央館入口的圓環應該就會知道，那裡隨時都有巴士進進出出，在沒有電車等其他交通工具，自用車的使用也受限的情況下，就是這些數量繁多的巴士在支援人們的移動。



**Q12** 每天有幾班巴士接送在福島第一核電廠工作的人？

**A12** **約往返300趟**

從J-village發車

自凌晨3點多起至晚上9點為止

駕駛這些巴士的是當地的大客車業者。以東京電力經營的巴士來說，共有濱通交通、Wins Travel和報德巴士三家公司，其中濱通交通在事故發生前，原本就在楢葉町設有據點，由七名員工駕駛七輛巴士，但事故發生後，由於廢爐相關工作急速增加，因此現在改將據點設置在磐城市，由八十人左右的員工駕駛五十輛以上的巴士。這些公司都有在經營觀光或葬儀等廢爐以外的包車業務，但主要業務還是每天都必須確實運行的廢爐相關工作，據說有時候一輛巴士甚至需要在1F與周邊地區之間往返五趟以上。

根據巴士司機的說法，有不少人是在核電廠事故之後，才從其他公司跳槽過來，因為核電廠事故發生當時，現場必須緊急召集會駕駛巴士的人才能夠順利作業。此外，在那些司機之中，也有很多人在核電廠事故時，以巴士司機或計程車司機的身分，在核電廠引發事故的三月十一日起一週之內，投入救援或修復的工作當中。據說有一名巴士司機受到政府委託，幫忙從雙葉郡內的醫院或照護設施載送高齡者，因此他穿越了顛簸的毀損道路與壅塞的車陣，前往設施接送那些人。他把巴士後面的座位布置成私人座椅，在座椅與地上鋪上毯子，讓高齡者躺在上面，至於無法躺下的人，就用毯子包裹起來，讓他們坐在座椅上，然後花十小時以上的時間載到長野縣。從事故當時起，巴士就一直與廢爐現場並肩作戰。

今後預計將整頓1F附近的停車場，讓更多人可以駕駛自用車前往1F。另外，若考量到J-village將在幾年之內歸還給福島，巴士站的功能與搭乘巴士的人所開來的自用車停車場功能，勢必會在日後逐漸縮小或轉移吧。

東京電力控股株式會社
福島復興本社代表
石崎芳行訪談

# 「廢爐」與「社區營造」的關係

社會「對東電的怨恨」過了 5 年仍未消失，因為東電是製造避難生活或放射線對策等「多餘工作」的元凶，又或許是對東電賠償不足、看不見反省或改善的「不誠實」態度感到不滿。說不定這股「對東電的怨恨」情緒永遠也不會消失，或許這就跟車禍肇事害死人的人一樣，不管做什麼都無處可逃，必須一輩子背負著某種東西活下去，這是無論花多少錢、無論誰來包庇都不會消失的。既然如此，東電究竟還想做些什麼呢？

## 「復興本社」是什麼？

——東電在廢爐公司之外，另行創立福島復興本社處理重建工作，但我想大家似乎還不太清楚復興本社究竟在做些什麼。

石崎：關於社會還看不太到復興本社的作為這件事，我也從很多地方直接聽說了，而且正在反省當中。

「福島復興本社」是為了承擔東京電力在廢爐以外的責任，而於二〇一三年一月一日成立的組織。所謂廢爐以外的責任，第一項是賠償的支付；第二項是除污，具備放射線知識的員工也正在和國家或各自治體的人們一起進行除污作業；第三項叫「復興推進活動」，主要可分成兩種，一是「揮汗活動」，公司內部稱之為「十萬人計畫」，也就是所有員工一定要來福島，幫忙那些暫時回家的人打掃家裡或除草，同時傾聽他們的心聲，不過光靠這些並不能完全重建這個地區，因此另一項活動就是與「社區營造」有關的重要對策，例如我們必須創造就業機會，而具體在進行的就是建造火力發電廠的計畫。

這個地區原本就有廣野火力發電廠，還有與東北電力一起在磐城市建造的常磐共同火力發電廠，我們預計在這兩個地方各蓋一座世界最新式的燃煤火力發電廠，兩座發電廠預計會增加兩千個就業機會，並創造一千六百億日圓（相當於新台幣四四二億元）的經濟波及效果。除此之外，由於福島地區有意推廣再生能源，因此我們做為電力公司，目前也在具體推動變電所的增設與改良，以增加交易量。

此外，由於有很多民眾深受謠言流傳所苦，因此我們也號召素有往來的國內企業，共同成立「福島應援企業網絡」，目前的會員共有二十二家企業，總員工人數是三十萬人，若連同親屬在內就是一百萬人規模的組織，我們透過這個組織推銷福島縣的產品，或是鼓勵親屬或員工來福島旅遊，也希望能透過口耳相傳的力量，達到消滅謠言的效果。

**——賠償規模已經支付的部分大約是五兆六千億日圓（相當於新台幣一兆五四六七億元），請問今後的預估金額是？**

石崎：我想賠償還會繼續增加，至於金額會增加到多少，目前還有無法預估的部分，但無論如何，徹底賠償到最後一人是我們最大的責任。

**——即使如此，現在還是有人對賠償狀況感到不滿，認為東電「回應得不夠充分」，而且今後還是會有人如此吧。此外，我認為光靠賠償金無法解決的問題似乎也愈來愈多了。**

石崎：首先，金錢方面必須盡到的責任，當然必須進行賠償，但我認為其他方面也非常重要。

並不是說因為我們支付了賠償金，大家就能恢復原本的生活，就算哪天真的全部賠償完畢，後續如何才是更重要的，比方說，原本做生意的人今後要如何重操舊業呢？包括這些極其細節部分的諮詢在內，往後都必須由我們提供支援。

我們希望今後也透過復興推進活動，讓員工直接接觸福島的民眾，從各種層面上建立連結，以善盡我們的責任。

**——關於除污的部分，具體上正在做些什麼呢？除污基本上是由環境省或自治體在主導，所以東電主要在做什麼呢？**

石崎：的確，關於除污的部分，目前採取的計畫是，輻射劑量率較高的場所由環境省直接除污，其餘劑量率較低的場所則由各自治體的人負責，而具備放射線知識的員工會加入那些計畫當中，進行各種監測或技術性支援。

此外，對於民眾的返鄉，也必須解決「家裡」的問題才行，例如楢葉町在二〇一五年九月五日解除全町疏散以後，有人已經返回家裡，也有人即將返回家裡，為了讓那些人能夠安心生活，我們會支援他們測量屋內空間的劑量率，並且幫忙打掃或整理環境。我們正在做的就是在那種情況下，從東京電力的立場出發，主動了解居民們擔心的事情，再提供各種建議或諮詢。

## 復興支援活動將永遠持續下去

**——三一一至今五年，等於復興本社成立三年，我想也有一些活動可以看到成果了，接下來在達到活動成果的前提下，請問你們會如何「設定目標」呢？你們會以何為目標值，做到什麼程度呢？根據目標值的設定，公司內部是否總有一天會有人反應「已經做得差不多」了呢？**

石崎：正如我剛才提到的，我們將復興推進活動命名為「十萬人計畫」，就是先將目標設定為十萬人，目前參加過活動的已經累積到二十二萬人，但不會因為達到目標值就結束了，也不會設定說要做到什麼程度，真要說來，重建支援活動今後也會永遠持續下去，我們是這麼打算的，而且每一位員工也都完全理解。

**——雖然說會永遠持續下去，但從結果來說，重要的還是地方居民有沒有具體感受到任何進展，到目前為止有什麼進展嗎？對於目前進度你們給自己的評價為何？**

石崎：我想以我們的立場，並不適合自我評量進展成效，但我最近有注意到一些變化。

舉例而言，老實說在事故剛發生時，即使試圖推動揮汗活動，還是有員工不敢參加，由於公司要求員工穿著東電的制服前往，因此當然會遭到居民們嚴厲斥責。

不過最近呢，雖然民眾對東京電力這家公司的怒火當然還是很大，但對於每位員工親自到自己家裡揮汗相助，也開始以感謝的態度或言詞回報。

那對員工來說是一項相當大的動力來源，我想在那樣的互動當中，今後我們與福島民眾的往來方式也會逐漸改變吧。我們願誠心與福島民眾交流，一起朝著同樣的方向努力，對他們說：「讓我們一起攜手讓福島變得比原先更好吧！」建立這樣的關係就是我們重要的目標之一，雖然現在還在中途階段，但我們有達到這個目標的決心。

## 東電正在改變嗎？

——我想尤其是這半年，不，這幾個月以來，我在看了像是二〇一五年十二月一日，共同通信的高橋宏一郎先生在日本Yahoo! 新聞的個人專欄寫的「『我一直謊稱核電廠絕對安全』東電副社長石崎芳行的悔恨」，或二〇一六年一月十四日，NHK播放的「為了未來之『員工們的核電廠事故／東京電力復興本社』」以後，感覺媒體在描述東電時的大方向上好像有所改變了。

例如您在事故發生後，到避難所慰問時遇到舊識，見到對方過著不得不在地上舖一層毛毯睡覺的生活，您只能在他嚴厲的瞪視下不斷道歉、還有您現在實際生活在廣野町，並以復興本社代表身分勞碌奔走的模樣，以及您即使辭職也想葬身在此地的決心，這些事情雖然知道的人早就知道了，但如今被媒體報導出來，應該算是一項很大的變化吧。

像當初的吉田調書問題，原本報導都一面倒地指責東電，不允許任何人讓東電有反駁的藉口，而現在似乎出現反動，試著從東電現在正在做什麼的事實開始描寫。

石崎：如果是這樣的話，這或許是「做為公司的東電」與「身為人類的東電員工」共同累積出今日的狀況，而居民們也逐漸意識到此事的結果吧。

——石崎先生從二〇一五年開始用自己的真名與職銜經營臉書，向一般民眾公開自己平日的活動對吧？每天都更新您去政府開會、在福島縣內各地的活動或慶典等消息並附上照片，現在福島縣內外都有經常替您按「讚」的粉絲了。

請問您是否有特別留意什麼事情，或者有什麼特別注意的部分嗎？

石崎：首先，我很喜歡福島這個地方，地震發生之前，我就已經在富岡町住了三年，尤其跟福島濱通地區的民眾相處得非常融洽，我認為我十分清楚這個地區包括氣候環境在內的所有優點，因此給我最喜歡的福島民眾造成這麼多不便，我真心比任何人都感到抱歉，我很希望能夠再次和大家一起把酒言歡。

開始經營臉書是出於我個人的興趣，一來因為我身邊有很多人在使用臉書，所以我也想說來使用看看，二來我想既然都要經營的話，就大方地在個人檔案上秀出這套制服照，堂堂正正地公開自己的面貌與職銜，然後一點一滴地告訴大家：「我最喜歡的福島，現在是這樣的狀況喔。」由於臉書可以連結到全世界，因此我希望世界上的人可以感覺到報導中的福島，與實際住在這裡的我所分享的資訊有何差異，讓大家多少意識到「喔，原來福島是這麼好的地方啊。」這就是我的初衷。

公司內部原本非常擔心，甚至有人認為穿著制服、表明職銜簡直是不經思考的行為，但這完全是個人的責任，畢竟我完全沒有要透過臉書把公司理論強行灌輸給他人的意思。我現在的「朋友」人數也超過一千人了，我還聽說看得到我頁面的人，會是「朋友」人數的十倍左右，所以我感到很慶幸，因為這樣代表我與外界的連結又更廣了。

——您說公司內部擔心的事情，是指資訊發布的風險管理嗎？例如有人在留言中寫一些批評或誹謗中傷的內容，或是在網路上造成「筆戰」等等。

石崎：是的，但我本來就覺得會有一些嚴厲的聲音也是理所當然的事，可是實際開始經營之後，幾乎沒有碰到這樣的事，我反而覺得有很多人會留下正面的評價或同理的聲音，例如「原來福島復興本社代表（石崎）過著這樣的日常生活啊」、「原來你會去這樣的地方啊」或「原來你的感覺是這樣啊」等等。

——我想過去人們對東電的不滿，根本原因來自於對事務化、官僚化的回應和缺乏人性的反彈，或許大家覺得「顯現出人性」是件出乎意料的事吧。

石崎：對於社會把東電評價為「缺乏人性的公司」，其實我從年輕時起就一直百思不得其解。

這個部分，我覺得我們只能經常表現

出主動親近社會的態度，把公司職銜和我們的模樣全部攤開在陽光底下。有人會對東電這個龐大的組織有距離感也是無可奈何的事，正因為如此，我們才要反過來主動靠近對方，只是以前物理上的靠近有其限制，現在這個時代則可以使用社群網路進行交流，就算只是讓大家心想說，原來東京電力的董事裡有這樣的大叔，也未嘗不是一件好事？我是抱著這樣的心態在經營的。

——看來這也是一個在地方與東電，還有社會與東電之間，填補眾人想填補也無法填補的鴻溝的重要過程吧。

石崎：是啊。

## 不可能百分之百獲得原諒

——另一方面，雖然謠言造成損害的問題也是如此，但那些聲稱絕對不要或絕不原諒的人，即使過了五年、十年，也多少還是會存在吧，也就是那些說東京電力無恥、討厭、必須繼續加以譴責的聲音。對於前述的節目或報導，也會反彈說：「要說東電其實是好人的這種美談，現在還為時尚早。」這樣的聲音確實存在，而且若考量到那些損失慘重、至今依然苦不堪言的災民，也是無可厚非的事。

從這一點來說，身為東電旗下負責重建福島的領導者，我想這個職位本身就是一個不惹人待見的角色。

儘管如此，現在這個「惹人厭的角色正逐漸變得沒那麼惹人討厭」，對於這件事情，應該也會出現心懷不滿、無法接受的人吧？當中或許也會有人說：「難道你要接受那個東電嗎？」並試圖跟與您變親近的居民一刀兩斷。當有人表示「不需要再道歉了」的時候，或許也會有另一個聲音表示「絕不原諒，給我繼續道歉」，而把前者的聲音掩蓋過去吧。

包括這樣的情況在內，請問你們今後打算如何與社會溝通呢？

石崎：我百分之百完全理解，我認為不可能獲得原諒。我們在福島引起無法挽回的事故，是永遠也不會消失的事實。

本來東京電力的總公司就位在東京，只是借用福島、新潟、青森的土地蓋發電廠，因此很容易讓地方的居民產生距離感。

不僅如此，現在我們還造成了這麼嚴重的事故，所以就算被討厭或有人說不原諒我們，我也覺得是理所當然的事。我們只能在那樣的情況下，一件一件完成我們能夠做到的事情而已。

復興本社內部也有常駐福島縣內，並且生活在當地的員工，我想他們都在我背後看著復興本社代表如何與縣民們交流，不管我的身分是不是受人待見，我認為主動接近福島民眾是我的責任與義務。

雖然可能會花很長的時間，但我只能

逐一去完成這破冰作業般的工程，我認為我已經做好心理準備了。

## 對福島負起責任的方式

——我能明白您的心情，也認為您在這三年來，身為組織的領導者所累積出來的成果也確實如您所說。反觀「東電做為一個組織」，是否能保證在五年後、十年後，依然能夠維持您剛才所說的立場呢？

在員工之中，有些人可能抱著與您一樣的心情，認為「我喜歡福島，但做了對不起福島的事，所以我要去那裡」，但應該遲早會有人出現冷淡的反應說：「不行，我總不能一輩子做這件事吧。」結果當初緊急狀態下的心情根本不可能永遠持續下去，雖然我想那是理所當然的事。

石崎：我覺得與其討論那有沒有可能，不如說那是「必須去做」也「必須持續下去」的事，如果無法持續下去的話，我想東京電力這個組織也會消失不見。

好比說三十年前，日本航空發生巨無霸客機墜落事故，他們也投入許多努力或採取各種方法，向員工傳達事故的責任，我認為這也是東京電力需要的。

當然我這一代的人不可能永遠守在崗位上，但即使我不在以後，還是要盡到對福島的責任，只是不能光靠嘴巴說說而已，還要確實建立一些方式讓這件事情兌現。

——關於要建立的方式，目前有什麼具體的進展嗎？

石崎：「十萬人計畫」的揮汗活動已成為員工的工作之一，雖然對公司來說是一項很大的負擔，但推動這項計畫也是出於經營者的判斷，今後也必須當作經營的一環持續進行下去才行。

未來將會有避難者陸續返鄉，而在推動新的社區營造過程中，對於揮汗活動的需求應該也會逐漸改變，對於我們能夠如何扮演好自己的角色，但願能和地方民眾一起討論並付諸行動。

——話雖如此，東電做為營利事業，不僅是一家上市公司，如果檢視可以從公開資訊加以推測的財務狀況，目前也確實處於無法忽視賠償與廢爐費用負擔的狀況中，若以一般企業來說，現在的重建活動就是所謂的「CSR（企業社會責任）」，也就是「無法提高收入或利益卻非做不可」的工作吧？這樣的話，能否讓CSR活動持續進行下去，說起來並不是一件容易的事，無論表面上如何成功推廣企業社會責任有多重要的理念，最後還是會開始追究說，與其有時間做那些事，不如想辦法提高眼前的收入和利益，這並不只限於東電而已，而是現代日本企業社會普遍面臨的課題。

明明「當成工作在做」，卻無法換來收入，還要支出人事費用，如果要說服股東等利害關係人說：「即使如此還是要做。」勢必得提出更有力的說法，而不能只是搬出對災區的責任等說法。

石崎：那樣說來，從今年四月開始，電力市場就完全自由化了，也就是說，我們是在背負著應該為福島事故負責的前提下，邁向更加自由化的市場，我個人認為這對公司或員工來說，都是非常好的一件事，配合這一波電力自由化，我們將改行控股公司制，在各事業子公司內設置「福島復興推進室」並導入一些制度，以避免讓福島遭到淡忘。

所謂的自由化，簡單來說就是變成競爭社會，做為一家公司，我們必須受人信賴，讓人願意選擇我們才行，為了讓人選擇我們，我們必須成為有品格的公司才行，以提供同樣的服務來說，必須創造出讓人覺得這家公司比較好、比較可以信賴的差異，才有辦法存活下去。

所以我們要在福島盡到對福島民眾的責任，和當地民眾交流，努力透過汗水與他們培養感情，我想那樣的經驗，無論是對員工來說，或是在自由化的過程中，肯定都不會有什麼負面的影響。雖然可能需要一點時間，但既然公司員工都懷抱著同樣的心情，我相信我們總有一天會獲得社會的認同。

## 缺乏對風險的想像力

——現階段還是有人認為：「說來說去，東電的本質並沒有改變。」或是「隨著時間的經過，東電還是恢復原貌了吧。」說句難聽一點的，現在也還是有部分員工不被當地民眾信任吧？請問您認為目前東電的企業文化或本質當中缺乏什麼？今後必須推翻什麼，又如何加以改變呢？

石崎：首先如果用一句話來說，我認為目前「缺乏對風險的想像力」，萬一發生什麼事，設備沒問題嗎？我們必須為此建立一套模擬的文化，可是如果在公司內部提議的話，得到的答案會是：「我們當然一直都有在做這件事。」然而事故還是發生了，從結果上來看，不得不說我們始終缺乏對風險的想像力，還有相應的對策。

自由化前的體制，完全是百分之百的地區獨占，再加上採完全成本加成定價，因此即使不努力推廣業務，也能夠確保一定的利益，而這樣的體制也確實造成今日遭受批評的局面。

說來說去，組織是由每一名員工共同打造的，唯有每一個人都受到社會信賴、喜愛，公司才有辦法在競爭中存活下來。

這次事故造成這麼大的麻煩，最後總共有兩千名以上的員工辭職，雖然每一個人應該都有身為東電員工的自負感，但對於那些辭職的員工，這是他們各自的人生選擇，因此我們不會多說些什麼。

雖然不是所有人都有參與核能的工作，事故的原因也不是我們直接造成的，但最後還是由每一個人承擔起公司造成的重大事故責任。留在公司的員工一方面抱著這樣的心情，一方面卻也感到煩惱，我感覺他們的革新意志與決心都是真的。在與福島民眾接觸的過程中，大家確實展現出應有的姿態，想法也逐漸改變。

## 為了福島賭上人生的前員工

**——具體來說，您是在什麼樣的時刻感覺到的呢？**

石崎：我們的每一名員工，以每天數百人為單位，來到J-village進行復興推進活動，大多數員工都有過兩、三次的經驗了，他們抵達J-village時的表情，和從早到晚活動完回來時的表情完全不同，感受「在每天忙碌的工作中被遺忘的福島」，經過兩天三夜或三天四夜以後，再返回自己的職場，只要看他們每一個人的表情或眼神就知道了，可以感覺到在福島完成責任，還有與福島民眾接觸的重要性。

舉一個簡單的例子，之前有一名員工經常為了「揮汗活動」來到福島，他家原本在山梨那邊，而且再過不久就要退休了，但這名員工卻突然辭職，我以為他離開職場了，沒想到前一陣子，我在年底去了一趟南相馬，竟然碰巧遇到他，我是去南相馬搗麻糬的，就在我搗麻糬的時候，他帶著蒸好的糯米過來，我問他說：「你在這裡做什麼？」他說：「我前陣子辭掉工作，然後找到自己想做的事了。」因此他正長住在南相馬小高區的旅館裡，一邊工作一邊和當地居民一起參加各種活動。

我嚇了一跳，我看他的表情充滿活力，還一邊和當地人談笑風生，一邊賣力地工作，我想這算是一個相當大的變化吧，竟然有員工在與福島民眾接觸的過程中，被觸發了各種心情，從而認識福島的好，還願意為了福島賭上自己剩餘的人生，我感到非常地高興。

**——原來如此，請問您身為復興本社代表，平常都透過何種形式向公司內部的人傳達訊息呢？**

石崎：如果是小事情的話，每星期會舉辦幾次朝會，或是平均每月一次透過公司內部網路，向全公司員工發送訊息，再來因為東京電力在關東有很多事業所，因此我會定期走訪那些地方，面對面地喚起大家的意識說：「福島實際的狀態是這樣。」我認為今後依然需要持續做這件事。

我常在公司內部說，最不應該做的事情就是「淡忘福島」，我們不能讓福島隨歲月風化。

## 目標是打造出比地震前更好的城市

**——雖然是以負面的形式發生，但事故發生以後，東電在福島的存在感明顯增加了；另一方面，在電力自由化以後，**

以往都向東北電力買電的福島居民，未來將能夠改向東電買電對吧？請問您對此有什麼看法？

石崎：東電雖然在福島的濱通建造了十座核電廠，還有其他的火力發電廠和水力發電廠等等，卻一直有人說：「反正你們生產的電力還不是要送到東京去。」

當然，雖然機率應該不大，但應該還是可能有人會說，想要向東京電力購買東京電力所生產的電，至於要不要做這件事，其中當然也參雜了縣民的情緒，只是在重新取回民眾信賴，並與大家變親近以後，如果有人願意說：「那我就買東京電力的電吧。」我想我們也會欣然提供。負起責任是理所當然的事，但我有預感彼此之間的交流也會愈來愈深入，但願真的能夠有這麼一天到來。

——東電負起的不僅是對居民的責任，還有要將城鎮恢復成什麼樣貌的責任對吧？

石崎：說起來真的很抱歉，我們無法讓城鎮完全恢復原狀，但是既然無法恢復原貌的話，我希望投入社區營造，讓那些重新回到此地的人能夠驕傲地說，這裡變得比以前更好了。

當然，社區營造並非東京電力可以獨立完成的。與國家、縣或自治體的民眾攜手合作的東京電力，究竟能夠發揮什麼樣的作用呢？雖然重建計畫是由各自治體自行規畫，但我們在那之中也以東京電力的名義建造公司宿舍或事業所，因此我們每一天都在想著，自己也要盡一分力來打造出比以前更好的城鎮。

舉例而言，去年福島復興中央廚房在大熊町大川原地區落成，今年同一個地區也有七五〇戶東電員工宿舍完工，大熊町計畫在那些員工宿舍外側建造三千戶復興公營住宅，同時也計畫在福島復興中央廚房旁邊建造蔬菜工廠和太陽能發電廠，如果能夠在各地建立像這樣的案例，我想人們的心情應該也會逐漸改變吧。

## 除污技術與葡萄酒

——接下來這個問題，可以談談您個人的見解，不曉得您認為廠區內部與這個地區，最終要發展成什麼樣的形式比較好呢？

石崎：從官方上來說，目前只預想到摧毀福島第一的建築物，讓它變成空地而已。

之後關於這個地區的發展方向，我個人認為，為了安全地完成廢爐作業，首先這個地區必然會成為人才聚集地，以確保滿足技術上的需要。

屆時，此地必須發展為讓那些新進人才與返鄉居民共存的城市。除此之外，如果此地以創新的技術開發而聲名遠播的話，有志於此的年輕人勢必會慕名而來。我認為屆時將形成一個由這樣的人群所組成的新城市，而且也非得如此不可。

我個人所構想的社區營造範例之一，就是美國的漢福德（Hanford）地區，那裡以前是做核武研究的地方，曾經發生過污染外洩事件，但後來在一邊除污之餘，一邊也將從中獲得的技術運用在各種領域的產業振興上。

他們一邊除污一邊試著運用那項技術生產葡萄，結果生產出優良的葡萄，因為生產出優良的葡萄，所以就試著釀造葡萄酒，最後那款葡萄酒變成了全美第一的葡萄酒。

在距離那個研究所三、四十公里遠的地方，形成了一個研究人員居住的新城市，那裡聚集了各式各樣的研究人員，他們的孩子都非常優秀，整體學力水準向上提升，城市規模也愈來愈大，不知不覺之間，那裡成為美國人心中最想居住城市排行榜前幾名，按照這樣的方向去發展，就是我個人的構想。

——到時候1F的廠區內部會變成什麼樣呢？

若以世界上的案例來說，可能是在完全完成廢爐的地方建造遊樂園，或者是利用原本的發電設備建造別的發電廠。具體而言會變成什麼模樣，我想總有一天會需要一套整體規畫，請問您有什麼見解嗎？

石崎：我個人認為，光是讓那裡變成空地，並不能算是盡到責任了，至於要改造成什麼形式，我想這並不是東京電力可以單獨決定的事，必須要聽取地方居民、縣府或自治體等各方意見，再加以具體化。

## 讓世界知道福島第一核電廠的教訓

——根據政府方針，1F周圍的中期貯存設施若在三十年後形成廢棄物，屆時將以某種形式將廢棄物移到福島縣外，關於這項方針是否有可能實現的問題，還有假如1F廠房拆除以後，瓦礫處理方針的問題，目前都是不透明的，但若考量到廢爐以後的事情，這些當然都是必須討論的議題。這些是大量放射性廢棄物處理的問題，也是極其困難形成社會共識的問題，無論如何都會變成負面的討論。

從這一點來說，無論我們將未來構想得多美好，也不可能完全抹去負面的印象，我認為這對1F廢爐來說是最大的課題，就像即使車諾比的核電廠事故已經過去三十年了，我們對那裡還是抱持著非常負面的印象一樣，我想推翻那樣的印象就是最大的課題，請問您認為解決這個課題需要的是什麼呢？

石崎：我認為最重要的就是散播資訊。

例如在福島第一的附近設置資訊發送基地，只要去那裡就能知道所有重要資訊。我認為那樣的場所是必須的，而復興本社正準備推動那項計畫。

我也認為福島第一總有一天必須成為一個象徵性的存在，讓全世界所有與核能有關的人都知道福島事故，從而加強人們對安全性提升的意識。

日本雖然也發生過廣島、長崎這種不幸的事件，但我認為廣島、長崎已經成為所有追求世界和平的人必定會想造訪的地方，姑且不論好壞或個人好惡，全世界共有四百座以上的核電廠在運轉，必須隨時以安全為第一優先，因此我們才要將應該反省的事和盤托出，從資訊發送基地向全世界傳達福島第一的教訓，這是身為肇事者的重責大任。

### 曾是東電企業城的福島

——光靠那些賠償或雇用無法彌補無形的價值，該如何準備呢？這也是對這個地區來說很重要的課題。

從這個角度來說，現在已經有愈來愈多聲音開始反應一些事故前就存在的問題，例如醫院或社福設施不足、缺乏地方教育機會或補習班等等。

其實從事故前開始，東電就一直與地方自治體和居民一起解決這些問題，就像由企業在打造一個企業城一樣。讓這個地區被冠上「足球城市」之名、每當日本足球代表隊遠征海外就會來此集訓的 J-village，我想就是成果之一，那是九〇年代在這個地區進行的「創造新文化與環境」作業，而現在這個地區訴求的則是醫療或教育的穩定化等緊迫課題。當然，我也知道現在的東電並沒有餘力建造新的醫院。

賠償、除污、復興推進活動等緊急情況下的應變措施總有一天會結束，但以未來三十年以上的廢爐期間，東電將持續待在這個地區的前提下，請問有推動這種具體的地方貢獻方案的計畫嗎？

石崎：舉例來說，敝社旗下有子公司在做照護事業，而我們已經讓他們進駐福島，幫忙投入高齡者的照護工作，他們從兩年前開始與各政府人員合作，提供有關照護的方法或技巧，但您剛才提到的建造醫院等設施，老實說就公司的立場，我們實在沒有餘力做到那種程度。

如果是以前的話，我們在東京有一間東京電力醫院，或許可以考慮派遣那裡的醫生來這裡，但在事故發生後，整間醫院已經被賣掉了，只是我們是否可以透過從前的那些醫生人脈，多少做一些對地方醫療有貢獻的事呢？我想這是復興本社接下來該做的工作之一。

——原來如此。

石崎：還有一件事情應該會對福島有重大貢獻，那就是「讓員工成為這個地區的居民」。

若成為在當地生活的居民，自然會建立生活上的連結，也就能夠對地方產生貢獻，假如三不五時去外面用餐的話，餐飲店應該也會慢慢增加吧。

——我也認為有人的氣息重新回到地方上是很重要的事，而且過程應該也有很多選擇吧，然後經過五年的時間，有一件事情看得更清楚了，就是在現實上，這個地區逐漸變成一個比地震前更加純粹、主要由電力和廢爐相關工作人員或研究人員所組成的地方，我想今後應該會比事故發生前更加像是東電的企業城，但這樣的趨勢是否會再加速就不得而知了。

石崎：很抱歉，我想從某方面來說，變成那樣的形式也是不得已之事。

因為我們先讓員工住在當地的話，如果有居民看到以後心想：「啊，有東電員工住在這裡，多少可以放心一點吧。」那也是一件令人欣慰的事。

## 希望積極融入地方活動

——事故發生後，經常有人用「身為加害人的你們先去1F附近住看看吧」的說法，批判東電或核電廠相關人士，其中應該也有人是故意刁難，認為反正你們也做不到這件事，然而令人驚訝的是，經過五年以後，這件事情竟然真的實現了，請問還有其他想推動的事嗎？

石崎：雖然或許會遭到誤解，但我們想與教育方面的人合作，積極與未來將打造這個地區的年輕世代建立連結。

廣野町已經有一間雙葉未來學園成立，現在楢葉町也即將有一間國中重新開校。

事故發生前，我是福島第二的廠長，當時住在富岡的我，曾經拜託各學校的校長讓我開設合氣道（這是我多年來的興趣）教室。我們有很多員工都擁有某些能力，比方說，如果有員工擅長踢足球的話，就去拜託學校讓他開設足球教室，或者雖然稱不上補習班，但也可以貢獻心力給一些充實地方教育機會的活動。

先成為地方居民的一員，再更深入且廣泛地與大家交流，我認為建立這樣的關係是很重要的一件事。

我們要推動的是真正有助於重建的活動，至於要如何讓大家在生活當中接受我們呢？比方說地方上有傳統文化，那麼員工就要設法成為活動中的一員，一同致力於傳統文化的復興或發展，我認為這是很重要的。關於教育面或文化性質的活動，我也認為必須要有積極的行動，例如主動要求成為活動的一員等等。

如果單看每一個人的話，有些員工不必公司要求也會去做那些事，但我認為光靠這樣是不行的，因為我們是人數多達三萬三千人的組織，所以身為復興本社代表，我認為由公司的立場去建立那樣的制度也很重要。

NPO 法人 Happy-Road Net 理事長
西本由美子訪談

# 居民才是重建的主角

身為 NPO 法人 Happy-Road Net 理事長的西本由美子女士，曾與地方的國、高中生共同舉辦多場「未來市鎮構想論壇」和在路邊花圃種樹等活動，目前除了定期舉辦「與全日本高中生對談的青年高峰會」等活動，也擔任「福島濱街道櫻花計畫」的領導人，準備在包含國道 6 號線等 1F 周遭地區在內的濱通種植 2 萬株櫻花樹，希望從福島第一核電廠開始逐步達成重建的目的。在密切投入地方活動的同時，西本女士也積極地與政府單位往來，以下的採訪內容是她對未來重建工作的想法。

## 主角是居民

——您府上在廣野町，NPO 辦公室也設在楢葉町，這五年來始終看著這個地區的人與風景的變化，我想在這過程中，您時而受邀出席政府的會議，時而與全日本各地認同「福島濱街道櫻花計畫」而造訪的捐款人或義工交流，一路以來面對各式各樣的聲音。一方面來看，目前整體的重建作業逐漸邁入穩定階段；另一方面，以雙葉郡為中心的 1F 周遭地區也終於要正式展開重建工作，請問您現在最常思考的事情是什麼呢？

西本：我一直在思考，究竟在國家、東電、行政機構和福島縣民之中，誰才是真正的主角，原本的主角應該是蒙受損失的居民才對。

在事發經過五年的現在，我去參加行政機關會議，感覺掌握各町的主導權是否都是國家，而且也不再是東電了。既然東電造成這起事故，就要由國家負起責任，因此這是理所當然的事，但國家把城鎮和居民弄得四分五裂以後，現在似乎還想要靠著錢來讓城鎮運作，國家的想法是把國家，也就是政治家當最重要的主角，分配完預算給你就沒他們的事了，但真正該做的，是把居民的幸福放在第一位，想一想有哪些事情必須做到才對。這個地區將持續承擔廢爐作業，而我希望國家可以返回原點重新想想，究竟是為了誰才要這麼做的。

——什麼事情是國家應該優先處理的呢？

西本：國家應該進行社區營造，讓重返此地的人擁有幸福的居住環境。首先，關於廢爐現狀的資訊，即使有機會傳達給知識分子或海外民眾知道，居民還是一無所知，創造讓居民了解現狀的機會是最重要的前提。再來，國家不應該只是撥一筆錢給地方隨便使用，而是要用錢整頓醫院、學校或農業設施等能夠吸引人回流的建設，這才是在處理濱通廢爐上應有的作為吧？可是現在只要有居民提起這件事，連居民當中都會有人說：「你在說什麼啊，那太囉唆了，別再提了。」但不應該是這樣的，應該由居民自己說：「那我們來規畫一些方案看看吧。」

今後這個地區將充滿廢爐的工作人員，當我們在與重返的居民一起整理出可以生活的環境時，也必須從現在開始思考如何讓那些人也能夠擁有安定的工作與生活，但即使去國際研究產業都市或廢爐委員會，也從未具體討論過這些事。

國家或東電的工作不是因為居民要回來，所以才建造模型、廢爐研究所、焚化爐或各町專屬的診療所，而是先主動展現出「我們會建造這樣的設施，隨時等待大家回來」的態度吧？因為已經毀掉許多人的人生了啊，年輕人看不到回來有什麼好處的話，自然也沒辦法回來。如果國家能讓居民看見那樣的政策，我想很多人都會重新考慮，至於為什麼做不到這一點，就是因為他們搞錯主角是誰了。

相馬市新地町國道 6 號線旁的染井吉野櫻。幾年前還是樹苗的櫻花樹，經過數年以後，在 2016 年 4 月綻放出許多花朵。（照片：擷取自 Happy-Road Net 網站）

**——是啊，另一方面也持續給居民帶來沉重的負擔，而且今後應該會變得愈來愈沉重吧。**

西本：我們這些主角確實感到沮喪無力，因為已經無法再抱持任何希望了。

要讓人抱持希望，不能只掏錢出來，還得讓人看見具體的形式才行，像是「與其去磐城市那些擠滿高齡者或避難人士的醫院，不如去雙葉郡新蓋的醫院」，或是「往返路程太遙遠，不如回去原來的地方吧」，必須建造出讓人有這種想法的設施才行。現在不但看不到任何輪廓，也看不到將來的計畫，所以根本連能夠振作精神的機會也沒有。雖然居民也說必須努力才行，但我認為國家也必須創造出讓居民能夠努力下去，不至於欲振乏力的形式才行。

## 至今依然在上演
## 互相推託責任的戲碼

**——具體來說，您所謂的形式大概是什麼樣的東西呢？**

西本：不管是醫院、教育設施或農業相關建設，任何形式都可以，舉例而言，既然在廣野町蓋了雙葉未來學園，那就可以把廣野町一帶規畫成像筑波市那樣的研究學園都市，筑波本來也是一片農田，後來國家才在那邊蓋了筑波大學，這樣小孩子和年輕人或許會回來也不一定。

官僚的心態是只要投入一件事，就必須成功才行，但有些「該做的事情」跟成不成功一點關係也沒有，就算不能成功，還是必須先創造出讓居民能夠振作起來的機會才行。即使從國家的立場來看，結果並不能算是成功，但只要有居民在參加計畫後留下來，那也是一種成功。

——原來如此，最近有什麼變化嗎？

西本：經過五年以後，我現在擔心的是，居民、東電和町公所在不知不覺間，又慢慢變回地震前那樣的氣氛，雖然話一直說得很動聽，但我們這些居民也愈來愈常感覺到「咦？怎麼好像跟地震前沒有兩樣？」

居民自己也一樣，地震的時候，感覺大家雖然沒有明確的方向，但至少都強烈展現出必須為這個地區做點什麼事情的態度，但現在卻漸漸沒有那種感覺了，這令我感到很擔心，大家又要半途而廢了。地震之前，居民說「那是東電或政府要做的事」，所以沒有參加地方營造，本來理所當然由別人負責的事，現在一時之間也很難要求說「地方營造要靠大家動手幫忙」。這樣下去我只能說，這個地方沒辦法繼續發展了。

地震之前發生過一件有趣的事，我們曾和孩子們一起在路邊建造花圃。建造花圃的時候，因為能夠讓城鎮的景觀變漂亮，所以我們去町公所問能不能提供協助，結果得到的回答是：「去跟東電說，他們就會給錢。」因此我們去了東電，結果他們說：「那是義工的工作，所以我們不能出錢，而社區營造是町公所的工作，所以請去向町公所商量。」政府單位與東電之間從地震前就開始互相推託，誰也不願意負起責任，現在也在上演同樣的戲碼不是嗎？明明因為發生了事故，所以是國家要負起責任，國家和自治體卻對居民置之不理，只會討價還價。居民自己也一樣，光會思考該怎麼辦才好，卻不習慣採取行動，所以煩惱完就沒下文了。

到頭來，那些花圃全都是用我們自己的錢在整理。

## 一六三公里的櫻花路

——我經常會想像五年以後的事。比方說，姑且不論是好是壞，雙葉未來學園應該也逐漸看得到結果了，然後雖然有診療所或超市是好事，但為了維護費用傷腦筋等細節問題或許也會逐漸浮上檯面。雖然地方居民應該會繼續住在這裡，但東電或省政府的幹部或負責人會因為人事異動而大換血。

西本：五年以後的事，您的擔心可能是對的。現在有很多人是看在東電的某個人份上才想提供協助，或者是因為町公所的某個人是好人，但到最後不管來的人多麼把地方居民的事放在心上，他們還是上班族，所以我擔心一旦立場改變了，是不是就會發生像首長每輪替一次，城市政策就會完全改變一樣的現象。

每當有完全不了解本地環境氣候或生活習慣的人來到這裡，居民或地方政府就得從頭開始再做一遍，大臣就是很好的例子，常常半年、一年就換一次人，每個都問候完首長以後就跑去視察1F，花上半年的時間把整個地區繞完，但這樣等於是把之前做過的事情全部歸零，太浪費時間了。雖然有人說必須配合議員的狀況改變，但與其擔心議員，不如擔心地方上的事情，應該更有意義吧？難道之後還要再重複好幾次同樣的事嗎？

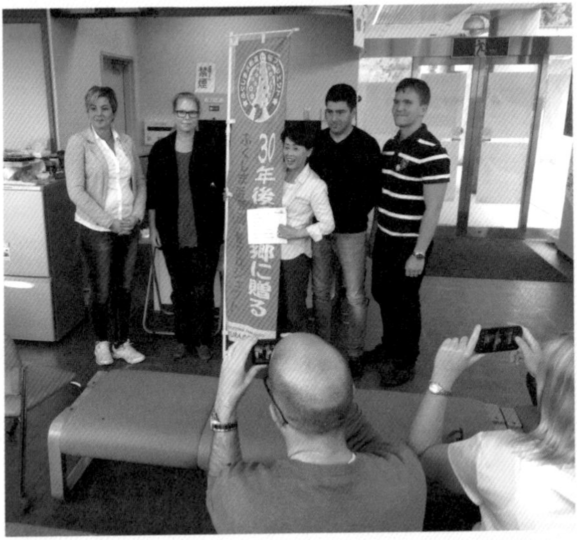

種植的櫻花已超過7,500株。包括企業、政治家、NPO、研究員、大學生、國高中生等在內，有各種身分的人從日本國內外來拜訪西本女士。（照片：擷取自 Happy-Road Net 網站）

由居民所主導的地區營造也是，這個地區幾乎所有團體都是拿錢辦活動的，所以大家都認為活動是「拿錢以後才做的事」，然後反正自己是領錢的，只要按照命令去做就好了，這樣下去是不會有任何進展的。

——我也這麼認為，但或許是因為您有能力，所以在某方面來說，您可以與上面的人爭論，並且一邊動員地方群眾與全國支援者，一邊投入地方活動，但對普通人來說，這要求可能難度過高吧。

西本：念在雙葉郡對Happy-Road的栽培，我認為今後我們必須設法讓更多人意識到，現在我們應該在這個地區做些什麼，又該採取什麼樣的行動。

## 「櫻花計畫」的未來

——在「櫻花計畫」中，一人一萬日圓（相當於新台幣二七六二元）即可認養一棵栽種於福島的櫻花樹，在這樣的計畫下，目前國道六號線沿途已經可以看到無數的櫻花樹苗，上面還掛著來自全日本各地的留言牌，應該也有人是透過這個活動意識到的吧？

西本：雖然只是種植櫻花並加以管理的簡單作業，卻出乎意料地頗受好評，每天也有不少人在關注臉書上的消息。

由於我們的捐款來自全日本各地，因此我們會趁著假日拍下留言牌的照片，上傳到網路上，沒想到還因此有人聯絡我們，告訴我們一些奇蹟般的事情，例如那天上傳的那張留言牌主人剛好碰到生日，或是即將不久於人世的人因此產生生活下去的動力等等。特地從東京來看留言牌的人，或是來自己櫻花樹周圍除草的人也愈來愈多了，每一棵櫻花樹都有一個故事。

我認為這才是重建原本該有的樣貌。

2016 年 4 月，廣野町的八重櫻。（照片：擷取自 Happy-Road Net 網站）

當這些櫻花在十年、二十年後成為一六三公里的櫻花路時，謠言造成的傷害應該已經消失了吧。關於櫻花，我想這是我唯一能夠留給當地孩子的重要財產，只要櫻花盛開，大家自然會珍惜這塊土地才對，櫻花將會成為傳承者，讓大家記得說，當年因為有核電廠事故才種下這些櫻花，我們不能忘記當年的教訓等等。在全日本各地，至少有櫻花的主人和家屬會想起這件事。即使只是簡單的活動，也必須讓年輕人看到我們有可以做的事。現在只能一步一腳印去做而已。我希望能夠幫助年輕人，就算一年只多個一、兩人也好，但願能培養出更多重視故鄉的孩子。

**西本由美子（Nishimoto Yumiko）**

一九五四年生於福島縣。NPO 法人 Happy-Road Net 理事長。自二〇〇五年起，率領地方國、高中生共同舉辦「未來市鎮構想論壇」和在路邊花圃種樹等活動。現以支援地方的 NPO 代表身分，歷任核能損害賠償暨廢爐等支援機構的賠償暨復興分科會委員、經產省廢爐與污水對策福島評議會會員等職位。

雙葉株式會社
執行董事
遠藤秀文訪談

# 留下紀錄，從更寬闊的角度檢視重建

雙葉株式會社的總公司位在富岡町，目前在福島縣內共有四處事業所，主要承攬測量、諮詢、海外專案執行等業務。除了事故發生前公司原有的業務之外，執行董事遠藤秀文先生還投入另一項大範圍推廣地方紀錄與魅力的事業，例如利用車載移動式 3D 觀測儀器、3D 雷射掃描儀、無人機等設備，將富岡町著名的夜之森櫻花隧道化為 3D 數據等等。遠藤先生在從海外歸國之前，曾有參與海外開發專案的經驗，事故發生後也長期從各種不同的角度關注地方的狀況。究竟在他的眼中，地方的未來與產業的形態會有什麼樣的可能性呢？

## 以文化與歷史為前提的配置

——二〇一五年十二月，浪江町委託貴公司前往請戶地區進行3D測量業務一事，登上地方報紙等媒體，因而掀起話題。

遠藤：屬於海嘯浸水區域的浪江町請戶地區雖然只剩下房屋的地基，但日後預計將這裡夷為平地，如此一來就無法將記憶與紀錄留給後代，所以在那之前，為了把實際體驗這個狀況的機會留給將來的人，我們使用無人機與3D雷射掃描儀，從空中與陸面進行測量，取得三度空間的數據，只要有這些數據，就能夠製作模型，或是使用頭戴式的設備體驗虛擬空間，將來也預計活用在防災教育或地震記憶上。

——具體來說，紀錄的重點是哪些地方呢？

遠藤：我們在請戶小學和「浪江海洋公園」等設施內部，都已經取得三度空間的數據了。請戶小學的一樓完全被海嘯損毀，之後將進行拆除，但藉由數據的取得與虛擬空間的建構，以後像是畢業生之類的人還是可以體驗行走在校園中的感覺。當然，經過四年的時間，內部早已腐朽，也可以知道海嘯曾經來到二樓的某個高度。

——這種3D測量與一般在道路工程現場看到的測量不一樣嗎？

遠藤：現在一般也是進行二度空間的測量，但接下來的時代將逐漸變成三度空間測量，目前剛好介在轉換的時期。我們公司在縣內算是較早開始進行三度空間測量的。藉由進行三度空間測量，我想日後將會從一味製造新東西的時代，轉變成讓現有的東西更好用、更耐用的時代，或者即使是製造新東西，也會製造出附加價值更高的物品的時代。

比方說，如果用立體的方式呈現出來，就能夠從年長者或孩童那裡聽取更多的意見。當使用者與生產者一致時，就不會製造出沒用的東西。

除此之外，我們也正透過三度空間數據將文化遺產保留下來，這樣日後不僅能夠立刻看到影像，還能夠做成模型保留下來，另外也可以製造出一模一樣的東西。只要持續從各種角度保存非常細部的數據，就能夠發展出各式各樣的可能性，因此地方企業以兢兢業業的態度承擔起整個作業，是很重要的一件事。

——由地方企業承擔這項業務的意義何在呢？

遠藤：如果只是取得數據，或許東京的業者也做得到，但由本公司承攬這項業務，我想是以保存文化和歷史為前提。

這個配置非常重要，我在海外跟當地人交談時，發現即使過了好幾年，大家還是很關注福島。然而一旦打造出新的城市，就無法得知當時的狀況，而且我認為有些東西是唯有現在才有辦法保留下來的。我不知道大家現在對這個地區有什麼想法，真要說來，或許也有人想把這個地方藏起來，眼不見為淨吧，但我認為我們所經歷的事情，將為世界留下珍貴的紀錄。唯有現在才有辦法保留的東西，應該仔細地保留下來，並妥善傳承給這個世界或下個世代。從各種角度向大眾傳達教訓是很重要的一件事，剛好我想要嘗試的事情，浪江町也有打算這麼做，由於雙方有志一同，因此便具體投入這項業務。

我們承攬這項業務是二〇一五年七月。首先，即將拆除的地方必須立刻取得數據才行。另一項重要的事情就是雖然城鎮現在正在除污，但隨著時間過去，會有愈來愈多房屋被拆除，那裡還有商店街和具有傳統風情的十日市，城鎮風貌極具魅力。我們要將那樣的城鎮用數據保留下來，萬一日後哪天想要恢復從前的城鎮風貌時，也可以依循往日的記憶與紀錄重建。

如果用影像的形式保留下來，或許在日本各地避難的人看到以後，會感覺到與地方的緣分，心想「我曾經有過這樣的回憶」、「真想見見那個人」或「育兒與工作都告一段落了，不如回去看看吧」等等，我想在每一種心情下，對於重建的時間感千差萬別。目前技術已經確立了。我想保留的不僅是浪江町而已，連記憶也想確實保留下來。

使用3D雷射掃描儀、無人機、車載移動式3D觀測儀器記錄城鎮的風貌。（照片提供：遠藤秀文）

——還有一件跟測量無關的事，聽說現在也開始用1F外海釣到的魚，直接在船上進行活體「非破壞檢測」對吧？

遠藤：是的，我們從二〇一五年三月到五月，在1F外海進行了四次魚貝類的偵測，這個活動是由富熊漁協代表的長榮丸石井船長協助，流程是先在1F外海釣魚，再在船上進行檢測，目的、方法、結果的概要都公布在官網上。我們希望能確立這套方法，看富岡漁港未來是否有可能發展為環境教育或休閒的據點。

——富岡漁港原本是很多從關東或中通等遠道而來的釣客聚集的港口，石井船長以前也是在那裡經營海釣生意對吧？

遠藤：哪天等到富岡漁港重啟時，釣客在雙葉郡海域釣魚，然後在魚還活著的狀態下檢驗放射線，再將得到的資訊帶回去告訴周遭的人，其他人聽到以後了解狀況，也再親自來富岡漁港確認狀況，這樣口耳相傳之下，謠言損害就能逐漸降低，也能擴大交流人口，這是我們的期待，同時我們也想在網路上廣泛分享，讓大家都能知道這些資訊。

——在船上用活體進行「非破壞檢測」也是重點之一吧？之前都必須特別弄成碎肉來檢測，但現在既然能直接用活體檢測，就能享受釣後放流的釣魚樂趣，如果想要將魚帶回家的話，也能夠先確認放射線，滿足安心把魚帶回家的需求。若能結合GPS與劑量資訊的話，哪個地方的哪些魚是多少劑量等等，都能做成視覺化的資訊吧？

遠藤：我認為這些取得的資訊在三十年後、五十年後，將會具有重要意義。我曾在幾年前造訪車諾比，那趟旅程讓我深刻意識到，努力將第一手資料留存下來是一件非常重要的事。雖然執行方法尚未確立，但我們希望持之以恆地與相關人士合作，讓富岡漁港在原本的漁港功能之外，進一步成為環境教育與休閒的據點。

## 在便利性中遭到遺忘的東西

——原來如此，您目前正經營由令尊在地方上創立的測量公司，但您在回到地方之前，前公司經手的是開發中國家的政府開發協助（ODA）事業，現在也同時兼顧開發中國家的工作與地方上的工作，請問您在往返於當地與世界的過程中，對於福島今後的發展有什麼想法嗎？

遠藤：我在返鄉前就決定好滿三十五歲就要回來，既然要回來，為了在那之前嘗試一些不太有機會去做的事，我想要多看看這個世界，然後就在我考慮找一間可以讓我跨足世界的公司時，剛好去應徵一家建設顧問類、有在經營海外生意的公司，而且也順利應徵上了。

一開始我被分發到國內，負責福島機場的設計等工作，後來被調到海外事業部，去過尼泊爾、巴基斯坦、烏干達、尚比亞等國家工作，然後中、後期則投入印尼峇里島或帛琉等島國的海岸保護業務和防災業務。雖然我也經歷過三不五時就聽到槍聲的日子，但不管我去了哪裡，心裡在想的始終是故鄉的事，我總是在思考自己有沒有什麼可以貢獻的能力。

從開發中國家的角度看日本的話，我們真的算是非常幸運了，要什麼東西都能立刻取得，隨時都燈火通明，那些國家不僅缺乏物資，一到星期日商店都會關門，連僅僅移動三百公里都要耗上將近一天的時間。我並不是想否定日本的便利性，只是我們在便利性當中，已經逐漸忘記哪些東西是真正該珍惜的。日本有很多人即使有錢，也覺得自己過得不好。

經過地震之後，我覺得社群才是最重要的，我從小就跟著大家一起，互相幫忙種田、割稻，我們三不五時就有機會聯絡情感，像是在田埂上吃飯糰，或是一到傍晚時分就跟鄰居阿伯一起喝酒，這個地方還保有這樣的習慣，但事故發生後，長年建立起來的社群就在一夕之間消失了，我認為這是用金錢也換不回來的重大損失。

## 想打造出讓居民引以為傲的城市！

**——發生地震和核電廠事故以後，這裡變成了一個從某方面來說，需要超乎想像的大規模設計與開發的地方。**

遠藤：我在海外也曾參與超過一兆日圓（相當於新台幣〇．二七兆元）的大型專案，因此我應該已經能夠自然而然地從大規模的角度去看事情。另一方面，在思考這次核電廠周圍的重建工作時，我感覺還是有一部分跟我至今為止經歷過的不太一樣，即使是十兆日圓、一百兆日圓規模的大型專案，總有一天會結束，一定有固定的工期，但這個地區的重建並不是有特定時間限制的專案吧？我覺得這好像耗上一個技術人員的生涯，也永遠不會結束一樣。這並不是單純按照計畫去製造東西的專案，而是在人的感受會隨時間變化的過程中，必須時常加以更新的專案，我們應該要以這樣的時間規模為前提，去思考重建的事情才對。

**——具體來說應該發展成什麼樣子，您有什麼想法嗎？**

遠藤：我覺得重要的還是避難者能不能說出自己以這個城市自豪，又或者如何能讓大家看見那樣的一面，儘管曠日費時，還是要先定下理念與願景，我認為必須在那樣的立足點上朝目標邁進才行。

**——為了像您剛才所說那樣留下紀錄，需要完成什麼事情呢？**

遠藤：接下來要做的就是一面展望未來，一面告訴大家說這個地區將如何蛻變新生，不過重點並不是說我們完成除污了，所以劑量已經恢復正常，或是城鎮已經恢復原貌等等，而是這個地方正在打造先進的社群，或是我們創造出令國內外都稱羨的東西。按照目前的狀況，還是有人隱瞞自己是從雙葉郡來避難的，我想我們必須打造出一個反而會讓人想主動說「其實我以前住在那裡喔」的城市。

——包括國際研究產業都市在內，國家設定的方針是將這裡打造成以廢爐相關產業或研究為主軸的地區，這或許會成為一個契機；另一方面，如果照這樣下去的話，我認為也很有可能變成「被動等待上頭指示」的情形。

遠藤：是啊，尤其目前進行的討論似乎都沒有從居民的角度出發，例如為了廢爐製造機器人這件事，雖然我認為確實有助於必要的技術革新，但這對至今仍住在這裡的人來說，能夠創造什麼就業機會呢？或許跟少部分人有交集吧，但要是對大部分人來說都沒有關聯的話呢？

雖然國際研究產業都市等方針非常重要，但就算要進行討論，也該多少採納居民的意見或想法，而不是只由學術與實務專家或町公所的人出面，否則根本無法做出切合實際的計畫，即使突然公布在報紙上，大家也只會想「那誰要來做這件事？」好不容易討論出個結果，還砸錢下去，最後卻得不到任何回響。

有些方針也集合了居民的意見，例如各町村自行建立的重建計畫，其實應該要參考那些內容，並集合多方意見，再由大家分工合作。為此，我們必須針對雙葉郡和其他所有疏散指示區域，建立一套整體規畫才行。

——在那樣的前提下，您對於未來要如何持續面對三十年以上的廢爐課題，有什麼展望呢？

遠藤：首先，若包含計畫中的部分在內，全世界共有五百座核電廠，遍布在大約三十個國家，我們不僅要看怎麼建造，還要尋找出路，而在相關技術的確立上，我想這次的廢爐是很重要的。

在這樣的前提下，我們在廢爐以後要如何思考福島第一核電廠的土地？就這樣放著這塊空地不管嗎？還是利用被夷為平地的空間，再次建造一個用未來技術生產能源的據點呢？換句話說，既然有那些港灣設施和輸電線，當然也有可能在改造時物盡其用，如果這裡能夠變成世上獨一無二、同時兼具廢爐與最新發電設施的地方，就能夠在廢爐技術之外，也持續提供土木建設、製造、能源等各類工程師的地方就業機會，就像礦山關閉的時代一樣，地方變成據點以後，轉換發展方向，將技術轉移到其他領域。

——原來如此，感謝您分享如此寶貴的意見。

**遠藤秀文**
**（Endo Shubun）**

雙葉株式會社執行董事。一九七一年生於福島縣。在日本工營（股）從事二十多國的海岸保護、港灣、道路、機場等顧問業務十三年以後，進入雙葉測量設計（股）。在返鄉三年半之際遭遇三一一大地震，剛完工五個月的房子也被海嘯沖走。在四月十一日將總公司業務遷至郡山市重新開業，並投入重建工作。

雄壯威武的當地祭典「相馬追趕野馬節」。

2016 年，廣野町公所前有一間 AEON 大型超市開幕。（照片：摘自廣野町網站）

農民和事故前一樣開始投入農作。

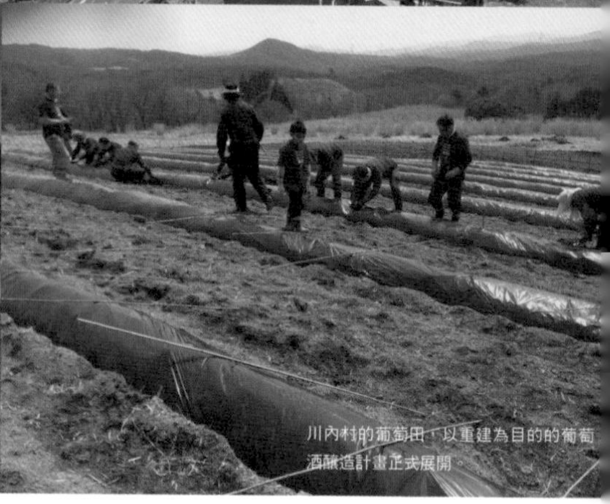

川內村的葡萄田，以重建為目的的葡萄酒釀造計畫正式展開。

## 廠區外部巡禮

關於「我們能為福島做些什麼呢？」這個問題，我的回答是「消費、走訪、工作」（詳細內容還請參考《福島學入門》）。

如欲與在當地生活的人建立連結，只要用「每個人平常都在做的事」做為連接迴路即可。經過五年的時間，最顯而易見的事實就是，某些社會運動家或煽動者一邊在遠方呼喊著「為了福島」，一邊將當地與非日常和悲劇綁在一起，以便達到政治上或經濟上的利益，但那些人在現場卻毫無作為。

我希望有更多人能夠造訪這塊土地，親眼看看在這塊土地上生活的人，並與他們交流。「如果去那種地方的話，會接收到大量輻射暴露！」

但事實真的是這樣嗎？

楢葉町自二〇一五年九月重新開放居住，每天在這裡生活的人，一年增加的平均暴露劑量是〇・七〇毫西弗【1】，與其他縣市或國家並無顯著差異，經過除污或自然衰減，狀況已在五年之中大幅改變。

認識廢爐須知的15個數字

開設於楢葉町的「雙葉復興診療所」。

**Q13** 重返楢葉町的人平均1年增加的輻射暴露劑量（推測值）是多少？

**A13** **0.70mSv**
（最大值0.99mSv、最小值0.43mSv、中間值0.66mSv。根據2015年7、8月的值計算，背景值為0.35mSv）

從1.5km的海面上眺望1F全景。

櫻花勝地「富岡町夜之森公園」。

攝影：吉川彰浩

「就算有人居住的地方是這樣好了，核電廠附近還是持續處於放射線異常的狀態吧？」

真的是這樣嗎？

若沿著二〇一四年九月重新開放通行的國道六號線，從楢葉町行駛到曾被下達疏散指示的南相馬市小高區，全程四十二．五公里的路程，暴露量是〇．〇〇一二毫西弗【2】，相當於從日本成田搭飛機前往紐約暴露量的千分之一，這是二〇一四年八月的數值，因此兩年後數字又更低了；此外，即使行駛高速公路也只有〇．〇〇〇三七毫西弗，比前者更低【3】，若有人認為這是造假的，不妨帶著輻射劑量警報器前往測量。

那去哪些地方才好呢？又有哪些東西呢？以下就為有興趣的讀者獻上「1F 周邊地區巡禮」。

【1】引用自楢葉町除污檢驗委員會（第七回）資料
http://www.town.naraha.lg.jp/information/files/27.9.1%E2%91%A8.pdf

【2】引用自「返鄉困難區域內等之國道六號與縣道三十六號的劑量調查結果／二〇一四年九月十二日／核能受災者生活支援組」
http://www.meti.go.jp/earthquake/nuclear/pdf/kokudou6gou_press.pdf

【3】引用自「常磐高速公路（常磐富岡交流道～浪江交流道間）與楢葉休息站的劑量調查結果—開通前的最終確認結果—」
http://www.meti.go.jp/earthquake/nuclear/pdf/0227_001a.pdf

# 廠區外部推薦住宿地圖

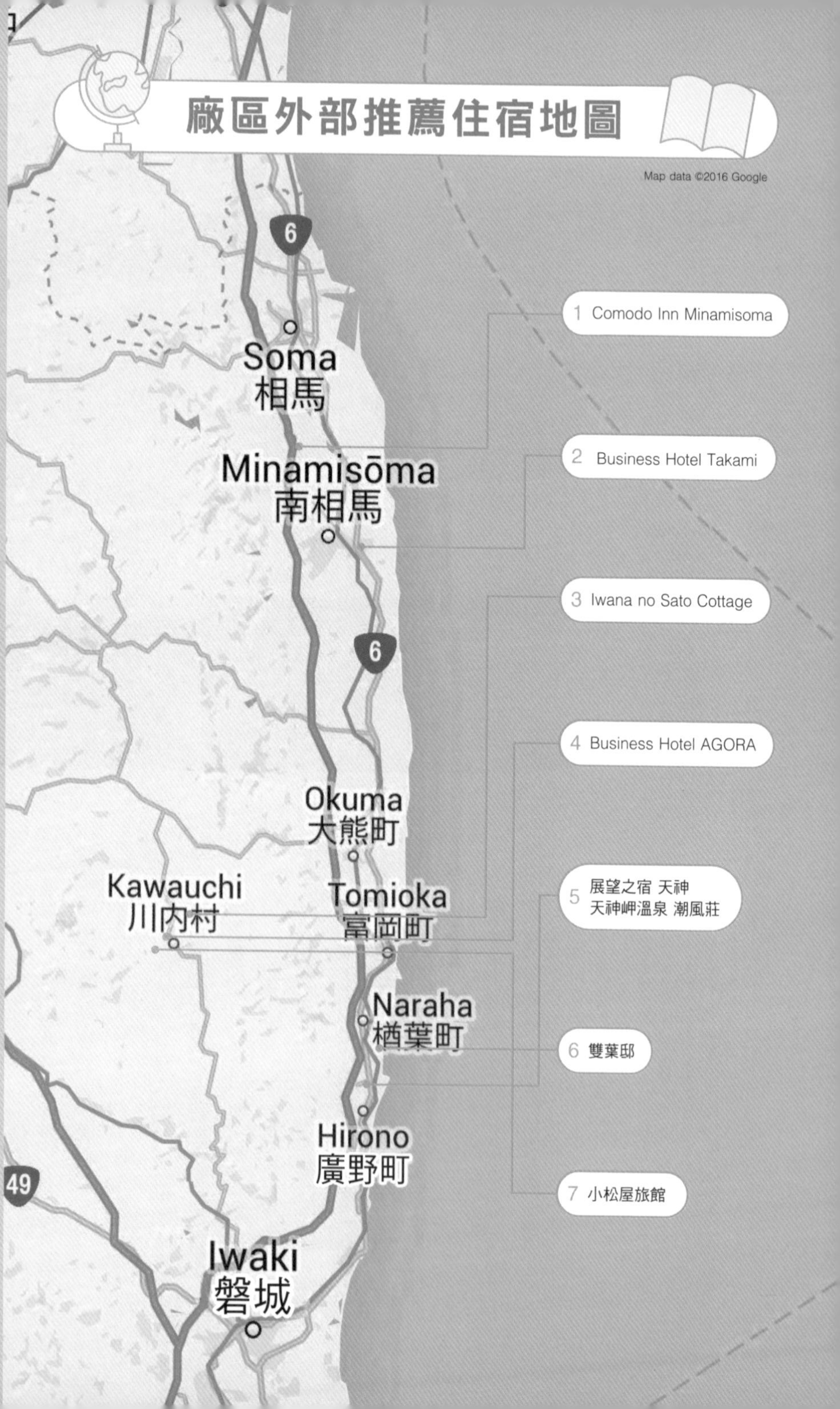
Map data ©2016 Google
6
Soma
相馬
Minamisōma
南相馬
6
Okuma
大熊町
Kawauchi
川内村
Tomioka
富岡町
Naraha
楢葉町
Hirono
廣野町
49
Iwaki
磐城
1 Comodo Inn Minamisoma
2 Business Hotel Takami
3 Iwana no Sato Cottage
4 Business Hotel AGORA
5 展望之宿 天神
天神岬溫泉 潮風莊
6 雙葉邸
7 小松屋旅館

## ① Comodo Inn Minamisoma

**188 間單人套房**

附早餐、獨立浴室、wifi
價格：單人房 5800 日圓～
福島縣南相馬市鹿島區小池字原畑 31
TEL：0244-26-5356
http://www.comodo-inn.com

## ② Business Hotel Takami

**共 80 間**

附有大型浴場（可單提供入浴）、
全室備有無線區域網路
價格：單人房 4320 日圓～、雙人房 7000 日圓～
※ 有大型房間（最多 5 人／入住 1 週前詢問）
福島縣南相馬市原町區高見町 2-86-1
TEL：0244-24-5668
http://www.hotel-takami.jp

## ③ Iwana no Sato Cottage

**共 5 棟**
**（5 人用別墅 4 棟、10 人用別墅 1 棟）**

附廚房、鄰近釣魚池
價格：基本使用價格 5 人用別墅 8000 日圓～、10 人用別墅 13000 日圓～；人頭費用 1 人 2000 日圓～
福島縣雙葉郡川內村上川內炭燒場 516
TEL：0240-39-0103
http://www.abukumakawauchi.com/contents/iwana/cottage/

## ④ Business Hotel AGORA

**53 間單人房**

附 2 餐、wifi、有投幣式洗衣機
價格：6700 日圓～（長期入住為 5400 圓～）
福島縣雙葉郡川內村上川內瀨耳上 265-3
TEL：0240-23-6300

## ⑤ 展望之宿 天神
## 天神岬溫泉 潮風莊

**19 間**
**（各房間可容納 2 ～ 8 人）**

園區內附有溫泉、露營場地
價格：5360 日圓～
福島縣雙葉郡楢葉町大字北田字上原 27-29
TEL：0240-25-3113
http://naraha-tenjin.net/

## ⑥ 雙葉邸

**共 77 間**
**（單人房 74 間、雙人房 3 間）**

附大型浴場、投幣式洗衣機、會議室
日式榻榻米房
價格：單人房 7000 日圓～
福島縣雙葉郡廣野町下北迫字二沼 45-32
TEL：0240-23-6810
http://www.futabatei.me/

## ⑦ 小松屋旅館

**5 間**
**（各房間可容納 1 ～ 5 人）**

附餐、有獨棟房間
價格：6500 日圓～
福島縣雙葉郡川內村上川內町分 211
TEL：0240-38-2033
http://www.nougakujuku.com/komatsuya/index.html

如果有人說：「我想去 1F 附近看看，請告訴我一些不錯的地方。」那麼有幾間用餐或住宿的地方可以推薦：如果想感受核電廠或除污工作人員住宿的氣氛，可以去⑥，這裡也適合兒童或女性，不過當然還有其他選擇；如果要露營、烤肉的話，可以去③，⑥的露營場地也將在 2016 年重新開放；團體行動的話，⑥不僅提供旅館服務，也可以用餐；與③同樣位於川內村的⑦，可以享用到蕎麥麵和當地啤酒。（開沼博）

# 廠區外部美食地圖

Map data ©2016 Google
亘理町
Soma
相馬
Minamisōma
南相馬
Okuma
大熊町
Kawauchi
川内村
Tomioka
富岡町
Naraha
楢葉町
Hirono
廣野町
Iwaki
磐城
6
49
10 南相馬市鹿島區「Sedette Kashima 常磐高速公路南相馬鹿島服務區
9 南相馬市原町區「Candy × Candy 2nd」
8 南相馬市小高區「cafe Ippukuya」
7 南相馬市小高區「東町 Engawa」商店
6 楢葉町「小武食堂」
5 楢葉町「Restaurant 岬」
4 楢葉町「一番豬」
3 廣野町「AlpineRose」
2 廣野町「割烹雙葉」
1 磐城市「常磐高速公路四倉休息站（上行線）」

認識廢爐須知的15個數字

**Q14** 若以時速40公里的速度開車經過國道6號線的舊疏散指示區域（從楢葉町至南相馬市小高區為止的42.5公里路程），輻射暴露值會是多少？

**A14** **平均1趟1.2μSv**
（2014年9月資料）
使用高速公路的情況下為0.37μSv

### ① 磐城市
### 「常磐高速公路四倉休息站（上行線）」

雖然只有「上行線」限定，不過這個休息站有餐廳，可以享用到生魚片或用「大眼青眼魚（目光魚）」等當地著名海產製作的定食，也有販售當地名產「Jangara銘菓」，如果一次吃一個的話，嘴巴裡面會太甜，所以建議用刀子切著吃。順帶一提，北上方向的下一個「楢葉休息站」雖然沒有食物，但以前日本足球代表隊造訪J-village時留下的足印，也只有在這裡才看得到。

營業時間：
早上七點～晚上八點
（輕食、美食街、購物區）
公休日：無
福島縣磐城市四倉町下柳生宮下49－16
TEL：0246－33－3515

### ② 廣野町「割烹雙葉（割烹ふたば）」

位在廣野町國道六號線旁的「割烹雙葉」是當地居民的愛店之一，菜色從蓋飯、定食到拉麵應有盡有，客群以當地居民、警察和重建事業工作人員為主。

雖然在核電廠事故發生後，不得不暫時休業，但很快就在同年七月重新開業。老闆阿部知示回憶說：「每天無所事事真的很討厭。」據說重新開業的第一天，就有天天吃即食食品的警察聽到消息，特地來吃熱騰騰的飯。

最近最受歡迎的是烤魚定食和燒肉定食等菜單，用美食換來飽滿的元氣後，就可以出發去探索相雙地區了。

營業時間：
上午十一點～下午三點
公休日：星期日
福島縣雙葉郡廣野町大字上淺見川字切通9－4
TEL：0240－27－3233

### ③ 廣野町
### 「AlpineRose（アルパインローズ）」

AlpineRose位在廣野町國道六號線旁的二沼綜合公園內。

經營這家餐廳的是日本足球代表隊的隨隊廚師西芳照先生，他曾是日本足球協會足球國際訓練中心J-village的主廚。

核電廠事故發生後，J-village變成1F善後的第一線基地，草地球場被鋪上鐵板與礫石，自衛隊或消防單位的車輛與重型機械進駐，設施裡到處都是穿著泰維克防護衣的人，原本的飯店客房也都變成會議室或關係企業的休息室，餐廳也不例外，在無法預見能否重新營業的情況下，西芳先生因為「想提供熱騰騰的飯菜」而開始外送便當，半年後在J-village重開「Half Time」，十一月借用廣野町第三部門營運的設施開設「AlpineRose」，名字是以前J-village裡面的餐廳名字。

著名菜色是由前日本足球代表隊教練菲利普・杜斯亞（Philippe Troussier）所命名的「媽咪麵疙瘩」，如今很多當地人或重建工作從業人員會在晚上去那裡吃飯喝酒。

營業時間：
早上十一點半～下午一點半
晚上六點半～九點半
※六、日僅提供午餐
公休日：星期一、星期五
福島縣雙葉郡廣野町大字下北迫字二沼46-1
TEL：0240-27-1110

## ④ 楢葉町「一番豬（豚壱）」

這家店位在楢葉町南部「楢葉休息站」的雙葉警察署臨時辦公室隔壁，只有午餐時間營業。除了招牌的豬肉蓋飯，還有燒肉定食、薑汁燒肉蓋飯等等，每一樣都份量十足。店內有吧檯席和地板席，座位雖多，但因為深受工程作業人員歡迎，因此也經常需要排隊。店內還有大胃王挑戰活動，若能在二十分鐘內吃完，店家就會退還三千塊日圓（相當於新台幣八二九元）。

經營這家店的是原本在富岡町市區有店面，但核電廠事故後不得不停止營業的鰻魚店「押田」，也是一家創業於明治元年（西元一八六八年）的老店。這家雙葉郡居民長年光顧的名店雖然在二〇一五年二月被拆除，但那甜甜鹹鹹令人上癮的滋味還是傳承給豬肉蓋飯了。

營業時間：
早上九點三十～下午兩點
公休日：六日
福島縣雙葉郡楢葉町山田岡大堤入7-1
TEL：0240-25-1310

## ⑤ 楢葉町「Restaurant岬（レストラン岬）」

餐廳位在福島第一核電廠以南約十七公里處的楢葉町最大觀光景點「天神岬運動公園」內。核電廠事故發生後，暫停營業長達四年半的時間，直到二〇一五年九月十九日才重新開張。菜單除了陸奧高原豬排、生魚片定食、壽司之外，還有宴會套餐，比起其他在核電廠事故發生後，為了工程人員等主要顧客而調整菜單的餐飲店，這裡或許更適合觀光客或攜家帶眷的人。

由於天神岬被設為當地的重建

據點，並且也預先規畫好會在這裡舉辦研習或會議，因此視察災區時也很推薦來這裡。

與餐廳一樣值得一提的是「展望之宿天神」與「天神岬溫泉潮風莊」。

「展望之宿天神」是地震前就有的住宿設施，地震後又全面翻新，除了一般客房，還有小木屋和別墅。另外，「天神岬溫泉潮風莊」是百分之百的天然湧泉，黑褐色的氯化物泉水質滑膩，是距離福島第一核電廠最近的天然溫泉。核電廠事故後，在進入當地不需要特別申請以後，此溫泉也開放給暫時回家打掃的居民，並廣受喜愛，裡面也有露天浴池與三溫暖，也可以單純入浴不過夜。當然，只要付入浴費，任何人都可以進去。

核電廠事故發生後，包含新建的住宿設施在內，福島第一核電廠周邊地區有無數專為工程相關人員準備的住宿設施，而且經常接近客滿狀態，但目前幾乎沒有任何專門接待一般觀光客的住宿設施預計重新開幕。在這樣的情況下，此處預計自二〇一六年起重新開放露營場地對外營業，日後肯定會成為疏散地區十二市町村中，少數兼具住宿與觀光功能的據點。

營業時間：
早上七點～八點四十五分（採預約制，主要提供給住宿者）
中午十一點～兩點
晚上六點～八點半（採預約制，主要提供給住宿者）
公休日：無
福島縣雙葉郡楢葉町大學北田字上原27-29
TEL：0240-25-3113

## ⑥ 楢葉町
## 「小武食堂（武ちゃん食堂）」

楢葉町的老字號餐廳，營業地點在國道六號線旁、自二〇一四年七月三十一日開始營業的臨時商業共同店鋪「KOKONARA商店街」。穿越門簾後，老闆佐藤茂樹先生與夫人美由子女士就會精神飽滿地對客人說：「歡迎光臨。」店內也有賣拉麵等料理，但最有人氣的還是從地震前就很受歡迎的「韭菜炒豬肝定食」，該店的獨門醬汁是美味的祕訣。

在現在的臨時店鋪剛開業時，雖然日常進貨尚未恢復正常，因此菜色有限，但唯獨「韭菜炒豬肝定食」是絕不能少的項目。

地震與核電廠事故發生前，營業店鋪位於竜田站前，很多當地居民通勤或上學路過那一站的人都會去光顧。現在的客群則以當地居民、附近町公所的職員或重建事業工作人員為主。

目前竜田站前的店鋪正準備進

行修繕，佐藤夫婦說：「希望可以早點回去原來的店工作。」相信這家店在未來也會成為旅客途經竜田站時的愛店吧。

營業時間：
上午十點～下午三點
公休日：每個星期日
※盂蘭盆節：盂蘭盆節期間也只有星期日休息
福島縣雙葉郡楢葉町大字北田字鐘突堂5-6

## ⑦ 南相馬市小高區
## 「東町 Engawa 商店（東町エンガワ商店）」

這是一家開幕於二〇一五年九月二十八日，販售日常用品和食品的臨時商店。負責營運的是由希望在小高區重新營業的業者所組成的共同辦公室，或經手「小高的午餐」等餐廳的「小高勞工基地」等單位，目的是為了支援臨時返家者或準備返鄉者。店內有販售廁紙、清潔劑等雜貨，還有飲用水、便當、麵包等商品，另外也有地震前很受歡迎的小高區「菓子工房渡邊」的泡芙，銷量非常好。

客群包括重回小高區的居民和從事重建業務的人，每到中午店內就會擠滿上門的顧客。

員工共有五人，經理則有兩位，分別是曾在東京的貿易公司上班的常世田隆先生（56），與小高區出身的年輕人門馬裕先生（28）。這家店還會解讀顧客動向，貼心地為那些在區內自宅短期留宿的人，準備六顆而非十顆一盒的雞蛋。近期也開始販售酒精類飲料，其中也有在福島縣生產的當地啤酒，很適合買來當伴手禮。

目前小高區只有這家店販賣日常用品與食品，因此重返小高區的人幾乎都會光顧這家店，有時還會看到流連各地避難的居民在此重逢時，互相問候「你好嗎？」的談笑場面。

營業時間：
上午九點～晚上七點
公休日：星期日
福島縣南相馬市小高區東町1-23
TEL：0244-32-0363

## ⑧ 南相馬市小高區
## 「cafe Ippukuya（cafe いっぷくや）」

中午時段在小高區公所一角營業的咖啡店，也有販售市內麵包店烤的麵包和便當。自二〇一三年開始營業，這裡是小高區在地震之後第一個開始販賣食品的店家，負責營運的是在南相馬市提供身障者服務的ＮＰＯ「Hotto

悠」。值得一提的是，這裡販賣的麵包幾乎與市內高中福利社販賣的一模一樣，對於曾在市內高中上學的筆者來說，真是令人懷念的陣容，個人強烈推薦加了鮮奶油與果醬的十字麵包。

有時也會舉辦居民同樂的音樂會等活動，如果遇到的話，請不吝獻上您溫暖的掌聲。

營業時間：
上午十一點～下午兩點半
公休日：六、日、國定假日
福島縣南相馬市小高區本町2-78
TEL：080-3321-9931

### ⑨南相馬市原町區
### 「Candy × Candy 2nd」

「辛苦了！」老闆娘井出百合子總是活力十足地迎接顧客到來，熟客都親暱地稱呼她為「百合姐」，她自稱是「日本最沒賣相的女演員」，自六年前開始演出國內外的電影和戲劇。或許是在這樣的緣分下，該店的格局也成為NHK戲劇《LIVE!LOVE!SING!活著愛著歌唱》的舞台原型。

熟客以當地的「年輕人」占多數（也包括還沒完全進入中年的三、四十歲的人！），其中也有派駐南相馬的媒體界人士和重建工作從業人員，透過同年代各種職業的人聚在一起聊天，即可認識最貼近原貌的南相馬市。偶爾也會發生一些很有趣的橋段，例如老闆娘井出女士與熟客一起即興演出等等。

考量到店內空間，初次造訪的話，同行者最好不要超過三人。

營業時間：
晚上七點～十二點
公休日：不定期
福島縣南相馬市原町區榮町1-17
TEL：0244-23-0405

### ⑩南相馬市鹿島區
### 「Sedette Kashima 常磐高速公路南相馬鹿島服務區（セデッテかしま・常磐自動車道南相馬鹿島サービスエリア）」

這裡雖然跟一般服務區一樣有加油站、廁所等設施，但隔壁是由南相馬市營運管理的「Sedette Kashima」，裡面有各式各樣的餐廳與特產，而且除了產地直銷蔬菜之外，還有「浪江炒麵」、「凍天」（即炸凍餅）、紅豆餡冰棒等等，商品齊全的程度即使說是相雙地區的名產全明星系列也不為過，而堪稱當地最大慶典的相馬追趕野馬節相關展示品也很值得一看。

營業時間：
上午八點～晚上八點
用餐區為上午十一點～晚上八點
（最後點餐時間為晚上七點）
公休日：無
福島縣南相馬市鹿島區小山田
TEL：0244-26-4822

文字、照片、地圖監修

**六角高雄**
**（Rokkaku Takao）**
南相馬市出身的二十幾歲男性。畢業於原町高中，職業是「教導別人的工作」。

# 福島濱通南部衝浪點地圖

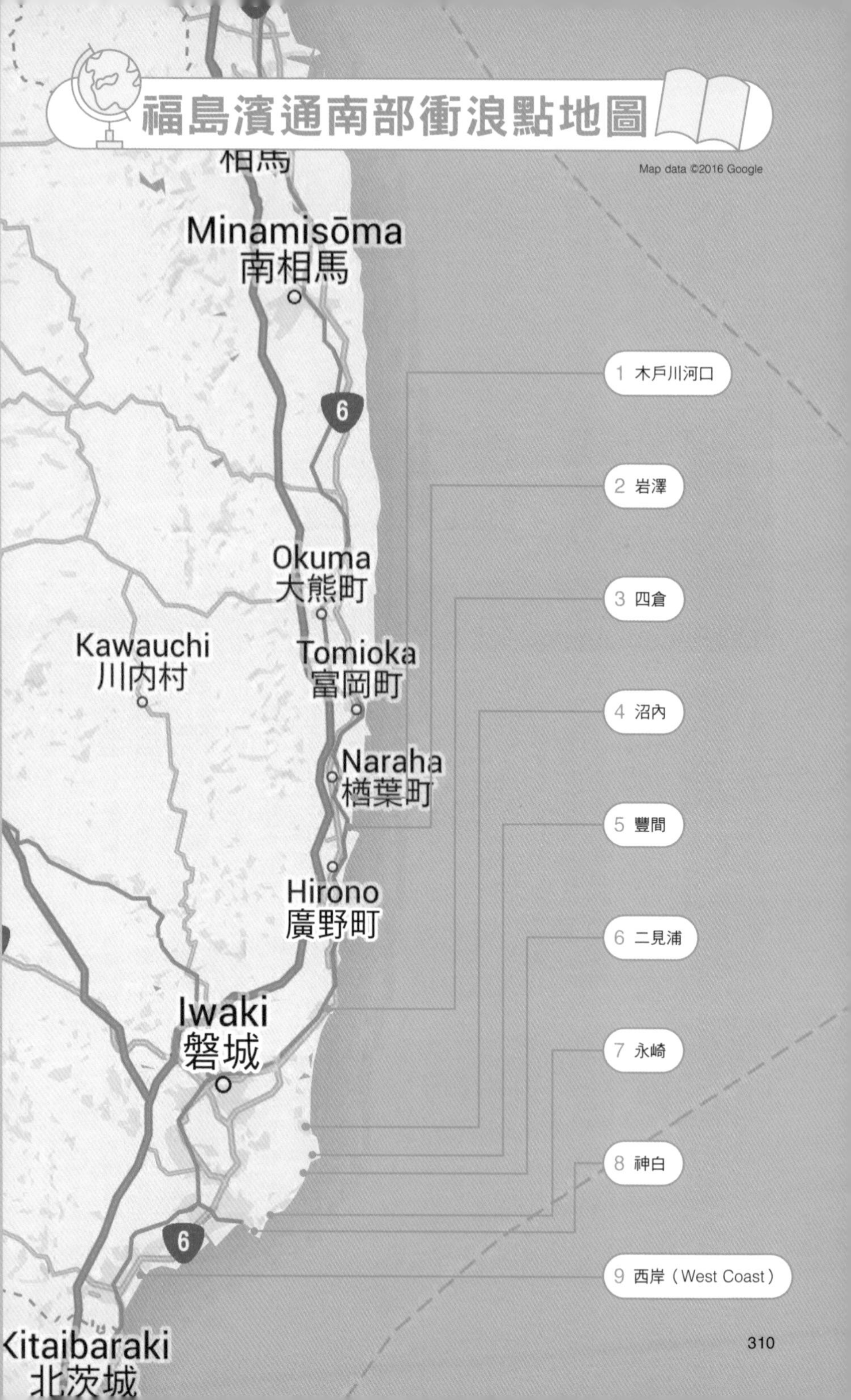
Map data ©2016 Google
相馬
Minamisōma
南相馬
6
Okuma
大熊町
Kawauchi
川內村
Tomioka
富岡町
Naraha
楢葉町
Hirono
廣野町
Iwaki
磐城
6
Kitaibaraki
北茨城
1 木戶川河口
2 岩澤
3 四倉
4 沼內
5 豐間
6 二見浦
7 永崎
8 神白
9 西岸（West Coast）

## 楢葉町

### ① 木戶川河口

秋天是最佳季節，不過此處也以本州地區數一數二的鮭魚漁獲量聞名，因此鮭魚回流的 10 月和 11 月禁止衝浪。

### ② 岩澤

在滾滾浪潮與南風吹拂下形成好浪。受到海嘯的影響，崖上禁止通行。停車後需步行數分鐘。

## 磐城

### ③ 四倉

適合在吹北風時前往。有大片淺灘，從初學者到高手都可以享受衝浪樂趣。停車場因海岸工程而無法使用，從附近的四倉港休息站停車場步行前往只要數分鐘。風浪大的時候，也有人會在港灣內玩立槳衝浪（SUP）。

※ 目前市內約有二十名立槳衝浪（SUP）的愛好者。雖然每個地方都可以玩，但也有人會去夏井川或鮫川等地方享受划行樂趣。

### ④ 沼內

適合在吹南風時前往。此處的浪型適合專業衝浪手。岸邊有消波塊，屬於危險的衝浪點。
※ 因為護岸工程的進行，此衝浪點有可能消失。

### ⑤ 豐間

適合在吹北風時前往。海岸線長，從初級者到高級者都可以享受衝浪樂趣。北側的臨時停車場預計在 2016 年 1 月遷至山側。

### ⑥ 二見浦

適合在吹南風時前往。此衝浪點混合著礁石與沙灘。短板或長板都可以玩。適合中級以上玩家。
※ 因為護岸工程的進行，此衝浪點有可能消失。

### ⑦ 永崎

適合在吹北風時前往。海岸正在進行工程，沒有停車場。此衝浪點多年輕人。

### ⑧ 神白

適合在吹北風時前往。此衝浪點混合著礁石與沙灘。從初級者到高級者都適合。

### ⑨ 西岸（West Coast）

適合在吹北風時前往。大片沙灘一路延伸至南部的鮫川河口，從初級者到高級者都可以享受衝浪樂趣。因為浪從南方來，所以即使其他地方關閉，這裡還是有可能開放。

濱通也是著名的衝浪勝地。很多人專程為了這裡的浪從縣內外造訪此地，連國際比賽都會在這裡舉行。事故發生後，在護岸工程等影響下，有些海岸依然禁止進入，甚至有傳聞說：「突然沒有地方衝浪，導致很多衝浪客變得又白又胖。」或「或許是因為暫停捕魚後，魚的數量增加，所以有人看到了海豚。」五年後的現在，若開車沿著海岸行駛，應該會注意到海面上到處都漂著衝浪板吧。此處介紹幾個濱通南部主要的衝浪點，造訪當地的也有很多是從首都圈當日來回的衝浪客。

文字、照片、地圖監修

中村靖治
（**Nakamura Seiji**）

新聞攝影師、記者。1972 年出生於埼玉縣。因嚮往住在海邊的生活，而移居磐城市。衝浪是畢生志業。

# 福島濱通衝浪二三事

## 「岩澤」的傳說衝浪手

中村靖治

### 在海洋解禁日集合衝浪

二〇一二年八月十日，東京電力福島第一核電廠事故發生約一年五個月後，福島縣楢葉町的警戒區域正式解除。大批媒體在深夜十二點趕到現場，距離戴著口罩的警官開放國道六號線的檢查哨，也才短短四小時而已。幾名穿著無袖背心或T恤配海灘夾腳拖的男子，在天色還未亮時就一腳踏入附近的岩澤海水浴場。

比起陸地的禁令解除，有一群人更默默期待著注目度較低的海域禁令解除——也就是當地的資深衝浪手。來自廣野町、綽號阿巖的坂本巖先生（53）和綽號阿一的鈴木一司先生（54），以及來自富岡町、綽號阿乃的關根乃先生（54）三人，彼此在沒有事先聯絡的情況下，靠著所謂的「默契」來到海岸集合。

這天，太平洋近海八日發生的第十二號颱風北上侵襲福島縣近海，甚至快逼近福島以北的岩手縣近海，吹南風的岩澤海水浴場在浪潮的影響下，捲起比人還高的大浪，「終於可以回來了。」阿巖等人一邊品嘗著回到據點的喜悅，一邊換上衝浪衣，在空無一人的海灘上盡情享受當地的海浪，怎麼玩也玩不膩。

「好久不見。」隔天十一日一早，以前的衝浪同好也從金澤市趕來加入，集合成四人。大浪從前一天開始持續發威，把阿乃的板子都沖斷了，但他毫不介意地笑著說：「這就像是一種洗禮。」這天，當地的年輕衝浪手也加入他們，在海岸邊進行灑鹽與酒的避邪儀式。

一九七〇年代後半，當時十九歲的阿巖還留著蘑菇頭，並在東京生活的期間接觸到衝浪，返鄉以後開始往當地的海邊跑。當年福島縣內的衝浪人口很少，雙葉郡南部還是個未開發之地，他開始一邊造訪有名的海灘，一邊尋找沒有人知道的衝浪點。

在福島的衝浪黎明期，每當有好浪的日子，縣內的衝浪手就會聚集在大熊町的熊川河口、浪江町的請戶、富岡町的小良濱或磐城市的七濱等幾個比較知名的海岸，彼此之間幾乎都成了熟面孔。

阿巖等三人同在一九八〇年前後迷上衝浪，他們以「今天的浪，明天就沒有了」為口號，有時碰到浪好的日子，還會向公司請假去衝浪，沒錢買衝浪衣時，如果只穿著海灘褲進入海裡，夏天大概兩小時就會嘴唇發紫。他們日復一日地在上班前與下班後跑到海邊精進技巧，最後分別都培養出足以在比賽中奪冠的實力。

## 那段日子裡的最高機密

在鍛鍊技巧的同時，他們也持續尋找沒人知道的衝浪點，其中雙葉郡南部最大的發現，就是楢葉町的岩澤。核電廠事故發生後，足球的國際訓練設施 J-village 因為成為工作人員的據點而出名，而那個地點就在距離 J-village 相當近的斷崖下。

岩澤因為東京電力在一九七四年開始建設廣野火力發電廠，大幅改變了原本斷崖絕壁的海岸線，向南端延伸的防波堤將海中的漂砂運到陸地上，形成大片沙灘，構成適合衝浪的淺灘，三人開著車子闖入未鋪裝的道路，一路開到斷崖上，再帶著衝浪板滑下陡峭的草叢間，直奔大海。

對他們來說，那個好不容易找到的據點是最高機密，無人的淺灘一旦吹起南風，碰上來自北方的浪潮，就會形成完美而穩定的滾滾波浪樂園，「每次吹起南風，原本天天出現的那三人就會不知去向。」謠言在衝浪手之間傳開，最後岩澤在三人發現大約一年以後，變成眾所皆知的地點。

由於大片淺灘加上平靜的海面也受到一般人喜愛，因此楢葉町在一九八五年將此地設為海水浴場，這裡後來變成町上數一數二的觀光景點，每年夏天都有很多人會攜家帶眷造訪此處，後來又被衝浪雜誌介紹為「不為人知的衝浪點」，從此以後岩澤的海浪便成為令全國衝浪客垂涎的目標。

阿巖所居住的福島縣沿海統稱濱通地區，而為了彌補首都圈的電力，那裡蓋了很多發電廠，東京電力福島第一核電廠在一九七一年開始運轉，接著是一九八〇年的廣野火力發電廠，然後是一九八二年的福島第二核電廠。

很多東電員工定居在當地，並且在各種場合下與居民產生交流，在核電廠事故發生前的二〇〇七年左右，一名東電幹部向阿巖商量說：「我想試試看衝浪。」於是阿巖便將衝浪板讓給他了。

據說在聆聽阿巖的初步講解後，那名幹部某天在起乘時失敗了，臉直接撞上板子，嘴裡被割出一個好大的傷口，但即使受了重傷，他後來還是玩了好幾次衝浪，還跟阿巖等人一起烤肉喝酒。

在核電廠事故發生後，濱通地區失去了以往的風平浪靜，變成所謂的疏散區域，許多居民被迫離家避難去，也有很多衝浪客因為污水問題而遠離海洋，不過這三人至今依然以岩澤為中心，三不五時造訪當地的海岸，「我們已經是老頭子了，得由我們先去海邊才行。」三人一邊看著天氣圖，一邊像三十五年前一樣，為了大浪在海邊來回奔跑著。

35 年前的阿巖、阿一和阿乃。

海邊警戒區域解除後，再度開始在岩澤衝浪的阿乃、阿一和阿巖。

專欄

# 福島海洋的現狀

## 海洋實驗室的調查結果分析

小松理虔

福島第一核電廠的近海如今究竟是什麼情況呢？或許在本書的讀者之中也有稍微感到擔心的人，而報紙或電視上偶爾出現的新聞都是一些關於「污水外洩」或「漁業無法維持下去」等負面報導，因此我想很多人的印象應該還停留在事故發生當時的狀況。

因此我想在這篇文章當中，根據筆者本身與若干志願者共同企畫——福島第一核電廠外海的海洋調查結果等資料，介紹目前核電廠近海海域的狀況，請務必藉此更新您對福島海洋的認知。

我從二〇一二年冬天開始，與志願者組成一支民間的海洋調查小組，名為「磐城海洋調查隊・海洋實驗室」，並持續測量福島第一核電廠近海魚類的輻射強度。目前為止共進行過十五次調查，測量的樣本超過一百組，雖然比起由東電、政府或自治體執行的調查，我們的樣本數很少，但我認為我們蒐集到的資料，已經足以用來當作驗證官方資料的「第二意見」。

簡單來說，我們的調查大約是從春季到秋季，以每月一次的頻率，在雙葉郡漁夫的協助下搭船前往福島第一核電廠的近海，在一・五公里處採集海水、海底土壤和魚類，為什麼是一・五公里呢？因為在一・五公里以內的範圍屬於「東電的基地」，我們則是在一・五公里外到十公里之間的近海範圍內，海釣比目魚、大瀧六線魚或平鮋等棲息在沿岸的魚類，來測量放射性物質。

至於為什麼要選擇比目魚或大瀧六線魚等魚類呢？因為這些是棲息在離福島第一核電廠近海最近的魚，在核電廠事故剛發生時，曾經檢測出每公斤達數萬貝克等級的銫。

雖然這些魚受到國家的出貨管制，至今依然不能進入我們的嘴裡，但做為污染狀況調查使用，這些魚也是最合適的魚種，當然「釣到這些魚會很開心」也是很重要的一點。

關於放射性物質的測量，全面由磐城市小名濱的「福島水族館」提供協助，利用一種叫做「NaI閃爍光譜儀（簡易型放射性測量儀器）」的檢測器，測量放射性物質的量。

關於測量與資料的評估，富原聖一獸醫師都會提供詳細的解說，因此就算像我們這樣的一般人，也能相當清楚地理解有關魚的污染狀況。此外，這個測量放射性物質的活動又稱「調查實驗室」，一般民眾也可以參加。

在福島第一核電廠 1.5 公里外的近海眺望 1F。海洋實驗室定期分析在這個海域附近採集到的魚、海水或海底土壤。
（照片提供：海洋實驗室）

## 福島縣的整體概況

可以確定的是，福島的海洋整體來說正在逐漸恢復當中。在高濃度污水外洩的那個月，捕撈到的魚之中約有九成的樣本被檢測出超過國家標準，即每公斤一百貝克的放射性物質，因此並不是「從一開始就完全沒問題」，不過轉眼間五年過去，現在許多魚都已經過世代繁衍，存活下來的魚也持續代謝（體內的放射性物質），因此被檢測出放射性物質超過標準的魚已經減少到百分之〇・一以下了。換句話說，如今要找到超過國家標準的魚，反而是比較困難的事。

一些安全性經過確認的魚種也開始進行「試營運」，也就是進行實驗性質的捕魚工作，並小規模地流通到市場上，主要在縣內的超市或鮮魚店等地方鋪貨販售縣產的魚貝類。試營運的對象魚種正逐漸擴增至七十二種（二〇一五年十二月二十一日資料），雖然漁獲量還很少，尚未達到福島漁業原本的規模，但目前的狀況應該可以說是逐漸開始恢復原本的樣貌吧。

試營運的對象包括海螺、北寄貝等貝類，蝦子、螃蟹等甲殼類，烏賊、章魚等軟體動物，還有沙丁魚、鯖魚等洄游魚，或大眼青眼魚、大翅鮶鮋等近海魚，這些生物除了在生物學上具備「鉋不易累積／容易排出」等特性之外，多次的偵測調查也持續得到未檢出的結果，因此在多項間接證據支持下才被選為對象魚種。

在試營運中，福島縣漁聯將自主基準設定為比國家標準更低的「每公斤五十貝克」，在進行前述的偵測調查上，相當

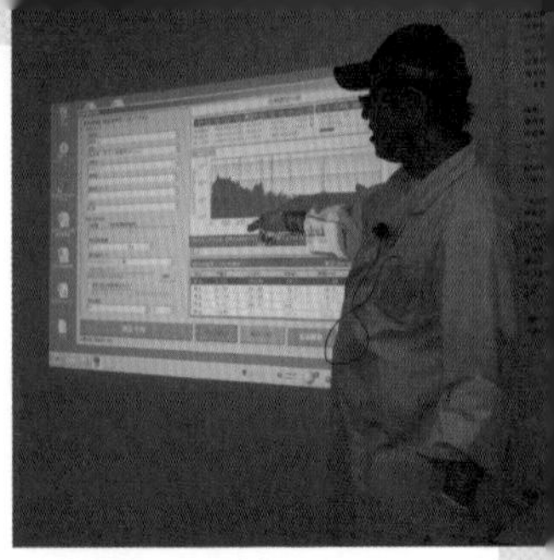

測量結果以「調查實驗室」名義進行報告，從數值上即可看出一些端倪。

慎重地選擇對象魚種，因此市面上流通的魚都經過安全性確認，請各位務必放心享用。試營運的內容都詳細揭露在福島縣漁聯等網站上，還請另行參考。

## 海洋實驗室調查結果分析

問題是那些受到國家出貨限制，未流通於市場上的魚。至於為什麼那些魚會受到出貨限制，是因為在非常少數的情況下，還是會檢測出超過國家標準的放射性物質，因此海洋實驗室才會刻意著眼於這樣的魚類，在核電廠附近的海域進行採集，並自行測量放射性物質。

二〇一四年與二〇一五年，我們在調查中釣到最多的魚是比目魚，由於比目魚通常棲息在淺海域的海底，因此核電廠事故剛發生時，記錄到相當高的輻射強度，現在也依然受到出貨限制。或許是因為這個緣故，有很多人覺得比目魚是「遭到污染的魚」，但就現階段所知，實際上已經恢復至一定程度了。

二〇一四年時，也曾經檢測出總計達每公斤一三八貝克的銫，全體之中的ND（未檢出，not detected）比例是百分之四十，但今年的ND比例提高到百分之六十八，檢測出來的整體數值也有降低的趨勢。

此外，根據調查結果發現，體型較大的比目魚比較容易檢測出銫，為什麼會這樣呢？因為大的比目魚都是「地震之前出生」的，地震前出生的比目魚在核電廠事故發生時已經是成魚了，所以會直接受到地震後流出的高濃度污水影響。

相對於此，地震後出生的小型個體，因為成長在放射性物質已經稀釋的海裡，所以幾乎大部分都是ND，即使檢測出來也只有數貝克的程度而已。

在福島水族館富原獸醫的協助下，我們鑑定了可以得知魚齡的「耳石」這個器官，並與資料相互對照，發現在地震前出生的個體當中，又以「七歲以上的個體」比較容易檢測出銫，據信是因為七歲以上的個體已經發育完成，代謝功能減弱，因此銫才會殘留在體內無法排出。

可見如果是現在五歲左右的比目魚，地震時雖然已經出生，但因為當時還是「幼魚」，代謝還很旺盛，在後來的成長過程中逐漸將銫排出體外，所以現在即使檢測出來，頂多也只有數貝克的程度而已。

相較於比目魚，更讓人擔心的是一種叫白平鮋（學名 Sebastes cheni Barsukov）的魚，今年測量了九個樣本，但九個樣本中只有一個樣本是ND。其中也有檢測出每公斤一〇六貝克、超過國家標準的樣本，我想這應該可以說是在福島縣沿岸捕獲的魚當中，檢出劑量最高的魚種吧（※由於平鮋魚體偏小，只有一條的話很難達到一次測量所需的肌肉量，因此會使用四到六條魚的肌肉。也因為這個緣故，海洋實驗室釣了相當多條平鮋）。

關於平鮋為何會檢測出高輻射強度，主要是因為（一）牠們棲息在沿岸的海底；（二）

牠們不太移動；（三）牠們較長壽的緣故。換句話說，平鮋不僅直接受到核電廠事故後流出的高濃度污水影響，更持續停留在同一個地方，而且受到影響的五歲以上個體還一直活到現在。

壽命較短的魚即使受到高濃度污水影響，也會在兩、三年內死亡。世代繁衍的結果，現在捕獲的都是「地震後出生」的魚，由於從小生長在放射性物質已經稀釋過的海裡，因此幾乎沒有遭到污染。然而如果是平鮋等壽命較長的魚，當時吸收的銫則會一直累積在體內，伴著牠們度過較長的一生。

若總結以上的說明，應該會得到這樣的結論：

在二〇一六年春天的現在，福島的海洋已經大幅恢復，並重新展開小規模的實驗性漁業，縣內的魚店都有販售縣產的魚。事故當時測出高輻射強度的平鮋也逐漸排出放射性物質，目前已經很難找到每公斤超過五十貝克的個體了。此外，輻射強度最高的魚種之一的平鮋，也很少有每公斤超過一百貝克的個體了。

總而言之，福島的海洋正在恢復當中，必須留意的魚種也如前文所述，僅限定於少數幾種而已，隨著東電污水對策的進行，若能阻擋放射性物質流入海洋的話，復原的進度應該會更順利吧。

話雖如此，或許也有人在意鍶或銫的生物累積作用、食物鏈等問題吧？因此這裡也稍微提一下這個部分。

## 鍶的部分沒問題嗎？

由於我們沒有可以測量鍶的檢測器，再加上在銫含量與鍶等其他核種含量之間，據說有一定的比例關係，即使只測量銫也足以理解很多訊息，因此我們都採用每次測量到的銫來進行評估。

如欲了解更詳細的資料，水產廳有公布鍶的調查結果，有興趣的人或許可以去查看一下他們提供的資料。

根據他們的資料顯示，二〇一五年在第一核電廠附近的富岡近海捕獲的兩條白平鮋，分別檢測出每公斤〇・〇四九貝克與〇・〇四三貝克的鍶90，含量大約是一貝克的百分之四，因此從這裡應該就可以看出鍶含量有多低了吧。

附帶一提，從那些白平鮋身上檢測出來的銫，總計分別是每公斤八・五貝克與九・一貝克，如果福島縣近海劑量最高的魚種之一是這種狀況的話，想必其他魚種的劑量應該更低吧。連同氚等放射性物質在內，各位不妨先與自治體公布的資料比較一下，再將此做為判斷的依據。

## 銫的生物累積作用呢？

這個問題只要思考「滲透壓」就知道了，所謂的滲透壓，指的是兩個隔著細胞膜且濃度相異的溶液之間，水從濃度低的一方流到濃度高的一方時產生的水壓。由於生物細胞的鹽分濃度約為百分之〇・九，海水的鹽分濃度約為百分之三・五，因此一旦海水接觸到魚的身體，細胞內的水就會流出體外，導致魚類脫水致死。

因此，海水魚為了補充失去的水分以避免脫水，會喝進大量海水，但由於海水當中含有許多鹽類，因此海水魚具有排出那些鹽類的構造，多餘的鹽類會經由鰓或腎臟等器官排出去，所以海水魚的肉（生魚片）才不會變得太鹹。事實上，銫這種物質與鹽分當中所含的「鉀」性質非常相似，因此魚雖然會一起吸收鹽分與銫，但也會和鹽分一起透過鰓與尿液持續排出體外。簡而言之，這就是為什麼海水魚的體內不容易發生生物累積作用，據信道理就跟魚的身體不會變鹹的理由一樣，而這一點也與「地震後雖然檢驗出許多銫，但幾年之後就減少了（被排出體外）」的資料不謀而合。

## 來自海底土壤的影響呢？

海洋實驗室過去多次測量海底土壤的劑量，雖然一開始調查時曾發現過平均每公斤達數百貝克的海底土壤，但隨著時間的經過逐漸降低。最新的調查數字也大幅降低。核電廠外海一・五公里處的海底土壤銫含量總計為每公斤五十七・九貝克；至於海水的部分，我們用自備的檢測儀器並未檢測出放射性物質。

此外，我們的調查結果與東電或自治體的資料並無顯著差異，因此我們認為那些資料也是可信度相當高的資料。

當然，還是有魚游到核電廠範圍內，吸收進放射性物質，而且即使是地震後出生的魚，也有的受到現在的環境影響，而被檢測出平均一公斤含有數十貝克的銫，在非常罕見的情況下，依然會發現每公斤超過一百貝克的個體，因此並不是所有福島縣近海的魚都很安全。

不過目前完全不是核電廠事故剛發生時那樣的狀況，而且相信今後也會更講究以科學方式分析魚種、生態、食性或年齡，而不是以「福島的魚」一語概括。

如果可以的話，我們「海洋實驗室」希望能夠以開心、有趣並且津津有味的方式進行這些事，在冬季暫停的調查也即將在春天重新開始，想親自前往或想動手釣魚的人，請務必與我們聯繫。

**小松理虔**
**（Komatsu Rikeno）**
一九七九年生於磐城市小名濱。自由作家。在福島電視報導部擔任記者後移居上海，以日語雜誌編輯和作家身分展開活動。回國後歷任木材貿易公司、魚板製造商等企業的宣傳人員，二〇一五年獨立創辦支援中小企業或生產者公關活動的「霹靂舍」。投入在地方扎根的各種企畫與資訊傳播。

# いわき海洋調べ隊「うみラボ」

## 空間線量の測定

使用機器　日立アロカ　TCS-172

0.01μSv/h
～
0.03μSv/h

解　説

原発から1.5kmの近い距離でも海の上だと低い数値になります。
海の上では地面（海底）からの放射線は海水により遮蔽され放射線量は低くなります。

## 海水の測定

使用機器　日立アロカ　CAN-OSP-NAI

2013.11.3
検出限界未満

解　説

使用している機器の検出限界が7Bq/ℓほどなので検出限界未満となっています。東京電力福島第一原子力発電所の港湾内でもCs137でND～3.3Bq/ℓ（2015年5月2日測定）ですので、1.5km沖の海水ではアクアマリンふくしまが所有する機器では検出できません。

参　考

東京電力のホームページ
福島第一原子力発電所周辺の
放射性物質の分析結果

http://www.tepco.co.jp/decommision/planaction/monitoring/index-j.html

## 海底土の測定

使用機器　日立アロカ　CAN-OSP-NAI
60℃　48～72時間乾燥

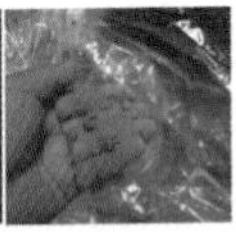

| | Cs合計 |
|---|---|
| 2014.7.19 | 283Bq/kg |
| 2014.8.17 | 248Bq/kg |
| 2014.11.9 | 270Bq/kg |
| 2015.4.19 | 53Bq/kg |
| 2015.5.16 | 183Bq/kg |
| 2015.7.4 | 83Bq/kg |
| 2015.8.9 | 102Bq/kg |
| 2015.9.6 | 91Bq/kg |

解　説

原発前の底質は太平洋に面していることもあり、泥ではなく砂です。砂は粘土に比べて放射性物質を吸着しづらいので、粘土を多く含んだ陸上の土と比べて線量は低くなります。2015年の調査では前年と比べて低い値になっていますが、冬季の海荒れと関係しているのかもしれません。継続的な調査が必要です。

## 魚の測定

数値はCs134とCs137の合計
使用機器　日立アロカ　CAN-OSP-NAI

一般食品の基準値　100Bq/kg

### ブリ

2014.8.17～2015.10.17
6試料すべて
検出限界未満

解　説

ブリは回遊性魚類なのでそれほど汚染されていません。特にイナダサイズのブリは当歳魚なので事故直後の汚染水の大量流出の影響を受けていません。

### キツネメバル

| | |
|---|---|
| 2014.11.9 | 86Bq/kg |
| 2015.4.19 | 検出限界未満 |
| 2015.8.9 | 17Bq/kg |
| 2015.9.6 | 20Bq/kg |
| 2015.10.17 | 22Bq/kg |

解　説

キツネメバルは根魚でほとんど移動しません。また、寿命も長く事故前生まれの個体もまだ見つかります。事故前生まれの個体だと、事故直後の汚染水の大量流出の影響がまだすこし残っているようです。

### ヒラメ

2014年　15試料
N.D.（6）～138Bq/kg
2015年　19試料
N.D.（15）～29Bq/kg

解　説

ヒラメは底魚ですが結構移動する魚です。また、成長が早い魚で4歳で60㎝2.5Kgとなります。現在はほとんどが事故後生まれですのでで原発前の海域でもNDとなることが多いです。

### ハナザメ

2014.8.17
26Bq/kg
2015.8.9
8Bq/kg

解　説

サメの仲間は普通の硬骨魚類と違い放射性セシウムを蓄積しやすい魚です。福島県沿岸には夏になると当歳魚が来遊します。当歳魚ですので数値はその時の原発前の海洋汚染を反映しています。

### アイナメ

2014年　3試料
N.D.（1）～34Bq/kg
2015年　19試料
N.D.（11）～46Bq/kg

解　説

調査で釣獲されるアイナメはほとんどが事故後生まれとなっており、事故直後のような大きな汚染は見られなくなりました。ただ、小型の個体は浅い海域を好むので、少し汚染された個体も見つかるようです。

### シロメバル

2015年　9試料
N.D.（1）～106Bq/kg

解　説

寿命が20年以上。根魚でほとんど移動しない魚です。現在でも事故前生まれの個体が多く見られます。そのため事故直後の汚染水の大量流出の影響が最も残っている魚です。

「海洋實驗室」進行的就是以上各類活動
詳細活動情形請上官方網站瀏覽！

磐城市海洋調查隊「海洋實驗室」官方網站

www.umilabo.jp

# 相馬釣魚二三事

鮫川隆星

## 推薦① 相馬市相馬港與松川浦漁港的海釣

相馬市位於福島縣東北部，沿岸地區向來是釣魚愛好者聚集的人氣地點，最大的魅力莫過於可以輕易釣到各式各樣的魚。雖然港口在五年前被海嘯嚴重破壞，但目前經過護岸工程與漁港的整修後，幾乎大致恢復成地震前的樣子。

松川浦漁港是縣內唯一的潟湖，由於海水與淡水交匯，因此有許多魚貝類在此棲息。從河口到外海有漁船水路和礁岩地帶，所以到處都有可以釣魚的地點。

此外，相馬港雖是工業港，碼頭卻整理得相當乾淨，也有可以開車進入的區域。為了提供大型船隻停泊，水深較深，有各種體型的海洋生物，夏天則有洄游魚成群游入。

松川浦漁港與相馬港一年四季皆可享受釣魚的樂趣，春天有鰕虎、鰈魚、大瀧六線魚、黑鯛等魚類；夏秋除了有青魚類的鯖魚或鯵魚和沙丁魚類，還可以釣到日本花鱸或洄游魚類的黃尾鰤、杜氏鰤等大型魚類；冬天除了富含脂肪的比目魚、鰈魚或大瀧六線魚，還可釣到有美味魚肝、適合火鍋的暗色沙塘鱧。

特別推薦的是在夏天晚上釣糯鰻，在松川浦漁港周邊的堤防上，丟下掛著生魚肉等魚餌的魚鉤，一邊吹著晚風一邊暢飲啤酒，等待鈴聲響起。整夜與全家大小一起來夜釣的人，或與全副武裝釣糯鰻的當地歐吉桑聊天也不錯，天氣好的時候視野非常遼闊，因此也可以觀察到許多流星。

只要掛上用來當作魚餌的青蟲，再把魚鉤投入海裡，一定能在這片相馬海域釣到魚，釣不到也沒關係，松川浦那美得無法言喻的晨曦與夕陽將會撫慰你受傷的心。

## 推薦② 相馬近海的船釣

在地震與核電廠事故發生後，福島的海洋動不動就被投以嚴厲的目光。但在地震發生之前，這裡可是一片豐饒的海域，可以捕撈到俗稱「常磐貨」的高品質在地品牌魚，在這片寒流與暖流交匯的漁場，一年四季都能捕到當季最新鮮的魚。

這一點至今依然沒有改變，當地漁協在捕魚次數、海域和魚種限定的前提下，持續進行試營運，雖然漁獲量大幅減少，但魚貝類都成長得很順利，個體數也逐年增加中。

位於福島縣東北部相馬市的相馬雙葉漁業協同組合按照試營運的規範，允許地方釣船業者在特

（照片：鮫川隆星）

**碰到有關釣魚的問題，就去附近的釣具店吧！**

「釣餌豐漁」
相馬市尾濱字原 219-1
TEL：0244-38-6503

「（有）松川釣具店」
相馬市尾濱字細田 130-1
TEL：0244-38-6441

**帶領你前往夢幻樂園的釣船就在這裡！**

「釣餌豐漁」
相馬市尾濱字原 219-1
TEL：0244-38-6503

「釣船 · 金榮丸」
相馬市尾濱字平前 3-1
TEL：0244-38-7015

「釣船 INFINI」
相馬市尾濱字札澤 80-39
TEL：0244-64-2211

定的週末假日、海域與魚種等條件限制下營業。

在相馬近海，地震之前只有手掌大小的鰈魚，如今已經長到超過兩倍大，吸引眾多釣客，只要搭乘釣船前往近海就知道，那裡簡直是天堂。

在釣鰈魚用的三本鉤上掛上魚餌，投入海裡沒多久，立刻就會感覺到有魚上鉤，使勁往後拉，把線收回來一看，一次釣到三條魚的情形也不在少數，對於這種釣到太多魚的情況，釣客們都說是「爆釣」，而福島的海總是在發生「爆釣」的情形，有時每釣每中，釣到讓釣客們都笑說：「鰈魚是不是都疊在一起了？」其他地方很少有人能在釣魚的時候捲線捲到手痠，必須喘口氣才有辦法繼續釣魚，請各位務必來體驗看看這樣的興奮感。

雖然可以釣的魚種有限，除了鰈魚之外，還有鯵魚、鯖魚、鰤魚、杜氏鰤、真鯛等等，但還是可以充分享受釣魚的樂趣，即使是初學者也可以期待一定程度的收穫，如果一條也釣不到的話，就請教旁邊的人怎麼釣，如果還是釣不到的話，確認一下魚餌還在不在釣鉤上，如果魚餌還在卻釣不到，可能要想想是不是哪裡有問題了。

記得穿上救生衣！垃圾請全部帶走！在遵守禮節的前提下快樂地釣魚吧！福島的海洋不會讓你失望的。

**鮫川隆星**
**（Samekawa Ryusei）**

出生於福島縣某村。三十幾歲，正值璀璨年華的單身男性。職業是自由攝影師。最近愈來愈喜歡釣魚，暗自盤算著要成為一名漁夫。座右銘是「一竿風月」。

專欄

# 廢爐地區的課輔教室

森雄一郎

## 無償援助留下的問題

我在福島縣廣野町成立主辦課輔教室的學生團體，是在高中三年級春天，也就是二〇一四年二月的事。

前一個月，我剛確定自己考上哪所大學，因此打算將高中畢業前的時間用來投入有助於重建福島縣的活動。

和許多人一樣，福島居民被外人無憑無據誹謗的事實，始終在我心中揮之不去，網路上毫無根據的言論累積得像灰塵一樣多，例如「福島已經不能住人了」或「有人生出畸型兒」等等，累積的厚度看起來就像在妨礙重建的意志，我想既然是福島縣外的人在妨礙重建意志，甚至造成削弱居民尊嚴等負面影響，那就應該由福島縣外的人負責修復才行。

在地震後參加志工活動的過程中，發生了一件讓我印象深刻的事。二〇一三年夏天，我到宮城縣某座港口城市協助一場由學生團體主導的地方振興活動，卻在現場親眼目睹到一個問題，就是居民在習慣援助以後，開始出現缺乏道德感的舉動。

那座港口城市在地震發生後，定期會有外部團體來舉辦地方振興活動，在當天的活動當中，市場上陳列著剛捕撈上岸的海產，許多居民都前來選購，現場看起來非常熱鬧，幾乎到人滿為患的程度，不過我卻在那天的晚餐時間聽到一個不可置信的消息。

「今天只掉了兩支滅火器。」

一問之下才知道，他們只要在哪座城市舉辦活動，就經常發生工具被偷走的情形，再進一步詢問，據說「有一次準備好的滅火器全部都被偷走了」，而且「公民館的電視也曾消失過」。

我問那個團體的人為什麼會發生這種事，對方一臉無奈地說：「因為外面的人一直無償提供援助，所以人們的道德感都被破壞了。」

接著又說：「居民因為過於依賴無償援助，所以已經失去了重建的主體性，我們真的不知道自己舉辦的活動對這裡的重建到底有沒有幫助。」

我想如果是我在福島舉辦活動的話，絕對不會想要採用任何有可能讓當地人喪失主體性的形式。

此外，對於當時還是高中生的我來說，無論在資金或能力上，我所能選擇舉辦的活動也有限，我想預算動輒上百、上千萬圓規模的活動，並不適合我們。

## 培養國中生建立邏輯思考力與開闊的視野

二〇一四年一月，我在包含警戒區域在內的福島核電廠周邊自治體走了一圈，檢視這一路上蒐集到的知識與各項條件後，與一群朋友一起構思出來的活動，就是和廣野町共同開辦課輔教室AAO（Act for Achievement of Orbit）。

AAO 學習時間的情景。（照片：廣野町網站）

本活動的目標是協助當地的國中生提高學力與開拓視野。

當時我對於許多大人在缺乏科學判斷的前提下，用毫無根據的謠言中傷當地居民，感到非常氣憤，因此在那樣的狀況下，我認為我們能為當地國中生提供的照顧，就是培養他們建立確實的邏輯思考力與開闊的視野。

只要知道邏輯上的漏洞，就算對方聲音再大也不足為懼，我希望讓福島第一核電廠周邊自治體的國中生，擁有冷靜判斷事物的能力。

而擁有開闊的視野，在做出正確選擇上或在學習任何東西時，都是不可或缺的條件。

一般而言，即使大人隨口激勵國中生說：「要擁有開闊的視野。」或許他們還是不太清楚該怎麼做才好，當時還是高中生的我們，因為年齡與他們相近，所以與當地大人或學校老師不同的是，我們可以比較近距離地提供諮詢或建議，而且接觸平常不會接觸到的「都市大學生」，應該也可以讓他們更容易想像自己的未來吧。

第一場活動舉辦於二〇一四年三月，我們借用廣野町的公民館，舉辦為期三天的活動，之後以每月一次的頻率持續進行到二〇一六年一月。

課輔教室的形式幾乎從一開始就沒有改變過，大部分時間都用來學習學校課業或準備考試，我們以一對一的方式教導國中生不懂的地方，而且和個別指導補習班不同的是，由於我們的教學並不受限於科目或內容，因此也經常有超過教科書內容的時候。

在學習時間或休息時間之外，每次都會有一段時間由AAO成員發表演說。我們會利用這段時間聊一聊自己正在舉辦的活動或是在大學進行的研究。

在二〇一四年三月時，AAO的成員主要是來自福岡、滋賀、神奈川等地的高中生，後來許多當時的成員都升上首都圈的大學，從二〇一五年度開始，成員當中也多了一些來自東京大學、慶應義塾大學、早稻田大學、上智大學、東京外國語大學等學校的大學生。

此外，也有來自海外的留學生參加過我們的活動，有些國外的報導也會扭曲福島縣的現狀，我想透過留學生向海外傳達正確的現狀，也是重建過程中相當重要的一環。

本活動所需的經費完全由廣野町支出，我們一直努力想做出讓大家覺得有達到預算價值的活動，聽說第二場以後的活動預算都經過町議會核准，若活動成果不受認可的話，或許

平常進行的方式是輔助國中生自習，不過有時也會在學習之餘讓學生各自發揮所學的知識，針對具有專門性的內容，例如「3D 印表機是什麼？」或「用阿拉伯語打招呼」等主題進行授課。（照片：廣野町網站）

就無法通過預算了吧，但所幸直到目前為止都順利地取得預算。

## 他們也只是普通的國中生

雖說是在廣野町舉辦活動，但我們並沒有做什麼特別的事，說到「災區的孩子」，或許有人會抱著「他們心靈受創」或「他們的命運遭到大人的想法所擺弄」等印象，但在我看來，廣野町的國中生和其他地方的國中生並無二致，都只是普通的孩子而已。

當然，他們還是有必須面對的課題，例如二〇一四年一月活動剛開始的時候，我就聽過這樣的煩惱：「廣野國中無法重新展開社團活動，學生人數太少了，運動社團無法組隊。」據說本來的學生人數就偏少，因此物質條件不夠充裕，例如補習班、升大學預備校等學習環境不夠充足，或是要升高中必須前往隔壁的磐城市等等，但這樣的現象也存在於人口外流地區的學校，是全日本都有的問題。

有個曾經來過我課輔教室的高中生說「將來想當生物學家」，也有成績好的學生說自己的目標是「考上東大」，這種感覺也跟普通的孩子一樣吧？當然，要實現那些目標，他們也必須付出相當的努力才行，但我想盡我所能幫助他們。

教廣野町的國中生念書，最讓我感到佩服的就是他們的「直率」。他們不太有國中生那種特有的彆扭態度，不過也有可能是因為那是自由參加的週末課輔教室，所以會來的學生本來就比較多是學習欲望強烈的國中生，但想到自己國中時的模樣，就覺得他們非常地成熟。

即使從學力來看，非常有能力的學生也是以縣內前百分之一為目標，我認為憑他們的頭腦，絕對有能力與首都圈名門私立學校的頂尖學生相抗衡，我希望他們務必要將目標放遠一點。

我聽說廣野町向來非常注重教育，這也是我們AAO選擇將活動場地設在廣野町的原因之一，包括町長、教育委員會的人在內，許多相關人士都很理解教育的重要性。

二〇一五年四月，福島縣立雙葉未來學園高中在廣野町正式創校，很多曾在二〇一四年度參加過AAO的國三學生，現在都是雙葉未來學園的第一期生。

這所學校還被指定為超級國際高中（Super Global High School），並採用許多包含海外研修等在內，非常具有野心的課程，聽雙葉未來學園的學生聊起海外研修的事，連我們大學生也都被他們鼓舞了。

因地震與核電廠事故而經歷環境巨變的福島第一核電廠周邊自治體，如今正以教育為關鍵字，一步一腳印地朝下個階段的未來邁進。

學生團體AAO（Act for Achievement of Orbit：為改善核電廠事故後的生活環境而成立的學生網絡）

**活動舉辦於每月第4週的六日，星期六是下午1點～6點半，星期日是上午9點半～下午4點半，午休時間1小時，學習時間各50分鐘，中間大約休息10分鐘。**
**參加者為國中1年級到3年級的學生，有些學生是經由教育委員會發布的公告得知消息，有些是在參加過的學生邀請下一同參與，每次大約10～15人參加。**

**森雄一郎**
**（Mori Yuichiro）**
一九九四年生，慶應義塾大學綜合政策學院二年級，學生團體AAO代表。畢業於私立武藏高中，在高中時期創立AAO，大學以安全保障為論文題目申請入學。在考量能源安全保障與核電廠的前提下，一邊思考對於福島第一核電廠事故所造成的災害，從學生的立場能夠做些什麼，又該做些什麼，一邊進行重建支援活動。

# 了解除污實情的三大重點

❶二〇一五年度，有多少人在除污作業的現場工作？未來又會是什麼情形？

⬇二〇一五年度，如果只計算在核電廠周邊地區工作的人數，巔峰時期約為一萬九千人。雖然有些作業預計在二〇一六年度告一個段落，但可以想見的是，還會有一定比例的作業繼續進行。

## 除污作業從二〇一四年度開始加速

先來看一下【圖1】吧，二〇一五年度，最多的時候大約有一萬九千人在由環境省直接指揮的「直轄除污」現場工作，「直轄除污」的用意在於由國家針對劑量高的核電廠周邊地區進行重點式的除污。至於與核電廠有段距離的縣內區域或福島縣外則不包含在這之中，而是由各自治體自行進行除污，由於這種除污作業一直到現在都還在進行，因此實際上有更多人在福島縣內外進行除污作業。

此處僅討論直轄除污的部分。

二〇一一年是試驗性的除污，二〇一二年才逐漸開始進行正式的除污，只是一開始因為受到種種因素限制，例如找不到地方可以暫時放置除污過程中產生的廢棄物，或是無法確定哪些範圍要如何進行除污等等，所以速度遲遲無法提升，即使計畫已經定案了，但在進入執行階段以後，還是會發生原地踏步的情況。

不過在二〇一四到二〇一五年度之間，速度已經大幅提升了。

正如【圖2】所示，有好幾個自治體都是在這個時期完成最初計畫的除污作業。

事實上，環境省所設定的方針就是在二〇一六年度結束以前，完成所有最初計畫的除污作業。

【圖3】是二〇一六年三月時的除污進度，由表可知浪江町和南相馬市等地區還有部分作業尚未完成，接下來這些地方應該會成為重點式除污作業的執行現場。

| | |
|---|---|
| 田村市 | 2013 年 6 月 |
| 楢葉町 | 2014 年 3 月 |
| 川內村 | 2014 年 3 月 |
| 大熊町 | 2014 年 3 月 |
| 葛尾村 | 2015 年 12 月 |
| 川俣町 | 2015 年 12 月 |
| 雙葉町 | 2016 年 3 月 |

【圖 2】

最初設定的除污完成時期

出處：圖 1、圖 2 皆依據除污資訊廣場的公開資料製成

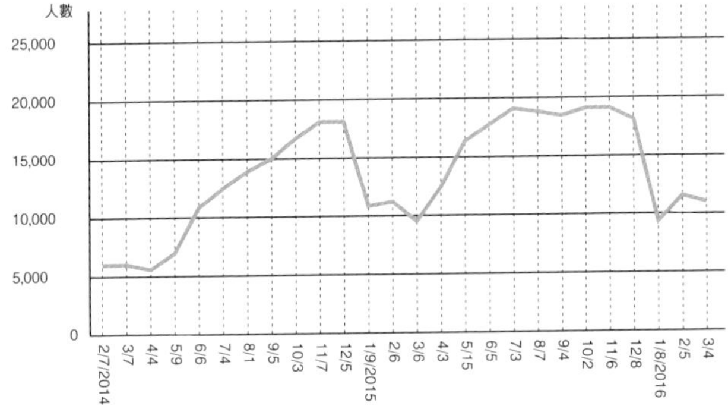


【圖 1】除污特別區域的除污工作人員數

【圖 3】按照除污特別區域作業計畫進行的除污進度（2016 年 3 月 31 日資料）

| | 田村市 | | 楢葉町 | | 川內村 | | 大熊町 | | 葛尾村 | | 川俣町 | |
|---|---|---|---|---|---|---|---|---|---|---|---|---|
| | 執行率（%） | 執行數量 | 執行率（%） | 執行數量 | 執行率（%） | 執行數量 | 執行率（%） | 執行數量 | 執行率（%） | 執行數量 | 執行率（%） | 執行數量 |
| | | 目標對象 | | 目標對象 | | 目標對象 | | 目標對象 | | 目標對象 | | 目標對象 |
| 住宅地 | 100 | 約 140 | 100 | 約 2,500 | 100 | 約 160 | 100 | 約 180 | 100 | 約 460 | 100 | 約 360 |
| | | 約 140 ※1 | | 約 2,500 ※1 | | 約 160 ※1 | | 約 180 ※1 | | 約 460 ※1 | | 約 360 ※1 |
| 農地 | 100 | 約 140ha | 100 | 約 810ha | 100 | 約 130ha | 100 | 約 170ha | 100 | 約 470ha | 99 | 約 470ha |
| | | 約 140ha | | 約 810ha | | 約 130ha | | 約 170ha | | 約 470ha | | 約 480ha |
| 森林 | 100 | 約 190ha | 100 | 約 450ha | 100 | 約 200ha | 100 | 約 160ha | 100 | 約 630ha | 100 | 約 500ha |
| | | 約 190ha | | 約 450ha | | 約 200ha | | 約 160ha | | 約 630ha | | 約 500ha |
| 道路 | 100 | 約 29ha | 100 | 約 170ha | 100 | 約 38ha | 100 | 約 31ha | 100 | 約 110ha | 100 | 約 68ha |
| | | 約 29ha | | 約 170ha | | 約 38ha | | 約 31ha | | 約 110ha | | 約 68ha |

| | 飯館村 | | 南相馬市 | | 浪江町 | | 富岡町 | | 雙葉町 | |
|---|---|---|---|---|---|---|---|---|---|---|
| | 執行率（%） | 執行數量 | 執行率（%） | 執行數量 | 執行率（%） | 執行數量 | 執行率（%） | 執行數量 | 執行率（%） | 執行數量 |
| | | 目標對象 | | 目標對象 | | 目標對象 | | 目標對象 | | 目標對象 |
| 住宅地 | 100 | 約 2,000 | 88（100） | 約 3,900 | 48 | 約 2,600 | 100 | 約 6,000 | 100 | 97 |
| | | 約 2,000 ※1 | | 約 4,400（約 3,900）※1 ※3 | | 約 5,900 ※2 | | 約 6,000 ※1 | | 97※1 |
| 農地 | 55 | 約 910ha | 33 | 約 1,000ha | 37 | 約 670ha | 98 | 約 660ha | 100 | 約 100ha |
| | | 約 1,700ha | | 約 3,100ha | | 約 1,900ha | | 約 670ha | | 約 100ha |
| 森林 | 86 | 約 1,100ha | 58 | 約 670ha | 75 | 約 230ha | 100 | 約 460ha | 100 | 約 6.2ha |
| | | 約 1,200ha | | 約 1,200ha | | 約 380ha | | 約 460ha | | 約 6.2ha |
| 道路 | 48 | 約 110ha | 39 | 約 120ha | 68 | 約 160ha | 99.7 | 約 170ha | 100 | 約 8.4ha |
| | | 約 240ha | | 約 320ha | | 約 240ha | | 約 170ha | | 約 8.4ha |

※1 各市町村的「農地」、「森林」、「道路」單位皆為面積（公頃 ha），「住宅地」的單位則為實施對象的建築物數。

※2 唯獨浪江町的住宅地是除污對象住宅地的居民人數。

※3（ ）內為 2015 年度前完成除污環境整理的總面積，其餘預計在 2016 年度執行。

出處：http://josen-plaza.env.go.jp/info/weekly/pdf/weekly_160422d.pdf

目前預計自二〇一七年度起，隨著中期貯存設施的建設與廢棄物的運入正式展開，即將開始返鄉的地區會進行追加除污，或是目前還被指定為「返鄉困難區域」的地區將會開始進行除污。雖然返鄉困難區域直到現在都被排除在基本除污的對象之外，但有很多地方的劑量已經自然降低，也有愈來愈多地方為了打造新城鎮而必須進行集中除污。因此屆時應該會在這些地方進行除污，好讓人們可以在這裡生活。

❷都已經過了五年，中期貯存設施的用地取得依然毫無進展，是不是永遠也不會完成了？

↓確實比最初預計的進度落後許多，但詳細了解就知道，尤其是在二〇一五年度，用地取得作業有一定程度的進展，說「毫無進展」是對實際狀況不夠理解所致。另一方面的問題是，今後的中期貯存設施建設與搬入作業是否能夠順利進行，然後按照「國家方針」的最終定案，該如何在「三十年後在縣外進行最終處置」，是更棘手的課題。

## 中期貯存設施的用地取得進展部分與未進展部分

中期貯存設施的用地取得進度緩慢，因為在二三六五名建設預定地的土地與建築物所有權人中，答應提供土地者只有八十三人，也就是百分之三・五。這是距離三一一大地震五年之後，經常被報導的中期貯存設施建設進度，而且應該有很多人聽到過了五年進度卻只有個位數，會覺得「到底在幹嘛？可以認真一點嗎？」吧。

話說回來，「中期貯存設施」究竟是什麼？核電廠事故發生後，日本建立的方針是先在劑量高的地方進行除污以降低劑量，好讓民眾可以重新展開生活。但在那之前，必須先解決廢棄物該如何處理的問題，才能夠開始除污。因此先在每個地區設置「臨時放置場」，把廢棄物集中在那些地方，再統一送到雙葉、大熊等蓋在核電廠周邊的中期貯存設施。

之所以說「中期」是因為，當初說好的前提是先在福島貯藏三十年，之後將會搬運到縣外去，而不是永遠放在這裡。正因為建立了這樣的前提，福島縣與各自治體才會接受這個方案。

然而等到實際要進行建設時，一直到二〇一六年，也僅收購到百分之三・五的土地而已，所以「中期貯存設施真的毫無進展，今後應該也很難有進展」嗎？

其實只要理解現狀就知道，這樣的認知與事實稍有出入。

環境省針對所有權人的狀況與作業進度有提出詳細的報告，也就是【圖4】的內容，哪裡有出入呢？從結論而言，

**Q15** 2015年度在污染程度最高的地區從事除污（直轄除污地區）的人數，最多的時候是多少？

**A15** **18000～19000人**

「目前已經掌握聯絡方式的所有權人是一四八〇人，這些人擁有的面積大約占中期貯存設施建設預定地的百分之九十一，其中有八七〇人的土地已經完成現場調查，進入提出補償金額的階段」。

簡而言之，「以面積來說，目前正在接洽擁有其中九成土地的地主，並已向其中約六成的人提出：『這個程度的補償金額可以接受嗎？』」這就是二〇一五年一整年作業急速進行的部分。

這項用地取得作業的確有所延遲，也有人批評說：「是不是有太多東西都在依靠不擅長這方面作業的環境省的力量？」在這樣的情況下，環境省為了減少分配給除污的勞力同時盡速取得土地，採行了配套的強化體制，例如從國交省找來懂得用地取得方法的職員，或是重新雇用原本在縣政府或市町村擔任公務員的人，來負責實際的說明與交涉。若從契約件數與原本的土地建築物所有權人的數量來看，百分之三・五確實看起來很像「毫無進展」，但不能光從這個數字去判斷整體的狀況，應該也要將有所進展的部分視為成果之一才對。

當然也有些部分毫無進展，最棘手的就是「尚未掌握聯絡方式的所有權人」總共是八九〇人，畢竟地方上很常會碰到老屋或空地的所有權人是明治時代的人，或是已經搬走不住在當地的情形——雖然登記的名字還保留著，但恐怕無法確認人還在不在這個世上。面對這種情形，必須一邊向子孫、親戚或鄰居探聽，一邊摸索在法律上該如何處理這種土地。雖然以面積來說大約占一成，但畢竟人數不少，這與其說是「說明與交涉」的問題，不如說是「調查與法律對應」更顯重要的問題吧。

不過這裡並不打算說「中期貯存設施的前景一片光明」，因為目前還處於不透明的狀態，主要的課題有二。

一是如何將福島縣內大量產生的除污廢棄物順利運到中期貯存設施，由於廢棄物量過於龐大，據說即使花五年以上也無法全部運完；此外，在大量卡車來回載運的過程中，也必須考量到交通事故或空氣污染等問題。

事實上，關於前文提到的用地取得，

現階段的方針是期望在二〇二〇年度結束以前，能夠完成七成左右的作業，而廢棄物的搬入也希望至少能夠完成五成作業。過程中將一邊調整時間一邊逐步完成中期貯存設施。至於是否能夠順利進行，或者是會面臨延宕的問題，則端視今後所採取的應變方式。

## 長期保管管理的關鍵字是「基準值」與「減容化」

另一項最大的障礙，就是「三十年以內在縣外進行最終處置」的「國家方針」，目前仍未看到任何實現的可能性。

在民主黨政權的時代，政府宣告「三十年以內在縣外進行最終處置」，除污與中期貯存設施的建設也都是以此為前提在進行。如今政權輪替到自民黨手中，或許在負責人眼裡看來，「民主黨把話講得信誓旦旦，卻沒規畫出具體方案，把整個包袱丟了就跑。」但事到如今也不能說：「想

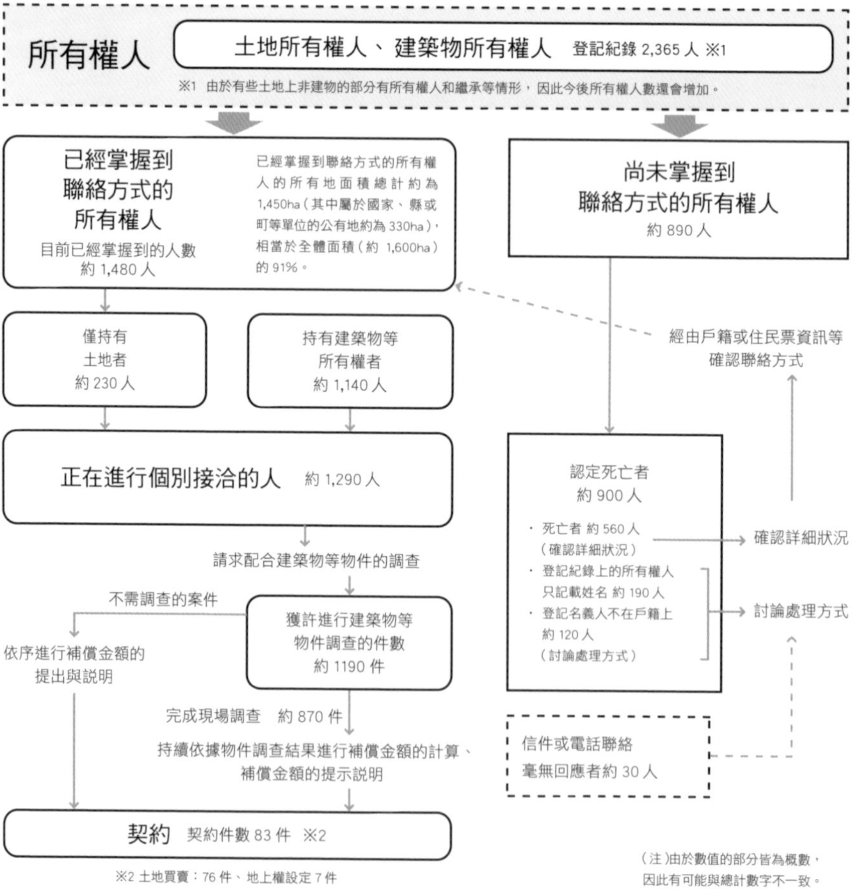

所有權人
土地所有權人、建築物所有權人 登記紀錄 2,365 人 ※1
※1 由於有些土地上非建物的部分有所有權人和繼承等情形，因此今後所有權人數還會增加。
已經掌握到聯絡方式的所有權人
目前已經掌握到的人數 約 1,480 人
已經掌握到聯絡方式的所有權人的所有地面積總計約為 1,450ha（其中屬於國家、縣或町等單位的公有地約為 330ha），相當於全體面積（約 1,600ha）的 91%。
尚未掌握到聯絡方式的所有權人
約 890 人
經由戶籍或住民票資訊等確認聯絡方式
僅持有土地者
約 230 人
持有建築物等所有權者
約 1,140 人
正在進行個別接洽的人 約 1,290 人
認定死亡者
約 900 人
・死亡者 約 560 人（確認詳細狀況）
・登記紀錄上的所有權人只記載姓名 約 190 人
・登記名義人不在戶籍上 約 120 人（討論處理方式）
確認詳細狀況
討論處理方式
請求配合建築物等物件的調查
不需調查的案件
依序進行補償金額的提出與說明
獲許進行建築物等物件調查的件數
約 1190 件
完成現場調查 約 870 件
持續依據物件調查結果進行補償金額的計算、補償金額的提示說明
信件或電話聯絡
毫無回應者約 30 人
契約 契約件數 83 件 ※2
※2 土地買賣：76 件、地上權設定 7 件
（注）由於數值的部分皆為概數，因此有可能與總計數字不一致。


【圖 4】所有權人的狀況（2016 年 3 月 31 日資料）

出處：http://josen-plaza.env.go.jp/info/weekly/pdf/weekly_160408d.pdf

要完成三十年以內在縣外處理，或是以每年增加的輻射暴露量降到一毫西弗為目標的除污什麼的，實現的可能性與合理性都令人質疑，乾脆當作沒這回事吧。」媒體上出現的討論也都是在挑環境大臣的語病，或是將「即使蓋好中期貯存設施，之後也不會有人接受那種東西。這根本不是中期貯存，而是最終貯存吧」的聲音作為當地居民的意見傳播，以用來達到批判政府的目的。但即使做這些事情，也只是骨牌效應地釀成「三十年以內無法在縣外完成最終處置」的國民意識，結果反而更強化福島被迫受苦與忍耐的結構而已。

重要的是，假如要運到外面去，就該開始討論是否有具體執行的可能，如有困難也要接受這個事實，思考該如何才能減輕地方負擔。具體而言，就是必須思考如何盡量縮小垃圾場的面積，還有如何藉由劑量管理等方式進行長期保管，好讓開始居住在周邊地區的人不致於感到不安。

在思考這些問題之際，最重要的關鍵字是基準值與減容化，當初剛開始進行除污時，很多土壤或草木等廢棄物的放射線都高到超過基準值，但五年後實際一測，卻出乎意料地降低許多，這種情形該如何解讀呢？

此外，為了減少放射性物質附著的廢棄物量，光是這五年以來，就已經進行過各式各樣的「減容化」技術研究，例如有一種「分級處理」的技術，雖然無法消滅放射性物質本身，但可以把放射性銫容易附著的黏土與不容易附著的沙子分開，道理很單純，但執行起來並不簡單，只是如果能高度發展這項技術的話，就能夠大幅減少體積。此外，還有一種技術是用高溫焚燒廢棄物使放射性物質揮發，就能利用過濾網吸收放射性物質，進而和其他可燃性殘渣（即原本表面附有放射性物質的石頭、土沙、金屬、木炭或炭灰等）分離出來。當然，即使可以採用這些技術，還是必須在確保安全的前提下，取得政府與民眾的同意，慎重地將技術實用化。只是隨著減容化技術的發展，未來有可能將原本據說多達十八個東京巨蛋，即兩千兩百萬立方公尺的廢棄物量，減少至十分之一，甚至是數十分之一。即使無法完全歸零，但假如能夠減少到一個東京巨蛋，

由參與富岡町除污作業之承包商所設置的居民休憩空間。

甚至是幾分之一的話，那麼在縣外進行最終處置的討論前提也會大幅改變。

今後應該需要積極考慮採納能夠大幅減輕負擔的研究開發才對。

❸「除污作業員」都是些粗人，害福島的治安急速惡化！針對女性的暴力事件頻傳，但政府卻刻意隱瞞，受害者也緘口不語。

➡雖然不是完全沒有，而且事實上令人不安的環境與資訊也愈來愈多，如果實際上出現受害情形，當然必須嚴厲處置，但也不應該過度反應。為了摸索出一套讓包含廢爐工作人員在內，所有流汗參與重建工作的人，與想在地方上安心生活的人都能共存共生的模式，必須冷靜地進行討論而不受到謠言擺布。

## 在災區傳開的「謠言」與減少的犯罪件數

五年以來，經常聽到「廢爐和除污作業員讓治安變差」的說法。其中像是「發生好幾起作業員搶劫酒館的案件」或「性犯罪增加，受害者受到驚嚇而自殺」等內容，也在民眾之間口耳相傳或在網際網路上傳開。

關於這些傳聞，有些地方的居民會對外來的人說：「真的有這些事，請務必讓全國的人都知道。」或「我朋友的朋友就是實際的受害者。」也有人說這些傳聞的可信度有待檢驗，搞不好只是謠言或都市傳說而已。那麼實際情況究竟如何呢？我們來看看犯罪的發生狀況吧。

首先，福島縣的主要犯罪立案件數詳見【圖5】，圖表上是以二〇一〇年為一百作為基準的後續變化。但包含凶惡犯罪與性犯罪在內，並沒有特殊的增加趨勢，從整體來看，比例反而減少兩、三成。

對於這樣的說法，也有人會反應說：「因為政府想要美化狀況，才隱瞞受害情形。」或「受害者不得不保持沉默。」

事情真是這樣嗎？若詳細檢視資料會發現，雖然闖空門的案件增加了，但其餘的犯罪並無明顯變化，試問只揭露闖空門案件而隱瞞其他，這樣做的意義何在？

或許有人會說：「不，在除污作業員較多的濱通地區，情況應該不一樣才對。」那麼在從事除污工作人口比例較高的南相馬轄區內的狀況如何呢？可以從【圖6】看出來，雖然數量較少而未以圖表呈現，但還是可以觀察到一定的特徵。由這份資料可知，在事故後一定期間內，除了闖空門，還有汽車竊盜、順手牽羊等犯罪也一度增加。在小高區等地方，因疏散指示而人去樓空的住宅，確實有很多都遭人闖空門；此外，過去也確實不曾發生過強制猥褻案件，當地居民當然會認為「這麼和平又治安良好的地區，竟然發生那麼危險的事！」而且也的確發生了讓很多人感到不安的事件。但顯然也不能說是「凶惡犯罪激增，性犯罪成長數倍」吧？

宮城和岩手也是呈現類似的趨勢，不過宮城和岩手一樣也會聽到這種「謠言」，有人是半信半疑地說：「我的確有聽過這回事。」也有人信誓旦旦地宣稱自己知道的是具真實性的消息，「就發生在那家店的停車場」。雖然我預計會再利用別的機會整理資料，但像「核電廠事故後，外國人竊盜集團大舉入侵核電廠周邊地區」或「有人刻意鎖定死於海嘯者的戒指」等謠言也傳得沸沸揚揚，其實會傳出像這樣的「謠言」，是各種災區都常有的事，若實際進行驗證的話，當中大量參雜著所謂的「都市傳說」也是事實，如果每次問說：「那是你認識的人親眼看到的嗎？」卻只得到「不，是我認識的人的朋友」等回答的話，根本無從驗證起，如果要說是事實的話也有點可疑，假使真的發生類似

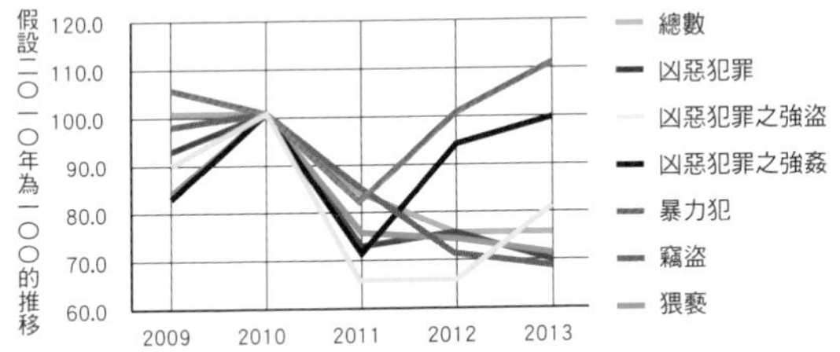


【圖 5】福島縣的主要犯罪立案件數

出處：警察白皮書統計資料

| | 2010 | 2011 | 2012 | 2013 | 2014 |
|---|---|---|---|---|---|
| 總數 | 19527 | 19427 | 16179 | 14616 | 14596 |
| 凶惡犯罪 | 70 | 75 | 55 | 57 | 52 |
| 凶惡犯罪之強盜 | 19 | 21 | 14 | 14 | 17 |
| 凶惡犯罪之強姦 | 15 | 18 | 13 | 17 | 18 |
| 暴力犯 | 824 | 784 | 646 | 795 | 869 |
| 竊盜 | 14267 | 14562 | 12205 | 10352 | 9936 |
| 猥褻 | 126 | 149 | 112 | 111 | 106 |

| | 2011 | 2012 | 2013 | 2014 |
|---|---|---|---|---|
| 強姦 | 0 | 0 | 0 | 0 |
| 強制猥褻 | 0 | 0 | 4 | 1 |
| 闖空門 | 39 | 70 | 21 | 13 |
| 偷竊無人店鋪 | 7 | 4 | 2 | 0 |
| 趁夜偷竊住家 | 3 | 3 | 3 | 2 |
| 偷竊辦公室 | 5 | 3 | 2 | 13 |
| 路邊行搶 | 0 | 0 | 0 | 0 |
| 偷竊車內財物 | 24 | 16 | 7 | 18 |
| 偷竊自動販賣機 | 1 | 0 | 1 | 7 |
| 偷竊車內裝置 | 7 | 17 | 4 | 3 |
| 偷竊腳踏車 | 58 | 83 | 53 | 50 |
| 偷竊機車 | 3 | 1 | 2 | 1 |
| 偷竊汽車 | 3 | 4 | 3 | 3 |
| 順手牽羊 | 28 | 45 | 26 | 35 |
| 全刑法犯罪 | 473 | 464 | 349 | 373 |
| 刑法犯罪中的竊盜犯 | 377 | 347 | 208 | 233 |

【圖 6】南相馬轄區內的犯罪立案件數

出處：擷自「南相馬轄區內的犯罪發生狀況」
http://www.police.pref.fukushima.jp/police/minamisouma/seikatuanzenka.html 等南相馬警察署公告資料

的事，也很常是從一變一百或經過加油添醋等情形。

## 從「微觀」視角看犯罪狀況和從「宏觀」視角看犯罪實態

我想在此做個統整，若從結論說起的話，我並不是想否認「除污作業員有犯罪行為」的事實，我真正想表達的是：「雖然應該是有除污作業員犯下罪行的事實，但對於總數超過一萬人的全體除污作業員，要說他們是個高犯罪率的團體。這樣的印象並不正確，而且我們也必須思考如何與他們共存才對」。

首先，若從「宏觀」視角俯瞰整體，災區是否有突然之間變成「像都會鬧區那樣治安不好」的地方，答案是否定的；至於說到政府或警察持續隱瞞「凶惡犯罪」有沒有好處，其實若能將拘捕數（就像交通取締的「埋伏取締」那樣）提高到一定程度，反而比較有「真正在工作的感覺」。因此無論再小的案件，只要有人受害，多少都會有採取對應的誘因，雖然應該有人會說：「不過，性犯罪的受害當事人就算受到傷害，也無法告訴周圍的人。」但這是核電廠事故發生前與發生後都存在的情形，不太能夠說是災區專屬的現象。

不過如果從「微觀」視角檢視個別案例的話，「除污作業員有犯罪行為」的事實確實存在，那樣的案例會被詳細登在地方報紙等媒體上，例如在社會版上登出「除污作業員〇〇〇（40）因傷害罪遭逮捕」等新聞。此外，像二〇一五年發生的「寢屋川中一殺害事件」那種凶惡犯罪的犯人曾在福島參與除污作業，這也是一項駭人聽聞的事實。

二〇一三年六月二十三日的河北新報上刊出這樣的報導：「福島的除污作業員／有六十人因刑事案件被揭發／其中六成來自縣外／且有逐年增加趨勢」。看到這個標題的人會想「福島太慘了！外來的除污作業員不停地在犯罪！」標題本身確實無誤，也詳細地寫出了事實情況。

「據福島縣警方表示，遭到揭發的六十人，從核電廠事故發生的二〇一一年三月到本月二十一日為止，皆已逮捕歸案或接受訊問，從二〇一一年的一人增加到二〇一二年的二十六人，今年不到半年之內已經達到三十三人。由嫌疑別來說，傷害二十四人是最多的，竊盜十八人次之，兩種嫌疑共占整體的七成；另外，違反覺醒劑取締法（譯註：覺醒劑在日本法律規範中，包括安非他命、冰毒與其鹽類，以及含有這些成分之物。）為五人，強盜傷害、詐欺、暴行、違反青少年保護育成條例、妨礙公務執行等各兩人，六十人中有三十六人來自縣外，除污作業員來自全國各地的實態也反映在犯罪面上。」

這篇報導在講的就是「兩年半之內共有六十名除污相關人士犯罪」。但這是在核電廠事故後的福島，一年大約會發生一萬五千件刑事案件的前提下，共有六十名除污相關人士在兩年半之內犯罪，並不代表「核電廠事故後犯罪激增」或「治安惡化的元凶是除污作業，如果除污作業員不來這裡的話，治安就會很好」。當然，或許會有遺漏掉的數字，也就是說在人口達兩百萬規模的福島，如果同時有數千人，甚至某些時期有一萬人以上在進行除污的話，在「非除污工作人員」的犯罪中，當然會有一定比例的除污作業員被混入其中。

與大型承包商主導的除污不同，道路工程等作業很多時候也會直接由當地業者承攬。

當然，我會聽取各種言論，也不打算一概否認說那些全都是謠言，但有些時候討論很容易流向「把作業員隔離起來吧」或是「為了避免在除污作業員的犯罪下受害，我們要裝設監視器」等結果。

我沒有要否定那些想法的意思，畢竟有人表示「令人感到不安」，也是理所當然的事。

就我實際上在濱通聽到的言論中，有人說：「我知道在數字上並沒有增加，但實際上還是有身上刺青的人，裸著上半身在承包商蓋的宿舍附近踢足球。」在搭計程車時也聽司機說：「雖然最近比較沒有了，但之前很明顯是來除污的計程車客人態度很差，有的沒錢還要搭車，有的口出惡言，真是讓人受不了。」此外，從醫療相關人員那裡聽到的問題尤其嚴重，在進行除污作業的人之中，有些從遠地過來的人沒有帶健保卡，不敢隨便上醫院，結果導致健康狀況惡化，也有人接受診療卻不付錢就消失了。這樣的狀況不僅無法保障本人的健康狀態，也會對原本就很吃緊的地方醫療造成負擔。

這些事情不是「我朋友的朋友」那種典型謠言開頭的傳聞，而是實際的體驗，是真正存在的事實。此外，在每個地區的海岸、鬧區或車站，都發生過眾所皆知的「作業員犯罪」的刑事案件，也如報紙所報導的全都是事實。

不過我們也必須要知道的是，將二〇一五年度達到一萬九千人巔峰的所有除污作業員視為「高犯罪率的團體」，這樣的印象與多數善良且包含地方居民在內的「工作人員」，或努力想防患於未然的政府單位和業者所面對的現實是有出入的。

## 當務之急是設法彌補「體感治安」與現實之間的差異

　雖然今後除污工程會逐漸減少，但廢爐和中期貯存設施的工作還是繼續進行。為了預防犯罪，地區巡邏等工作原本就有其意義，因此應該持續下去才對。此外，政府或業者也必須掌握受雇者的狀況，比以往更加謹慎對應，以避免與地方之間產生衝突。

　只是在考量到印象與現實之間存在差異的前提下，必須採取冷靜的對應。

　這件事情非常重要，社會學將此概念定義為「體感治安」。

　舉例而言，從一九九〇年代開始，「日本治安逐漸惡化」、「凶惡犯罪與少年犯罪逐漸增加」、「在日外國人的犯罪率比日本人高」等說法，日漸變成流傳於民間的說法，大眾媒體也根據那樣的腳本撰寫報導、製作節目，或是附上專家的評論。

　然而，實際檢視公開的統計數字就知道，少年的凶惡犯罪（譯註：殺人、強盜放火或強姦案。）等案件反而有大幅減少的趨勢。

　這種不同於現實的「治安」，而是印象上對治安的感覺，就稱「體感治安」。

　為什麼民眾會感覺治安惡化了呢？關鍵在於發生象徵性案件的同時，人和資訊的流動性也提高，使得群眾對於身邊有愈來愈多「異質他者」在做壞事一事產生共鳴。例如九〇年代中期的日本發生過奧姆真理教事件與酒鬼薔薇聖斗事件，社會的資訊化也急速展開，體感治安一夕之間大幅惡化，民眾開始煞有其事地談論「治安持續惡化的日本」等「謠言」。

　隨著社會流動性提高，一旦發生象徵性的事件，體感治安就會惡化，這是任何地區、任何時代都會發生的「見怪不怪的事」。

　福島地區的「除污工作人員」印象問題，就是在幾個象徵性案件爆發的情況下，大量未持有住民票的居民進入這個區域，才因而造成「體感治安」的惡化。

　此時，除了採取各種相應對策很重要之外，也必須採取冷靜的對應，以避免造成群眾透過有色眼鏡看待特定屬性的人，進而形成排擠或歧視等現象。

現在的富岡町田園地帶。（攝影：吉川彰浩）

【開沼博的重點整理】

# 「廢爐的現場」將開創日本的未來！

在1F入口的招牌旁，有許多廢爐相關企業的標誌，其中包括足以代表日本的著名承包商、製造商或電力相關企業，當然，一些政府單位或大學和研究機構也會在此出入。

那樣的畫面看來，似乎也象徵著此處是「昭和精神」復甦的地方。

例如當年的大型地區開發，或是當年的太空開發皆是如此，在巨大的國家、龐大的資本，和投入作業的技術人員與研究人員從四面八方帶來種種資源的支持下，為了一些不曉得是否真能達成，即使達成了也不確定能否帶給我們幸福的夢或理想，在無限遙遠的假設之下像推土機一樣前進。為了能夠持續前進，又繼續蒐集更多的人力、物資、金錢、資訊、技術等資源，這裡重現的就是那樣的開發與動員，就是那樣的「昭和精神」。雖然在那之中，可能有新生的風景，也有失去的風景，但至少包含那些在內，社會確實有在前進的感覺。

在進入平成年代即將滿三十年的現在看來，那種在超過一個世代以前還如此理所當然的「社會建構機制」，不僅顯得令人懷念，也令人驚嘆當年竟然能夠完成這麼多有如大型慶典一般的豐功偉業。如今也不太容易看到會利用新幹線、高速公路、核電廠等地方建設進行利權誘導的田中角榮型政治家了。假使有那樣的政治家想向政府爭取，也不可能拿到龐大的預算。正如新國立競技場問題或會徽問題等，如二〇二〇年東京奧運相關的種種混亂現象所象徵，如今只要看起來稍有金錢上的浪費，或遭人揭發有過程不透明或裙帶關係，就會遭到社會批判，一舉推翻所有的前提。社會如上癮般持續要求「資訊公開」與「公民參與」，強大國家與龐大資本能夠發揮力量的空間，恐怕早已失去成立的基礎。

不過只要來到1F現場就會發現，當年盛況似乎再度復甦。

例如在四號機燃料取出之際用來覆

進入 1F 以後，首先映入眼簾的就是列出各家協力廠商名稱的看板。

蓋在廠房上的遮蔽罩，有關其中使用的鋼骨量，每每在東電等官方說明的場合被形容為「比一座東京鐵塔還多」。而東京鐵塔與四號機的遮蔽罩都是由「竹中工務店」負責施工，雖然不曉得是不是因為同為「竹中工務店」，才會創造出「一座東京鐵塔」的形容方式，但東京鐵塔不僅是「昭和」懷舊風情的最大象徵，也是戰後重建結束後，在經濟成長期間建於日本心臟地區的建設，因此在半個世紀後突然被召喚出來做為「比喻」，應該絕非偶然吧。

如今的1F，就是集合日本技術、人才、財力、群眾欲望等所有國力在內的「昭和式場域」。當然，經歷三一一大地震後，這裡也不得不形成這樣的場域。

我想表達的絕不只是籠統地說這裡「花費了龐大的預算」，而是我在各種細節與瑣碎的事情上感覺到這件事。

舉例而言，我在看到出入境大樓裡的垃圾桶時，就有這種感覺。在結束需要穿著裝備的作業，脫下裝備並返回置物櫃所在處途中，有一區可以補充運動飲料口味飲用水的地方，旁邊有一個丟棄紙杯用的垃圾桶，垃圾桶裡放著剛好可以套入紙杯的塑膠管。雖然乍看之下好像沒什麼，但這些管子卻有經過特殊設計，仔細一看會發現，管內有一根像拉長的金屬衣架一樣的鐵絲，只要往上拉這根鐵絲，用過的紙杯就能夠在疊好的狀態下進行回收（三三九頁照片）。

1F廠區內部產生的垃圾，因為有可能造成污染，不能帶去外面，但能夠存放那些垃圾的空間也有限，所以必須極力設法減容才行，在這樣的設計下，不僅更容易回收垃圾，也能夠達到減容化的目的。

這種在「日本生產現場」長期用心經營的「細節力」，從任何地方都可以看出端倪。之所以採用「昭和精神」復甦這種誇大的說法，就是因為連在那些細節部分都讓我深刻感受到來自過去的延續。

「在哪裡都找不到工作、只想要錢的粗人或窮人被強行帶來這裡」、「被迫在垃圾與瓦礫凌亂四散的現場從事沉重的體力勞動」。

若你在想像1F內部作業時，多少相信這類刻板印象的話，最好立刻開始改變這樣的認知。

建造化學工廠的技術與處理污水的系統、中東等地用來將海水淨化成飲用水的技術與除去冷卻水中的鹽分、隧道工程中使用的止水技術與陸側擋水牆、國內製造商的熔接技術與用過核燃料池冷卻系統、用於雲仙普賢岳火山的遠端操作機器人或自動掃除機器人的技術，以及掌握反應爐內狀況用的機器人。

所有技術都與過去相連，如今在1F廢爐中被客製化為新的樣貌，並邁向開創未來之路。

不用說也知道，這種「昭和精神」復甦的現場，在現代屬於特異的空間，那不過是「因為發生核電廠事故，所以不得不容許的事」。

只要離開廠區內部與廠區外部這兩個1F廢爐現場，昭和精神就毫無生息的餘地，或許奧運還多少可以期待有那樣發展的可能性。但就如新國立競技場問題或會徽問題的始末所示，社會並不容許像預料之外的預算或不透明的選拔過程等昭和式作風，在「昭和」時代或許可以被視為卓越歷史功績的一切，在這個年代並不成立。

## 「昭和精神」復甦之日

既然「昭和精神」無法成為「卓越的歷史功績」，究竟什麼才能在現在這個時代成為「卓越的歷史功績」呢？

舉例而言，三一一大地震後，所有在災區誕生的地域再生成功案例，有兩個共通的關鍵字，就是「公益創業」與「六級產業」。所謂的公益創業就是「能夠同時創造社會貢獻與收益的事業」；所謂的六級產業，就是「以往負責製造初級產品的生產者，藉由加工（二級產業）與流通（三級產業）來提高附加價值」，因此一×二×三＝六級。

兩者的共通點在於一邊改變既有的製造或流通形態一邊設計新市場，而不像

1F 內部的垃圾減量設計。

以往那樣依賴政府或大企業。目標則在於建立有助於生活困難者或社會弱勢部分活性化的狀況。當然也不依賴國家或龐大資本，若在資金面上遭遇短缺問題，就採用群眾募資的方式，若在共識建立或決策上遭遇困難，就使用一種叫社區設計（Community Design）的地方營造技法。在有限的條件下，一邊取得人力、物力、資金與正當性，一邊照顧向來被國家或龐大資本忽視的部分。

假如把這稱作「平成精神」的話，「平成精神」建造社會的方式與「昭和精神」很明顯地呈現對比。「昭和精神」的社會建造方式，是以由上而下的強大國家與龐大資本為前提，最終追求的成果是像建築物或新型工業製品等「物」，然後在社會共識的形成上遭遇困難的話，基本上使用的方法就是補償、補助款與強制執行。

另一方面，「平成精神」建造社會的方式則是由下而上，不依賴強大國家或龐大資本，最終成果則以活化在衰退、淘汰過程的東西或公民參與和團結等「事（故事）」為優先，經由工作坊、駭客松（hackathon）、募投比賽或社會媒體等形成的共鳴與分享，建立社會的共識。

這樣相比較之下，許多生活在現代的人應該會直覺認為「昭和精神」是舊時代遺毒，「平成精神」則是至善理想，然而這種「直覺」只不過是歷史的產物而已。

三一一的隔天，二〇一一年三月十二日是什麼日子呢？在鋪天蓋地的一號機氫氣爆炸新聞中，記得的人應該不多吧，那一天是九州新幹線從博多站到新八代站開通的日子，也是新幹線從青森到鹿兒島全線通車的日子，新幹線這個「昭和精神」的象徵，就在那天串連了除了北海道與沖繩以外的日本。

我們之所以能夠做出「昭和精神」是「舊時代遺毒」這樣的價值判斷，是因為「昭和精神」幾乎已經遍布社會各個角落，而且也完全為我們所依賴，我們以「昭和精神」造成地區貧富差異或不便等理由，將其漂白為「不應該存在的東西」，卻無法意識到或遺忘了它所提供的安全、安心與便利性。

在新幹線這個「昭和精神」所追求的過程迎來重大里程碑的那天，是一號機爆炸的日子，也是持續至今的1F廢爐開始的日子。就這麼巧合地，「昭和精神」在核電廠這個另一項「昭和精神」的象徵中復甦了。

我們大概會持續試著將復甦的「昭和精神」徹底排除在視線之外吧？今後恐怕也會持續唱著「重建速度緩慢」或「廢爐毫無進展」等咒語，不管實際上究竟有沒有進展，一味拒絕正視那裡正在發生的事吧？然後無法接受「舊時代遺毒」的「昭和精神」正在改善狀況的言詞，應該也會繼續流通吧？但可以肯定的是，就是這個「昭和精神」持續在支撐著廢爐，並在現場創造出新的價值，而我們必須在那樣的前提下構想新的未來才行。

## 「廢爐的現場」將成為重建的基礎

所謂的構想，就是思考如何設置一條迴路，將「昭和精神」與「平成精神」連在一起，因為光靠「昭和精神」的推土機是不夠的。

舉例而言，如果照這樣發展下去，核能產業聚集經濟應該會重新復活。當然，福島第一核電廠一到四號機不可能再運轉，東電也確定將進行五、六號機的廢爐作業。但今後該地區提供就業機會的重要來源，並不是核電廠的營業運轉，而是廢爐作業。

據說疏散地區現有或舊有的業者共八千家，而目前與福島第一核電廠廢爐相關的業者約有一千五百家，雖然這一千五百家業者並非全部都是當地企業，但假如有一定比例，例如百分之五十，即七百五十家，或是再少一點，至少也有五百家左右是當地企業。由此可見目前已有相當比例的疏散地區業者，因為廢爐現場的存在才能夠東山再起。

這件事情本身並不是一件壞事，若能順勢將廢爐產業的聚集做為重建的機會，今後應該也有可能進一步發展這項地方優勢。國家提出名為「創新海岸構想」的重建計畫，打算將濱通地區打造為「國際研究產業都市」，目的在於藉由培植廢爐相關的機器人、醫療、再生能源等產業與研究，將這裡打造為創新的據點。

但倘若一味期待或依賴這種由上而下「上頭指示」的流程，不見得能夠讓地方經濟重新恢復持續性的活力；如果像現在一樣，參與廢爐的人或相關研究人員、政府官員都是外來人口的話，即使能夠吸引人來賺錢，也不太容易讓人在此定居或參與地方營造；假如預算也都來自國家或東電的話，當地應該會形成比核電廠事故前更為純粹的單一文化經濟與社會體制，地區的方針則將受到由上而下的決策與行動影響，那樣一來很有可能在未經反省的情況下重蹈「昭和精神」的覆轍。

當然，「昭和精神」並非完全都是負面的遺毒。舉例而言，像愛知縣豐田市所象徵的企業城市型產業聚集與社會結構，就是因為有技術與知識的切磋琢磨與累積、供應鏈的效率化等一定的合理性，所以才得以誕生並培養出世界級的競爭力。

但是每個階段的政策變化或景氣、產業結構的變動，有可能一夕之間減少就業機會，動搖當地人的生活基礎。即使初期階段一切順利，但在實際推動特定項目後，可能只產生大量的管理成本並逐漸對政府造成負擔。即便這可能是很久以後才會發生的事。但是總有一天，當廢爐產業走入尾聲的時候，或者屆時尚未準備好可以替代當地產業或社會模式的選項，地方就會完全消失。在日本所有地方社會都是如此衰退的反省中，「昭和精神」一向被視為過去的東西也是事實，但儘管如此，我們也不應該重蹈覆轍吧。

那麼改採由下而上，或者也可以說是草根式的「平成精神」，就一定是好的嗎？光靠「公益創業」與「六級產業化」就能解決所有的問題嗎？那也是不可能的事，雖然「公益創業」或「六級產業化」的誕生，確實有能克服「昭和精神」缺點的部分，在使用有限資源的情況下，即使沒有龐大資本或大量人力，也能靠創意創造新的經濟模式，這絕對是一件很棒的事。但從現實層面來說，「昭和精神」能夠做到的，例如像發電廠或工廠那樣提供上百、上千的就業機會，或是具備持續性與穩定性等等，都是「平成精神」完全無法與之相比的部分。

今後該走的路既非未經反省地重現「昭和精神」，也不是盡情讚揚「平成精神」，而應該是結合兩者創造出新的產業結構才對。

## 建立由「昭和精神」支撐的「平成精神」行動結構

在此先做個重點整理吧。

目前的地方產業可以分成三層，最上層的是「強大國家與龐大資本」。以1F周邊地區來說就是東電、製造商或承包商；第二層是「地方中小企業」，即將零件製造、電力工程、熔接、油漆、建築材料的搬運等各種工作扎根地方，以「大企業」為主要的顧客；第三層就稱之為「社會團體」吧，也就是推動公益創業或六級產業化的團體等等，而正如前文所述，在三一一後受到矚目的就是這個第三層。

「昭和精神」以①「強大國家與龐大資本」為軸心，由②「地方中小企業」承攬從中分配出來的工作，並逐漸形成產業。

至於「平成精神」則是將聚光燈焦點擺在③「社會團體」，實質上由②「地方中小企業」持續大力支撐地方產業與就業機會，不過這一層在①「強大國家與龐大資本」削弱的情況下，也變得比較模糊。

在透過「國際研究產業都市」計畫等建構1F廢爐地區的新型產業結構之際，目標應該是要發揮三一一後萌芽的希望與孕育希望之芽的土壤，也就是所謂的「平成精神」，並建立由「昭和精神」支撐前者的行動結構。「廢爐的技術」並不是只要「試圖研發出廢爐的技術」就夠了，反而是要結合乍看之下與「廢爐技術」毫不相關的高科技，再加上獨特性高的創意以後，應該會迸出新的火花吧。因此，能夠貢獻出具體創意或附加價值的人才也才會聚集而來，在這個集合預算與設備等，可使自己的想像力與努力直接發揮價值的地方成長，而不是只把廢爐視為「被動的垃圾處理」而已。為了幫助解決難題，並且為遭遇困難的人提供具體的協助，不僅必須具備「昭和精神」，還要兼具「平成精神」的創造力，而這樣的環境與人才都是不可或缺的。

不必說也知道，重要的是「由誰來如何進行這些事？」而且這也不是一般方法可以解決的課題，但至少從現狀來看，兩者之間確實存在著隔閡。

簡而言之，就是在具備機動性與創意的③「社會團體」，和具備穩定基礎與規模的②「地方中小企業」之間互通有無，一面確保在①「強大國家與龐大資本」依存之下不易產生的事業獨立性與嶄新性，一面創造創新與附加價值。此外，①「強大國家與龐大資本」也會推波助瀾。我們應該以這樣的行動為目標，實際上在現場的參與者當中，似乎也有人試圖摸索出那樣的可能性。

## 「社會團體」的行動 為地方吹入一股新鮮風氣

若地方產業興盛起來，就能形成創造新技術的土壤。在那塊土壤上培養人才，同時也從外地召集人才，進一步促進地方產業發展。而持續製造這樣的循環，是順利推動廢爐與地方營造的必要環節。「1F廢爐廠區內部的未來」將直接影響到「地方產業今後的發展」。

為了更具體地思考「地方產業今後的發展」，此處先整理一下外部人很難看到的③「社會團體」與②「地方中小企業」的現狀吧。

首先，在各種應該可以被分類為前文討論的③「社會團體」的行動之下，許多新出現的成功案例，不僅滿足了為地方吹入一股新鮮風氣的可能性，同時也具備高度的對外訴求力。

其中最具代表性的就是「小高勞工基地」。這是一處共同工作空間，位於先前可以進入但無法居住的「零居民」南相馬市小高區。打造這個空間的和田智行先生從地震前就擔任東京某家IT公司的董事，並且一邊與家人同住在老家的南相馬市小高區，一邊利用遠端完成系統工程師的工作。核電廠事故發生後，小高因為距離1F不到二十公里，所以變成禁止進入的區域。而和田先生從疏散指示解除前就展開行動，打造出疏散區域第一個共同工作空間，試圖解決地方課題並建立返鄉的循環。此外，在共同工作空間提供的基礎下，這裡更成為創業的據點。

例如營業到二〇一六年三月為止，曾經提供給許多為了收拾家園或工程而暫時返家者一頓熱騰騰的飯菜而成立的餐廳「小高的午餐」。因為二〇一六年有可能開放居住，而在二〇一五年九月與政府共同成立的臨時超市「東町 Engawa

商店」，或是為了給年輕人提供新的工作機會而成立的玻璃飾品工房「HARIO Lampwork Factory 小高」等等，都是協助生活重建與創造工作機會的地方。

同樣位於南相馬市的「南相馬太陽能農園」也是值得關注的地方，「南相馬太陽能農園」具備一邊使用再生能源發電一邊活用於農業的機能，不僅是適合兒童的學習設施，也是東京都內大型企業的員工訓練地點。創辦人半谷榮壽先生是南相馬人，在東電擔任執行董事到二〇一〇年為止，目前除了「南相馬太陽能農園」，他也正在推動包含資訊傳播、教育、人才培育、創造就業等各種要素在內的事業。例如創辦與高中生一起宣傳當地一級產品的雜誌《由高中生來告訴你的福島飲食通信》（暫譯），或是與可果美等合作建造大規模番茄生產工廠，並雇用五十名員工，從二〇一六年春天開始出貨等等。

也有其他有趣的一級產業，例如在廣野町利用鴨子進行特殊農業的「新妻有機農園」、在川內村營運蔬菜栽培工廠的「KiMiDoRi」、從以前就很有名的楢葉町鮭魚在二〇一四年重新開始放流（二〇一五年起展開部分撈捕作業，目前已經有機會吃到了）、川內村與富岡町利用日照與排水生產釀酒用葡萄，預計在二〇二〇年以前釀造出福島牌的葡萄酒。

這些行動以「成功案例的數量」來說並不算多，營業收入或雇用吸引力也還不夠穩定，但無庸置疑的是，這些行動不僅在疏散指示區域或其周邊地區，創造出人力、物力、金錢、資訊的交流，更為地方產業開拓出新的可能性。

## 重啟事業的速度高於居民返鄉的速度

另一方面，②「地方中小企業」的狀況又如何呢？

關於這個部分，最近「福島相雙復興官民合同組織」公布了一份相當有趣的數據。首先，「福島相雙復興官民合同組織」成立於二〇一五年八月，主要成員來自內閣府與福島縣等單位，目的是支援核電廠周邊地區的受災事業者東山再起。這個完全以「地方中小企業」為對象的組織，目前正在地毯式地聯絡或拜訪總數約八千家的受災事業戶，以掌握最新狀況。

【圖1】就是截至二〇一六年二月為止的數據，由於目前還在以八千家事業戶為目標進行統計中，因此這些並非全部，而是在現階段掌握的資訊範圍內的結果，但即使在這樣的前提下，此處還是可以看出三件事。

第一件事就是至少在目前掌握的範圍內，有六成以上的企業有意願繼續經營事業。正如【圖1】所示，即使在大熊或雙葉地區，也有將近五成的人有意願重啟或繼續經營事業，也就是說，假如有人認為「核電廠周邊的企業因為失去了過去營業的場所，所以根本不可能重啟事業」的話，那樣的印象並不正確。

第二件事是疏散指示的解除會提高重啟事業的意願。

根據【圖 1】所示，希望在當地或避難處等地重啟或繼續經營事業的比例，雖然尚未解除疏散指示的地區比例較低，例如大熊與雙葉只有將近百分之五十，富岡與浪江則是大約百分之五十五，但其他地區都有七到八成之多，尤其希望在「當地」重啟或繼續經營事業比例較高的，包括雙葉郡的廣野和楢葉，以及其他地區的田村與南相馬，在「陸續解除疏散指示的自治體」比較容易恢復產業一事，很明顯地呈現在數字上。

雖然可能有人會覺得「在陸續解除疏散指示的自治體，會有較多當地業者想要重啟事業，不是理所當然的事嗎？」

| | 田村市 | 南相馬市 | 川俣町 | 廣野町 | 楢葉町 | 富岡町 | 川內村 | 大熊町 | 雙葉町 | 浪江町 | 葛尾村 | 飯館村 | 總計 |
|---|---|---|---|---|---|---|---|---|---|---|---|---|---|
| 已回到當地重啟事業持續在當地經營中 | 59% | 54% | 32% | 79% | 21% | 3% | 35% | 3% | 1% | 4% | 4% | 18% | 20% |
| 已在避難處等地重啟事業 | 19% | 18% | 18% | 6% | 29% | 29% | 15% | 29% | 30% | 30% | 53% | 34% | 27% |
| 將來想回到當地重啟事業 | 4% | 7% | 12% | 2% | 16% | 9% | 6% | 3% | 7% | 8% | 30% | 9% | 8% |
| 將來想繼續在避難處等地經營事業 | 15% | 10% | 3% | 3% | 13% | 19% | 9% | 25% | 21% | 19% | 23% | 21% | 17% |
| 休業中 | 22% | 23% | 50% | 8% | 45% | 58% | 32% | 58% | 61% | 60% | 34% | 42% | 46% |
| 將來想回到當地重啟事業 | 7% | 9% | 12% | 3% | 26% | 19% | 15% | 11% | 9% | 17% | 11% | 12% | 14% |
| 將來想在避難處等地重啟事業 | 4% | 2% | 6% | 2% | 2% | 6% | 3% | 6% | 11% | 6% | 2% | 2% | 5% |
| 將來不太可能重啟事業 | 7% | 7% | 15% | 3% | 10% | 22% | 15% | 25% | 24% | 22% | 13% | 19% | 17% |
| 不會再重啟事業（歇業） | 0% | 3% | 0% | 2% | 4% | 8% | 6% | 7% | 5% | 5% | 6% | 3% | 5% |
| 其他 | 0% | 1% | 0% | 5% | 1% | 2% | 12% | 3% | 3% | 1% | 4% | 2% | 2% |
| 希望在當地重啟或繼續經營事業 | 70% | 70% | 56% | 84% | 63% | 31% | 56% | 17% | 17% | 29% | 45% | 43% | 43% |
| 希望在避難處等地重啟或繼續經營事業 | 19% | 11% | 9% | 5% | 15% | 25% | 12% | 32% | 31% | 25% | 25% | 21% | 21% |
| 總計 | 27 | 841 | 34 | 63 | 234 | 562 | 34 | 346 | 213 | 761 | 53 | 174 | 3342 |

【圖 1】12 市町村的事業重啟意向

出處：擷自福島相雙復興官民合同組織發表資料「官民合同組織的活動狀況與受災事業者的自立支援策 H28,2,24」

但事實並非如此。在「想在當地重啟事業」的人之中，也有些人在不確定疏散指示何時解除的時期，無法決定是否要在當地重啟事業，或者甚至失去重啟事業的意願。所以疏散指示是否解除會對「在當地重啟事業」的意願造成明顯差距一事，顯示出實際解除疏散指示將會使更多人對於「在當地重啟事業」感到樂觀，回答「將來不太可能重啟事業」比例則在一成以內的，也是田村、南相馬、廣野和楢葉。

第三件事是「重啟事業的速度高於居民返鄉的速度」。舉例而言，關於在廣野町與楢葉町原來的土地上重啟事業，可以看「已回到當地重啟事業／持續在當地經營中」的欄位，關於在避難地重啟事業，可以看「已在避難處等地重啟事業」的欄位。其中廣野町是百分之七十九與百分之六，楢葉町是百分之二十一與百分之二十九；另一方面，檢視同時期廣野町已返鄉居民與居住在避難地居民的比例，廣野町是將近六成比四成多，楢葉町則是百分之六與百分之九十四，這些數值所反映出來的是，雖然居民對於返回原來的土地會感到遲疑，但事業戶並非如此。

當然，生活的重建與事業的重建並不能夠如此輕易拿來相提並論，畢竟也有些事業應該只能夠在當地經營，此外正如前文所述，在官民合同組織尚未接觸到所有事業戶的現狀下，一切都還不能夠蓋棺定論，唯有一點可以從這份表格中解讀的是，目前休業中的企業如果要在今後重啟事業的話，八成會選擇原來的地方而非避難地吧。

## 從事業重啟開始的社區營造

比起事業的重建，第三件事對於地方重建來說具有更重要的意義，為什麼這麼說呢？因為在以往被反覆提出來討論的疏散地區課題當中，有一項「雞生蛋、蛋生雞」的議題，就是「因為商店、醫院或工作都不回來，所以沒有人要來。因為沒有人要來，所以商店、醫院或工作都不回來」，不過假如「重啟事業的速度高於居民返鄉的速度」這道命題正確的話，這個進退兩難的困境就有解了，也就是「先重啟事業，恢復商店、醫院與工作，再藉由基礎的建立，恢復為可以住人的土地」，今後這應該會逐漸成為當地產業與生活重建的方針。

就我個人的認知，即使不必再次強調也知道，現場早已開始朝那個方向前進了，不過能夠像這樣明確陳述數據的分析結果，不也是在討論上一大寶貴進步嗎？

此外，【圖2】的產業別事業重啟意向也是一份很有趣的數據，當地事業重啟進度最快的之所以是製造業，應該是因為工廠或機具等就在那裡的緣故吧；建設業或醫療與社會福利應該會因為公共投資的增加而創造就業機會，所以可以看到有業者先將辦公室設在避難處等地，再逐步重啟事業的情形；不動產業據說也有算進個人規模的土地或物件所有者，由表可知該產業休業中的比例不僅超過八成，也有很多人不打算在將來重啟事業。

有時關於核電廠周邊地區的描寫，很容易停留在核電廠災區充滿特徵的「風景」，與返回當地或努力投入某些事情的「居民」側寫。因此每當提到有關產業的話題，或許人們總以為「要講在災區撈金的話題嗎？」於是會下意識地避而不談，可是就像這邊所看到的，產業與「風景」或「居民」密不可分，同時也具有支持兩者並改善僵化狀況的作用，今後應該需要更深入討論這方面的議題。

| | 建設業 | 製造業 | 批發業、零售業 | 不動產業、物品租賃業 | 旅館業、餐飲服務業 | 生活相關服務業、娛樂業 | 醫療、社會福利 | 其他 | 總計 |
|---|---|---|---|---|---|---|---|---|---|
| 已回到當地重啟事業／持續在當地經營中 | 21% | 33% | 26% | 6% | 21% | 18% | 23% | 22% | 20% |
| 已在避難處等地重啟事業 | 50% | 30% | 24% | 7% | 19% | 23% | 50% | 27% | 27% |
| 將來想回到當地重啟事業 | 17% | 8% | 8% | 3% | 4% | 5% | 16% | 9% | 8% |
| 將來想繼續在避難處等地經營事業 | 30% | 20% | 15% | 4% | 14% | 15% | 30% | 17% | 17% |
| 休業中 | 23% | 30% | 44% | 82% | 53% | 52% | 25% | 41% | 46% |
| 將來想回到當地重啟事業 | 6% | 10% | 12% | 26% | 16% | 17% | 8% | 12% | 14% |
| 將來想在避難處等地重啟事業 | 3% | 3% | 4% | 2% | 9% | 8% | 5% | 5% | 5% |
| 將來不太可能重啟事業 | 9% | 11% | 20% | 27% | 17% | 19% | 5% | 15% | 17% |
| 不會再重啟事業（歇業） | 4% | 5% | 5% | 5% | 3% | 5% | 1% | 7% | 5% |
| 其他 | 2% | 2% | 1% | 1% | 4% | 3% | 1% | 2% | 2% |
| 希望在當地重啟或繼續經營事業 | 44% | 50% | 46% | 34% | 42% | 39% | 47% | 43% | 43% |
| 希望在避難處等地重啟或繼續經營事業 | 34% | 24% | 19% | 6% | 23% | 23% | 35% | 22% | 21% |
| 總計 | 52 | 347 | 531 | 614 | 293 | 217 | 96 | 724 | 3342 |

圖 2】產業別的事業重啟意向

出處：擷自福島相雙復興官民合同組織發表資料「官民合同組織的活動狀況與受災事業者的自立支援策 H28,2,24」

照片中的「かがやき」（輝）是起重機的暱稱，貼上這些字的清水建設負責人是一名鐵道迷，另外也有「こまち」（小町）和「はやぶさ」（隼）。緊張與放鬆妝點著 1F 的日常。（攝於 2016 年 1 月 14 日）

# 第四章

## 如何談論廢爐？

「那項資訊有公開在網站上。」

這是我在調查過程當中，經常從政府或東電負責人口中聽到的一句話。

好像是從三一一前開始就有這樣的現象吧？我們總是三不五時重複著這樣的句型：「資訊必須更公開透明才行。」

不過每次看到有人想說：「公開資訊吧！」或「資訊被隱瞞起來了。」往往也讓人不得不懷疑對方究竟精確蒐羅公開資訊到什麼程度。

「因為政府沒有提供必要的資訊。」

「資訊應該要提供得更即時才對。」

「○○○是曾經在那裡工作的專家，所以他知道我們不知道的檯面下真相。」

事情真的是這樣嗎？

雖然在事故剛發生時各種資訊漫天飛，其中也的確有必須明確稱之為「資訊隱匿」的部分，但事發至今，至少就我自己本身一路追蹤所有福島相關議題資訊的經驗來說，我幾乎不曾覺得「資訊公開不足」。

我想知道的資訊大概有八成都公開在網路上，另外一成只要透過電話或電子郵件詢問，就能夠順利取得答案，剩餘的則因為資訊尚未統整完畢等明確的理由，而處於「資訊不足」的狀態。不得不說，其實有百分之九十九並非「刻意隱匿而不公開」，而是單純的調查不足或調查能力不足所造成的結果。

如果總是把現在視為「資訊公開不足的時代」，恐怕會持續錯失徹底改革現狀的機會吧。

例如在美國總統歐巴馬推動下廣為世人所知的開放政府（Open Government）構想，當然除了講求資訊透明的必要性之外，同時也注重如何在資訊過量勝於資訊缺乏的現狀下，讓居民能夠自行掌握與解讀大量資訊，進一步構成民眾參與政治與社會的契機。

在面對1F廢爐議題時，我們不僅要追求資訊的透明性，也必須主動取得實際上持續公開、甚至已到過量程度的資訊，並在賦予其各種解釋的同時，持續思考其意義，有時甚至應尋求參與的機會。

我們之所以不知道有關1F廢爐或福島的「真相」，總是處於不安之中，無法想像如何參與其中，並不是因為「資訊公開不足」。當我們說完「資訊公開不足」便自以為是地陷入停止思考的狀態，其實從某方面來說就是不去做我們可以做到的事。

那麼我們對於1F廢爐或福島的種種問題，究竟該知道些什麼、根據哪些資料讓自己感到安心，又該如何參與其中呢？

以下訪問了若干受訪者的意見。

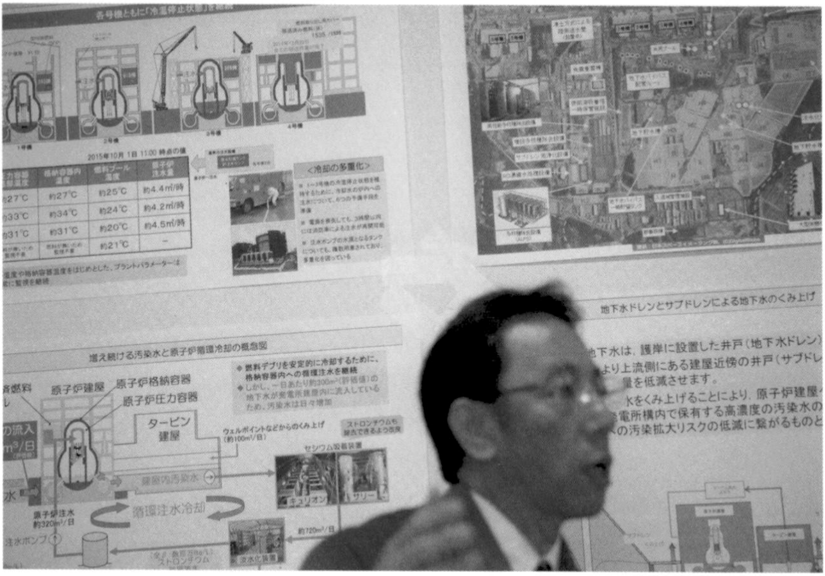


**攝影師石井健眼中的風景 ④**

照片中的人是接受採訪的福島第一廢爐推進公司代表增田尚宏先生。增田先生後方貼著為廢爐設計的工程表、1 到 4 號機目前的狀況，以及透過插圖將污水對策方案說明得一目瞭然的圖表，讓人感覺增田先生至今應該接受過許多採訪。

進行採訪的地點是出入境管理大樓四樓的房間，窗外可見成排的污水槽和身穿全白泰維克防護衣四處走動的作業員。在與藍天的強烈對比下，現實感消失殆盡，令人無法想像這裡就是全世界最嚴重的 7 級核電廠事故發生地。

攝於 2016 年 1 月 14 日

把機器人搬進廠房內是人類的工作

（噠噠噠，快跑聲。）
呼～
這個搬入入口內部的輻射劑量，有些地方每小時達到數十毫西弗，所以不能待在裡面太久。
但這並不是因為會對健康造成危害。
在機器人開始工作之前，暫時留在混凝土遮蔽罩中待命
總計大約是 20 毫西弗以下
由於我們這些作業員全年能夠照射的輻射劑量有上限規定，
因此這樣做是為了盡量保留剩餘劑量。
一旦達到上限值，就不能繼續在現場工作了。
（咻咿咻咿，機器警示聲。）
每當達到設定的 1/5 就會發出聲響（當天的設定是 2 毫西弗）
啊～響了。
因為是第一次，所以是〇・四嗎？
雖然經常有人說我們是「在高劑量下減壽工作的工作人員」，
WWE 高磯
竜田

（咻咿咻咿，機器警示聲。）

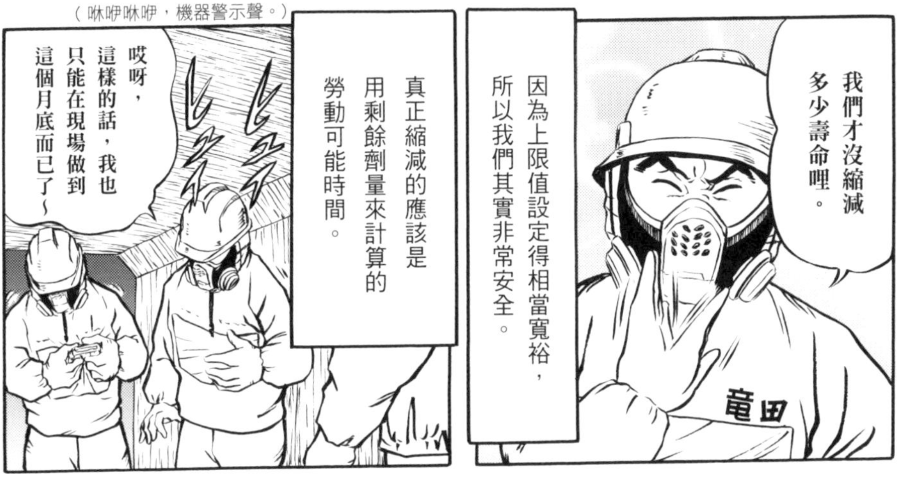
我們才沒縮減多少壽命哩。
因為上限值設定得相當寬裕，所以我們其實非常安全。
竜田
真正縮減的應該是用剩餘劑量來計算的勞動可能時間。
哎呀，這樣的話，我也只能在現場做到這個月底而已了～

此外，也經常有人說我們是「持續對抗眼睛看不見的恐怖放射線的工作人員」，
那也是毫無意義的老套說法～
WWE 竜田
但即使眼睛看不見，還是可以測量得出來，所以放射線反而沒有其他看不見的風險來得恐怖。
這一區的劑量較高。
知道了。

缺氧或觸電等等

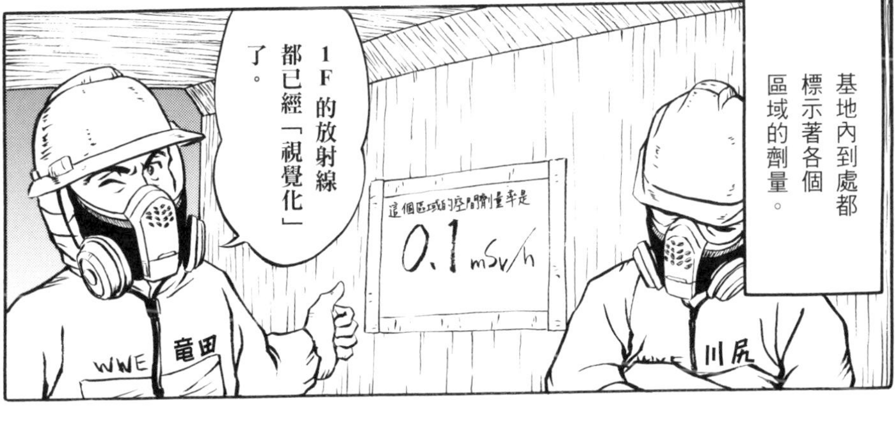
基地內到處都標示著各個區域的劑量。
川尻
這個區域的空間劑量率是
0.1 mSv/h
1F的放射線都已經「視覺化」了。
WWE 竜田

當然這是1F最近的情形，所以我想在事故發生當時參與緊急作業的人，
是真的在對抗恐怖的輻射線，
但人們老是用這種刻板印象談論的話，我們也很困擾啊。
就是說啊。
竜田
而且現在還有人說我們是什麼「拯救日本的英雄」。
其實我們也只是來賺錢的啊。
為了養活家人，我們也不得不工作啊。
WWE 竜田
嗯，只是賺不賺得到錢又是另一回事了。
嗯……。
由於這個現場是高劑量的地方，因此薪水還算不錯，
但正因為高輻射劑量的緣故，實際上能工作的天數大約只有兩個月。
所以這絕對不是什麼多好賺的工作。
竜田

等機器人順利開始運作後，防震大樓遙控室的人就會聯絡通知

但也不必因為這樣，就說我們是「暴露在輻射下像奴隸一樣被壓榨的勞工」。
因為我們是自願來這裡工作的。
WWE 竜田
WWE 川尻
WWE 高磯
好的，待命結束，我知道了！
回去吧。
雖然因為多層轉包的薪資體系不透明等原因，累積了各種不滿，
（叭嗚，車子引擎聲。）
但那並不是只發生在這裡而已，而是在日本整體產業結構上必須解決的問題吧？
比起那個，現場工作人員更加不滿的是……
啊……
喂喂，又沒地方停車了耶。
真的假的～
休息所的停車場不夠等等，這種瑣碎卻實際的問題。

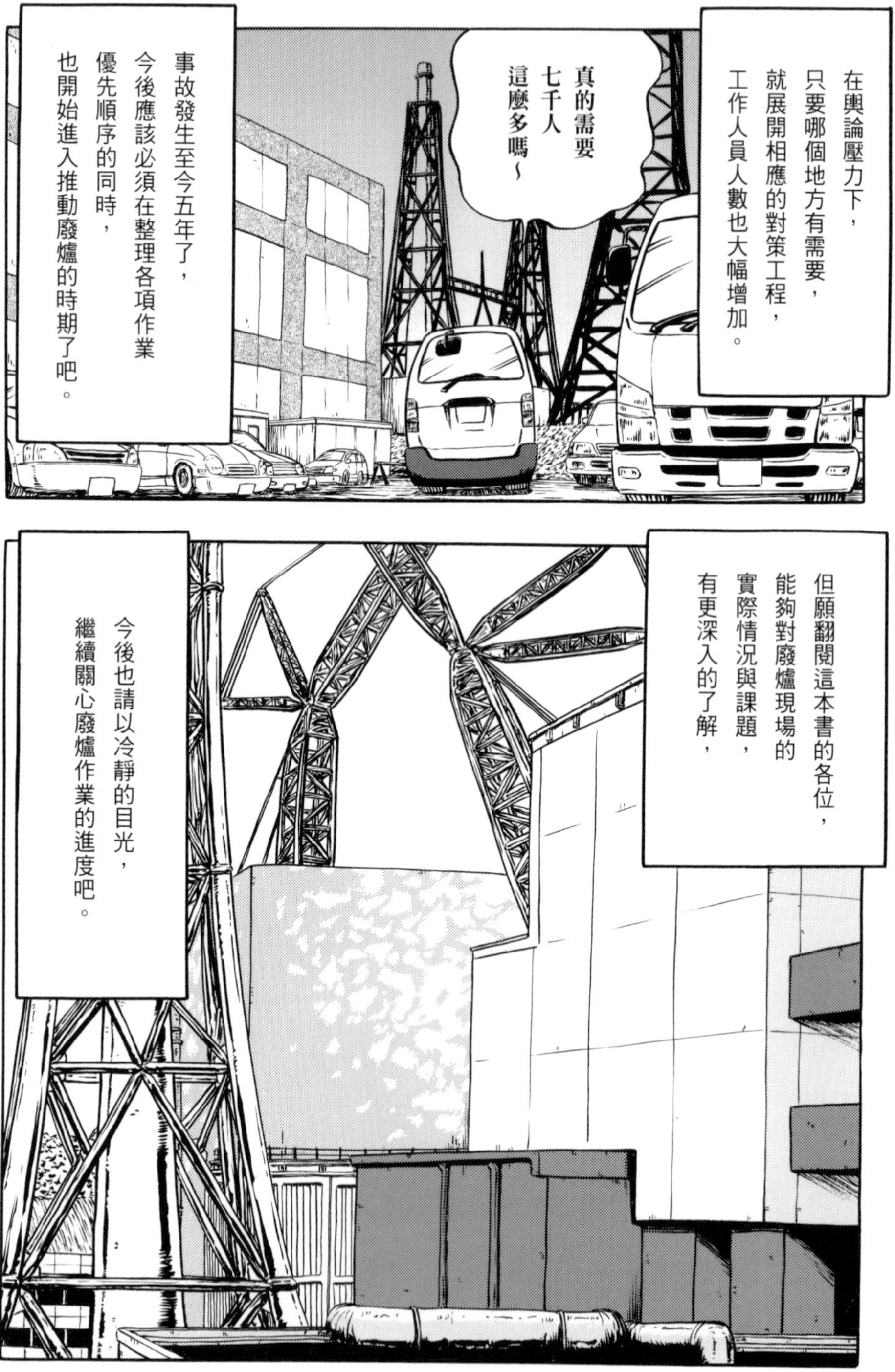
在輿論壓力下，只要哪個地方有需要，就展開相應的對策工程，工作人員人數也大幅增加。
真的需要七千人這麼多嗎～
事故發生至今五年了，今後應該必須在整理各項作業優先順序的同時，也開始進入推動廢爐的時期了吧。
但願翻閱這本書的各位，能夠對廢爐現場的實際情況與課題，有更深入的了解，
今後也請以冷靜的目光，繼續關心廢爐作業的進度吧。

訪談

# 持續參與其中的理由

## 糸井重里、小泉進次郎 訪談

二〇一五年十一月八日，我在福島大學主辦的研討會上訪問了糸井重里先生與小泉進次郎先生，想請教他們持續參與福島事務的理由。糸井先生只要一有機會就會造訪福島，持續傳播有關農業或放射線的資訊，小泉先生自二〇一三年起擔任兩年復興大臣政務官，目前也持續推動「雙葉教育復興應援團」等活動。福島的事既困難又麻煩，儘管如此，他們還是持續前往當地，若能知道其中的理由，或許我們也能夠得到一些持續參與福島事務的想法吧。

**——首先想簡單地請教二位，為什麼會投入與災區有關的活動呢？**

糸井：對我來說，在東京經歷地震就是一切的開始吧。首先，我自己三月十一日那天人在東京，感覺到天搖地動，回家以後發現很多東西都摔壞了，我就心想，接下來究竟會發生什麼事呢？後來的事情全部都是從那裡展開的。

或許會發生威脅到自己生命的事情，也或許有員工、親戚或家人被捲入什麼意外而遭遇同樣的下場，繼續聯想下去，我就想到東北，想到福島，這就是我所有念頭的起源。

所以說真的，與其說我是以「外人」的身分參與其中，不如說我是以同樣遭受被害的立場，出於「那我也來幫忙分擔吧」的心態在做這些事的，很多人說「不可能全部都做」、「不可能一輩子做下去」、「不可能做到一百分」，但在這麼多「不可能」之中，我心裡想的是自己究竟能夠做些什麼。然後我的結論是「當朋友有難時，做什麼能幫助到對方」，我就去負責那個部分，那我的朋友又在哪裡呢？畢竟我以前跟東北地區沒什麼淵源，只是剛好把據點設在氣仙沼，所以就從那裡開始了。

小泉：我的起點也和糸井先生一樣，三一一地震發生時，我人在國會議事堂的議員會館裡，當時地震警報響起，一陣天搖地動，我過了一段時間以後打開電視，剛好看見黑色的海嘯朝著農田席捲而來的畫面，有人逃到大型天橋上避難，可是眼見海嘯愈來愈逼近那座天橋，我一邊觀看一邊心想「沒問題嗎？沒問題嗎？」但我至今記得的是，自己一邊看著那畫面一邊自言自語地說：「歷史就要改變了。」當時身在辦公室的職員清楚聽到我說這句話。

老實說我和糸井先生一樣，都是從那天起一路走到現在的。當時自民黨還是在野黨，所以無論如何也只能親自去當地才行。我在走訪當地的過程中持續思考，之後便以自民黨青年局長的身分，展開在每月十一日前往災區的業務。因為國會議員公務繁忙，如果不先決定好每月十一日前往的話，根本不太可能抽出時間，但只要決定好那一天一定要去的話，大家都不會安排其他行程，而且一旦對外公布就一定得做到才行，然後一切就那樣開始了，一直到成為執政黨以後的今天都還在進行當中。

**——經過這四年半來，有什麼印象深刻的事嗎？**

小泉：我覺得持續不斷地走訪現場，自己真的會有所改變。

當初我在福島發生地震與核電廠事故後前往當地，我不曉得自己應該用什麼樣的表情面對大家，不曉得應該向民眾說些什麼話，或者應該說，其實我非常地害怕，因為不知道什麼才是正確答案。

我在福島印象最深刻的，就是事故剛發生不久時，我曾經透過認識的人搭車在當地巡視，結果有當地人用輻射之類的問題向我開玩笑，我心想我這時候可以笑嗎？一開始我真的不知道該如何是好，但在持續造訪的過程中，我也逐漸懂得如何拿捏分寸了，就是那些經驗的累積慢慢改變了我。

我也去了好幾次福島第一核電廠的廢爐現場。印象較深刻的是，第一次去和第二次去，那些工作人員對我的態度大有轉變。第一次去時民眾的反應真的非常地尖銳，雖然還不至於對我說都是你們害的，但眼神都很嚴厲，我想起了第一次選舉的時候，當時自民黨很不受歡迎，而且民眾對世襲強烈批判，讓人如坐針氈，當時的狀況令我想起這樣的回憶。但第二次去的時候，大家剛結束作業，脫下防護衣，紛紛對我說：「啊，小泉先生，跟我握個手吧。」或「一起照張相嘛。」還拿出手機來拍照，這件事讓我印象非常深刻，可見狀況也慢慢有在改善吧。

還有就是每當我去臨時住宅探望那些過著避難生活的人，回到東京以後就會被很多人問：「福島的情況如何？」同時也很常有沒去過福島的人對我說：「如果好一段時間無法回去的話，早點跟他們說『沒辦法回去』比較好吧？」

老實說我在一開始的時候也曾經這樣想過，但我愈常造訪當地跟各式各樣的人接觸，就愈覺得問題並沒有那麼簡單，大家都有各自的故事，我再次體會到世界上有些時候黑白分明比較好，但也些時候問題並不是非黑即白的，或許旁觀者會覺得心急或不自量力，也或許會感覺怎麼遲遲沒有進展，或是看起來好像很優柔寡斷，但每一個人的生活並不是那樣簡單可以切割的，我現在深刻感受到這件事。

## 1F是「新事業興起的地方」

——我聽說糸井先生前一陣子也去了福島第一核電廠的內部。

糸井：剛好這裡像是我進行各種創意發想的來源，也就是我的基地不僅設在東京，也設在氣仙沼，所以福島在我眼中看來，就是氣仙沼所在的東北地方之一。

假使日後有一天，宮城或岩手的人已經可以開心地說：「我們重建完成了。」但我還是覺得直到福島問題解決之前，我都無法笑出來，我想最後真的能夠說「總算鬆一口氣了」，應該是跟福島一起恢復的時候吧。所以雖然我看地震後的東北是以氣仙沼為中心，但我的視線一角總是會有福島的影子。

關於福島的事，首先我們真的很難知道自己可以做些什麼，不曉得可以從何著手，所以我就試著三不五時去當地看一看；還有我也讓他們告訴我哪些東西測出來是安全的，通常哪裡有不清楚的課題，我們就會避開不清楚的部分。對於這種日常生活的情感反應，我一向都會心想如何才能感到安心等等，像這樣決定食物與自己的關係。然後為了再次確認，我就想說要跟早野龍五先生一起出書，而且我想如果出文庫本的話，應該任何人都可以輕鬆購買，不管是不是福島的人也都能夠一起了解這些事，所以最後我們就出了《想要了解的事》（暫譯）。如今有很多英文書都是外國人在講有多危險、多危險，卻沒有一本書真正傳達出實際的福島，因此我們就用《想要了解的事》的版稅去請人翻譯，準備進入出版外文版的階段。這本書出版以後，福島居民都很高興，我們也感到非常開心。因為我一直聽說在核能發電廠工作的人，好像會遭人冷眼相待，或是他們的家人都會抱著愧疚感。雖然以現狀來說，只有議員或當地民眾可以視察基地內部。但我想在那裡工作的人應該希望有更多不相關的人看到他們吧。像這場研討會也是，我覺得「不相關的人」的角色其實非常重要，所以也才會去參加視察。

在視察之前與視察之後，我對福島第一核能發電廠的印象完全改觀了。

我們原本一直認為，那裡因為名叫「發電廠」，所以是一個本來用來發電，後來失敗以後，現在正在進行修復的地方。但是實際一看才知道，那裡其實是新事業興起的地方，在我看來，那裡正在發展全世界最先進的核能發電廠廢爐相關事業。事故剛發生時，在那裡工作的人都是在學期間專攻核能發電的人，或是負責相關作業的人，但是現在那裡在進行的，是全世界的人都沒做過的、面對未來的大事業，例如用土木做什麼才能解決這個問題，或是怎麼製造機器人才好等等。

所以我才嚇了一跳，沒想到自己心中會有這麼大的變化，本來我心裡還有一點覺得自己像是要去參加喪禮一樣，想說那裡是一個要說節哀順變、深感痛心之類的話的地方。當然確實也有那樣的部分，但同時那邊也在發展當今最先進的技術，總之那裡給我的印象，就是我好像去到一個正在研究熵（Entropy）的問題、全球垃圾處理問題等最先進事業的地方參觀，這種想法上的轉變真的很大。

用裝模作樣一點的說法來說，就是「危機就是轉機」，而不經歷「危機」就無法得到「轉機」，完全就是在說如今一籌莫展的日本。因此那裡雖然開了一個大洞，但從那個洞開始、從缺陷開始的未來，不也正從那裡逐漸擴展嗎？一想到這裡我就覺得，雖然這樣講不太好聽，但感覺滿有意思的，讓人不禁想建議年輕學子，是不是可以從現在開始學習將來在那裡工作的專業。我覺得這對我來說，不是在這四年過程中逐漸發生的變化，而是在即將迎來第五年的時候得到的重大轉變。

## 全世界的廢爐就交給日本吧

——因為存在限制，所以才有創新。持續正視福島問題的人，無論身處在什麼樣的立場，都說現在的機會比以前更多了，我自己也經常有這樣的感覺，但我曾經覺得那應該是在少子高齡化或一級產業等面向上的創新，對於那就發生在廢爐現場的意見，我有一種了然於心的感覺。

糸井：就是廢爐株式會社吧？讓人覺得好像一間廢爐開發株式會社，有很了不起的開發室，可以說「全世界的廢爐就交給日本吧」這樣。雖然現在還是以污水對策等土木作業為主，但進入下個階段以後，應該會有更多不一樣的東西，也就是與電腦或機器人有關的東西，或是與安全有關的東西，一切都會從那裡開始。因此我想對年輕人來說，那裡也是一個很棒的求職地點吧，雖然經常有人說研究核能的年輕人會逐漸減少喔，但反觀研究「廢爐」的人，面對一個同時研究能源問題與熵問題的地方，那裡簡直就像聖城麥加一樣吧。

——雖然應該還有人會覺得，說廢爐或其他福島問題很有意思是一種不太妥當的說法，而我自己有時也會有這樣的感覺，但不知道我們究竟可以如何傳達這樣的訊息呢？

小泉：其實該不該由政治家來傳達那個

正面的部分，是一個相當難回答的問題。我個人認為滿困難的是因為，身為政治家還是不應該忘記做為加害者之一應負起的責任。關於現在福島面臨的問題，不僅國家無法免責，自民黨也無法免責。在那樣的情況下，政治家雖然也有傳達正面訊息的必要性，但在另一方面，如果改變角度來看的話，那些在避難的群眾之所以會過著現在的生活，就是因為發生那起事故才會造成今天的局面，如果傳達正面訊息的舉動，讓人接收到的訊息變成——我們是否沒有注意到那些至今依然住在臨時住宅或過著避難生活者的現狀——那反而是本末倒置了。

所以我覺得與其由像我這樣的政治家來傳達，倒不如由像糸井先生或開沼先生這樣的人，或是其他各式各樣的參與者來關心福島的狀況，然後再像糸井先生今天這樣分享最近去福島第一核電廠的事，是否比較能夠讓聽者接收到最直接的訊息，而不會透過有色眼鏡去解讀，這也是我目前感到最矛盾的地方。

關注那些至今仍身處在困頓環境中的人，我想是最基本的事。說到正面的部分，如果以核電廠相關的事情來說，在我最近才去拜訪的楢葉町有一座新蓋的模型設施，這座設施是仿照福島第一核電廠圍阻體建造的模型，在一邊對照內部結構的同時，一邊研究如何進行廢爐相關的積極開發。這座設施最厲害的地方，也是我親自去了以後才知道的，就是裡面使用了最新的數位技術，可以透過虛擬實境體驗步行在事故發生後的第一核電廠基地內的感覺。我看完以後想到的是，如果能讓當地的小學生、國中生和高中生也都來體驗的話，他們這些年輕一代的人即使沒有實際進入第一核電廠的基地，也能夠得知裡面現在正在發生什麼事。目前在全日本或全世界的國小、國中、高中生中，應該沒有人實際體驗過那樣的世界，而這在教育面上也很有意思。如今民間也正如火如荼地研發虛擬實境，那些人應該也有機會投入這個領域，所以我覺得未來這一塊會有很大的發展潛力。

我自己也試過向很多人傳達那種積極的嘗試，但我想如果由政治家以外，其他知道這些資訊的人來幫忙傳達，會不會是一種更好的訊息傳達方式呢？這個部分滿困難的。

糸井：不知道該說是守備位置還是行動範圍，總之我覺得持續守住自己的生活圈是非常重要的事，例如魚販如果在發生什麼重大災難時，說我不賣魚了，來去幫忙那邊的事吧，這樣到底該由誰來賣魚呢？

魚販可以做的事情就是賣魚，同樣的道理，每個人都在各自的崗位發言即可，醫生就守在醫生的位置，司機就守在司機的位置，每個人都持續守在自己的崗位上，我覺得這是非常重要的事。一旦發生嚴重的事，大家就會開始說：「現在所有人立刻去做所有能做到的事。」最常講的就是媒體，但那是不可能的事，現在立刻能做的事情，就由有能力的人去做，也就是說，蔬果店或魚店的人不可能說，我也來做消防員做的工作，那個部分我覺得應該要有在合理範圍內的計畫性，還有能夠檢視整體的流程表之類的東西才行。

小泉：像在現在這種中間是開沼先生，左邊是糸井先生，右邊是我的情況下，當我和糸井先生傳達完全相同的訊息時，即使說的事情一模一樣，聽者還是更容易將糸井先生所說的話聽進去。實際前往當地的時候也一樣，即使我去到現場，大家也只會覺得政治家前往當地是理所當然的事。所以如果從魚販本分的角度來說，即使說的是同一件事，由誰來說、該在什麼時候說、該選擇什麼樣的表達方式等，我想都是非常必要的觀點。

**——在參與福島事務上，我總是會過度思考說，以自己現在的立場可以說那樣的話嗎？要如何才能降低那樣的門檻，增加更多的參與者呢？**

糸井：有一件關於米的事情，是我們先前推動的活動，我想或許能夠在增加參與者方面提供一些參考。

我之前在福島看到有人在賣桃子，就拍張照片上傳到推特，寫說這個既便宜又好吃喔，結果遭到非常嚴重的誹謗攻擊，也就是說，我只不過講說「桃子很好吃喔」，就成了全國上下的箭靶（笑）。所以我就想，必須想個辦法才行，如果是賣測量放射線以後完全不行的東西也就算了，但買了測量以後沒問題的東西，然後說好吃還被譴責的話，這我根本無能為力啊，我想就算我在這種情況下說，我們稍微坐下來好好談談吧，也沒辦法解決問題，對我而言理所當然的事，卻有人不那麼認為，我們之間的差異究竟在哪裡呢？因此我想到一個計畫，就是在全國栽培福島的稻種，我把裝有福島稻種、土壤與肥料的箱子和寫著栽培方法的手冊，成套賣給日本各地的人，讓他們在自家陽台或庭院裡栽培稻種發芽，打造小型水田，然後割稻、曬乾、脫殼，再在自己家裡煮，一套大概可以煮出一碗飯，等到完成整個流程以後，就會忘記自己最初為什麼會開始做這件事，與其不必要地懷疑「放射性不是很危險嗎？」不如期待吃自己親手栽種的稻米，在這樣的交流下將米變成自己的東西。

小泉：那樣非常重要，糸井先生看起來很樂在其中不是嗎？像我們就不能表現得那麼開心，雖然我想說：「重建的工作很開心！」但政治家是不能那樣說的，所以在不得不增加參與者的時候，向大家宣傳災區的各種活動，吸引覺得有趣的人來參加，我覺得這樣的流程非常重要。

還有一個角色就是企業吧，我想歷史上恐怕沒有其他像這樣有這麼多民間企業，長期且持續地支援災區的例子了。大企業透過各種網路採取行動，例如在公司舉辦物產展，或是將公司的員工訓練舉辦在福島等等。前一陣子在三菱商事眾人的協助下，郡山地區也蓋了一座酒廠，福島的農民開始投入以前沒做過的事，也就是栽培釀酒用的葡萄，這是地震前沒有推動過的產業，只要有人去郡山喝了葡萄酒以後說非常美味就夠了，希望讓很多人從容易著手的地方開始。日文中有一個字叫「風化」，我也經常聽到別人這樣跟我說，「請問您對於風化中的事物有何看法呢？」也曾有記者或一般民眾對我說：「您現在還是會去災區啊？」但從我的立場來說，我只想反問他們：「難道您已經忘記了嗎？」有時候我也覺得非常地看不過去，覺得大家為什麼這麼快就不在意這些事了。

但我已經看開了，因為沒辦法，忘記也是正常的，人類是健忘的生物，有些事情必須忘記才活得下去，反正只要認為這個問題不能忘記的人願意默默努力，即使只剩下自己一人也不會放棄就好了。不管周圍的人說什麼，只要自己繼續堅持下去就好。因為很多地方都有像這樣的人，所以只要那些人抱持那樣的想法去做就夠了，總有一天，當福島的民眾可以宣布「重建完成」時，能夠真心與福島眾人分享喜悅，並用福島的酒共同舉杯慶祝的，就是一路堅持過來的那些人，這是我心中看到的部分。

但願今後能在與地震毫無關聯的新聞當中看到福島的名字，並透過那樣的機會讓更多人對福島產生興趣。

## 在同一個戰場上作戰才算真正重建

糸井：對於這個問題，就是雖說如此還是會忘記的這件事，我是抱持著肯定的看法喔。因為我自己就是這樣，忘記所有事情，逃避一切只為了不想負責，雖然我一向都是這樣做的，但我並不覺得自己做了什麼天大的壞事，所以從這個角度來說，我好像也沒資格責怪別人。

只是我覺得這個問題並不是在還有人需要人手與協助的階段，就可以說「我忘記了啦，後會有期」的問題，所以我才會在一開始就做了可以規範自己的東西，用樂譜來說就是每一小節都已經畫好的空白五線譜。雖然我會逐漸忘記，但如果不繼續填上音符就無法完成一首曲子，換句話說，就是由公司在一開始規畫好全年的預算。

在大家都還很熱血的時候，假如我說：「我跟老婆商量以後，把自己這麼多財產都貢獻給東北了。」等一段時日過後，就會開始心想「好像不用捐那麼多也無所謂」，我覺得這就是人性。但如果由公司決定好一年要花多少錢在那上面，就可以先把健忘的自己擺在那個位置上，我想這種「讓自己無法中斷」的動作，就是一種可以把隨便的自己留在那裡的技術。

現在的情況是「過了五年就忘記了」，這樣會有什麼壞處和好處呢？或許是暫時性的金錢支援減少，或是原先為了支援而買桃子的人不再繼續買了，但如果大家知道那些桃子真的很好的話，還是會掏錢購買對吧？所以今後應該會面對到更多那樣的挑戰與樂趣，所以接下來不管是跟島根縣、鹿兒島縣或是東京，我們都會在同一個戰場上作戰吧？我期待看到更多因為曾經掉到洞裡，所以才有機會萌生出來的新芽。

小泉：糸井先生剛才說的話讓我想起一件事，最近有個在災區水產加工公司工作的人跟我說：「雖然我們很感謝有東北復興市集，給了我們很多幫助，但其實我們真正希望能夠舉辦的是全國性的市集，大家看在是東北的東西，為了支持重建而購買商品，當然是一件令人高興的事，但這樣下去是沒有未來的，如果在集合全國產品的地方，大家還是願意買東北的東西，那才算真正重建。」這是一段非常正面的話，我感覺到的是，國家該做的事情還是提供平台，好的東西會留下來，壞的東西會被淘汰，這是理當存在的事。雖然由國家介入很奇怪，但還是不得不提供平台才行，今後在福島應該也會出現更多這個好、這個不好的明顯差異，但協助福島到可以完全獨當一面為止，我想這是我們應該做的事。

**糸井重里**
**（Itoi Shigesato）**

一九四八年出生於群馬縣，主持「Hobo日刊糸井新聞」網站，一九七一年以廣告文宣創作者的身分開始活動，因為「就喜歡稀奇的東西（不思議、大好き）。」和「美味生活（おいしい生活）。」等廣告而一舉成名。此外，在作詞、散文創作、遊戲製作等各領域也有活躍的表現。自一九九八年六月創設每日更新的網站「Hobo日刊糸井新聞」後，便全力投入該網站的活動。

**小泉進次郎**
**（Koizumi Shinjiro）**

一九八一年出生於神奈川縣橫須賀市。自關東學院大學經濟學院畢業後，於二〇〇六年取得美國哥倫比亞大學政治學院碩士學位。二〇〇九年八月首次當選眾議院議員，目前是第三任。自二〇一三年起，擔任兩年內閣府大臣政務官兼復興大臣政務官，現在以「雙葉教育復興應援團」成員身分，推動雙葉未來學園高中等支援雙葉郡的教育復興活動。二〇一五年就任自民黨的農林部會長。

# 廢爐與政治

## 福山哲郎 訪談

第一次見到福山哲郎先生，是我在擔任福島核電廠事故獨立調查委員會（又稱民間事故調）工作小組成員期間，參與聽證會時的事。他是菅直人政權時期的官房副長官，曾以政府立場參與核電廠事故的初期應變，其後也以在野黨立場針對核電廠等問題提出各種言論。我想請教福山先生的是，關於「1F廢爐與政治的關係」，為了推動1F廢爐並重建周邊地區，健全的政治是不可或缺的，而那究竟是什麼樣的政治呢？

### 最初完全無法建立廢爐的計畫表

**——首先想請教有關二〇一一年當時，您必須投入事故應變時的事。**

**當時即使想要建立中長期的「廢爐」計畫，應該也有很大一部分需要「暗中摸索」吧？在那樣的情況下，為了穩定推動廢爐，避免事故再拖延下去，請問哪些部分最受到重視呢？**

福山：實不相瞞，大概一直到二〇一一年的六月以前，廢爐計畫都不在考量範圍內。首先要處理的是，如何順利地進行注水作業？如何照顧那些疏散的民眾？以及如何確保在廠區內部工作的勞工安全？換句話說，重要的是如何控制住全面失控的福島第一核電廠。因此事實上，關於廢爐這個下一階段的事該如何進行，當時尚未被納入考量的範圍之內。

**——原來如此，我想現在也逐漸可以看得出來，這個問題是必須以三十年、四十年為單位建立計畫的情況，請問初期階段的轉捩點大概是什麼時候呢？**

福山：其一是在七月的時候，菅直人總理提出將來要廢核的言論。

原則上就是在四十年內全面廢爐，也就是無論1F善後工作進行得如何，所有在日本國土上正常運轉的核電廠，都必須在四十年內完成廢爐。然而不瞞您說，關於廢爐在實際上究竟可以順利推動到什麼程度，並沒有任何明確的科學知識或根據，廢爐也需要成本，用過核燃料、再處理的問題也是，包括「文殊」在內皆已暫停，看不到任何的解決之道。

另一方面，1F的廢爐作業也在同時

進行當中，爐心熔毀之後，我們不曉得有多少殘渣從圍阻體內掉下來，也不曉得輻射劑量率高到什麼程度。

我們必須尋求同時進行這些事情的解法，為此究竟要花多少成本與培育人才的時間呢？當我們意識到有些作業難度非比尋常，是在經過一段時間以後，具體的問題才慢慢地、慢慢地在眼前展開，這是我個人的認知。

**——原來如此，這就好比說，光從一般的角度來想就已經很難解的一次方程式出現在眼前，讓人感到手足無措的時候，又再加上二次、三次必須求解的方程式，就像這樣的感覺吧？**

福山：是的，像是疏散計畫、除污作業、臨時住宅、賠償、謠言損害對策該怎麼處理？每天在現場都會發生這樣的事情必須隨時應變，還有像是積在水溝裡的污泥該如何處理？萬一牛吃了稻草該怎麼辦？難道不會被污染嗎？種種問題接二連三地來，雖然很瑣碎，但對現場災民來說，卻是攸關生死存亡的問題。

在面對這些問題的同時，我還必須計算總體能源政策的整體成本、統整核能損害賠償支援機構、思考廢止原子能安全保安院以後，改在環境省底下設置核能管制廳，又該集合哪些成員等問題。

成立管制廳這種大事，因為是在充滿利益關係人或利益團體的世界，所以無論決定怎麼做，核電推進派與廢核派雙方都會表達意見說：「不，那樣是不行的。」在雙方互不相讓下推動這件事就是現實。

在那樣的狀況下，我們以1F的穩定化為第一優先，未來的計畫也逐步成形，也就是預計在五年後、十年後，當二十公里圈內的除污或劑量降低至一定程度時，就可以正式展開廢爐程序。不過說起當時討論的內容究竟具體到什麼程度，很抱歉，我並沒有自信。

## 不去現場就什麼都不知道

**——原來如此，當時是在什麼樣的組織形式下決定政治方針的呢？**

福山：大致來說有兩個單位。

首先是政府的重建構想會議，會議中有討論過廢核社會、將來的低碳社會，還有討論最多的就是讓福島發展為再生能源的模範都市等議題。

另一方面，對於現實災民的支援，官邸中成立了「核能受災者支援組」，當中集合了來自經濟產業省、內閣府、財務省、厚生勞動省、農林水產省等各省廳的負責官員，在這個單位與當地對策總部的溝通下，持續推動各種事務。

關於廢爐作業，雖然在十二月定出第一份中長期計畫表，但並沒有具體的內容。因為當時打算一邊蒐集燃料殘渣的殘存量、取出作業、廠房或機器的污染狀況等資料，一邊「進行討論」，雖然基本上有列出目標工程，但最後並沒有按照計畫進行，實際上在進入安倍政權以後，污水對策、ALPS延遲運轉、擋水牆問題等，都發生很多狀況。

不過我並沒有要隨意批判說作業延遲很不合理，或是怪罪到自民黨政權頭上的意思，核電廠事故本來就充滿無法預期的變數，因此不曉得什麼才是最合適的處理方法，我們只能在那樣的情況下，針對所有課題不斷經歷錯誤與嘗試而已。

不過另一方面，如果以政治化的說法來說，也就只有口頭上是「一切都在掌控之中」或「由國家帶頭統帥」，但也不代表事情會順利進展，就我的認知，現場的作業工程至今依然處於非常艱難與嚴峻的狀態。

**——那樣說來，您第一次去現場時，心境上有什麼變化嗎？**

福山：不，那已經到了不去現場就什麼都不知道的程度，是完全無法想像的情況。

第一次去福島的時候，媒體記者全部帶著輻射劑量警報器，還有某社記者直接表明說：「只要超過一定劑量，就算採訪到一半，我也會遵從公司的命令回去。」不過實際上是有人生活在那裡的，我認為我們花多少心思去思考那件事，還有能否發揮想像力，都是很重要的關鍵。

政治家一定會去現場，勤勞地走遍每個市町村的首長辦公室或避難所，不把責任全丟給公務員。政治家不會逃避，這是我們跟現在的自民黨政權最大的不同。像中期貯存的問題也是，當初舉辦過十六場居民說明會，石原環境大臣卻一次也沒出席，這在我們的政權底下是完全無法想像的事。

然後資訊的提供方式既不定期又沒有持續性，這恐怕也會在現場造成更多不安的聲音吧。這已經逐漸在福島以外的地方掀起一股風潮，就是對於廢爐這項未來將耗費數十年時間的作業視而不見，我非常地掛心這件事情。

## 公開事實以防止謠言損害

**——當時您應該走遍了縣內各地吧？請問哪裡讓您印象深刻呢？**

福山：郡山的大調色盤展覽館（Big Palette）真的是條件非常惡劣的避難環境，我當時還心想，必須盡快讓避難所裡的人有家可歸才行。另外，在中通以西的會津地區方面，我主要處理的是如何避免發生謠言損害的問題，這是我個人記憶較深刻的事。

所以我想還是要去現場看過，聽聽當地居民的聲音，然後盡快採取應變措施才對。

**——具體來說呢？**

福山：其實我們也沒有做什麼特別的事，但是有請到溫家寶總理和李明博總統親臨福島，與總理一起前往避難所，當場品嘗福島的蔬菜。透過這些事情告訴國際社會，福島正在重建當中，但是福島縣民還在避難所當中受苦。為了第一時間讓兩邊的人知道這些事，我們完成了這項任務，這是在與中國和韓國密切交涉下才能完成的任務，我想這就是政治扮演的角色之一。

在謠言損害對策當中，我們推動的方法之一，是先建立稻米的全袋全量檢查機制，想說讓大家看見數值，是不是就能藉由事實來設法避免。

川俣町蓋好臨時住宅時，我受邀出席啟用典禮，當時看到旁邊開了一家便利商店，我非常地感動，那個時候我很希望能夠為居住在臨時住宅的人出一分力，多少改善他們的生活環境，我每年都會去那裡檢查環境，並傾聽避難居民的聲音。不過這也不足掛齒就是了。

## 土建國家的政治崩壞

——我同意您的看法，另一方面我也覺得就目前看來，時間好像也解決了不少問題，比方說我經常聽到這樣的情形，就是農民或企業經營者在事故剛發生時各自做出判斷，但因為一開始決定得太過頭，導致後來的行動遭受限制，結果造成損失等等。關於這一點，雖然我認為這並不完全是與三一一有關的政治判斷的問題，但是不是也有一部分問題，本來應該以長期的角度來檢視比較好，現在卻不得不面臨被迫立刻決定的困難呢？關於那一方面的教訓，好的部分與壞的部分，如今回顧起來有什麼感想嗎？

福山：政治的功能就在於做出決定，因此對於決定好的事情要不斷地檢驗，在某些狀況下也會需要配合現實去變更已經決定好的事，對於那件事情，政治必須毫不遲疑，並且盡到說明的義務。

當時最大的課題就是東電一直堅稱爐心沒有熔毀，但事實上爐心的確熔毀了，這樣一來前提就改變了。

第二大課題是科學家對於低劑量輻射暴露呈現兩極化的看法：一派認為有危險，另一派則認為是安全的。我認為這件事不僅讓國民更加不安，政治上也很難判斷說，該採用哪個數值、該採納哪項科學根據來做決策才好，安全問題一樣是今後的課題。

尤其在判斷包含廢爐在內的1F周邊劑量時，我想對於怎樣才算安全，兩派的意見將背道而馳，這對國民來說是非常不幸的事，而關於這個問題，至今依然懸而未決。

——目前在1F周邊地區必須正視的問題之一，也包括中期貯存的議題。

政治上已經決定好要推動中期貯存，但政治並未完全向地方說明或說服他們，也沒有取得國民的共識，這樣事情根本無法進行下去，因為由誰來負責都還不知道。

我想在廢爐進行的過程中，等到要處分廠區內部反應爐拆除後的瓦礫時，也會面臨一樣的問題。以前在父權主義下，凡事由國家決定好以後，就會指派由誰來負責這件事，再加上由政府投入大量公費在土木建築工程的土建國家政治，反正都會分配預算下來，所以可以雙管齊下進行，但如今卻不是那樣的時代了。

福山：的確啊，首先政治本身就不容許這樣的事，即使在容許的情況下，也必須討論該如何處理並取得共識，否則根本沒有人能夠接受。

——即使現在無法立刻解決，但假如現在開始以民主的共識形成為目標建立計畫表，再具體展開行動，如果可以看到這樣的對策，我想情況又會不一樣吧。

福山：這只能由政治來著手，因為全部叫官僚組織或各自治體負責，本來就是不可能的事。

目前政治運作的方向是「棘手的事情先擱著，以後再處理」。凡是執行起來相當困難的作業，都會需要政治介入，當今政權覺得要重新運轉就機械地去做，至於用過核燃料或「文殊」的部分，則擺出一副福島第一核電廠事故又沒什麼的態度，我覺得這是很不負責任的表現。

事故發生約 10 天後的福島第一核能發電廠 3、4 號機中央控制室。（攝於 2011 年 3 月 22 日）

## 對於資訊公開的強烈訴求

——在國政方面，有沒有什麼是今後針對福島應該要採取的，或是目前為止還沒做過的事情呢？

福山：雖然政府很常說國家要帶頭統帥，但安倍政權的「帶頭統帥」只是出錢而已。換句話說，就是國家會從稅金當中撥款的意思，像是用預備金支付污水對策的錢等等，我並不否認那是緊急情況下的必要處置，問題是關於目前由業者在進行的廢爐過程的資訊公開，政治究竟負起多少監督的責任？我對此略感懷疑。若置之不理的話，很容易變成完全交給具備專門知識的業者或管制廳負責，那麼最後報告出來的資訊，有可能是以業者或利害關係人的利益為主要考量。我們看不太到政治有在扮演監督的角色。

——我這次之所以想製作這本書，就是像您所說的，因為感覺到有不足的地方。

不過我們不可能永遠等待政治採取行動，話雖如此，一般民眾也不是說誰都可以隨時進入1F檢查，雖然因為核物質防護的問題，還有參觀人數的問題等等，確實也是無可厚非的事，但若檢視公開的數據就知道，不管是1F的港口也好，基地內部也罷，當然現在應該還是有微量的放射性物質，可是那個量也不可能一瞬間大幅暴增，只是很多人還無法相信那樣的數據是否是事實，也沒什麼人具備可以加以檢驗的知識。

我們看不到問題核心的1F，我想至少在地震前、地震剛發生時，是有惡意為之的部分，但如今不見得只有那樣而已。我想在結構上，我們也變成必須將自己的命運交給體制，而那個體制是無法由單獨個人或組織加以掌控的。

福山：的確有這樣的趨勢。

## 由政治帶頭統帥推動資訊公開

——如何突破那個部分也是我這次想挑戰的事情，不過在政治方面，他們還是應該要確實地參與其中吧。

只是在那樣的前提下，我不免想到，如果以政治家的立場來說，說真的現在的情況已經變成「不要蹚這渾水比較好」，不管是剛才提到的中期貯存、低暴露劑量或推動資訊公開，其實與保守派或自由派一點關係也沒有，反正政治家愈是投入其中就愈容易被捲入利害對立中，進而蒙受損害。有部分人高興，也有部分人不高興，然後還會被特定的掌權者討厭，最後就演變成，既然如此，乾脆還是不要去接觸好了。

福山：一般論的政治的確會那樣，但像是廢爐作業進展到什麼程度、現在1F一號機到四號機各爐的狀態如何、現在污水狀態改善得如何，又哪些是預料之外的狀況，哪些改善的程度超出預期等等，這些基本面很多都可以經由政治的定期檢查，來完成階段性的資訊公開吧。

所以像是在我們執政的時候，就成立了事故調查委員會，請到各領域專家來進行調查。例如現在關於1F的事故調查委員會，成員可以同時有反對派和贊成派，然後假設是召開專家會議好了，當中還有幾名固定參與的政治家，他們會建立檢查作業的機制，並以某種形式向國民公開資訊，而且根據成員的說法，他們必須建立一套能夠了解當下狀況的機制，否則一旦發生任何危險事故或作業不順利的話，就算告訴他們說：「其實從一年半前開始就是這樣了。」他們也無能為力啊。

所謂由政治帶頭統帥，我想指的就是這樣的角色吧，只是目前看不到這個部分。

——我也這麼覺得，雖說目前有在幾種會議場合公開資訊，例如福島縣的「廢爐安全確保縣民會議」，或是經濟產業省的「廢爐暨污水對策現地調整會議行政」等等，但這些都只是形式上的，而且會議

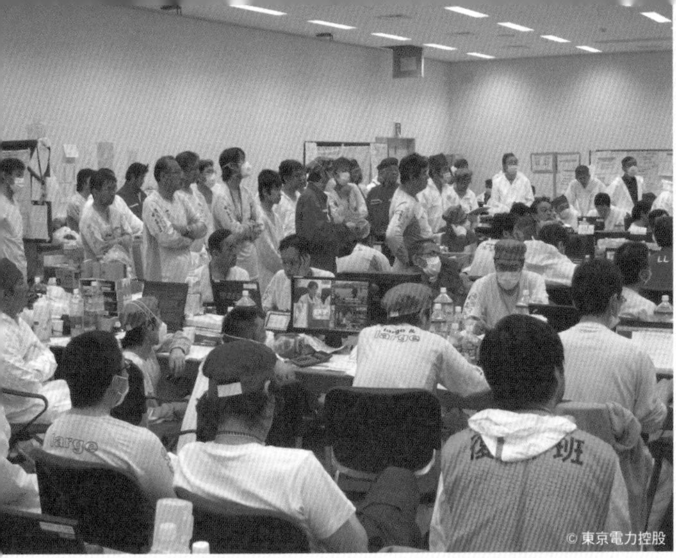


福島第一核能發電廠緊急對策室的情景。（攝於 2011 年 4 月 1 日）

內容恐怕也說不上有真正傳達給一般民眾知道。

福山：由政治家參與的「廢爐暨污水對策團隊會議」，從去年五月二十一日以來就沒召開過任何一場會議，如果是這種情況的話，事情就變成究竟什麼時候才要開會呢？如果沒發生什麼狀況就不開會了嗎？政治必須持續參與其中才行。

現在完全看不到政治與企業方或作業方之間有任何溝通。

——如果有好好做這件事的話，或許也不需要這本書了吧？不僅會議沒再開，資訊也沒有公布出來，媒體恐怕也是因為沒有這些，所以才沒有持續追蹤，也沒辦法追蹤，結果我們的知識沒有更新到，不信任感也持續膨脹，所以討論與共識形成才都沒有進展。長遠來看，這對政治來說也會造成反效果吧？

事情之所以演變成這種局面，會不會是因為這在政治家中的優先順位本來就比較低呢？

福山：我是這麼認為的。或許有人會覺得，在福島的事故處理上，如果太認真地公布資訊的話，可能會阻礙到核電廠的重新運轉，但這起事故該如何處理的問題，應該優先於要重新啟動核電廠或檢討能源政策等問題，這兩者是不能等同視之的。

## 避諱麻煩事實的社會氛圍 永遠都是問題！

——我認為那大概是我自己在藉由這本書探討廢爐問題、福島問題等立場上最大的重點，無論是廢爐或重建，都已經不是要往左或往右、要做或不做的問題，而是非做不可的事情了，把這件事與其他議題混為一談，視而不見，或拿來當作扯人後腿的工具，這種情況發生在政治場合上就是最大的問題吧。

福山：沒錯，把問題帶到核電廠重新運轉是好是壞，基本上就是將原本該處理的福島問題撒手不管的行為。

——在國家推出的「國際研究產業都市」政策下，1F周邊地區變成以放射線或機器人等廢爐相關技術為主軸的研究與產業據點，現在也開始有這方面的積極討論，不過我想雖然您在民主黨政權期間，也出席過許多制定方針的場合，在與今天截然不同的層次下，討論該如何處理這個地區的問題，但不曉得您對於目前的進展狀況有什麼看法呢？

福山：這個問題很難回答，首先我擔心的是，當初將福島發展為再生能源據點的方針，如今是不是已經暫停了。

其次是面對災民時，究竟有沒有站在他們的立場思考？福島各市町村的首長是否被當作過街老鼠？是否不曾聽取他們的意見？是不是強迫他們接受所有由國家決定好的事情？對於社會上出現這樣的氛圍，我感到非常擔心，也難以接受。

——無論是在整體的社會氛圍，或是每一個人的認知上，如果要以政治問題繼續思考這個問題的話，該怎麼做才好呢？

福山：在事故剛發生時，雖然政權內部多少有些勉強之處，但還是有一股即使要克服至今為止的既得利益者，該做的事還是得推動的氛圍，消費稅雖然受到一定程度的反對，但依然在執政黨與在野黨之間取得共識，重建的議題也被各政黨視為最優先的考量，以往不斷拖延的問題，包括用過核燃料的處理等問題在內，這些長年的課題如果不承擔下來的話，這個國家也就無法成立了，大家都認為我們必須正視那件事情才對。

那樣的氛圍之所以消失，一方面是當今政權的問題，另一方面我們的政權瓦解也是重要的責任主因，但「不想面對麻煩的事實」、「不去面對也無所謂吧」，對於社會充斥這種氛圍的現象，我感到非常地不舒服，或是說有種「討厭的感覺」。

面對這個狀況，唯一的辦法就是持續傳達而已，意識到的人要好好地持續傳達。為此，持續維持一個資訊流通而不封閉的社會，不讓表達的自由或報導的自由受到限制，我認為是一件很重要的事。

**福山哲郎**
**（Fukuyama Tetsuro）**

一九六二年出生於京都府，參議院議員，日本民進黨副幹事長。畢業於同志社大學法學院，京都大學法學研究科碩士課程修畢。民主黨政權時期以副官房長官身分，在福島第一核電廠來回奔走應變。著有《核電廠危機——來自官邸的證詞》（筑摩新書），另與他人合著有《二〇一五年安保，國會的內外——重新開始民主主義》（岩波書店）、《從未有過民主主義的國家——日本》（幻冬舍新書）等書（以上皆為暫譯）。

訪談

# 談論廢爐的語言

齋藤環 訪談

我們是否在從未擁有任何可以談論三一一心臟地帶，亦即1F廢爐相關語言的情況下，虛度了五年的光陰呢？

即使想要談論廢爐，也只有「事故當時的氫氣爆炸畫面」、「成排的污水槽」、「穿著防護衣並攜帶嗶嗶作響的輻射劑量警報器潛入採訪」等印象，還有與實情相差甚遠的「被暴（露）勞工」印象。從現狀看來，我們只能從那種刻板印象的角度出發不是嗎？「福島的話題」不知從何時起，完全變成情緒性的核電廠是非論，或是膚淺的文明論。

在當地居民的努力不懈之下，1F廢爐周邊地區的高速公路與國道陸續開通，一般車輛終於得以通行，城鎮的疏散指示也陸續解除、人們可以再度展開生活。然而每當有這些象徵「福島重生」的話題出現時，一定會從站在廢核與避免輻射暴露意識形態活動家那裡，聽到「太快了」、「好危險」、「福島人應該生氣，應該站出來才對」這種毫無根據且儼然以統治者自居的言論。換句話說，這是他們希望「福島永遠處在不幸之中」的投射，只要福島持續不幸，或預期中的不幸化為現實，他們就能說：「看吧，我就說吧。」或是擺出一臉知識分子的模樣，滔滔不絕地「談論」著「核電廠的是非論」或「文明論」。這五年以來，許多人已經對那種缺乏節操的行徑感到厭倦，但至今依然不斷有人製造這樣的言論。

背後的原因是否出在三一一或福島相關的「中空結構」呢？換言之，從物理上來說，那裡面有的就只是水、空氣、殘渣和塵埃的空白地帶，從認知上來說也是，儘管1F應該是個極其重要的問題，但我們對於1F廢爐卻什麼也不知道。

儘管如此，大家還是急欲填補那個空白，大量吐出偏離事實且毫無用處的言論，與其說那是一種好奇心，不如說是一種恐懼感吧。

齋藤環醫師就是早從一開始就指出這個扭曲結構的人之一。

例如在其著作《核電廠成癮的精神結構（暫譯）》（新潮社）當中，有這麼一段話：

「重要的是，此處對立的各方立場都絕對無法不關心『福島』的這個問題。（中略）那我想再次提問，究竟是什麼造成『福島』的象徵化呢？是核電廠外洩的放射性物質總量嗎？是放射性物質造成的污染區域面積嗎？是被謠言與歧視傷害的人數嗎？還是以『福島』為中心的談話總量呢？不過即使採用那些如此定量的基準，卻只能描繪出象徵的輪廓，其中心卻始終空無一物。」

為了安撫自己的不安而持續描繪輪廓，卻始終無法掌握中心，這樣的言談或牢騷只會持續製造混亂。不讓話題僅結束在工學範疇討論上，也不投射自我的意識形態、理想或利用於政治對立上，談論廢爐的語言如何讓我們對未來的想像化為可能呢？

——我到相關單位採訪並前往現場後發現，不管是以哪種形式參與福島問題的人，我在他們身上看到的共通點就是「疲勞」的感覺，同時也有亢奮的感覺。當然，在排山倒海的難題中持續活動五年，會產生這樣的感覺也是理所當然的事，但他們看起來就像處於某種「狂躁狀態」之中。

齋藤：現在也還是這樣嗎？

——是的，不過並不是只發生在廠區內部而已，反而是觀看或滔滔不絕談論的人也都是如此，持續散播放射線相關謠言的人也是，持續從外面來災區熱心支援的人也是，或者我自己可能也是這樣吧。

那看起來就好像節慶前一天晚上的感覺，也就是像一九八〇年代，押井守導演在福星小子劇場版第二部《Beautiful Dreamer》當中提到的——「希望這種日常可以長長久久持續下去的欲望」一樣——簡而言之，在相信暴露會對健康造成危害的人之中，即使真的確定有這樣的結果，或確定「不會發生這種事喔」，還是有人會感到煩惱。至於為什麼會煩惱呢？那是因為這樣一來，在「最後的審判」出來前的那種置身雲端似的幸福感、美麗夢境就要結束了。

我們必須釐清，這種想把各自的美麗夢境投射在空白地帶，而不正視現實的心理，究竟是一種什麼樣的心理？又該拿它如何是好？我想，要達到能持續討論福島第一核電廠廢爐問題的狀態，大概是一件很困難的事吧。

網路上總是動不動就在流傳「不，其實地底下已經到達再臨界狀態了」、「福島出現巨型魚」等謠言。連具有一定影響力的知識分子都像是被以下這種粗淺的言論給收服：「政府與媒體在隱匿真相，那裡實際上已經不行了。明明不能住人，卻還故意讓居民再度搬回去生活，就是政府因為舉辦安全宣導活動害的……。」

齋藤：那樣的言論實際上到現在還是有影響力嗎？

——雖然我覺得相當地零散，但我想還是有的。

齋藤：可是那種水準的言論，該說是已經站不住腳了嗎？像開沼先生也是因為那樣才一邊提出數據一邊進行討論的啊，而且說什麼有數十萬人會死掉，或是三年後會怎樣怎樣之類的（笑），我想全部都被推翻了吧，結果甲狀腺癌也沒有增加嘛，那樣明擺在眼前的事實，他們真的沒有接收到嗎？

——不僅沒有接收到，他們也不想接收，我只能說，他們只想躲在幻想的世界裡看著美麗的夢境，不願意下來面對凡間的現實。

齋藤：但開沼先生的《福島學入門》從頭到尾都是根據公開資料寫的吧？我想這就算有人想反駁也無從反駁起，總不會連原始資料都有人要批評說是造假的吧？

——的確，關於資料本身的可信度，幾乎沒有人會拿這個來作文章了，因此我想現在也已經形成這樣的氛圍，如果有人硬要說：「政府說的全都是受到操弄的資訊，真相被隱匿起來了。」那實在有點太不可理喻了，雖然我覺得一開始還是有這樣的現象。

齋藤：是啊，像是描繪廢爐作業的漫畫《福島核電》，就是用非常平鋪直敘的調性在畫的吧，沒有「反對」也沒有「推動」，硬要說的話，也只有看到作者的好奇心而已。

——沒錯。

齋藤：那種感覺最接近我所想像的「廢爐」。

——包括我自己的言論在內，當有人像《福島核電》這樣試圖根據事實與合理性陳述現實時，就會被那些憑藉著扭曲的意見與正義，渴望持續幻想的人抨擊，而且那些抨擊不僅來自一些不可理喻的人，有時甚至來自一些頭腦好的人。

齋藤：：就是所謂的「潑冷水的人」。

——沒錯，他們應該覺得「就憑你也想叫我『醒醒吧』？」

齋藤：不過作者「竜田一人」先生是實際去到現場，再根據自己的體驗去畫的，所以我想這也沒有人可以反駁什麼吧，有人提出什麼樣的反駁嗎？

——就說「這是安全宣傳活動」或「背後有東電指使」等一貫的說法囉。

齋藤：因為是在現場進行作業，所以我想那根本就不是安全宣傳活動，也沒有其他任何目的吧，真的有人會那樣解讀嗎？那些人是不是很少看漫畫啊？只要認真看的話就知道，當中幾乎沒有那樣的要素啊。就我所知，很多漫畫家對於核電廠事故都是門外漢，反應比一般文化界的人還冷靜、公正啊。

## 福島被視為一場「不會結束的夢」

——有一部分的人不僅不看《福島核電》，甚至連現實也不想面對，還抗拒所有談論現實的語言，這是福島的問題，是1F廢爐的問題。他們一直在扭曲討論的內容，這是我這五年以來，持續提出福島相關意見的過程中所感覺到最根本的問題。

不過一直談論個案的話會沒完沒了，所以我認為應該要以更抽象化的概念去思考才對，我想這並不是只有福島或1F廢爐才有的特殊現象，而是更早以前就存在了吧，那或許是日本文化中的「中空結構」，也或許是來自八〇年代「Beautiful Dreamer」的文化所影響。

關於這個部分，如果齋藤先生有任何指教願意分享的話，我很想聽聽您的意見。

齋藤：也算不上是什麼指教啦（笑）。

原來如此，「Beautiful Dream」就是那樣的意思啊。也就是從某種意義上來說，有「想一直留在節慶空間內」的那種欲望吧？所以萬一慶典結束會很傷腦筋，只好期望這種對立的狀態會一直持續下去。

**——是啊，有一說是「推動與反對的衝突」，但到目前為止愈來愈明確的是，雙方之間沒有衝突，而推動派完全保持沉默，一切順勢而為，反對派則積極地朝夢想邁進，這就是這場對立的結構。**

齋藤：推動派要是在這種局面下說出什麼奇怪的夢想，恐怕只有遭到全面反撲的份吧……。

**——看來他們還是有這麼做壞處大於好處的現狀認知吧。**

齋藤：從政策上來看，即使現在針對核電廠問題舉辦公投，也還是「反對」的聲音比較多，只是在政黨層級上，不是推動公投派會勝出嗎？畢竟這也牽涉到優先順序的問題，比如提振景氣的政策比反核電還重要等等，印象中感覺這樣的糾葛一直都存在，或是說，相形之下核電廠問題就逐漸變弱勢了。

所謂「現實主義者不用嘴巴說話」，我想是任何地方都一樣吧，在正中央的人是完全的現實主義者，所以才必須應付眼前的狀況，這種人沒有那個閒工夫去談論夢想，因此他們不說話，只是默默地埋首在日常的作業而已。

最多話的反而是身處在安全地帶，堅信自己正俯瞰當地整體情形的人吧，這種採取俯瞰角度的人才是最容易陷進幻想裡的人，明明有人提出這麼多反證，他們卻不滅火，反而繼續用那些來加油添醋，感覺這是以往從來沒出現過的現象，至少在九〇年代以前，好像沒怎麼看過這樣的事，開沼先生認為這之中是否有參雜著什麼末日願望之類的因素嗎？

**——我覺得比起八〇年代由次文化所衍生出來的奧姆真理教事件，這之中的末日願望程度好像比較和緩一點。**

齋藤：根據我的記憶，說到因為末日願望而引起軒然大波的，就是「廣瀨隆現象」了吧？那完全就像《北斗神拳》一樣把末日願望推往極端的方向，但也因為這樣所以才這麼短命吧。

看到這次的「慶典」不像之前那樣那麼容易結束，好像有一種更根深蒂固的印象。

八〇年代的事情，因為能夠助燃的只有末日願望而已，所以就如曇花一現般結束了，但這次卻出乎意料地長。

但那些幻想應該也有能夠避免災情遭到淡忘的部分，所以才是個難題吧，要從正面完全否定那些幻想，也令人有些猶豫，該採取什麼樣的態度，也是比較難回答的問題。

## 廢爐不是一時的逞凶鬥狠

**——我認為處方箋之一，是要讓他們一**

邊正視現實一邊調整內心幻想的方向，而不是用言語揭露現實以否定他們的幻想，所以我才決定用「圖鑑」的形式來製作這本《福島第一核電廠廢爐全紀錄》，而不是只靠言語而已。

在去過廢爐現場之後，我覺得最具象徵性的東西，就是要進入廠區內部之前，門口有一個看板，上面列著電力業者、所有承包商，和東芝、日立、三菱等所有製造商的標誌（參閱三三八頁），讓人深刻感受到廢爐的本質，也就是所謂昭和風格：最上面是國家，然後是所有龐大資本聚集在一起，在政府和行政單位支援下展開規模龐大的開發。

相較之下，平成風格又是什麼呢？簡而言之，就是全部都以民主化的方式進行，好讓一般人也都能夠參與其中這樣，什麼國家還龐大資本的都是狗屁之類的。換句話說，如果要舉出地震後的災區成功案例，基本上都是社會企業類型的，例如「在幾乎沒有政府支援的情況下，一名年輕人靠著一點簡單的創意與行動力，改變了整個地區」，或是「你的五百圓捐款，將會改變社會」等等，這些事情當然很值得鼓勵，但另一方面，廢爐的現場還是得要有中央政府與龐大資本的參與才行，而且那恐怕才是正確的形態，或是說除此之外別無選擇了，總不可能說「讓大家以個人為單位去參與廢爐，不要扯到國家或企業」，這樣究竟是要如何參與呢？

正因如此，一般人將夢想投射於其中的結構才會如此堅固。我想正因為那裡有個中空結構，所以也才是可以讓人持續做夢的模型吧。

齋藤：個人可以做的事情當然有其極限，而大家會把那視為一段佳話。但可惜的是，佳話並不具有一般性，因此雖然是佳話，卻很難加以應用。雖然像不良少年那樣逞一時威風，在災區也有派得上用場的時候，但畢竟廢爐是無法靠一時逞凶鬥狠來解決的問題吧。

我一向認為資訊的透明度很重要，但廢爐問題當然也不是只要完全公開，就能夠立刻解決一切。在完全公開的瞬間，一旦大家發現必須理解大量的專門知識或資訊，很有可能就會撒手不管說：「算了，我放棄了，應該會有一些專家來幫忙調查吧。」

當然，我們也希望專家能夠在某種程度上，把資訊彙總得簡單易懂，扮演好解說者的角色。在這次複合性的問題當中，顯然可以看出專家有視野狹隘的狀況吧？核電廠的專家不曉得放射線對健康的傷害，即使是身為健康專家的醫師，也有從LNT派（Linear on-threshold model）到激效派（Radiation hormesis）等過於兩極的意見（兩者皆是關於輻射對生物影響的假說），遲遲無法得到共識。簡而言之，在幾乎沒有人能夠縱觀大局的情況下，討論始終難以定案。只對某部分專業特別了解的人成為專家，這樣的狀況反而提高推測的難度，也讓這裡出現開沼先生所說的「中空結構」。

——在事情難以推測的情況下，反體制、反科學式的故事促成更多的幻想，問題在於我們要如何處理這樣的心理呢？

如果無害的話，置之不理即可，但實際上包括謠言在內，這些在解決現實上發生的問題時，都成了絆腳石。現在的廢爐問題不是做或不做的問題，而是非做不可的問題，那跟核燃料再利用、太空開發、生命科學等其他科學技術也不同，那些是做或不做的問題，雖然錢也逐漸燒光了，成效也逐漸遞減，但廢爐與那些是不一樣的，所以唯一能討論的就是如何健全地推動廢爐，如何支持廢爐作業，但始終無法到達那一步。

## 核能具有令人無法掌握的強烈魅力

齋藤：我想我已在《核電廠成癮的精神結構》（新潮社）中，針對那方面的心理進行過精神分析。

換言之，簡單來說就是「反對的人其實也喜歡核能」。就是因為那樣，才會有像《讀賣新聞》的正力松太郎那種人，明明不太清楚原理，卻對核電廠異常地固執，讓人不免心想其中是不是有什麼令人無法掌握的強烈魅力。或者就像您在《「福島」論》中提到的岩本忠夫的例子也是，他在一九七〇年代本來是核電廠反對派，自從當上雙葉町町長之後，就「轉向」到推動派的那一邊去，這裡轉向的原因雖然也包含您所指出的愛鄉情節，但我想到的是「核電廠」為人心帶來強烈的矛盾心態（ambivalence），因為有這種矛盾心態，「反對核電」與「推動核電」才能夠輕易地替換。說起來，容易被拿來討論「和平利用或軍事利用」這種兩極議題的能源，大概也就只有核能了吧。

——那是根本性的問題，去年出版的山本昭宏《核與日本人（暫譯）》（中央公論新社）一書，也討論到次文化長年以來如何「愛好」核能的話題。

齋藤：總之，就是活化戰後次文化、具有某種魔力的科技吧，那是讓哥吉拉誕生的穢物，也是啟動原子小金剛的夢幻能源，我始終覺得我們是不是因為有那樣的矛盾心態，才會將核能作為一種享樂的象徵，不知不覺被吸引過去。

那就像是一種自從廣島、長崎被原子彈轟炸以來深植人心的創傷核心，所以妻子喪命於長崎核爆中的放射線專家永井隆，才會矛盾地在著作中寫出「人類的未來寄託在核能上」這種希望。

曾與海德格（Martin Heidegger）學生漢娜・鄂蘭（Hannah Arendt）有過婚姻關係的哲學家君特・安德斯（Günther Anders），在戰後曾到日本訪問核爆受害者，他說他對於日本人都把核爆當成像地震或海嘯一樣的天災感到不可思議，或許是因為那巨大的破壞力感覺已經超過人所能理解的範圍，因此沒有適當的表象，但那樣的解讀方式從原子彈投下以來始終存在，甚至讓人覺得是不是直到今天都還在持續當中。當然，我想如今雖然已經沒有會過度美化的人了，但在過度的潔癖症下過分煽動恐懼，與受到核能魅力的吸引，不是一體兩面的事嗎？

——您說的沒錯，而且我這樣講雖然只是粗淺的討論，但日本以近代國家形式成立之時，做為凌駕於天皇之上的東西、做為日本國民統合與行動的前提，在那具有超越性的東西在戰後社會逐漸式微之際，代入的是否就是對憲法九條護憲和對核能也就是nuclear所賦予的超越性價值呢？那是從一九四五年八月開始延續至今，在這樣的背景下發生的核電廠事故，所以我想這個問題是否也只能用非常超越性的方式來談論。所以雖然有很多人希望用更內在性、更邏輯性的方式去冷靜討論，但這裡卻存在著無法這麼做的必然性。

齋藤：是啊，從某種意義上來說，能夠像天皇一樣持續處於一個超越性位置的，或許就是「核能」了吧。

## 天皇、九條、核能

——關於外交與軍事方面，日本原本一直被放在冷戰結構與美國的核保護傘底下，但近年來卻逐漸瓦解，必須開始思考其他的架構才行。看過去年的安保法制討論後，日本對於談論本身仍有許多顧忌，還有不敢去觸碰的感覺。我想核能的問題也一樣，尤其廢爐的問題是其中最嚴重的，必須靠我們自己思考才行，但我想我們是不是還沒進入到那樣的狀態當中。

齋藤：照那樣說來，我們目前還是有點把那視為禁忌吧，不管是關於天皇制或關於憲法第九條，那種迫於形勢所逼而被迫追認現狀的狀況，讓人有種非常相似的感覺。雖然應該可以再積極一點討論廢爐的議題，但明明有這麼多反核的人，而且到處都可以聽到堅決反對核電廠重新運轉的言論，關於如何推動廢爐之類的議題卻始終沒有進展。為了確實推動廢爐（在避免失去技術的意義下），我贊成在限制條件下重新運轉，但說我是「免費御用學者」（編按：「エア（空氣）御用學者」，為三一一福島核災後的網路用語。指不受政府僱用、沒拿薪資，卻站在權力方發言的立場。）的批評聲浪就會像膝反射一樣席捲而來。核電廠的導入即使是被動接受也能夠持續進行，但關於廢爐問題，或許就是日本人首度需要發揮主體性的時刻。我想就如您所說的，這基本上大概可以與反對天皇或護憲等問題相提並論了吧。

——無論如何，如果幻想可以娛樂或療癒那些人的心，不至於危害到自己或旁人的話還無所謂，但事實上幻想已在禁忌的觀念中膨脹到產生直接被害的程度了。

直接被害的形態有兩種，一種是經濟上的利用。簡單來說，就是湧進很多惡質的商業行為，像是不擇手段煽動群眾對放射線或輻射暴露的不安以販賣奇怪的食品，或是成為EM菌等（譯註：Effective Microorganisms有效微生物群。）典型偽科學爭奪利益的大餅。其他雖然不至於那麼惡質，但在福島縣內某些地區，也有發生像飲水機業務集中進駐，使得普及率一夕之間大幅提升的現象。

其次就是政治上的利用。時至今日，依然還有數以萬計的當事人對自主疏散或甲狀腺癌感到不安，有些人就故意想趁人之危接近，用陰謀論或末日論行騙，讓他們成為自己的信眾，當中也有既有政黨，或像推特名人之類的，總之就是重新創造出許多的小廣瀨隆。

## 災區在心理層面上的莫大傷害

齋藤：結果因福島核電廠災害而縮短壽命的人，多半都是承受不了移居壓力的人吧？我曾讀過一篇報告說，車諾比也有很多人是因為忍受不了移居後的壓力才過世的，反而是那些留在禁區（車諾比的撤離區）生活的高齡者比較長壽，那樣看來，這其實可以算是一種人禍，因為那些人在那些不負責任的言論影響下四處奔波，最後才會葬送性命。

若從我的專業領域來說，這是我在故鄉岩手擔任醫療志工時親身經歷過的事，很多小孩會因為搬家的關係開始逃學，或是成天躲在家裡，我想其中有很大一部分的潛在可能是，因為父母受謠言影響，帶著孩子四處遷徙，所以才會引起孩子逃學或陷入憂鬱狀態等問題，但這些很少被公開提出來討論，當然也有一部分是因為父母本身應該也不想討論吧，我認為其實有很多孩子都遭遇過這樣的傷害。

——有一項調查結果顯示，福島地區家有一歲以下嬰兒的母親，憂鬱傾向比一般高出二至三倍，當然孩子應該也會受到連帶影響吧。

齋藤：所以也就是說，災區之所以在心理層面上遭受莫大傷害，有相當部分是那些beautiful dreamer煽動所造成的吧？這清楚顯示出他們的行動是多麼有害而無益，但一來根本沒人願意擔起那個責任，二來目前的狀況更演變成大家只堅信自己才是對的，但因為實際的受害情形完全與他們「預言」的形態相反，所以我認為此時應該要好好承認錯誤，並謙虛地反省才對。

——即使是那些母親會遭到傷害，也都還在理解範圍之內，但如今連看起來相當普通的知識階層都會落井下石，這又是為什麼呢？

齋藤：這可以說是我個人的感受，我想是因為日本的知識階層幾乎出身文科的緣故。森昭雄有一本書叫《小心電玩腦！》，由於我基本上也還算是個專家，因此我一拿到我就知道，這是一本正經八百在胡說八道的書，但意外的是很多人都相信其中的言論，幾乎沒人看出這件事。另一本正經八百在胡說八道的書也跟這本很相似，是精神科醫師岡田尊司《腦內污染》，這本書還獲得鹿島茂的大力讚賞。雖然這或許不是只有日本才有的現象，但日本的言論家在這方面實在是不行啊，他們的理科太弱了。

講話大聲的文化人全都出身文科，用文科頭腦思考，沒有理科的概念，我個人斷定這就是罪魁禍首，從過去的事例來看也是如此。

——原來如此，您說的滿容易理解的。

齋藤：所以一旦聽到理科的話，不僅這些而已，還會看到「夢想」，所以腦科學之所以變成密碼，就是因為沒有人可以完全理解，聽到的人只會心想「喔，原來是這樣啊」，不會去驗證，明明在網路上稍微查一下就能夠驗證的事，卻任意聽信那些自稱是專家的人說的話，實在是令人唏噓。

——也就是說，文科出身的知識階層會以所謂的情意捷思（affect heuristic）或確認偏誤（confirmation bias）的方式，喚來偽科學家替他們本身偏好的意識形態或內心的期望提供相符的確證，以達到正當化的目的。媒體也是這樣吧？

齋藤：是啊，這個社會需要有更多能夠清楚解說科學，並且擁有強大發言力的人跳出來說話。

## 在《危險的事》被奉為聖經的年代

——世代性的問題又如何呢？奧姆真理教案那時候剛好有與您同世代的理科人被動員投入偽科學。

從一九八〇年代起逐漸醞釀出奧姆真理教事件的東西，與三一一後的言論，有哪些類似之處與相異之處呢？

齋藤：這個嘛，我想八〇年代那個時候，次文化的色彩明顯比較強烈吧，畢竟當時炒熱廣瀨隆現象的主要也是伊藤正幸等次文化界的文人吧。

當時才剛開始播放的《討論到天亮！》等節目也在旁推波助瀾，我記得好像有一回請到核電推動派，由廣瀨隆跟其他一群人一起批鬥對方，當年有這種只要碰到核電推動派，就可以盡情把對方妖魔化的時代氛圍，當然我也是搭順風車的其中一人（笑），不過也是到現在才敢講出來。

——原來如此。

齋藤：所以即便還差強人意，但這次很明顯不同的是，有比較多人會想從科學的角度加以驗證。當年的驗證，說得極端一點，就像全部交給廣瀨去弄吧的感覺。

——原來如此（笑）。

齋藤：只要手上有他的聖經《危險的事（暫譯）》（一九九七年出版／八月書館／新版為新潮文庫），接下來就只要批評與反對就好，當年是有這樣的時代氛圍的。那樣看來，那或許是個容易動員的時代，但由於是那樣的運動，因此也可以說是毫無內容的。

如果要再採用其他說法，就是因為那場運動基本上就是潮流。隨著政治季節在一九六〇年結束，再到一九七〇、八〇年代的政治冷感世代等名詞也逐漸式微，就在這時迅速填補上時代空白的感覺。幾乎在同一時期也有反核運動，許多文學家紛紛響應，當時吉本隆也奇怪地與他們連成一氣，出了一本叫《「反核」異論（暫譯）》（一九八三年出版／深夜叢書社）的書，歌曲方面也有 The Blue Hearts 和 RC Succession 等樂團出來，讓一時沒落的政治歌曲又重新復活了。

——所以我想請教的是，一九六〇年前後出生的那個世代的感覺，包括您自己也是其中之一。如今比起團塊世代（譯註：廣義指一九四六至一九五四年間出生的世代。），最具有資訊傳播力的知識階層核心，就是這個出生於一九六〇年前後的世代。這群人全程目睹了從八〇年代起，直到奧姆真理教事件發生為止的過程，而且看起來也是由這群人在九〇年代後半到二〇〇〇年代之間，對此進行客觀評價。那又為什麼其中一部分人會出現一種不太一樣的反應，感覺面對三一一不是冷靜，而是朝著相反的方向前進？也就是說，在九〇年代冷靜看著奧姆真理教的人，為什麼今天會變得沒那麼冷靜了呢？

齋藤：是的，雖然身為當事人的我，沒有自信可以給予客觀的回答，不過的確有很多各式各樣的人都變得相當積極呢。雖然我覺得中澤新一還是跟往年一樣，姑且不論是非對錯，他還是活力十足地說著一些「核能或資本主義是一神教」之類的話，開始投入組織政黨等活動，我自己有時也覺得我在地震之後，變得有些積極過頭了。

這裡我想到的是，我曾在地震發生後與東浩紀先生對談過，那時他剛好出了《公共意志 2.0》（暫譯），因此我們聊了關於那份工作的話題，結果我發現事情糟糕了，我過去的工作全被否定了，就像在說「我做過的事情毫無意義」一樣。雖然我內心是覺得也不必講得那麼過分吧（笑），大概就是積極到那種程度，所以我深刻感受到，原來地震經驗對他帶來相當大的衝擊啊，這個經驗讓我意識到某種人與我之間在認知上的決定性差異。

## 「這樣一來一切都會改變」是真的嗎？

我自己也住在水戶，所以我家也遭到災害波及，平常也很擔心東海第二核電廠出事，但總不能因為這樣就暫停臨床活動。總之，繼續進行每天的活動比較重要，所以即使多少有些變動，大致上也必須在「社會應該不會有太多變動吧」的認知下生活才行。不過網路上或新聞出版界卻充斥著主張「這樣一來一切都會改變」的人，他們堅稱地震與核電廠事故會讓一切天翻地覆。我記得有一段時間，我這樣的態度還被東浩紀先生批評，簡而言之，他說我太缺乏危機意識了。其實他那樣說我是無所謂，而且我對他的活動評價又是另一回事，因此還不至於產生衝突，但至少那樣的過程讓我意識到我們對受災的認知有多大的差異。

一邊的想法是雖然受到嚴重破壞，但還是得慢慢恢復原來的日常生活，一邊的想法是這樣一切都會徹底翻覆，這會帶來某種興奮感吧？如果真的一切都改變的話。

所以在心態上認為會全部改變或不認為會全部改變，我想應該會造成很大的影響，就算有人因此萌生「必須趁此機會改變才行」或是「只能把這個變成一個機會」等意識，也絕不是什麼值得大驚小怪的事，至少我認為在六〇年代前後出生、三一一後突然活躍起來的那些人意識深處，肯定曾經對改變感到期待。另外我也認為，他們肯定也曾經有過「負責領導改變的人就是自己」的想法。

只是經過幾年以後再看，並沒有什麼特別改變的地方。而且也不是不曾想過，差不多是時候總結了。

——嗯，但也絕對不會承認自己錯了或輸了吧？

不承認的逃避方式有兩種，一種是採取「我向來都很冷靜」的態度，例如堅信偽科學的說法，或是辯解說：「都是因為有一些情緒化的當事人妨礙了冷靜的我，所以我的計畫才無法順利進行。」把責任怪到別人頭上。他們要這樣做是無所謂啦（笑），只是說沒有好好念書學習會留下紀錄喔，將來晚節還會留下污點喔。

另一種方式是原本一直講「核電廠」怎樣怎樣，後來不知不覺變成「特定祕密保護法」、「安保」或「民主主義」怎樣怎樣這種橫向發展，這種就是沒辦法揮出原本高舉著的拳頭的模式。

齋藤：橫向發展是吧，用借喻的說法就是閃到其他地方去了吧。

——後者的方式有可能可以持續下去，而且還可以成為像意見領袖那樣的角色，所以我覺得那是滿厲害的招式（笑）。

但是看著那些人，果然還是像剛才提到的那樣吧，我想他們在奧姆真理教那時，應該大部分都很冷靜。

我一直以來所做的就只是重複那樣的行為而已，從下面對主流輿論說：「也不見得是那樣喔。」因為我才是看過現場而且有在閱讀資料的人，所以我確信比起那些不懂裝懂的人，對現狀的認知與開立處方箋的方式才是正確的，這是我五年來一直在做的事。不過那種自吹自擂的話不提也罷，但我不解的是為什麼當年那些冷靜的人，如今卻改變了呢？

齋藤：原來如此，就是說啊，不過這個世代明明是所謂三無主義（譯註：七〇年代用來形容出生於五〇年代的年輕人，對於政治「無氣力、無感動、無關心」的詞彙。）最中間的世代，也就是背負著「政治冷感世代」之稱的一群人，如今卻有種一口氣被抹去的感覺。我不太認為這是一種轉向，而是那些人本來就是一群擁有多餘能量的人，只是如果以世代特性來說的話，他們對於團塊世代的反彈力量還是很強烈，因為有著絕對不想重蹈「那些傢伙」覆轍的意識，所以至今為止才會一直迴避參與政治吧。在那樣的狀態下，以往都是把能量投入次文化或其他方面，但這次在各種條件同步，加上ＩＴ環境的推波助瀾，才會開始投入政治不是嗎？

——原來如此，我很能理解您的說明。

齋藤：所以能量不是突然變高的，而是一種找到該前進的方向的那種興奮感，或許那有一半是很滑稽的，但也有一半是一種使命感，然後可能也有一點「捨我其誰」的意識吧。

——原來如此。

齋藤：因為團塊世代退休後就沒有天敵了，再加上剛好現在五十幾歲的年紀，在社會上有一定的地位也有經濟力，還有充分的知識與意志力，所以不在這時行動還要等到何時？要把自己的潛力回饋給社會也就只有趁現在了，我認為這樣的認知恐怕是所有人都有的，不過那樣的方向也有可能出現嚴重的判斷錯誤就是了，雖然認為那樣為好的看法也多少存在吧。

——原來如此，原來如此。

齋藤：只是他們之所以會那樣做，主要還是出於自戀的動機，或是對於受災的事實有矛盾的興奮感，當中混雜著哀傷與激動。在那樣的興奮感之中，我想應該也有滿大一部分是把地震或核電廠事故當作一種慶典在消費。

還有一個不能忽視的要素，就是這個世代的人幾乎都比想像中更擅於運用ＩＴ的樣子。雖然比這個世代年輕的人已經使用得很習慣了，但我想以積極使用者來說，他們應該算是最年長的世代吧？不管是臉書還是推特，尤其有一段時間還在推特上炒得特別火熱不是嗎？我自己在地震之後，也在「受災期間限定」下開始使用推特。

在推特上，無論是謠言或政治色彩強烈的言論廣為散播，如果沒有聯繫的手段，或許就不會延燒到今天這種程度了吧？尤其如果是五十幾歲的言論家，基本上他們只要開始使用推特，都會有萬人以上的跟隨者，粉絲的贊同瞬間就變成很容易視覺化。有一個很老套的關鍵字我不太想使用，不過想來想去還是無法不提到言論家的「自尊需求」吧。即使不能靠意識形態建立連帶感，以認同做為媒介確實是比較容易建立，當然也是有人一不小心得意忘形，說了太多不該說的話，結果演變成無法收拾的局面。

我聽福島的人說過一件事，就是同樣是演講活動，講負面預言的講者會有比較多人去聽，講好話的場合反而沒什麼人會去，煽動危機意識的人比較受歡迎，他們演講場合往往會聚集一大堆人。

講負面預言的人比較受歡迎，這種弔詭狀況至少在災難剛發生時是存在的，當時確實有那種只要一煽動，追隨者就會接二連三湧現的狀況，而那恐怕也是部分知識分子言論愈演愈烈的理由之一。

——您說的完全沒錯，那也是目前依然存在的結構吧？不過現在已經變成相當小眾了，而且也變得更激進。

最近廣瀨隆甚至還在DIAMOND online上說：「應該把福島的房屋全部摧毀，讓孩子們去避難。」哩（笑）。

齋藤：的確是沒完沒了（笑）。因為會造成實際傷害我才這樣講，我覺得「老人公害」也滿嚴重的，他應該沒有在玩推特吧？

——沒有喔。

齋藤：有的話應該會最先吵起來吧。

## 有助於反核電派與推動派溝通的開放式對話

——雖然有這樣的狀況，但一直要到最後才能夠討論的部分，應該就是「廢爐」了吧。

齋藤：我想真的是那樣吧，就是所謂的禁忌啊。

——而且因為詳細描繪禁忌核心部分的真相，我想應該也會有人對於被描繪這件事感到生氣或抓狂吧。

齋藤：那或許就像是對漫畫《福島核電》反彈之類的事，只不過是在描繪廢爐作業的日常而已，可是連那樣都會反彈，或許就是那麼一回事吧。

——一般而言，在醫療上面對會妄想的人，基本上應該採取什麼對策呢？

齋藤：這就是我現在正在進行的中心活動。在治療包含妄想在內的精神病方法當中，有一種叫「開放式對話」的方法，這種方法起源於芬蘭，並主張「精神病可以透過對話治療」，這一點完全推翻了以往的醫學常識。

有趣的是，背景思想謳歌的是後現代主義與社會建構主義。簡而言之，就是現實是語言的產物，也就是說語言與溝通會產生現實，而精神病又是其中一部分，因此可以透過對話來改善。

治療法一定是多數人同時進行，而非一對一的對話。以兩到三名治療者加上兩到三名委託人的組合進行對話。

重點不在於得到共識或結論，而是盡量創造出可以平等表達各種不同意見的空間，所以就算有人說出非常奇怪的話，也不能講說：「不，事實是這樣才對，你那樣說是錯的。」而是要耐心地提問：「為什麼你會那樣想呢？」或「你是根據什麼才得到那樣的結論的呢？」

如果一步一步進行下去就會發現，故事竟然很神奇地改變了，最後甚至有可能連妄想的症狀都消失了。對精神分裂症患者詳細詢問妄想內容，一直以來都被視為禁忌，但這種方法卻是反其道而行。

過去治療者的詢問方式是從妄想內容中找出奇怪的地方，再點明「但這個與這個相互矛盾耶」。但這樣做妄想並不會消失，因為一旦遭到反對，反而會強化妄想，所以最好的方法應該是興致勃勃地陪對方聊下去，只要帶著興趣與好奇心陪對方妄想，妄想的故事就會慢慢改變。這種現象在一對一的情況下，一定會變成對立結構，最終形成權力關係，因此重點就是以複數且民主的方式進行，才是最好的。

——原來如此。

齋藤：我也開始逐步把這應用在臨床上，而且還真的有效喔。這個開放式對話的方法並不是僅限於治療用途，連教育現場也已經開始採用了，或許在政治討論的場合上也可以多少派上用場吧？我在想這是不是剛好也可以應用在水火不容的反核電派與推動派之間的對話上。

——專家不需要進行任何引導，只要持續提問就可以了嗎？

齋藤：是的，完全不需要任何引導，不過要做到另外一件事情，就是所謂的「反思（reflecting）」，也就是由治療者在患者面前交換意見，比如說「我在想他是不是有一點精神分裂症」之類的，然後聽到的一方可以回答「可是他也在用他的方法努力不讓妄想變成行動啊」等等，盡量提出正面的評價，同時在那個人面前進行評估（assessment）。

這樣做比起面對面被這樣講，更能夠把話直接聽進心裡，所以套剛才的話來說，就是在對核電廠發表妄想性言論的人面前，如果是反對派就反對派，是中立派也沒關係，還是可以說：「我覺得他說的話是不是有點極端。」然後另一方要用稍微擁護的語調說些像是「或許有點極端沒錯，但說不定這也是他經過一番煩惱或思考才得到的結論，所以其中也有我能夠認同的地方」之類的話，不說出決定性的反論，說出否定性的話沒關係，但也要盡量去看見肯定的一面，這樣一來，對方其實滿能夠把這些話聽進去的。最後有可能會得到一個完全不同的結論，有時也可以看見一些不同的選擇，而不是只有贊成或反對這兩種選項。

——原來如此。

齋藤：我想這種對話方式，大概從來不曾被使用在治療場合以外的地方。這樣做不是為了間接說服對方，而是讓他們聽一聽不同的故事。如果一開始就完全否定的話，很容易淪為「討論獲勝但說服失敗」的結果。做為一種交換意見或經驗的方法，開放式對話的目的不在於駁倒對方，而我想這樣的方法應該可以廣泛應用在各種場合吧。

## 真正需要的是引導者

——原來如此，這讓我想起一些以前出席有關核電廠、放射線的對話場合時，在我的引導下讓討論得以順利進行的案例，我想的確是像您所說的那樣。

齋藤：沒錯，真正需要的不是議長或司儀，而是引導者啊。一般來說，容易產生妄想的究竟是哪些人呢？答案雖然不是名偵探柯南，但就是那些認為「真相只有一個」的人。陰謀論不就是這樣嗎？雖然大家都這樣想，但那些想說因為有這樣的真相，所以自己才是真的的人，通常愈容易把事情解讀為陰謀論。

開放式對話的目標，在於能不能接受現實的多義性與重層性，能否認知現實是許多故事的結論是複合性的，目的是讓各種意見都有機會發聲。

那些喜歡一本正經胡說八道的人，他們的結論很容易無限接近「真相只有一個」，而多少能夠說出公正無私言論的人，則都是在接受現實具有多面性、重層性等前提下做出結論的。

——您說的完全沒錯，但是也有一些妄想會對本人或旁人造成具體的危害吧？

齋藤：那是有可能的，在開放式對話當中，如果遇到有明顯暴粗口或過當使用暴力的人，都會以冷靜的態度去處理。我們會先規定好罰則，如果不停止那種行為的話，就會請他從討論中離開。

所以如果有與事實相反的謠言造成重大損害的話，就相當於是這種情形，因此因應的方式就是單純以罰則去處理。

——原來是這樣啊，我在《福島學入門》中提倡「基於科學前提的限定相對主義」，若堅決採用單一解答的絕對主義進行溝通，會使得狀況持續惡化，但如果是放任的相對主義，重層性的現實就無法成立吧？因為這樣就會變成有害的強烈妄想構成現實。所以這種想法的概念，就是在某種程度上加上一些限制條件，只要具體加以實踐，我想事情就會照您所說的那樣發展吧。

如何讓更多人從 beautiful dream 當中醒來，又是否真有能活化、填補中空結構的討論呢？我想我今後還是會持續投入其中。

**齋藤環**
**（Saito Tamaki）**

出生於一九六一年岩手縣，精神科醫師，醫學博士。筑波大學醫學醫療系社會精神保健學教授，筑波大學醫學研究科博士課程修畢。專攻青春期、青年期的精神病理與病誌學。著有《繭居族文化論》（筑摩學藝文庫）、《戰鬥美少女的精神分析》（筑摩文庫）、《如果世界是週六夜晚的夢——不良少年與精神分析》（角川文庫）、《尋求認同的病》（日本評論社）、《何謂開放式對話》（醫學書院）等書（以上皆為暫譯）。

# 廢爐的議題

## 各種有助於更深入了解廢爐的觀點

吉川彰浩

### 現場並不使用「轉包」或「作業員」等稱呼

核電廠事故發生後，通常外界都用「核電廠作業員」或「作業員」稱呼在核電廠工作的人，而指稱東京電力以外的企業時，則通稱「轉包企業」。不過事實上，這在現場工作人員耳裡聽來是一種輕蔑的稱呼，自從東京電力隱匿異常情況的消息在二〇〇二年爆發以來，做為廠區內部環境改革的一環，早已不再使用這些稱呼。

自此之後，除東京電力以外，一般稱在福島第一核電廠的企業為「協力廠商」，在那裡工作的人稱為「協力廠商的同仁」或以公司名字稱呼為「〇〇公司的〇〇同仁」。

順帶一提，在工作過程中會受到輻射暴露的人，正式稱呼為「放射線業務從事者」。由於在核電廠工作的人幾乎都會遭到放射線暴露（也有不會遭到放射線暴露的辦公人員），因此都屬於放射線業務從事者。

### 廢爐作業需要的是高度技術力而非特殊技術

在核電廠事故發生後，很多人擔心是否在不久的將來，即將面臨技術人員短缺的問題，但幾乎沒有人知道這個「技術」指的究竟是什麼。簡而言之，若以火力發電廠或水力發電廠等較親近的例子來說，就是化學工廠等內部使用設備的維護技術。所謂的設備就是幫浦、馬達、管線、水槽、控制設備的機器、電源設備。

雖然從這個角度來說是很一般性的技術，但說到核電廠的技術有何特別之處，就是操作的設備當中含有放射性物質，一旦發生任何異常狀況，立刻會引發社會不安。核電廠可以說是一個嚴格的職場，隨時講求一百分的技術能力，不允許任何失敗。

福島第一核電廠的事故對社會造成嚴重衝擊，任何情況都會被放大百倍檢視，在講求更嚴格標準的前提下，此處將成為集合並維持高度技術力的場所，而這才是造成技術人員短缺的根本原因。

### 現場不僅重視技術也講究道德

說到核電廠的特殊性，雖然一般人很容易只注意到透明、無形的輻射有多恐怖，但對於在那裡工作的人來說，他們必須擁有這份工作建立在社會信任之上的自覺，任何一個疏失都不會只是業者的問題而已，而是全體社會的問題。作業時必須感受到社會的目光，兢兢業業地完成被交付的工作，雖然任何工作都一樣，但能否認真做到這件事，會大幅受到個人的道德左右。福島第一核電廠在這近四十年期間以來，逐步建立了維護工作人員安全與作業品質的規範，這一點在事故前或事故後都沒有改變。但事故後之所以持續發生意外，就是因為有人沒有遵守這些規範。在這裡工作的人，必須擁有能夠遵守普通規範的「道德」才行。

### 轉包結構的頂點並不是東京電力

大家經常誤解「東京電力是轉包結構的TOP」，在這樣的誤解下，五年來所有要求改善工作人員待遇的批評聲浪，全都只鎖定東京電力。

東京電力的立場是電業者，主要業務是生產、銷售電力，而在發電設施的維護方面，不僅核能發電廠如此，幾乎所有電力業者都會轉包給製造商等單位。也就是說，東京電力是發包者，承攬工作的總承包商才是金字塔結構的頂點。簡而言之，如果東京電力是蓋房子的業主，那麼總承包商就是承攬建設工作的建商。

### 東京電力負責發電廠內的哪些作業？

身為發包者的東京電力，有責任將現場打造為能夠安全作業的環境。由於核能產業的運作建立在社會的信任上，因此若在環境打造上有任何疏失，那麼即使是發生在轉包企業責任範圍內的事，東京電力也必須負起管理者的責任。

舉例而言，為了避免造成事故而暫停運轉核能設備，稱作系統隔離（簡稱隔離）。在全面進行隔離的情況下，若作業上發生任何意外狀況，就是轉包企業的責任。

### 核電廠吉普賽？聽起來有點奇怪

有個詞叫「核電廠吉普賽」，應該是聯想自「在核電廠工作的人為求溫飽，而在全國核電廠四處求職的模樣」，不過實際上在核能發電廠工作的人，卻覺得這個詞聽起來有點奇怪。

事實上，若從福島第一核電廠來看，在每十三個月一次的定期檢查——也就是反應爐暫停運轉的總檢查期間——的確會向外縣市尋求人力支援，不過在非定期檢查期間，基於核能安全的考量，也會進行大量例行性的檢查，通常一整年下來的工作量，可以雇用兩千到三千名左右的人手，最後自然而然會形成在周邊地區居住、建立家庭、投入職場的文化。

外縣市的核電廠也是同樣的狀況，由於工作的公司在地方上扎根，因此也形成了很清楚的領域。

以福島來說，福島第一核電廠與第二核電廠之間的交流雖多，但也就僅止於此而已。即使前往外縣市，最遠也只會到隔壁新潟縣的柏崎刈羽核電廠。

在長期置身核能產業的人耳裡聽來，「核電廠吉普賽」的用詞是不太了解核電產業的人才會使用的字眼。事到如今，繼續沿用堀江邦夫在一九七九年出版的《核電廠吉普賽》印象來談論核電廠的工作，只會被當成沒有好好學習相關歷史變遷的證據。

## 從事暴露在輻射線底下的工作需要接受什麼樣的教育？

核電廠有所謂的「放射線研習」，內容不會太困難，通常會由長年在核電廠工作的資深員工負責，告訴大家「什麼是輻射？」、「輻射會對人體造成什麼影響？」、「核電廠的運作機制是？」

需要記憶的內容很多，會花上一整天的時間，另外也有考試，如果沒通過考試，就無法取得「放射線業務從事者」的認證，也不能在核電廠工作。工作上絕對必須接受的教育就是放射線研習，唯有接受過這個研習，並在放射線從事者中央登錄中心登錄為「放射線業務從事者」，才能夠在核電廠工作。

## 事故發生之前有訓練工作人員的技術研習環境

接受過放射線研習，並不代表所有的研習都結束了。為了避免技術性失誤，還要接受技術研習，什麼樣的技術研習呢？就是維護幫浦、馬達、閥門、儀表設備、電源設備等各種機器的技術。能不能夠拆開檢查再重新組裝回去呢？又能不能夠達到經濟產業省規定的要求基準所設定的品質呢？

核能發電廠是由數百家協力廠商齊心協力運作的場所，必須打造出讓所有相關成員都能同等學習的環境。因此東京電力曾在福島第一核電廠基地內建造技能訓練中心，好讓每一個人都能夠接受訓練，由資深

舉辦於 J-village 的放射線研習一景。

技術人員在裡面擔任講師，負責進行技術研習。

## 沒有證照就不能作業、不能繼續工作

要在核能發電廠長期工作，有沒有「證照」是很重要的一件事。核能發電廠是人才濟濟的寶庫，例如電力控管工程師、放射線控管領導、電力工程師、鍋爐技師、危險物處理控管領導、儀表工程師、設備維修等國家證照，其他還有架設鷹架等作業、從事者特別研習、吊掛作業技能講習、缺氧及硫化氫危險作業特別研習、粉塵作業特別研習等數也數不清，為什麼會有這麼多考取證照的人呢？因為幾乎所有作業都必須有證照才能執行。

雙葉郡富岡町（現在是疏散區域）某個經常被當作證照考試會場的產業會館，每到週末就會有很多面熟的現場工作人員聚集在此接受測驗。只要在核能發電廠工作超過十年，手邊自然會累積許多證照。

## 核能發電廠的運轉技能要在哪裡學呢？

核電廠的運轉並不是誰都可以負責的，即使是電力公司的員工，也只有操作員這個專門職位的人可以操作，他們會在運轉訓練中心學習技能。若以BWR（沸水式反應爐）來說，有新潟縣柏崎市和福島縣雙葉郡大熊町這兩個地方，負責教育操作員的人是長年負責運轉操作的前輩。

遠端操作核能設備的地方稱作中央控制室，訓練時會在一個與中央控制室一模一樣的仿造空間內，由前輩在未告知的情況下模擬任何一種核能事故（警報聲會響起，壓力計或溫度計等儀器也會有實際的變動）以進行應變訓練。如果是剛來的操作員恐怕只能茫然地在旁觀看，因為隨意操作有可能使事故情況更加惡化，如果要學會應付所有類型的事故，需要花上十年左右的歲月。

訓練以嚴格著稱，從初級、中級到高級，一旦進階到高級，還要住在訓練中心訓練數個月的時間。訓練會從早上持續到晚上，對精神或身體都會造成相當大的負荷。

## 私底下也不能掉以輕心

核電廠雖然是當地創造最多就業機會的地方，但也是一旦發生任何小狀況，就會直接釀成嚴重社會問題的地方。

尤其令人困擾的就是通勤問題，因為同一時間有數千人在移動，必然會造成交通堵塞。如果為了避免塞車而利用其他替代道路的話，也有可能妨礙到學童上學的路，為了解決當地居民的抱怨，通勤方面有強制搭乘巴士通勤的措施，如果駕駛自用車則有義務貼上在核電廠工作的貼紙（造型非常缺乏美感，在現場工作的人評價都很差，設計也更換過好幾次），而且只能行駛特定的路線，在當地餐廳舉辦宴會等活動時，也必須遵守規矩不得喧鬧。在核電廠工作的人必須「與地域共生」。

在核電廠事故發生前，東京電力就與協力廠商組成安全推進協議會。在這個組織當中，這些問題被視為重大課題並且被賦予遵守的義務，如果無法遵守的話，不管是東京電力或協力廠商的人，都會遭到嚴重訓斥。

核電廠工作人員可以說是早在事故發生前，就已經活在來自社會的嚴格監督底下了。

### 核電廠事故前後的教育有何改變？

向現場資深人員學習技術與實務的技能訓練中心（福島第一核電廠基地內）、學習反應爐運轉操作的運轉訓練中心（雙葉郡大熊町）、接受現場作業所需特別教育的產業會館（雙葉郡富岡町），以上這些學習場所皆因核電廠事故而無法使用了。

在核電廠事故發生前，東京電力是主要統籌單位，同時也致力於學習環境的整備，但目前協力廠商的員工教育則交由協力廠商自行負責。

不過直接影響作業安全部分的教育已經恢復到事故前的水準，福島第一核電廠基地內也會在危險體感設施進行安全教育。

### 協力廠商員工與東京電力員工在事故發生前關係如何？

在事故發生之前，協力廠商與東京電力有許多共同進行的活動，但這件事情幾乎沒什麼人知道。舉例而言，福島第一核電廠腹地內有各種休閒設施，現在ALPS所在的區域，原本是田徑場規格的四百公尺跑道與體育館，旁邊還有網球場，污水槽區域的東南側也有棒球場，只要是在上班時間以外，例如午休或五點下班以後，任何人都可以使用。過去也經常利用這些場地舉辦壘球比賽、排球比賽、網球比賽、羽毛球比賽、足球比賽、棒球比賽等體育活動以促進交流，每到年底或會計年度結束時，還會舉辦跳繩比賽或拔河比賽，有時甚至會利用遼闊的廠區舉辦道路接力賽。

通常獲勝的都是協力廠商的隊伍，東電隊伍因為本來就比較多長年坐在辦公桌前的人，因此被打得落花流水的場面早已見怪不怪了。在事故發生前，彼此的關係可說是相當良好，並不像一般人所想像的那樣惡劣，過程中得到的溝通效果不僅被活用於工作上，對於事故後的善後作業也大有幫助。

### 福島第一核電廠廠區內曾經舉辦過慶典活動

核電廠曾經有一段時期對外開放場地，為地方居民舉辦慶典活動，由協力廠商與東京電力負責擺攤，還會請藝人來特別舞台表演，每到春夏等季節就吸引眾多人潮。當年為了籌備這個慶典，很多發電廠員工到現在依然會做造型氣球。

九一一事件後，為了強化恐攻的因應對策，慶典活動改在發電廠基地外舉行。雖然現在是只有工作人員才能進去的地方，但其實當地可能有很多居民都進去過福島第一核電廠。這也是因為核電廠事故而失去的地方連結之一，同時也可以說是顯現協力廠商與東京電力關係的例子之一。

### 核電廠事故後，協力廠商與東京電力的交流機會銳減

基於自我約束，協力廠商與東京電力在事故前原有的交流機會，如今幾乎不復存在。另外許多員工住在疏散區域外，必須長時間通勤，也是「無法這麼做」的主要原因之一。早

晚通勤時間光是單程就要兩、三個小時，即使社會允許，實質上也無法做到。

六日從外縣來支援的協力廠商員工，只能把家人擺在第一優先，隻身赴任的當地企業員工也同樣會以家人為優先。

不過伙伴意識並不只有工作場合能夠建立。商場外的溝通其實也可以用在商場上，這應該不是只有福島第一核電廠才有的情況吧？在事故發生後，協力廠商與東京電力的關係始終無法跨出商業伙伴的範疇，也失去可以改善關係的機會。

2010 年 10 月 3 日舉辦的「福一交流感謝日」。巡迴巴士繞行於現在新行政大樓所在的「服務大廳」（1F 的宣傳設施）與車站或町公所之間，許多當地居民都曾到訪。（攝影：開沼博）

## 便利商店的變化

核電廠事故前，當地便利商店陳設的商品與一般便利商店並無二致，因為一般的購物當然可以去便利商店以外的地方進行，買書就去書店、買食品就去超市、買日用品就去居家生活量販店等等。

不過在核電廠事故影響下，便利商店陳設的商品出現大幅改變，因為便利商店以外的購物場所銳減、使用者變成參與除污或核電廠作業的單身人士。使用者因為分別約有七千人在核電廠工作，和一萬九千人在雙葉郡進行除污而急速增加，種種因素結合在一起，導致女性的日常用品與雜誌減少，取而代之的是更多的生活用品與便當。

此外，由於當地的居酒屋減少，因此酒類或下酒菜等選擇也變多了。仔細觀察會發現，全部的陳列架都比之前更高出一層。放置雜貨的空間陳列著作業用手套等專為勞工準備的物品，也是這裡獨有的特徵。收銀機的數量也增加了，有些在櫃檯前的地上還會畫排隊用的白線，以應付眾多的人潮，這在東北鄉下算是很少見的現象。

## 自動販賣機的設置也是一項重大課題

隨著大型休憩設施的完工，如今終於可以設置自動販賣機

事故前 1F 基地內的運動場。（照片提供：Kitase Hiroaki）

了。仔細觀察會發現，自動販賣機賣的都是寶特瓶飲料，沒有罐裝飲料，這是因為福島第一核電廠基地內的垃圾不能帶出去的緣故。若從一般常識來想，在沒有放射性物質污染的休憩所內產生的垃圾，以一般廢棄物處理是沒有問題的，但光是聽到「來自福島第一核電廠的垃圾」，就足以讓人退避三舍。

那些垃圾都會經過減容化以減少體積，並且保管在基地內。那是平常約有七千人在工作的地方，可以設置相當多台自動販賣機，但因為垃圾的問題，所以有「不太能夠增加自動販賣機」的狀況。

## 疏散區域與周邊地區的基本時薪出乎意料地高

核電廠事故發生前，這個地區的便利商店工讀時薪大約是六〇〇日圓到六五〇日圓（相當於新台幣一六六到一八〇元）之間，但在事故發生後，卻變成一〇〇〇日圓到一二〇〇日圓（相當於新台幣二七六到三三一元）的程度，因為即使公告徵人訊息也很難募得人手。在疏散區域或與疏散區域相鄰的自治體，無法鋪設新的店面，原因之一就是基本時薪大幅提高的緣故。

## 向英國的塞拉菲爾德學習廢爐的推動方式

英國有一處反應爐設施叫塞拉菲爾德（Sellafield），是一九五七年發生「溫斯喬火災」的地方，也是全世界第一起核能重大事故，那場事故對周遭地區造成嚴重的放射性物質污染。

六十年來，塞拉菲爾德持續在進行除役。對於福島第一核電廠事故發生至今才短短五年的我們來說，這樣的案例不禁讓人心想，難道過了六十年以後，廢爐還是不會結束嗎？

但進入二〇一〇年代以後，除役開始有所進展，根據NDA（英國核能除役局）指出，最近這一年多來，廢爐過程中產生的放射性廢棄物處理大約進行了百分之七十之多。

雖然過去六十年來的技術革新也是主因之一，但更重要的因素在於「建立策略性計畫的方式」。

所謂的策略性計畫就是「掌握所有廢棄物產生的量與狀態」、「配合狀態確立處理方式」、「預估超過半世紀以後廢棄物經年劣化情形與貯藏量，再依此規畫貯藏方式」。然後在與希望盡快廢爐的地方居民對話過程中確立這些計畫，就是讓廢棄物處理得以急速進展的重大主因。

廢棄物處理之所以會六十年以上沒有進展，是因為「試圖拖延的被動心態」；反之，之所以能夠在一年之內處理到百分之七十的程度，則是因為想要盡快廢爐而不拖延廢棄物處理的堅定意志，中間的主角不是管理設施的公司也不是管制當局，而是居住在周邊地區的民眾。

英國塞拉菲爾德的案例提醒了我們一件事，就是福島第一核電廠的除役雖說大約需要三十到四十年才能完成，但如果有意推動盡早實現的我們能夠參與廢爐的決策，即有可能更快完成。

比起技術問題，我們沒有參與推動廢爐的決策，或許才是有人會說「廢爐就算過一百年也不會結束」的理由之一吧。

## 工作人員的娛樂變遷

對於在福島第一核電廠工作的人而言，現在幾乎可說是沒有任何的娛樂，早晚通勤時間拉長或從外縣來出差等情形，讓人根本沒有多餘心力投入娛樂當中。此外，在福島第一核電廠周圍皆為疏散區域且商店街遭到毀損的情況下，根本不可能去喝一杯放鬆心情、去KTV唱歌或是去打小鋼珠，如果是隻身來出差的話，還無法與家人團聚。

在核電廠事故發生前，當地的市鎮跟其他鄉下地區並無二致，雖然不到都市那麼熱鬧，但也有居酒屋、小吃店、餐飲店，或KTV、小鋼珠等娛樂場所，還有影音出租店和唱片行，雙葉郡的這些店家主要集中在浪江町與富岡町（目前皆為疏散區域），兩個町都是雙葉郡中比較都會型的城鎮。

沒有多餘心力享受娛樂生活是工作人員現階段的寫照。與家人共度短暫的休息時間雖然算不上娛樂，但經常有人會說想把心力集中在這方面。

## 發電廠內有醫務室

很多人不知道發電廠內原本有一間醫務室，由一名醫師與多名護理師常駐其中，而且不是只有非常時期才加以利用，而是平常就被當作醫院使用，感冒的話可以拿藥，工作遇到煩惱也有精神科醫師，雖然名義上說是醫務室，但用小型醫院來形容，比較符合實際的形象。

這間醫務室在核電廠事故當時發揮了很重要的作用。因氫氣爆炸而受傷的員工或工作人員，都是由這裡原有的醫師和護理師負責處置。

核電廠事故發生後，醫務室依然在防震大樓內的其中一室，以和地震前相同的方式運作。目前則以更強化的形式更名為ER（緊急治療室），在出入境管理設施內提供醫療服務。

## 核電廠事故後改變的地方醫療體制

核電廠事故發生後，發電廠與地方醫療之間的關係大幅改變。當有患者可能遭到放射性物質污染時，原本都會送到大野醫院或雙葉厚生醫院等發電廠附近的地區綜合醫院，但這些醫院都因為核電廠事故的疏散措施而被關閉了。

如今若有患者在福島第一核電廠廠區內受重傷，將會被運送到二十公里以外的南相馬市或磐城市的醫院，有時甚至會用直升機載去福島市。核電廠中的醫療體制雖已恢復地震前的水準，但說到核電廠外的醫療是否也已恢復至可以安心工作的環境，只能說目前的醫療體制恐怕還尚未成熟。

## 帶進福島第一核電廠的東西基本上都當作放射性廢棄物處理

所有被帶進核電廠的物品，都會被當作放射性廢棄物處理。在所謂的管理區域，也就是「放射性物質污染可能性非為零的區域」，所有物品都會被當作放射性廢棄物。此外，與作業無關的物品也嚴格禁止攜入。

核電廠事故發生後，在現場造成嚴重問題的就是生活垃圾的處理。由於工作人員生活起居都在此，因此餐飲垃圾增加得特別快，那些垃圾不能在發電廠外處理，只能夠保管在基地內。現在因為進行過除污，所以沒有污染的生活垃圾都盡量自行帶走，但核電廠事故剛發生沒多久時，從外面帶進來的便當盒等容器都要洗到發出摩擦的聲音，還要仔細分類保管。

## 核能發電廠一定會有焚化設備

核電廠事故發生前，管理區域內產生的可燃性垃圾（主要有防護衣、作業用抹布、塑膠手套等等），會在核能發電廠內的焚化設備焚化以減少體積（又稱減容化），再裝進密封鋼桶裡保管貯藏，之後就不會再送到其他地方了。凡是被放射性物質污染的物品，一定要保管在廠房內，若焚化爐因某些原因故障的話，垃圾會因為放置場所的問題而無法處理，因此作業將全面暫停，這是事故發生前的情形。

核電廠事故發生後，那座焚化爐廠房的地下室也被用來放置污水，因此焚化爐便無法使用。但在當時的狀況下，也不能因為垃圾會累積就暫停作業，只好暫時加以保管。新建的焚化爐在二〇一六年度終於正式啟動，堆在戶外的工作服被塞進貨櫃裡等待焚化，目前有超過三百萬件，等那些焚化以後，密封鋼桶必須繼續保管到最終處置時另行處理。

## 小鋼珠店的人潮並非來自核電廠的工作人員

每次去到鄉下，應該會發現電視播的都是小鋼珠店的廣告吧？小鋼珠是地方娛樂的中心，在核電廠事故發生前，即使是小小的雙葉郡，光是六號線沿途三十公里左右的距離就有十間店。這些店因核電廠事故而關閉，至於隔壁磐城市、南相馬市的小鋼珠店之所以生意興隆，可想而知純粹是因為客人都從雙葉郡流入，所以才會變得人滿為患。

在核電廠事故發生後，有些報導聳動地寫著「小鋼珠店被工作人員……」，其實只不過是將理所當然的現象誇張報導而已。

地方娛樂集中在小鋼珠店的，應該不是只有雙葉郡而已吧？店家因為核電廠事故關閉後，原來的客人改去磐城市或南相馬市的小鋼珠店，造成社會對於廢爐工作人員產生偏見。附帶一提，工作人員中當然也有很多不玩小鋼珠的人。

## 每天接觸放射線資訊的福島縣民

前來福島縣旅行的遊客通常在看過當地的媒體報導後，都會對一件事情感到吃驚——那就是當地媒體會提供各地區的輻射劑量率，與福島第一核電廠附近海洋的輻射劑量率資訊，而且都處理得像天氣預報一樣。雖然是福島縣內特有的每日新聞，但縣民以外的人幾乎都不知道這件事。

福島縣外的人可以看到有關放射線或福島第一核電廠新聞的機會已經大幅減少了，但對福島縣的民眾來說，即使在事故發生五年後的現在，依然是每天都在接觸的新聞。

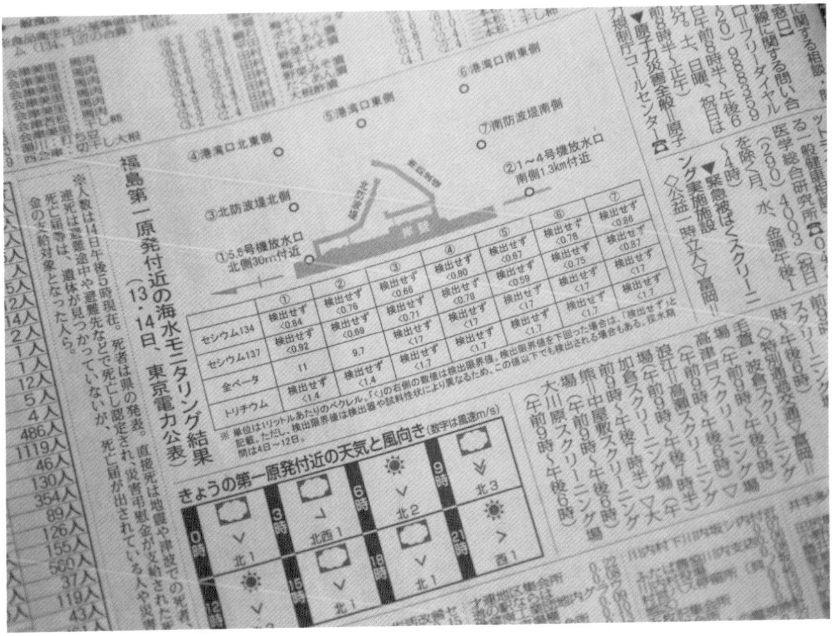

當地報紙每天都會刊登放射線資訊。

# 認識廢爐須知的 15 個數字（解答篇）

## A1

Q1 福島第一核電廠的廢爐要花多少時間才能完全結束？

**25 ～ 35 年**

目前預計結束時間為
2041 ～ 2051 年

## A2

Q2 在凍土牆完成之前，平均 1 天流入福島第一核電廠 1 ～ 4 號機廠房地下的地下水量大約是多少立方公尺？

**平均 1 天**

**150m$^3$**

## A3

Q3 在 1 ～ 4 號機附近的港灣中，放射性物質銫 137 含量最多的地點，平均 1 公升大約含有多少貝克？

**0.98Bq ／ L**

（2016 年 3 月 31 日公布資料）

## A4

Q4 目前（2016 年 2 月）福島第一核電廠 1 ～ 3 號機的反應爐冷卻作業，平均 1 小時需要灌入約多少立方公尺的水？

**未滿 15m$^3$**

1 ～ 3 號機合計

## A5

Q5 在福島第一核電廠內，平均 1 天有多少人在工作？

**6500 ～ 7000 人**

## A6

Q6 大約有多少企業參與福島第一核電廠的廢爐作業？

**約 1500 家**

## A7

Q7 在福島第一核電廠從事廢爐的工作人員，平均 1 個月的輻射暴露值是多少？

**0.47mSv**

（2015 年 12 月的平均劑量）

相當於搭乘飛機往返紐約與東京 2.5 趟的暴露量

## A8

**Q8** 福島第一核電廠廠區內部 1 天之中的哪個時段最多人？

**上午 9 ～ 10 點**

## A9

**Q9** 目前（2016 年 2 月）有多少人生活（居住 & 工作）在福島第一核電廠周圍曾被下達疏散指示的地區？

**約 3 萬人**

## A10

**Q10** 至 2014 年度為止，已知花費在廢爐上的預算總共是多少？

**5,912 億日圓**

（相當於新台幣 1,633 億元）

## A11

**Q11** 在 2015 年底以前重返雙葉郡居住的居民人數是多少？

**4579 人**

（僅包含廣野町、楢葉町、川內村）

## A12

**Q12** 每天有幾班巴士接送在福島第一核電廠工作的人？

**約往返 300 趟**

從 J-village 發車

自凌晨 3 點多起至晚上 9 點為止

## A13

**Q13** 重返楢葉町的人平均 1 年增加的輻射暴露劑量（推測值）是多少？

**0.70mSv**

（最大值 0.99mSv、最小值 0.43mSv、中間值 0.66mSv。根據 2015 年 7、8 月的值計算，背景值為 0.35mSv）

## A14

**Q14** 若以時速 40 公里的速度開車經過國道 6 號線的舊疏散指示區域（從楢葉町至南相馬市小高區為止的 42.5 公里路程），輻射暴露值會是多少？

平均 1 趟

**1.2μSv**

（2014 年 9 月資料）

使用高速公路的情況下為 0.37μSv

## A15

**Q15** 2015 年度在污染程度最高的地區從事除污（直轄除污地區）的人數，最多的時候是多少？

**18000 ～ 19000 人**

# 後記

在本書即將進入尾聲的這一刻，我的腦海中縈繞著各式各樣的情景，什麼樣的情景呢？就是一些沉睡在我記憶中的偶然片段，有時當我在和其他人隨意談天說地，突然有人天外飛來一筆地提起1F廢爐，隨後話題又無疾而終。

舉例而言，二〇一四年夏天，我在磐城市某家餐廳碰巧遇見一群高中同學，就與他們同桌用餐並聊了很多事情，中間不曉得談到了什麼，突然有人說：

「海嘯捲入核電廠時，死去的人之中，有一個是我們老家那邊的人。」

我記得那個話題應該沒有繼續延續下去，大概也沒有打算延續下去的意思吧，只是這件事讓我留下了印象。

是啊，我想起來了，三月十一日當天，確實有兩名職員喪命於1F的樣子。按照他們的年紀來看，會認識我同學也不是什麼奇怪的事，說不定我也曾在哪條街上與那個人擦肩而過吧。

當時在中央控制室值班的職員，為了確認地震是否影響到廠房，而前往地下室進行安全檢查時，海嘯剛好來了。聽說還有人看到他們前往地下室，即使跟他們說危險別去，他們也只是回答沒關係。兩名二十多歲年輕人的遺體在三月底被人發現。才剛從學校畢業最年輕的新血，從所謂的「補機」，也就是「見習生」的位置開始投入職場。他們主要的工作是支援前輩，很少有機會可以接觸到反應爐的操控儀器。在從未經歷過的劇烈搖晃當中，他們究竟是抱著什麼樣的想法前往現場的呢？

如今調查有記錄他們死亡的報導，用他們的名字在網路上搜尋的話，一大堆內容都是「冷卻裝置操作錯誤導致事故發生後，從現場逃到郡山喝酒」，還有人留言堅稱「他們喝酒的店是我朋友開的店」。

不過即使是像這樣的謠言，至少網路上還殘留著紀錄，或許多少也還算是件好事吧？對於面對「自己能做些什麼」，選擇進行作業以預防危險發生，卻在作業中殉職的他們，社會究竟記得多少呢？

在那樣充滿勇氣的行動下，最後卻還是無法守住核電廠的安全，或許他們只是遵從組織的規定行事，更何況，他們還是身在主要加害者東電最核心位置的1F中央控制室的一員。

不過即使如此，假如社會無法記住每一個曾經存在在那裡的人，也無法為了記憶而記錄下來的話，這樣的社會又如何能夠描繪未來呢？唯有詳細重現那些尋找「自己能做些什麼」的人，並記錄他們採取行動的過程，才有可能描繪未來不是嗎？

如今關於1F廢爐，我們需要做的就是淡然而仔細地看著複雜且流動的現實，找出並解決生存在那裡的人們所面臨的課題，這也可以適用在現代社會面對的其他種種問題上吧。

我不知道本書是否足以充分回應那樣的需求，畢竟當中應該也有「那裡不太夠、這裡太多餘」或「嚴格來說這裡有誤」的部分。

在政治方面，有些人認為「稍微缺乏對於能源政策的建言，或對政府與東電追究核電廠事故責任的態度」，而對於這些講求「應該要這樣」的答案的人而言，應該會對本書內容都是「實際上是這樣」的架構感到不足吧？另外，我們也想深入探討更多關於除污和中期貯存設施的詳細狀況、教育或醫療福祉、民俗藝能、當地新興產業所面對的課題，以及今後的可能性等議題，卻有點力不從心。

今後將在過去五年來未曾觸及的返鄉困難區域等地，探討放射線降低或重新開放工作或居住的可能性。關於賠償、生活基礎重建、放射線防護等問題的面向肯定也會大幅改變，而這個部分也沒能徹底討論。

然而，儘管我們承認有這些明顯的不足之處，但在距離三一一已過五年的現在，「編纂出這本以1F廢爐為主題且具有一定資料量與客觀性的書籍」，應該也算是有不小的意義吧。

在五年以後推出「世界第一本專為一般民眾出版的1F廢爐書」，應該有人覺得太晚，也有人覺得太早，但我個人是認為「太早了」。因為目前的情況依舊瞬息萬變，在持續編輯本書的作業過程中也是，新的事實不斷累積，一邊更新各種資訊的同時，一邊也很難決定該以哪個時間點做區分。這樣說來，本書不僅尚未完成，更有可能因此成為邁向各種可能性的「起跑線」吧？但願多少有助於改善以往在沒有任何起跑線的情況下，各種言論或善意狂奔猛衝的亂象。

吉川彰浩先生長期在福島第一與第二核電廠工作，並居住在雙葉郡，目前以一般社團法人AFW的代表身分，提供有關地方營造或1F廢爐現狀的教育或對話機會。

竜田一人先生是《福島核電——福島第一核電廠工作紀實》的作者，此書自出版以來便在全世界引起熱烈反響，目前也有在斷斷續續地造訪1F廢爐現場，或是持續傳播廠區外部的資訊，像是去福島觀光時就會在推特上更新內容等等。二位在五年來始終親眼追蹤現實，不厭其煩地親自到現場走動，持續面對1F廢爐的議題。在製作本書之際，倘若沒有他們的力量就無法完成這本書。另外在投稿、採訪與各種資訊的提供上，也因為有多方人士的協助，本書才得以付梓。

此外，在此也必須向本書的編輯穗原俊二先生、岩根彰子女士，以及美編佐藤直樹先生至上無盡的感謝，感謝他們不僅實際陪同前往1F，還在作業延遲、造成許多不便之時，依然保持悉心謹慎的態度應對處理，也感謝太田出版與Asyl諸位提供的種種協助與配合。

本書只是「起跑線」，今後我們將透過自二〇一五年十月起展開的「福島第一核電廠廢爐獨立調查研究專案」活動，定期蒐集、散播並公開1F廢爐的狀況，希望能打造出一條第三方也能共同參與的迴路。

# 「福島第一核電廠廢爐獨立調查研究專案（廢爐研究室）」成立宣言

「福島第一核電廠廢爐獨立調查研究專案（以下稱廢爐研究室）」，是一項獨立調查福島第一核電廠廢爐，並傳達實際情況的專案。

廢爐研究室成立的出發點是「想要知道實際上 1F 廢爐現場究竟正在發生什麼事」，成立目的則是希望站在一個能夠藉由自己雙手取得第一手消息的立場。我們從 2015 年 10 月開始活動，並在 2016 年 5 月根據先前的調查與研究成果，透過太田出版發行《福島第一核電廠廢爐全紀錄》，日後也預計推動更進一步的調查與資訊傳播。

福島第一核電廠事故發生至今已經五年了，以往我們用各種形式面對這個世界級的事件，例如調查核電廠事故的原因、處理事故對社會造成的莫大損害、傳達正在重建當中的狀況，相信這些行動應該會留下一定的成果，並成為世界史上的一部分。

不過我們內心在 311 後形成的不安或不滿還沒有被解除，其中最具象徵性的就是「福島第一核電廠廢爐」的問題。

「目前福島第一核電廠是什麼情況？」

「今後完成廢爐需要什麼東西？」

應該有不少人心中有這樣的疑問吧？這五年以來，我們談論了許多關於福島或核電廠的話題，周遭也充斥著各種資訊。但究竟在我們這些人之中，有多少人能夠向他人說明「福島第一核電廠廢爐」，或是在有具體的根據的前提下進行討論呢？

然而我們必須了解才行，那不是只有專家或災民必須知道的事，也不是只有具有發言權的政治家或多少有知名度的文化人才必須談論的事情，不少不懂裝懂的人站在外面或高處任意發表與實情不符的言論，這樣的狀況也必須加以矯正才行，否則情況恐怕只會每況愈下。

「廢爐研究室」的目的是「1F 廢爐的視覺化」，站在獨立研究的立場，調查我們似懂非懂、就算想懂但對普通人來說卻有點難度的福島第一核電廠的廢爐實況，清楚揭露實際情形並創造理解的機會。我們知道自己是在所有該知道的事情都不知道的情況下來到這裡，並為了在不問立場的前提下了解真相而採取行動。

根據以上的動機，廢爐研究室將會從以下這些作業開始進行。

——調查福島第一核電廠的現狀並透過各種媒體散播資訊；

——出版書籍《福島第一核電廠廢爐全紀錄》與製作、發表圖像與影片；

——針對地方居民或大學生等非專業人士舉辦 1F 廢爐視察活動。

除此之外，也會以各種形式持續散播資訊。由於這不是「只要現在知道即可的東西」，而是必須持續吸收的資訊，因此在這方面我們也有清楚的認知。

廢爐研究室的成員就是對我們有興趣的各位。任何人都可以參與，而且我們也希望有更多人能為我們提供一己之力。

因為我們的目標是希望廢爐研究室能夠脫離只有政府、行政相關人員或專家才能談論 1F 廢爐的狀態，從更獨立的第三方立場更深入調查狀況，並彙整資訊加以公開。近年來有很多人在摸索「開放式政府」或「開放科學」等新的政治或學問模式，本專案也將在活動過程中參考這些概念。

可惜的是，目前我們沒有人能夠親自去廢爐的現場調查。

但做為廢爐研究室的成員，「希望藉由提供推動專案必要資源的形式來了解廢爐的現狀」，我們將在過程中廣泛採納各位的想法，還請務必助我們一臂之力。

2015 年 10 月 11 日

福島第一核電廠廢爐獨立調查研究專案

開沼博

開沼博（Kainuma Hiroshi）

1984 年生於福島縣磐城市。立命館大學衣笠綜合研究機構特別招聘准教授、東日本國際大學客座教授。畢業於東京大學文學院，東大研究所跨學科情報學府博士在讀，主修社會學。著有《福島學入門》（East Press）、《被漂白的社會》（Diamond 社）、《福島的正義》（幻冬舍）、《「福島」論》（青土社）等書（以上皆為暫譯）。歷任早稻田大學兼任講師、《讀賣新聞》讀書委員、復興廳東日本大地震生活復興專案委員、福島核電廠事故獨立調查委員會（民間事故調）工作小組成員等等。目前擔任福島大學客座研究員、Yahoo! 基金評議委員、楢葉町放射線健康管理委員會副委員長、經濟產業省資源能源廳綜合資源能源調查會核能子委員會委員等職務。曾經獲頒第 65 屆每日出版文化獎人文與社會類、第 32 屆能源論壇獎特別獎、第 36 屆能源論壇獎優秀獎、第 6 屆地域社會學會獎選拔委員會特別獎等獎項。

竜田一人（Tatsuta Kazuto）

輾轉換了幾份工作後，來到福島第一核電廠擔任作業員。描繪在福島第一核電廠擔任作業員期間工作情形的《福島核電——福島第一核電廠工作紀實》，在全場評審一致通過下獲得「第 34 屆 MANGA OPEN」大獎，目前已出版到第 3 集。該作品已在法國、德國、西班牙、義大利、台灣等地翻譯出版，而美國版也正在準備當中。

吉川彰浩（Yoshikawa Akihiro）

1980 年生於茨城縣常總市。高中畢業後在東京電力株式會社就職，先後在福島第一核能發電廠與第二核能發電廠工作 14 年。2012 年，為了從外部支援在福島核能發電廠工作的同仁而從公司離職。2013 年創辦「Appreciate FUKUSHIMA Workers」，以「打造可以傳承給下個世代的福島」為宗旨，投入支援福島第一核能發電廠工作人員和以福島縣雙葉郡廣野町為中心的重建活動。2014 年 11 月成立一般社團法人 AFW，不以改善眼前狀況，而以摸索如何負起責任將核電廠事故後的受災地區傳承給下個世代為目標，展開團體活動。為了透過活動讓人獲得「與廢爐比鄰而居的生活基礎」，利用視察「福島第一核電廠」這個疏遠的鄰居，舉辦與一般民眾共同學習的活動，或是在學習會中運用在前公司習得的知識，傳達「簡單易懂的福島第一核電廠廢爐狀況」。在核能事故影響下，包括家人與親戚在內，目前依然過著避難的生活。

〔國家圖書館出版品預行編目（CIP）資料〕

福島第一核電廠廢爐全紀錄：深入事故現場，從核能知識、拆除作業到災區復興，重新思索人、能源與土地如何共好 / 開沼博，竜田一人，吉川彰浩著；劉格安譯. -- 一版. -- 臺北市：臉譜，城邦文化出版：家庭傳媒城邦分公司發行，2018.10

面；　公分. --（臉譜書房；FS0096）

ISBN 978-986-235-699-9(平裝)

1. 核能發電廠 2. 核子事故 3. 日本福島縣

449.7　　107015199

---

**臉譜書房 FS0096**

# 福島第一核電廠廢爐全紀錄：
## 深入事故現場，從核能知識、拆除作業到災區復興，重新思索人、能源與土地如何共好

福島第一原発廃炉図鑑

Encyclopedia of the "1F" A Guide to the Decommissioning of the Fukushima Daiichi Nuclear Power Station

---

主　　編／開沼博
作　　者／開沼博、竜田一人、吉川彰浩
譯　　者／劉格安
審　　訂／葉宗洸
編輯總監／劉麗真
責任編輯／陳雨柔
編輯協力／張郁婕
行銷企畫／陳彩玉、朱紹瑄、陳玫潾
中文版封面完稿／走路花工作室
排　　版／漾格科技股份有限公司

發 行 人／凃玉雲
總 經 理／陳逸瑛
出　　版／臉譜出版
城邦文化事業股份有限公司
台北市民生東路二段141號5樓
電話：886-2-25007696　傳真：886-2-25001952

發　　行／英屬蓋曼群島商家庭傳媒股份有限公司城邦分公司
台北市中山區民生東路二段141號11樓
客服專線：02-25007718；25007719
24小時傳真專線：02-25001990；25001991
服務時間：週一至週五上午09:30-12:00；下午13:30-17:00
劃撥帳號：19863813 戶名：書虫股份有限公司
讀者服務信箱：service@readingclub.com.tw
城邦網址：http://www.cite.com.tw

香港發行所／城邦（香港）出版集團有限公司
香港灣仔駱克道193號東超商業中心1樓
電話：852-25086231或25086217　傳真：852-25789337
電子信箱：citehk@biznetvigator.com

新馬發行所／城邦（新、馬）出版集團
Cite (M) Sdn. Bhd. (458372U)
41, Jalan Radin Anum, Bandar Baru Sri Petaling,
57000 Kuala Lumpur, Malaysia.
電話：603-90578822　傳真：603-90576622
電子信箱：cite@cite.com.my



一版一刷／2018年10月
ISBN／978-986-235-699-9

售　　價／650 元（本書如有缺頁、破損、倒裝，請寄回更換）